植物系统学

ZHIWU XITONGXUE

包文美　曹建国　编著

高等教育出版社·北京

内容提要

本教材按植物的系统演化顺序，全面而深入地介绍了藻类植物（13门，21纲，50目）、苔藓植物（1门，3纲，7目和真藓类）、蕨类植物（1门，5亚门，11目）和种子植物中的裸子植物（1门，4纲，6目）及被子植物的特征，并对其各目代表植物的形态、结构和生活史以及若干种类的生活环境做了较为详细的阐述。为避免与有关植物学教材内容重复，被子植物部分仅着重在系统发育方面做简单论述。

本教材特色鲜明，一是使读者了解各类植物的生活史，即个体发育的全过程，既能掌握其各自的特点，又可对整个植物界的系统发育加深认知；同时，了解植物生长与其生活环境密切相关。二是结合前人和当代国内外研究进展，在各章节中引用了930余幅照片和图片，其中380幅来自作者长期积累的教学和科研的成果，31幅引自作者所指导研究生的学位论文。以此大量的插图配合文字的叙述，旨在希望读者能形象、直观地掌握这些教学中的重点和难点。

本教材可作为高等院校植物学专业研究生的教学用书，也可作为相关专业本科生的参考书以及广大植物学爱好者的适用读物。

图书在版编目（CIP）数据

植物系统学 / 包文美，曹建国编著 . -- 北京：高等教育出版社，2015.2

ISBN 978-7-04-041592-6

Ⅰ. ①植… Ⅱ. ①包… ②曹… Ⅲ. ①植物分类学 - 高等学校 - 教材 Ⅳ. ① Q949

中国版本图书馆 CIP 数据核字（2014）第 292667 号

策划编辑　王　莉　　责任编辑　王　莉　李　融　　封面设计　姜　磊　　责任印制　张泽业

出版发行	高等教育出版社	咨询电话	400-810-0598
社　　址	北京市西城区德外大街4号	网　　址	http://www.hep.edu.cn
邮政编码	100120		http://www.hep.com.cn
印　　刷	北京市大天乐投资管理有限公司	网上订购	http://www.landraco.com
开　　本	889mm×1194mm　1/16		http://www.landraco.com.cn
印　　张	23.75	版　　次	2015 年 2 月第 1 版
字　　数	700千字	印　　次	2015 年 2 月第 1 次印刷
购书热线	010-58581118	定　　价	58.00元

前　言

本书名为《植物系统学》（Plant Systematics），参考生物界 5 界分类系统（Whittaker，1969），按照植物的系统演化顺序，全面介绍了藻类植物、苔藓植物、蕨类植物和种子植物的各门、纲、目的特点，并将其中代表植物的形态、结构和生活史，以文字结合照片和图片的形式做了较为详细的叙述，试图从它们的个体发育来反映植物的系统发育过程，同时结合若干植物化石来阐述各类植物的起源，探索植物界的演化规律。

植物系统学的内容过去在西方国家曾以植物形态学（plant morphology）为名，介绍植物界各种类的形态和它们的生活史（个体发育）。形态和生活史的内容，则以照片和图片的展示最为重要，让读者一目了然，因此本书在各章节中引用了 930 余幅照片和图片，凡引入者，必用其原作者的作品，并注明出处。其中 380 幅来自作者长期积累的教学和科研的成果，31 幅引自作者所指导研究生的学位论文，包括各类植物的生活史细节、分类及其生活环境的照片和图片。被子植物部分为避免与有关植物学教材内容重复，本书仅着重对其系统发育方面做简单论述。

本书第五章"种子植物"的部分内容由上海师范大学曹建国教授撰写，其余均由本人撰写。全书所有插图的布局、注字和修改均由曹建国承担。国内著名资深专家分别对本书的各章节进行认真严格的审阅，并提出宝贵的修改意见。第一章"绪论"和第四章"蕨类植物"由贵州科学院王培善研究员审阅，第二章"藻类植物"由山西大学凌元洁教授审阅，其中第二章第九节"硅藻门"由中国地质科学院地质研究所李家英研究员审阅，第三章"苔藓植物"由中国科学院植物研究所吴鹏程研究员和华东师范大学王幼芳教授审阅，第五章"种子植物"由哈尔滨师范大学刘鸣远教授审阅。

王培善研究员除了审阅第一章和第四章外，为协助本书的完成，投入大量的时间和精力，将全部内容从头到尾做了逐字逐句的修改；对教材中的各级拉丁学名和外文术语逐个校对改正；尤其对一些以前未翻译的拉丁学名，大多给以译名；同时不断在网上搜索有关新的科研信息提供参考。

中国科学院植物研究所李承森研究员赠予最新著作《植物演化进程表》（2012）。德国杜宾根大学 Dieter Ammermann 教授为本书提供石松类配子体的经典原版著作《Uber die Prothallien und die Keimpflanzen mehrerer europaischer Lycopodien, und zwar uber die von *Lycopodium clavatum*, *L. annotinum*, *L. complanatum* und *L. selago*》（Bruchmann，1898），辗转给我们送来；华东师范大学刘家英教授特地购置专用的电脑设备，将其原版转换为光盘，这才能借此引入书内，刘家英教授还为本书搜索并下载若干有关外文文献。北京大学胡适宜教授赠予被子植物的胚囊照片。山西大学谢树莲教授对本书中活体的胶串珠藻个体发育各阶段做了认真鉴定，并惠赠其博士生冯佳的论文。中国科学院海洋生物研究所夏邦美研究员对红藻门的部分内容提出修改意见，并与王永强和王少青研究员惠赠若干海藻照片。中国科学院水生生物研究所魏印心研究员对藻类植物部分内容提出修改意见，并与刘国祥研究员惠赠淡水藻照片。华东师范大学马炜梁教授惠赠木麻黄照片。在此谨对各位专家表示深切的感谢。感谢中难免疏漏，请多谅解。

本书出版得到高等教育出版社林金安副总编辑、生命科学与医学出版事业部吴雪梅主任、王莉副主任和李融编辑的支持与鼓励，在此一并致谢。

由于个人专业水平所限，本书难免存在各种错误和不当之处，深盼各位不吝赐教，提出宝贵意见和建议。

包文美

2014 年 3 月

目　录

第一章　　　绪　　论

第一节　植　物　界

　　植物在地球上的分布非常广泛，从高山到平原，甚至海洋和湖泊的深处，从沙漠到两极，甚至温泉和大气中都有植物的生长。早在远古时代，人类已经开始识别和利用植物，至今被公认的植物有55万多种。它们在形态和结构上的差异巨大，如某些藻类，大小只能用微米（$1\ \mu m = 1/1\ 000\ mm$）来计算，肉眼不能看见；如巨杉高达百米，直径 8 m。整个植物界是形形色色、绚丽多彩的。要对分布广泛、种类繁多、结构多样化的植物进行研究，首先必须根据它们的特征分门别类，建立植物界的系统来认识它们。

　　约在 2 500 年前，我国的《诗经》已经记载了 200 种以上的植物。《神农本草》（公元前 230—前 200）记载植物药材 365 种。明朝李时珍（1518—1593）所编的《本草纲目》是我国历史上《本草》的系统总结，为世界药用植物的经典著作，翻译为日、俄、英、德、法和拉丁等外文，此巨著在世界植物学史上有着一定的地位。书中记载药材 1 892 种，其中植物 1 195 种，他将植物分为草、谷、菜、果和木五部，山草、芳草等 30 类。清朝吴其浚（1789—1847）的《植物名实图考》中记载植物 1 714 种，将植物分为谷、蔬、山草、隰草、石草、小草、蔓草、芳草、毒草、群芳、果和木 12 类，对植物的描述和绘图都很精细准确，并说明它们的形色、性味、产地和用途，至今在植物学方面仍有参考价值。

　　古希腊哲学家、科学家亚里士多德（Aristotle，公元前 384—前 322）的学生提奥弗拉斯（Theophrastus，公元前 371—前 287）采用许多植物的特征，诸如习性、寿命、花冠形态和子房位置等来区别植物，并在他撰写的《植物史》（De Historia Plantarum）一书中，对 500 种植物进行描述和分类。瑞典的林奈（Linnaeus，1707—1778）以植物花中雄蕊和雌蕊的数目和形态为基础，对植物进行了十分有效的分类，他在 1753 年出版《植物种志》（Species Plantarum）中记载植物约 1 000属，6 000种。

　　上述学者对植物的识别和利用作出了极大的贡献，但他们的分类方法是人为的，仅就植物的 1~2 个特征或其用途进行分类，故分类系统也是人为的，称为人为分类系统（artificial system）。与此相反，自然分类系统（natural system）是根据植物的自然性质和它们之间的亲疏关系来建立的分类系统，这必然要求人们应用现代科学的先进技术，从植物学的各个学科，如比较形态学、比较解剖学、古植物学、植物细胞学、植物化学、植物生态学和分子生物学等知识的领域中，了解植物的自然性质，确认植物之间的亲缘关系，反映植物界的演化规律和演化过程。自从英国达尔文（Darwin）1859年发表《物种起源》（The Origin of Species）后，植物学界逐渐取得了共同的认识，要在植物历史发展的基础上进行分类，建立科学的自然分类系统。

长期以来人们采用将生物界分为两界的分类系统。两界分类系统将生物界分为植物界（Plantae）和动物界（Animalia）。植物界包括藻类（Algae）、细菌（Bacteria）、真菌（Fungi）、苔藓植物（Bryophyta）、蕨类植物（Pteridophyta）和种子植物（Spermatophyta），动物界分为9门（图1-1）。

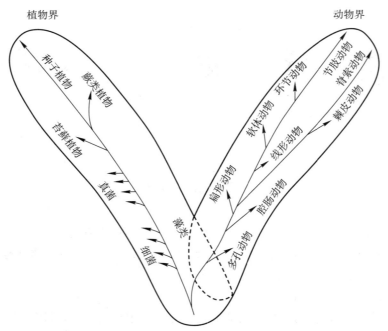

图1-1 两界分类系统图 （自 Whittaker，1959）

由于科技的发展，人们对生物界的认识不断加深，提出新的分类系统，先后分别提出了生物界的2总界、3界、4界、5界、6界和8界的分类系统。

一、2总界分类系统

胡先骕（1965）把生物分为2个总界分类系统：原始生物总界（Protobionta）和细胞生物总界（Cytobionta）。前者仅包括病毒（virus），后者包括细菌界（Bacteriobionta）、黏菌界（Myxobionta）、植物界（Phytobionta）、真菌界（Mycobionta）和动物界（Zoobionta）。

二、3界分类系统

Haeckel（1866）把细菌和蓝藻立为无核类，将其与真菌和原生动物，共称为原生生物界（Protista），单立一界，与动物界和植物界合称3界。

三、4界分类系统有两种观点

1. Copeland（1938，1956）进一步把无核类立为独立一界，在3界基础上分出原核生物界（Monera），建立4界即原核生物界、原生生物界、动物界和植物界。

2. Whittaker（1959）提出的4界，将 Haeckel 三界系统中的不含叶绿素的真菌从植物界中独立出来称为真菌界，则以植物界、动物界、原生生物界和真菌界为4界。

四、5界分类系统

Whittaker（1969）又将提出的4界系统调整为5界系统，将原核生物界重新立为一界，5界即原核生物界、原生生物界、植物界、动物界和真菌界（图1-2）。

1. 原核生物界：包括细菌、蓝绿藻等原核生物。

2. 原生生物界：包括具有真核单细胞生物如金藻、甲藻、裸藻、根肿菌和丝壶菌。

3. 真菌界：包括黏菌、壶菌、卵菌、接合菌、子囊菌、担子菌。

4. 植物界：包括绿藻、轮藻、褐藻、红藻、苔藓植物、蕨类植物和种子植物。

5. 动物界：包括所有多细胞后生动物。

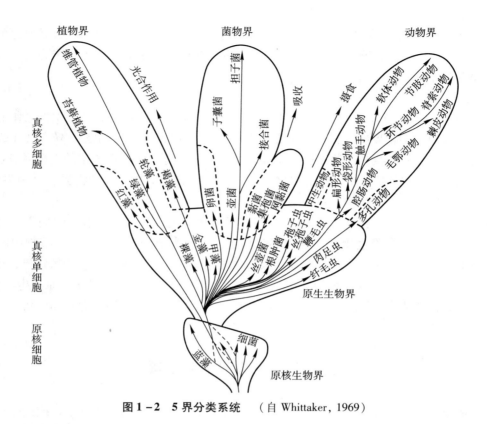

图 1-2　5 界分类系统 （自 Whittaker, 1969）

5 界分类系统是纵横统一的系统，纵的方面是原核细胞、真核单细胞和真核多细胞，横的方面显示了演化三大方向，光合自养的植物界、吸收营养的真菌界和摄食的动物界。5 界分类系统流传较广，常为国外一些教材所采用。

五、6 界分类系统有 4 种观点

1. Woese（1977）由于当时发现了古细菌（Archaebacteria），它们在 16S rRNA 的系统发生上和其他原核生物有区别，是原核生物中的一大类。它们既与细菌（真细菌，Eubacteria）有很多相似之处，同时另一些特征相似于真核生物。所以他取消原核生物界，新立 2 界：真细菌界（Eubacteria）和古细菌界（Archaebacteria）。Woese（1999）认为它们是两支根本不同的生物，于是重新命名其为细菌（Bacteria）和古细菌（Archaea），这两支和真核生物（Eukarya）一起构成了生物的三域（domain），真核生物包括原生动物界、植物界、动物界和真菌界，共同构成 6 界。

2. 王大耜（1977）在 5 界系统（Whittaker, 1969）基础上，增加 1 界即病毒界，成为病毒界、原核生物界、原生生物界、植物界、动物界和真菌界 6 界。

3. 陈世骧（1979）建议的 5 界系统，是根据生命进化历史的主要阶段，即无细胞阶段→原核阶段→真核阶段而分的，无细胞阶段包括病毒、原核阶段包括细菌和蓝藻，形成一个菌藻生态系统；真核阶段是由植物、真菌和动物形成的生态系统。3 个阶段成为 3 个总界：

（1）非细胞总界（Acytonia）（无细胞阶段）即病毒界。

（2）原核总界（Procaryta）（原核阶段）分 2 界：

① 细菌界（Mycomonera）；② 蓝藻界（Phycomonera）。

（3）真核总界（Eucaryota）（真核阶段）分为 3 界：

① 植物界（Plantae）；② 真菌界（Fungi）；③ 动物界（Animalia）。

4. Cavalier-Smith 在 1988—1998 年曾提出 8 界系统，但至 2004 年将其修改为 6 界系统，取消古细菌界，保留细菌界，将原始动物界作为亚界隶属原生动物界，原生生物界（Protista）分为 2 界，即原生动物界（Protozoa）和藻物界（Chromista），藻物界包括具有叶绿素 a、c 或具有茸鞭型鞭毛的黄藻、褐藻、金藻、硅藻、定鞭藻和卵菌、壶菌以及硅鞭毛虫。6 界即细菌界、原生动物界、藻物界、植物界、动物界和真菌界。

六、8 界分类系统

Cavalier-Smith（1988—1989）提出过的 8 界系统，是将最古老的单细胞真核生物（细胞内无线粒体）立为 1 界，即原始动物界或古真核生物界（Archezoa），如寄生肠内的蓝氏贾第虫（*Giardia lamblia*），被认为是原核生物与真核生物之间的中间类型；并把 5 界和 6 界系统中的真菌界进行了大量的调整，8 界为真细菌界、古细菌界、原始动物界、原生动物界、植物界、动物界、真菌界和藻物界。此 8 界系统中真菌界的分类在菌物学界广泛采用。

以上学者对生物界提出了各种分类系统，就其对植物界内部的分类来看，他们主要是将菌类植物中的真菌（因为它们是异养生物）从植物界分离出来，菌类植物中细菌和藻类植物中的蓝藻（因为它们是原核生物）也分离出来，其他变动不大。本书采用以 5 界分类系统中的植物界，即苔藓植物和维管植物（包括蕨类植物和种子植物为主），将该系统中原核生物界的蓝藻和原生生物界的裸藻、金藻和甲藻等藻类，与植物界的绿藻、轮藻、褐藻和红藻等藻类合并，共称为藻类植物，列入本书的植物界。

第二节　植物界的类群

植物界包括藻类植物、苔藓植物、蕨类植物和种子植物。根据植物产生孢子，或产生种子进行繁殖，可将其分为两大类：孢子植物（spore plant）和种子植物（seed plant）。孢子植物不能开花，又称为隐花植物（Cryptogamae）；种子植物能开花，则称为显花植物（Phanerogamae）。孢子植物包括藻类植物、苔藓植物和蕨类植物。

1. 藻类植物分为 13 门（胡鸿钧，魏印心，2006）：
    （1）蓝藻门（Cyanophyta）
    （2）原绿藻门（Prochlorophyta）
    （3）灰色藻门（Glaucophyta）
    （4）红藻门（Rhodophyta）
    （5）金藻门（Chrysophyta）
    （6）定鞭藻门（Haptophyta）
    （7）黄藻门（Xanthophyta）
    （8）硅藻门（Bacillariophyta）
    （9）褐藻门（Phaeophyta）
    （10）隐藻门（Cryptophyta）
    （11）甲藻门（Pyrrophyta）
    （12）裸藻门（Euglenophyta）
    （13）绿藻门（Chlorophyta）

2. 苔藓植物仅一门，即苔藓植物门（Bryophyta）分为 3 纲（胡人亮，1987）：
    （1）苔纲（Hepaticae）
    （2）角苔纲（Anthocerotae）
    （3）藓纲（Musci）

3. 蕨类植物仅一门，即蕨类植物门（Pteridophyta）分为 5 亚门（秦仁昌，1978）：
    （1）松叶蕨亚门（Psilophytina）

（2）石松亚门（Lycophytina）

（3）水韭亚门（Isoephytina）

（4）楔叶亚门（Sphenophytina）

（5）真蕨亚门（Filicophytina）

4. 种子植物分为两门：

裸子植物门（Gymnospermae）分为四纲（Judd *et al*. ，2008）：

（1）苏铁纲（Cycadopsida）

（2）银杏纲（Ginkgopsida）

（3）松柏纲（Coniferpsida）

（4）买麻藤纲（倪藤纲）（Gnetopsida）

被子植物门（Angiospermae）分为两纲（Bentham and Hooker，1862—1883）：

（1）单子叶植物纲（Monocotyledonae）

（2）双子叶植物纲（Dicotyledonae）

具有光合作用色素、进行自养生活的藻类植物（Algae）和不具光合作用色素、进行异养生活的菌类植物（Fungi）以及某些藻类和菌类共生地衣（Lichenses），合称为低等植物（lower plant）。低等植物的植物体结构简单，无根、茎、叶的分化，这种植物体称为叶状体（thallus）。低等植物的合子萌发为新植物体时，无胚的构造，又可称为无胚植物（inembryonate plant）。

苔藓植物（Bryophyta）和蕨类植物（Pteridophyta）都具有颈卵器（archegonium）的结构，而在裸子植物（Gymnospcrmae）中也有颈卵器退化的痕迹，因此这3类植物又合称为颈卵器植物（Archegoniate）。又由于蕨类植物、裸子植物和被子植物均有维管组织，这3类又合称为维管植物（Tracheophyta）。苔藓植物、蕨类植物、裸子植物和被子植物的植物体结构比较复杂，大多有根、茎、叶的分化，又合称为高等植物（higher plant）。因为它们都有胚的构造，也称为有胚植物（Embryophyta）。

第三节　植物分类单位和命名法

一、植物分类单位

分类学采用的分类单位从大至小，它们是界（Kingdom）、门（Division）、纲（Class）、目（Order）、科（Family）属、（Genus）和种（Species）。种是生物分类的基本单位，它是具有一定的形态和生理特征以及一定的自然分布区的生物种群。同一种中的个体具有相同的遗传性状，而且彼此可以结合生殖，产生后代，但不同种的个体杂交，在一般情况下，则不能产生有生殖能力的后代。种是生物进化与自然选择的历史产物。

二、植物命名法

每种植物都有其名称，但同一种植物，因语言和地区的不同，给予不同名称，例如甘薯，在我国东北称地瓜，华北称白薯，华东称山芋或番薯，西南称红苕，英语为"sweet potato"，德语为"Batate"，这些名称都是各地的地方名或俗名，同一植物，有不同的名称。但另一方面同一名称又往往指不同的植物，例如同一名称地瓜，东北的地瓜是指旋花科的，即上面提到的甘薯；西南的地瓜是豆科的，味甜多汁，可当水果生吃。植物名称的混乱现象十分普遍，这势必影响国内和国际的学术交流，妨碍科学的发展。因此植物学家在很早以前，就建议对植物制定世界通用的统一名称，即学名（scientific name），而且遵循一定的法则给植物命名，即现在仍采用的双名命名法（binomial nomenclature）。双名命名法是瑞典的分类学家林奈（Linnaeus，1707—1778）于1753年首创的，现在仍广泛应用于动物、植物、真菌、细菌等各类生物的命名。每种植物的种名都由 2 个拉丁词或拉丁化形式的词构成，第一个词是属名，为名词，首字必须大写，属名斜体；第二个词是种加词，为形容词，一律小写，种名斜体。命名人的姓名加在种加词之后，首字大写，正体。例如蛋白核小球藻的学名是 *Chlorella pyrenoidosa* Chick，第一个字"*Chlorella*"是属名，即小球藻属，表示该种所从属的属；第二个字"*pyrenoidosa*"是种加词，常形容该种的某一特征，此处形容它具有蛋白核。种加词也可由人名或地名变化为形容词，为纪念某人或表示该种的产地。第三个字是命名人姓名"Chick"，命名人也可用其姓名的缩写，如垂柳的学名 *Salix babylonica* L.，"L."这个字母是林奈（Linnaeus）姓名的缩写。如果命名人是两个，则用"et"或"&"连接，如尖叶疣鳞苔 *Cololejeunea pseudocristallina* Chen et Wu，"Chen"是陈邦杰，"Wu"是吴鹏程，由他们两人命名。学名如需改动或重新组合时，原命名人应置于括号中，如角叶藻苔的学名 *Takakia ceratophylla*（Mitten）Grolle，原命名人是"Mitten"，置于括号中，重新组合的人是"Grolle"。学名后有 2 个命名人，以"ex"连接，如猴场耳蕨 *Polystichum houchangense* Ching ex P. S. Wang，"Ching"是秦仁昌，"P. S. Wang"是王培善，"ex"在这里相当于英文的"from"，表示该物种由秦仁昌定名，王培善正式发表。每种植物都有其所从属的更高的分类阶层，如蛋白核小球藻为：

界：植物界（Plantae）
 门：绿藻门（Chlorophyta）
  纲：绿藻纲（Chlorophyceae）
   目：绿球藻目（Chlorococcales）
    科：小球藻科（Chlorellaceae）
     属：小球藻属（*Chlorella*）
      种：蛋白核小球藻（*Chlorella pyrenoidosa* Chick）

参 考 文 献

包文美，陈发生. 植物学 第二篇 植物系统. 哈尔滨：哈尔滨师范大学，1986

陈世骧，陈受宜. 生物的界级分类. 动物分类学报，1979，4（1）：1–12

胡人亮. 苔藓植物学. 北京：高等教育出版社，1987

胡鸿钧，魏印心. 中国淡水藻类——系统、分类及生态. 北京：科学出版社，2006

秦仁昌. 中国蕨类植物科属系统排列. 植物分类学报，1978，16（3）：1–19；16（4）：16–37

王大耜. 细菌分类学. 北京：科学出版社，1977

Cavalier-Smith T. Only six kingdoms of life. Proc. R. Soc. Lond. B, 2004, 271：1251–1262

Copeland H F. The kingdoms of organisms. Quart. Rev. Biol., 1938, 13：383–420

Copeland H F. The classification of lower organisms. Pacific Books, 1956

Haeckel E. Generelle Morphologie der Organismen. Vols. 1& 2. Georg Reimer Berlin, 1866

Hu Hsen-hsu（胡先骕）. The major groups of living being：A new classification. Taxon, 1965, 14（8）：54–261

Judd W S, *et al*. Plant systematics：A phylogenetic approach. 3rd ed. Sinauer Associates Inc., 2008

Whittaker R H. On the broad classification of organisms. Quart. Rev. Biol, 1959, 34：210–226

Whittaker R H. New concepts of kingdoms of organisms. Evolutionary relations are better represented by new classifications than by the traditional two kingdoms. Science, 1969, 163（3863）：150–160

Woese C R, Fox G E. The concept of cellular evolution. J. Mol. Evol., 1977, 10：1–6

Woese C R, *et al*. Toward a natural system of organisms：Proposal for the domains Archaea, Bacteria and Eucarya. Proc. Nati. Acad. Sci. USA, 1990, 87：4576–4579

第二章　藻类植物（Phycophyta）

第一节　藻类植物的一般特征

藻类植物（Phycophyta，algae）在自然界几乎是无处不存在，只要是潮湿有光的条件下，都有它们的踪迹。中文"藻"字即水生的意思，它们主要生活在水中，在淡水中为淡水藻（freshwater algae），海水中为海藻（marine algae），半咸水中为半咸水藻类（brackish algae）。

在水中的生活习性各不相同，有的小型藻类在水中浮游，形成藻块漂浮于水面（图2-1，图2-2）；有的固着于水中的岩石上或土壤上（图2-3，图2-4），或附着在水中其他植物体上；生长在潮湿的土壤上或石上为陆生藻类（terrestrial algae）；生长在潮湿的树皮或墙上为亚气生藻类（subaerial algae）。少数藻类能生长在高达40～50℃，甚至85℃的温泉中，或在高山冰川和南北两极、终年积雪的低温条件下。

图2-1　衣藻属（*Chlamydomonas*）（自刘国祥）

图2-2　绿色微囊藻（*Microcystis viridis*）（自吴艳龙）

图2-3　海头红（*Plocamium telfairiae*）（自王少青）

图2-4　一种浒苔（*Enteromorpa sp.*）（自王永强）

少数藻类寄生在动植物体内，危害宿主如头孢藻（*Cephaletiros virescens*）寄生在山茶、荔枝等叶内和枝条内（图2-5），又如橘色藻（*Trentepohlia*）寄生在龙脑香树干上（图2-6）。有的藻类与菌类共生，形成共生的复合体为地衣（lichen），如石蕊（*Cladonia gracilis*）（图2-7），有的藻类如小球藻内生在袋状草履虫（*Paramecia bursaria*）体内（图2-8）。

A   B

图2-5　头孢藻（*Cephaleutios virescens*）（自苏州农业职业技术学院"园林植物保护"精品课程组）
A 叶片上藻斑；B 枝条上藻斑

图2-6　橘色藻属（*Trentepohlia*）
（自刘国祥）

图2-7　石蕊（*Cladonia gracilis*）（自Schou）

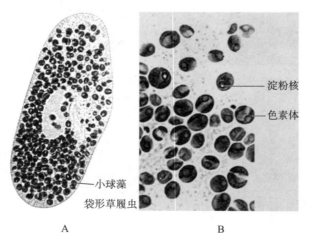

A   B

图2-8　袋状草履虫（*Paramecia bursaria*）（自包文美）
A 小球藻内生于草履虫体内；B 体内小球藻放大

藻类植物的植物体结构简单，称为原植体或藻体（thallus），无根、茎、叶的构造，属于低等植物（lower plants），无性生殖时产生孢子，属于孢子植物（spore plant），具有光合色素，能行光合作用，制造营养以供需要，故又可称为自养原植体（autotrophic thallophytes）。生殖器官是单细胞的，受精后的合子萌发为新植物体时，无胚的结构，属于无胚植物（inembryonate plant）。藻类少数种类是异养的或暂时异养的，根据它们的细胞构造和光合色素以及贮藏物质与异养原植体植物（heterotrophic thallophytes）的真菌植物相区别。

一、藻体形态（algal form）

藻体在大小、形态和构造上的差异很大。小到肉眼不能看到的单细胞，大的可达数厘米至 10 cm 以上。最大的巨藻（*Macrocystis*）可达 100 m 以上（图 2 - 9）。藻体有以下几种基本体型：

图 2 - 9　巨藻属（*Macrocystis*）

（一）单细胞型（unicellular forms）　藻体是单细胞的。

1. 运动型（motile）具鞭毛，能在水中游动如衣藻（*Chlamydomonas*）（图 2 - 10A）。

2. 非运动型（non - motile）不具鞭毛，不能在水中游动如小球藻（*Chlorella*）（图 2 - 10B）。

（二）多细胞型（multicellular forms）　藻体由多数细胞组成。

1. 群体型（colonial forms），其中又有的是定型或不定型的群体型，即其群体形状和组成群体的细胞数目一定或不定。

（1）定型群体（coenobium）

① 运动定型群体（motile coenobium），如团藻（*Volvox*）（图 2 - 10C）。

② 不运动定型群体（*non-motile coenobium*），如水网藻（*Hydrodictyon*）（图 2 - 10D）。

（2）不定型群体（palmelloid），如四孢藻（*Tetraspora*）（图 2 - 10E）。

2. 丝状型（filamentous form）

（1）单列丝状体（uniseriate filament）

① 不分枝丝状体（unbranched filament），如丝藻（*Ulothrix*）（图 2 - 10F）。

② 分枝丝状体（branched filament），如水云（*Ectocarpus*）（图 2 - 10G）。

（2）多列丝状体（multiseriate filament），如多管藻（*Polysiphonia*）（图 2 - 10H），有的丝状型丝状体可分化为直立（erect）和匍匐（prostrate）两部分，称为异丝性丝状体（heterotrichy filament），如费氏藻（*Fritschiella*）（图 2 - 10I）。

3. 管状型（siphonous forms），分枝的丝状体，不具横隔，成为管状，体内细胞核多数，如无隔藻（*Vaucheria*）（图2 - 11A）。

4. 薄壁组织型（parenchymatous forms），由单列不分枝丝状体细胞向多方向分裂，形成片状或膜状植物体，如海带（*Laminaria*）（图 2 - 11B）和石莼（*Ulva*）（图 2 - 11C）。

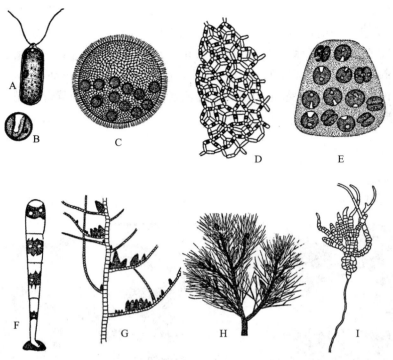

图 2 – 10　藻类植物体（1）（自 Pandey，重编）

A 衣藻（*Chlamydomonas*）；B 小球藻（*Chlorella*）；C 团藻（*Volvox*）；D 水网藻（*Hydrodictyon*）；E 四孢藻（*Tetraspora*）；
F 丝藻（*Ulothrix*）；G 水云（*Ectocarpus*）；H 多管藻（*Polysiphonia*）；I 费氏藻（*Fritschiella*）

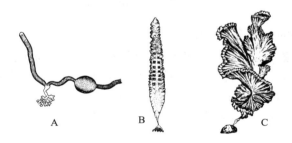

图 2 – 11　藻类植物体（2）（自 Pandey，重编）

A 无隔藻（*Vaucheria*）；B 海带（*Laminaria*）；C 石莼（*Ulva*）

二、细胞结构（cell structure）

藻类细胞有原核细胞（procaryotic cell）和真核细胞（eukaryotic cell）2 种基本类型。

（一）原核细胞（procaryotic cell）（图 2 – 12A）

细胞壁具有氨基糖（amino sugars）和氨基酸（amino acids）成分。细胞内有质膜（plasmale-mma）、中心质（centroplasm）和色素质（chromoplasm）。细胞内没有膜被的细胞器。蓝藻和原绿藻都属于原核细胞。

（二）真核细胞（eukaryotic cell）（图 2 – 12B）

除蓝藻和原绿藻外，其他藻类都具真核细胞，细胞核具有核膜，细胞由细胞壁、质膜、细胞质（包括细胞质基质和细胞器）、细胞核构成。

1. 细胞壁（cell wall）

藻类的细胞壁一般由纤维性（fibrillar）的纤维素（cellulose）形成壁的骨架。

2. 质膜（plasmalemma）

细胞壁内层有 1 层质膜，围绕整个细胞，控制原生质体内的物质进出。

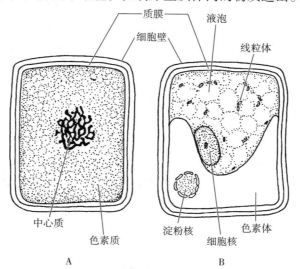

图 2 – 12　原核细胞和真核细胞的区别（自 Trainor，重编）

A 原核细胞；B 真核细胞

3. 细胞核（nucleus）

真核的核外被双层膜（double-membrane）包围，此膜称为核膜（nuclear membrane），核内有核仁（nucleolus）。在细胞有丝分裂分裂过程中，核仁分解。此外，还有中核（mesocaryotic nucleus）存在于甲藻（Dinophyta）和裸藻（Euglenophyta）中，中核在细胞有丝分裂过程中的表现与真核不同，在全周期中，核膜始终完整，核仁不分解，染色体浓缩状附着核膜。真核存在于除甲藻和裸藻外的各藻类中。

4. 色素体（chromoplast）和色素（pigment）

色素体外有色素体包被（chromoplast envelope），此包被为双层膜结构，有的藻类在色素体被外还有 1～2 层色素体内质网（chromoplast ER）。色素体内具光合片层（photosynthetic lamellae），每片层是 1 个类囊体（thylakoid）。色素体内质网有或无，1 或 2 层和类囊体的排列在各藻类中不尽相同（图 2 – 13）。

色素体内的色素（pigment）是藻类进行光合作用制造营养的重要成分，藻类的色素可分为三大类：叶绿素（chlorophyll）、胡萝卜素类（carotenoid）和藻胆素（phycobilin），它们又各分为若干类（Round，1965）。

（1）叶绿素（chlorophyll）分为 5 类：

① 叶绿素 a（chlorophyll a）各藻类都具有。

② 叶绿素 b（chlorophyll b）原绿藻、绿藻、裸藻具有。

③ 叶绿素 c（chlorophyll c）金藻、黄藻、硅藻、褐藻、定鞭藻、隐藻、甲藻和灰色藻具有。

④ 叶绿素 d（chlorophyll d）红藻具有。

⑤ 叶绿素 e（chlorophyll e）黄藻具有少量。

（2）胡萝卜素类（carotenoid）分为胡萝卜素和叶黄素 2 大类：

① 胡萝卜素（caroten）主要又可分为 2 类：胡萝卜素 α，仅隐藻有；胡萝卜素 β，各藻都具有。

② 叶黄素（xanthophyll）可分为 21 类，各藻类都具有其中的不同成分和含量。

（3）藻胆素（phycobilin）分为 2 大类：

① 藻红素（phycoerythrin）分 2 类，红藻具有。

② 藻蓝素（phycocyanin）分 2 类，蓝藻具有。

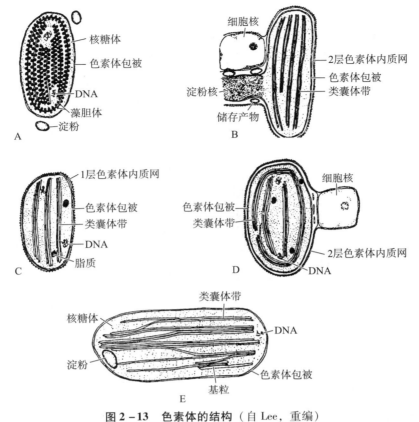

图 2 – 13　色素体的结构（自 Lee，重编）

A 无色素体内质网，光合片层单条类囊体（红藻门）；B 色素体内质网 2 层，光合片层 2 条类囊体（隐藻门）；
C 色素体内质网 1 层，光合片层 3 条类囊体（甲藻门，裸藻门）；D 色素体内质网 2 层，光合片层 3 条类囊体
（金藻门、定鞭藻、硅藻门、黄藻门和褐藻门）；E 无色素体内质网，光合片层 2~6 类囊体（绿藻门）

色素体内常含有淀粉核（pyrenoid），四周积有淀粉（图 2 – 12B）。

5. 贮藏物质（reserve material）

各藻类储存产物不一，主要是淀粉（starch），其他有蓝藻淀粉（cyanophycean starch）、红藻淀粉（floridean starch）、金藻昆布糖（chrysolaminaran）、褐藻淀粉（laminaran）和副淀粉（paramylum）等。

6. 鞭毛（flagellum）

有些藻类的藻体能运动，大多数藻类在生殖时产生运动细胞，运动细胞具有鞭毛而运动，原生动物的运动细胞也具有鞭毛，而且两者结构有相似之处，以此可说明它们有共同的起源。藻类细胞的鞭毛有 2 种类型：表面平滑的为尾鞭型（whiplash type，acronematic type）（图 2 – 14A），表面具绒毛的为茸鞭型（tinsel type），它又有双侧茸鞭型（pantonematic type）（图 2 – 14B）和单侧茸鞭型（stichonematic type）（图 2 – 14C,D）之分。此外还有如黄藻门的茎球藻（*Mischococcus sphaerocephalus*）具 2 条鞭毛，1 条为茸鞭型，另 1 条为尾鞭型（图 2 – 15）。

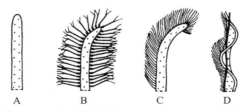

图 2 – 14　鞭毛类型图解（自 Hausmann，重编）

A 尾鞭型（绿藻）；B 双侧茸鞭（金藻）；C，D 单侧茸鞭型（裸藻、甲藻）

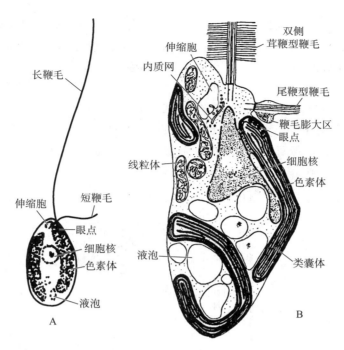

图 2 – 15　具尾鞭型鞭毛和茸鞭型鞭毛的藻类（黄藻门茎球藻 *Mischococcus spaerocephalus*）
（自 Lee 转自 Hibberd 和 Leedale，重编）
A 电镜下；B 光镜下

　　鞭毛的数目，着生位置和长度都不一样。数目一到多条，着生位置有顶生、亚顶生、侧生和环生，两到多条鞭毛的长度有等长和不等长（图 2 – 16）。

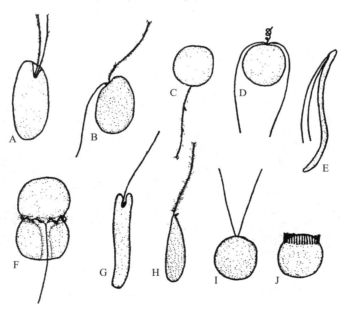

图 2 – 16　运动细胞形状和鞭毛类型（自 Lee，重编）
A 2 等长鞭毛（1 尾鞭，1 茸鞭），亚顶生（隐藻门）；B 2 不等长鞭毛（长为茸鞭，短为尾鞭），
侧生（黄藻门，针胞藻，金藻门，褐藻门）；C 1 条鞭毛，（茸鞭），顶生（硅藻门硅藻的精子）；
D 3 条鞭毛（尾鞭，1 为定鞭），顶生（定鞭藻门土栖藻）；E，I 2 等长鞭毛（尾鞭），
顶生（绿藻门及轮藻的精子）；F 2 不等长鞭毛，1 条环生（茸鞭），1 条直生（尾鞭）（甲藻门）；
G，H 1 条鞭毛（茸鞭），顶生（裸藻门）；J 多数等长鞭毛（尾鞭），环生（绿藻门鞘藻）

鞭毛的结构在透射电镜下的纵切面看，可分为 2 部分；毛干（shaft）和毛基体（basal body，kin-etosome），毛干伸出细胞外（图 2 - 17A），毛基体埋与细胞内，毛基体上部有过渡区（transition re-gion）（图 2 - 17B）与毛干相连，相连处有轴粒和隔片。从横切面可看到，毛干的中央有一对中央微管（central pair of singlet microtubules），周围有 9 组周围微管，各由 2 条微管组成，称此 2 微管为 2 联体（doublet），故毛干内的微管结构简称为 9（2）+2（图 2 - 17C，图 2 - 18A）。毛基体的中央没有微管，周围的 9 组微管各由 3 条微管组成，称此微管为 3 联体（triplet），故毛基体内的微管结构简称为 9（3）+0（图 2 - 17D）。毛基体的基部的中央有轴丝（central filament）（图 2 - 18B）。鞭毛的运动是由于相邻的 2 联体微管彼此相对滑动的结果 。

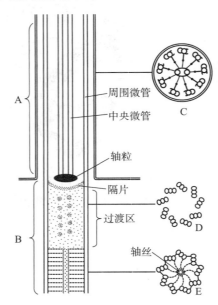

图 2 - 17　鞭毛超微结构图解（自 Grell，重编）

A 毛干；B 毛基体纵切；C 毛干横切；D 毛基体的过渡区横切；E 毛基体基部横切

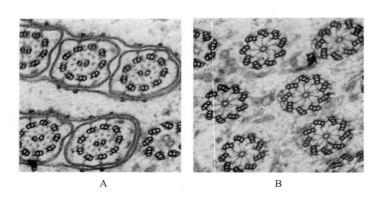

图 2 - 18　鞭毛超微结构横切面（伪披发虫 *Pseudotrichonympha*）（自 Grell 转自 Gibbons，重编）

A 毛干 9（2）+2；B 毛基体的基部中央有轴丝

运动细胞如具 2 条鞭毛，则在 2 条鞭毛的毛基体末端共有 2 条微丝，分别叫做远基联结微丝（DCF，distal connecting fiber）和近基联结微丝（PCF，proximal connecting fiber），以此相联结。毛基体向下伸出微管根（microtubular root）也称为鞭毛根（flagellar root）（图 2 - 19），它们的数目和排列在各藻类中不一。

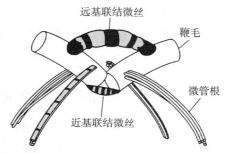

图 2 - 19　鞭毛微管根的联结（自 Graham 和 Wilcox 转自 Inouye，重编）

三、繁殖（reproduction）

繁殖是生物孳生后代的现象，为生命的基本特征之一。藻类的繁殖方式有营养繁殖，无性生殖和有性生殖三大类。

（一）营养繁殖（vegetative reproduction），是营养体上的一部分由母体分离出来后，长成新的个体。例如单细胞的种类经细胞分裂后，形成 2 个子细胞，各长大为新个体，多细胞的种类，其藻体断裂，断裂下来的部分长成新个体。

（二）无性生殖（asexual reproduction），藻体产生生殖细胞，由生殖细胞发展成下一代叫做生殖。生殖细胞是由母细胞壁内的原生质体产生，其数目可由一个至多个，此时母细胞称为孢子囊（sporangjum），产生的生殖细胞为孢子（spore）。孢子中有的具鞭毛的，叫做游动孢子（zoospore）（图 2 - 20），无鞭毛的，叫做不动孢子（aplanospore）（图 2 - 21），它们都可萌发为新的藻体。

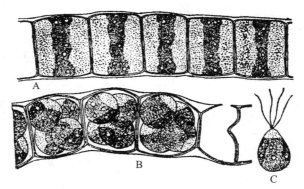

图 2 - 20　环丝藻（*Ulothrix zonata*）产生游动孢子（自 Smith）

A 营养细胞；B 产生 4 个游动孢子；C 游动孢子具顶生 4 条鞭毛

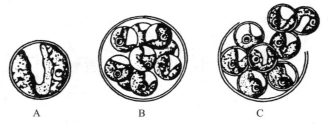

图 2 - 21　小球藻（*Chlorella vulgaris*）产生不动孢子（自 Strasburger 转自 Grintzesco，重编）

A 营养细胞；B 产生不动孢子；C 放出不动孢子

（三）有性生殖（sexual reproduction），生殖细胞产生有性区别的配子（gamete），配子必须结合为合子（zygote），合子经减数分裂，萌发为新藻体，产生配子的母细胞为配子囊（gametangium）。2个配子的形状、大小和行为完全相同，叫做同配生殖（isogamy）（图 2 - 22A）；形状相同，但大小和行为不同，叫做异配生殖（heterogamy）（图 2 – 22B），其形状、大小和行为都不相同，叫做卵式生殖或卵配（oogamy）（图 2 – 22C）。大配子为卵（egg），无鞭毛，圆球形，不能运动；小配子为精子（spermatozoid），有鞭毛，很活泼，能运动，与卵结合为合子（zygote）。

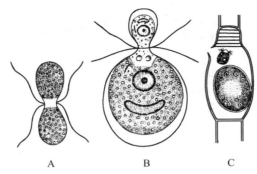

图 2 – 22　藻类有性生殖（自 Pandey，重编）
A 同配生殖（衣藻 *Chlamydomonas*）；B 异配生殖（衣藻）；C 卵式生殖（鞘藻 *Oedogonium*）

　　藻类植物是一群古老的植物，在 35 亿～33 亿年前就开始出现了藻类中的蓝藻和原绿藻，它们是原核生物，是藻类植物中最原始的，其他藻类则是真核生物。目前已知的藻类有 30 000 余种，根据藻类植物的细胞核的构造、细胞壁的成分、色素体的结构及其所含色素的种类、储存产物的类别、鞭毛的有无及其数目、着生位置和类型等主要特点，将藻类植物分为 13 个门（胡鸿钧，魏印心）。各门藻类主要特征如图 2 – 23。

门	主要色素	贮藏物质	细胞壁主分	鞭毛	生境
蓝藻门（Cyanophyta）	叶绿素 a，藻蓝素，藻红素	蓝藻淀粉	胞壁质	无	淡水，海水，陆地
原绿藻门（Prochlorophyta）	叶绿素 a、b	蓝藻淀粉	胞壁质	无	淡水，海水，
灰色藻门（Glaucophyta）	叶绿素 a，藻蓝素，别蓝藻素	淀粉	纤维素，胞壁质	鞭毛退化	淡水
红藻门（Rhodophyta）	叶绿素 a、d，藻蓝素，藻红素	红藻淀粉	纤维素，果胶	无	淡水少，海水多
金藻门（Chrysophyta）	叶绿素 a、c	金藻昆布糖，油	纤维素，硅质或无壁	1～2 不等长或等长，顶生	淡水，海水，陆地
黄藻门（Xanthophyta）	叶绿素 a、c	金藻昆布糖，油	纤维素果胶	2 不等长，顶生	淡水多，海水少
定鞭藻门（Haptophyta）	叶绿素 a、c	金藻昆布糖	钙质鳞片或纤维素鳞片	2 不等长或等长和 1 定鞭毛	淡水少，海水多
硅藻门（Bacillariophyta）	叶绿素 a、c	金藻昆布糖，油	硅质果胶	1～2 不等长或等长，顶生	淡水，海水
褐藻门（Phaeophyta）	叶绿素 a、c	褐藻淀粉，甘露醇	纤维素，褐藻酸	2 不等长，侧生	淡水极少，海水多
隐藻门（Cryptophyta）	叶绿素 a、c，藻蓝素，藻红素	淀粉	无壁	1～2 不等长或等长，顶生	淡水，海水
甲藻门（Dinophyta）	叶绿素 a、c	淀粉，油	纤维素	2 不等长，1 环行，1 后拖	淡水，海水
裸藻门（Euglenophyta）	叶绿素 a、b	副淀粉	无壁	1～2 不等长，顶生或亚顶生	淡水，海水，陆地
绿藻门（Chlorophyta）	叶绿素 a、b	淀粉	纤维素，果胶	1，2～8 等长，顶生	淡水，海水，陆地

图 2 – 23　各门藻类主要特征（自胡鸿钧和魏印心，Bold 及 Barsanti *et al.*，重编）

第二节 蓝藻门 （Cyanophyta）

蓝藻门（Cyanophyta）常称为蓝绿藻（blue-green algae），多数蓝藻的细胞壁外具有胶质鞘，因此又叫做黏藻（myxophyceae）。蓝藻与细菌都属于原核生物（Procaryotic organism），故又称为蓝细菌（cyanobacteria），有学者称之为蓝原核藻（Cyanoprocaryota）。蓝藻与细菌都以细胞分裂为主要繁殖方式，曾合称为裂殖植物（schizophyta）。藻类中除蓝藻门外，还有近年发现的原绿藻（Prochlorophyta）都属原核生物。

一、蓝藻门（Cyanophyta）的一般特征

（一）生境（habitat）

蓝藻生长在含氮较高、有机质丰富的水体中或潮湿土壤、岩石、树干和树叶上，许多种类因具有胶质鞘，能在干旱的环境中生长繁殖。蓝藻能耐高温，在 77～85℃ 温泉中生长的藻类主要是蓝藻，又能耐低温，在冰下水体中生长的也有蓝藻。有些蓝藻内生在植物体内，如裸子植物苏铁（cycad）的根中、蕨类植物满江红（*Azolla*）的叶腔中。有些种类与真菌共生组成地衣（lichenes）。在夏秋季节，湖泊和池塘内有些蓝藻大量繁殖，集聚水面，形成一片水华（water bloom），破坏湖泊景观，因水体的含氧量降低，甚至释放毒素，造成鱼、虾等水生生物死亡，同时还危及人体的健康。

（二）藻体形态（algal form）

藻体为单细胞，非丝状群体和丝状体。非丝状群体由于细胞分裂后，子细胞相互集成定型或不定型的群体。丝状体（filament）由相连的一列细胞叫做藻丝（trichome）及其外围的胶质鞘（gelatinous sheath）组成。藻丝具有分枝或伪分枝，伪分枝由藻丝的一端穿出胶质鞘，延伸而形成。有些丝状体上产生特殊的细胞叫做异形胞（heterocyst），异形胞较营养细胞大，圆形或椭圆形，细胞壁变厚，细胞内透明。异形胞的形成与固氮作用有关。异形胞本身也能萌发为丝状体。

（三）细胞结构（cell structure）

光镜下可分辨出胶质鞘、细胞壁和原生质体等（图 2-24）。

1. 细胞壁（cell wall）

细胞壁的主要成分由胞壁质（murein）或叫做肽聚糖（peptidoglycan）或糖胺聚糖（mucopeptide），二氨基庚二酸（diminopimelic acid）和葡糖胺（glucosamine）构成，与细菌的壁相似。细胞壁外是胶质鞘。

2. 原生质体分化为中心质（centroplasm）[或叫做中心体（central body）]和色素质（chromatoplasm）[或叫做周质（periplasm）]两部分。

（1）中心质 位于细胞中央，含有核质，由 DNA 微纤维组成，无核膜和核仁的结构，故称为原核（图 2-23）。

（2）色素质 位于细胞四周，色素质内的颗粒是光合作用的产物叫做蓝藻颗粒体（cyanopnycin granule）。

在电镜下可见到（图 2-25）：

（1）中心质内含核质和羧基体：① 核质（nucleoplasm）由 DNA 微纤维组成；② 羧基体（polyhedral body）多角形，贮藏核蛋白，由酶组成。

（2）色素质

① 光合片层（photosynthetic lamellae）或叫做类囊体（thylakoids），是光合作用的场所，但没有

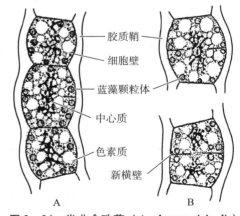

图 2-24 卷曲念珠藻（*Anabaena cicinalis*）

（自 Haupt，重编）

A 营养细胞；B 细胞分裂

分化出色素体。光合色素除叶绿素 a 外，还有藻蓝素（phycocyanin）、藻红素（phycoerythrin）、胡萝卜素和叶黄素。细胞内无任何细胞器。

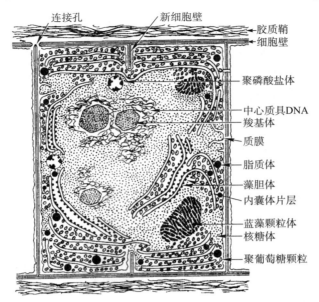

连接孔　　新细胞壁　　胶质鞘　　细胞壁　　聚磷酸盐体　　中心质具DNA　　羧基体　　质膜　　脂质体　　藻胆体　　内囊体片层　　蓝藻颗粒体　　核糖体　　聚葡萄糖颗粒

图 2 – 25　蓝藻超微结构（自 Pritchard *et al.* 仿 Pankratz *et al.*，重编）

② 蓝藻颗粒体（cyanopnycin granule），在细胞周边，大型，由蛋白质组成，具有保存氮的功能。

③ 聚磷酸盐体（polyphosphyate body），卵形或圆球形，贮藏磷酸盐。

④ 藻胆体（phycobilisome）附着在类囊体表面，圆形或杆状，内含藻胆蛋白（phycobiliprotein）和糖原（glycogen）。藻胆蛋白具有光合作用辅助色素，叫做藻胆素（phycobilin）；包括藻红素（phycoerythrin）蓝绿色的藻蓝素（phycocyanin）和别藻蓝素（allophycocyanin）。

⑤ 聚葡萄糖颗粒（polyglucan granule），许多小体类囊体之间排成行，主要贮藏糖类，也称为蓝藻淀粉颗粒（cyanophycean starch granule）。

⑥ 脂质体（lipid），位于质膜附近，贮藏酶产生的代谢产物。

（3）贮藏物质（reserve material），聚葡萄糖颗粒和蓝藻颗粒体（cyanopnycin granule）。

（4）伪空胞（pseudovacuole），或叫做气胞（gas vauocle），浮生的蓝藻细胞内，因具有伪空胞，使藻体浮于水面。

（四）繁殖（reproduction）

1. 营养繁殖

蓝藻以细胞直接分裂为主要繁殖方式（图 2 – 24B）。丝状体和群体因破裂或断裂进行营养繁殖。还有，丝状体的种类常产生死细胞（necridium），因此细胞死亡，将藻丝分隔开，形成藻殖段（hormogonium），各藻殖段发育成新藻体，或丝状体的 2 个细胞之间分泌胶质，形成双凹形的隔离盘（separation disc），藻丝被分隔开，形成藻殖段，如鞘丝藻（*Lyngbya*）（图 2 – 34D）；或产生异形胞（heterocyst），异形胞脱落，形成藻殖段，如鱼腥藻（*Anabaena*）（图 2 – 42B，C）。

2. 无性生殖（下列 4 种）

（1）厚壁孢子（akinete）　由藻体内的营养细胞体积增大，细胞壁加厚，积蓄营养物质而形成，可长期休眠，度过不良环境。环境适宜时，厚壁孢子萌发，形成新藻体，如念珠藻（*Nostoc*）（图 2 –45）。

（2）外生孢子（exospore）　由于藻体的细胞顶端横裂，形成大小不等的两段原生质体，前端较小的就是外生孢子，基部较大的可继续分裂，不断产生外生孢子，待母细胞顶端的壁破裂，外生孢子散出，长成新藻体。母细胞基部的壁仍存留，成为鞘状，如管孢藻（*Chamaesiphon*）（图

2 – 31B，C）。

（3）内生孢子（endospore）　细胞增大，原生质体进行多次分裂，产生许多具壁的内生孢子，母细胞壁破裂后，全部内生孢子放出，每孢子萌发为新藻体，如皮果藻（*Dermocarpa*）（图 2 – 32）。

（4）异形胞（heterocyst）　异形胞不仅因它的脱落，使藻丝分隔开，形成藻殖段，行营养繁殖，它本身还可萌发为新的藻体，如鱼腥藻（*Anabaena*）（图 2 – 43）。

二、蓝藻门（Cyanophyta）的代表植物

蓝藻门仅有一纲即蓝藻纲（Cyanophyceae），蓝藻纲全世界约有 150 属，1 500 种（Smith），分 4 目：色球藻目（Chroococcales）、颤藻目（Osillatoriales）、念珠藻目（Nostocales）和真枝藻目（Stigonematales）（胡鸿钧，魏印心）。本书介绍 4 目中的若干代表植物。

1. 色球藻目（Chroococcales）

35 属，250 种（Smith），大多数是淡水产。藻体为单细胞和群体，群体为球形、平板形、立方形或不定群体，具个体胶质鞘（gelatinous sheath）或群体胶被（colonial gelatinous envelope），简称胶被。细胞球形、椭圆形、长圆形或卵形。细胞壁薄，内层与原生质体紧贴，外层胶化。原生质均匀或具颗粒。营养繁殖：细胞分裂；无性生殖：外生孢子和内生孢子。

（1）平裂藻属（*Merismopedia*）　我国约有 11 种（臧穆，黎兴江，凌元洁）。生长在各种淡水水体的湖泊、池塘和洼地中。有的种生活在温泉和海水中。藻体为一层细胞厚的平板状群体，细胞有规则排列，常为每 2 个细胞排列成双，2 对成一组，四组成一小群，许多小群集合成平板状藻体（图 2 – 26A），胶被无色、透明而柔软，胶质鞘不明显（图 2 – 26B）。细胞球形或椭圆形，内含物均匀，少数具伪空胞（图 2 – 26C）。细胞淡蓝绿色至亮绿色，少数呈玫瑰色至紫蓝色。营养繁殖：细胞分裂和群体断裂。

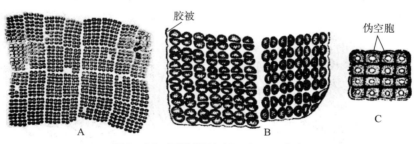

图 2 – 26　平裂藻属（*Merismopedia*）

A 群体（活体）（自 Bold *et al.*）；B 旋折平裂藻（*M. convoluta*）；C 中华平裂藻（*M. sinica*）（自胡鸿钧，魏印心，重编）

（2）微囊藻属（*Micocystic*）　我国约有 20 种（臧穆，黎兴江，凌元洁）。生长于湖泊和池塘中，浮游或着生于其他植物体上。在温暖季节大量繁殖，形成水华，浮于水面，危害水生动物。藻体为多细胞群体，自由漂浮或着生于他物上。群体球形、椭圆形或不规则形，有时群体有穿孔，形成网状。群体胶被均质无色，往往成为分散的黏质状（图 2 – 27A，图 2 – 28A）。细胞球形或椭圆形（图 2 – 27B，图 2 – 28B），群体细胞中细胞数目极多，排列紧密，无个体胶质鞘，蓝色或亮蓝绿色。漂浮种类的细胞中常具有伪空胞。营养繁殖：细胞分裂，群体破裂。

（3）黏球藻属（*Gloeocapsa*）　我国约有 34 种（臧穆，黎兴江，凌元洁）。主要为亚气生或气生种类，水生种类很少。生长在潮湿土壤和岩石上，海产种类生于高潮带的岩石和木头上。藻体为块状球形或不定形群体，群体由 2 ~ 8 个以至数百个细胞组成，群体胶被均匀，透明或有明显层次。细胞球形，无色、黄色或褐色。有的种个体胶质鞘明显，形成不规则层次（图 2 – 29A）。有的种则融合在胶被中（图 2 – 29B）。营养繁殖：细胞分裂，群体断裂。

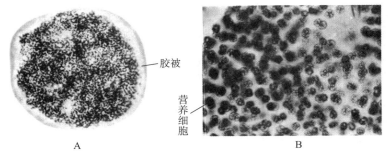

图 2-27　铜绿微囊藻（*Microcystis aeruginosa*）（活体）（自 Bold *et al.*，重编）

A 群体；B 部分群体放大

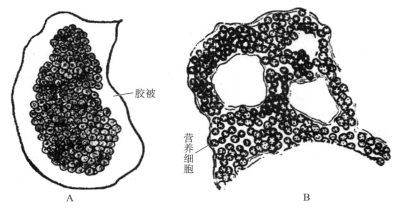

图 2-28　微囊藻属（*Microcystis*）

A 水华微囊藻（*Microcystis flos-aquae*）；B 铜绿微囊藻（*M. aeruginisa*）（自胡鸿钧，魏印心，重编）

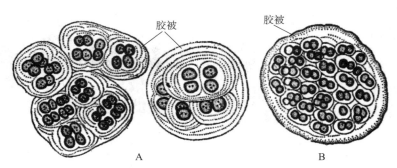

图 2-29　黏球藻属（*Gloeocapsa*）

A 石生黏球藻（*Gloeocapsa rupestris*）；B 滴岩黏球藻（*G. stegophila*）（自胡鸿钧，魏印心，重编）

　　（4）色球藻属（*Chroococcus*）　　我国约有 26 种（臧穆，黎兴江，凌元洁）。水生或亚气生，生长在湖泊、池塘、水沟或湿地，树干或岩石上。藻体单细胞或群体。单细胞时为圆球形，外被胶质鞘。群体是由两代或多代细胞相连而成。细胞呈半球形，灰色、淡蓝绿色、黄色或褐色。细胞相连处平直，群体外有胶被，透明无色分层（图 2-30）。

　　（5）管孢藻属（*Chamaesiphon*）　　我国约有 13 种（臧穆，黎兴江，凌元洁）。生长在湖泊、温泉，常着生在其他藻体上。有的种类海产。藻体为单细胞，具顶端和基部的分化，基部着生于基质，幼细胞球形，长成后椭圆形、圆柱形或棒状（图 2-31A）端成为孢子囊，经横分裂，缢缩而产生外生孢子（图 2-31B，C）。

　　（6）皮果藻属（*Dermocarpa*）　　我国约有 10 种（臧穆，黎兴江，凌元洁）。生长在静水水体，着生在多种植物体上。有的种类海产。藻体为单细胞或聚集成群，具极性，基部着生于基质，上部发

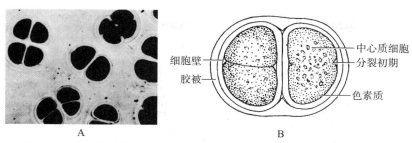

图 2 – 30 膨胀色球藻（***Chroococcus turgidus***）（自 Bold *et al.*，重编）

A 藻体（活体）；B 细胞结构

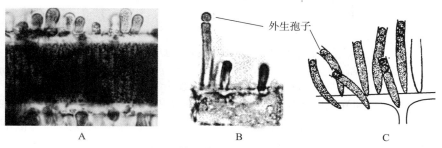

图 2 – 31 管孢藻属（***Chamaesiphon***）

A 一种管孢藻（*Chamaesiphon* sp.）幼体（活体）附生在紫管藻（*Porphyrosiphon* sp.）藻体上（自 Bold *et al.*）；

B 一种管孢藻（*Chamaesiphon* sp.）（活体）产生外生孢子（自 Graham *et al.*）；

C 层生管孢藻（*C. incrustans*）（自 Smith，重编）

育为孢子囊。细胞半球形、卵圆形或棒状，具胶质鞘。无性生殖：孢子囊内连续多次细胞分裂，产生大量内生孢子（图 2 – 32），由囊顶开裂或囊壁胶化，散出孢子。

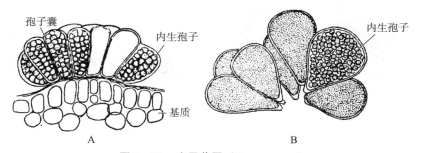

图 2 – 32 皮果藻属（***Dermocarpa***）

A 草绿皮果藻（*Dermocarpa prasina*）（自 Fritsch）；B 太平洋皮果藻（*D. pacifica*）（自 Smith，重编）

2. 颤藻目（Oscillatoriales）

藻体为单列丝状体，单生或聚集成群，不分枝或具伪分枝，藻丝具或不具胶质鞘。细胞圆柱形、方形或盘形。细胞横壁收缢或不收缢，外壁薄或增厚。原生质体均匀或具颗粒或横壁处具颗粒。无异形胞，许多种的藻丝能运动。营养繁殖：形成藻殖段。

（1）席藻属（*Phormidium*） 我国约有 50 种（臧穆，黎兴江，凌元洁）。着生或漂浮，生长在潮湿的土壤、墙壁和树干上，或在其他淡水水体、温泉和咸水中。藻体由不分枝的藻丝组成，藻丝直或弯曲，具胶质鞘，彼此粘连，集成席状、胶状或皮状，因形成席状而得名。藻丝能运动，末端头状或非头状。细胞短圆柱形，细胞内不具伪空胞（图 2 – 33A）营养繁殖：形成藻殖段（图 2 – 33B）。

（2）鞘丝藻属（*Lyngbya*） 全世界约 100 种（臧穆，黎兴江，凌元洁），我国约有 20 种（胡鸿

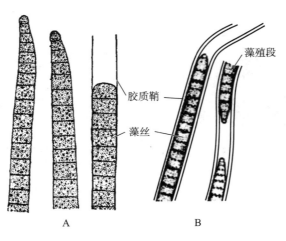

图 2 – 33　席藻属（*Phormidium*）

A 秋季席藻（*Phormidium autumnale*）（自 Smith）；B 利斯席藻（*P. lisorense*）（自胡鸿钧，魏印心，重编）

钧，魏印心）。生长在土壤和静水的水坑和沼泽中，或流水和泉水中，有的种类生活在温泉。有的种类海产。藻体由不分枝的藻丝组成，藻丝彼此粘连，罕见单生，藻丝集成大的、似革状的层状（图2 –34A）藻丝具胶质鞘（图2 –34B），鞘有时分层（图2 –34C）。细胞盘状，细胞内有时具伪液胞。营养繁殖：产生死细胞和隔离盘，形成藻殖段（图2 –34D）。

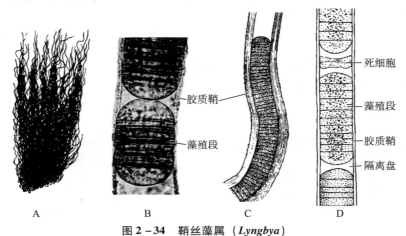

图 2 – 34　鞘丝藻属（*Lyngbya*）

A，C 巨大鞘丝藻（*Lyngbya majuscule*）藻体（活体）（自 Frtisch 转自 Fremy）；

B 一种鞘丝藻（*Lyngbia* sp.）部分藻丝放大（活体）；D 藻丝（自 Bold *et al.*，重编）

（3）颤藻属（*Oscillatoria*）　全世界30余种，我国约有10种（臧穆，黎兴江，凌元洁）。生长在湿地或浅水中，被有机物污染的静水中尤为常见，大量繁殖成为黑蓝绿色一片或团块。藻体为不分枝的单条藻丝（图2 –35A，B），或由藻丝组成皮壳状和块状的群体，藻丝无胶质鞘或具薄鞘，直或扭曲。藻丝能运动，匍匐式或旋转式运动，因能颤动而得名。顶端细胞形态多样，末端增厚或具帽状结构，成为帽状体（calyptra）（图2 –35C）。细胞短柱形或盘形，内含物均匀或具颗粒，少数具伪空胞。营养繁殖：形成藻殖段（图2 –35D）。

（4）螺旋藻属（*Spirulina*）　我国约有10种（臧穆，黎兴江，凌元洁）。生长在各种水体和潮湿土壤，淡水、海水均产。藻体含蛋白质丰富，经大量培养，不仅可做精饲料，还可为人体的保健品。藻体单细胞或丝状体，或松（图2 –36A，C）或紧（图2 –36B）的卷曲，成为规则的螺旋状，因而得名。细胞无鞘，顶端钝圆，能旋转运动。营养繁殖：形成藻殖段。

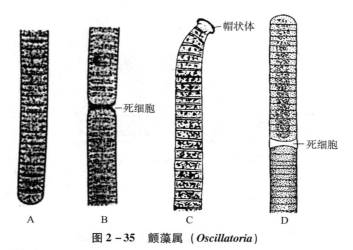

图 2 – 35 颤藻属（*Oscillatoria*）

A，B—种颤藻（*Oscillatoria* sp.）（活体）（自 Bold *et al.*）；C 象鼻颤藻（*O. proboscidea*）
（自 Fritsch 转自 Gomont）；D 泥生颤藻（*O. limosa*）（自 Bold *et al.*，重编）

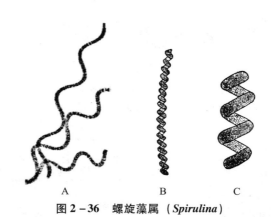

图 2 – 36 螺旋藻属（*Spirulina*）

A 螺旋藻属（*Spirulina*）（活体）（自 Graham *et al.*）；B 巨形螺旋藻（*S. major*）；
C 冠位螺旋藻（*S. princeps*）（自 Smith，重编）

3. 念珠藻目（Nostocales）

藻体为单列丝状体，藻体不分枝，顶端不渐尖，具胶质鞘。细胞球形或圆柱形，原生质体均匀或具颗粒，呈蓝绿色。具异形胞，顶生或间生，单生或成串。具有比营养细胞大的厚壁孢子，位于异形胞附近，或远离异形胞。营养繁殖：形成藻殖段。无性生殖：异形胞和厚壁孢子。

（1）伪枝藻属（*Scytonema*）　我国约有 60 种（臧穆，黎兴江，凌元洁）。生长在潮湿的土壤、岩石和墙上，或着生在静水和流水的基质上。藻体为单条藻丝，具坚固的胶质鞘，分层或不分层，藻丝游离或成束，相互缠绕，匍匐或直立。异形胞间生。产生单生或对生的伪分枝，因而得名。伪分枝伸出胶质鞘外（图 2 – 37）。营养繁殖：藻丝顶端形成藻殖段。

（2）单岐藻属（*Tolypothrix*）　我国约有 8 种（胡鸿钧，魏印心）。生长在静水或流水水体和潮湿岩石上。藻体为单条藻丝，具坚固或薄或厚的胶质鞘，藻丝游离或匍匐或直立，异形胞单生或成串，常在近异形胞处产生伪分枝（图 2 – 38）。营养繁殖：藻丝顶端形产生藻殖段。

（3）胶须藻属（*Rivularia*）　我国约有 6 种（胡鸿钧，魏印心）。着生在池塘水草上，或清洁水体和温泉的基质上。藻体由藻丝组成球形或半球形的胶群体（图 2 – 39A），藻体具胶质鞘，在群体内略呈放射或平行排列，不分枝或略具不规则伪分枝，分枝常位于基部，藻体末端渐尖呈毛状，异形胞基生或间生（图 2 – 39B）。营养繁殖：形成藻殖段。

（4）胶刺藻属（*Gloeotrichia*）　我国约有 10 种（臧穆，黎兴江，凌元洁）。生长在静水水体中，

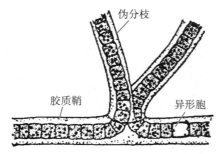

图 2 – 37　弧形伪枝藻（*Scytonema arcangelii*）（自 Smith，重编）

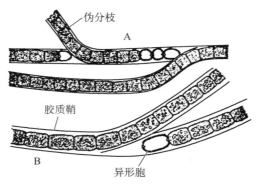

图 2 – 38　单岐藻属（*Tolypothrix*）

A 小单岐藻（*Tolypothrix tenuis*）；B 羊毛单岐藻（*T. lanata*）（自 Smith，重编）

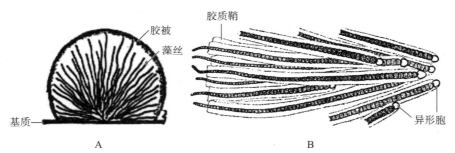

图 2 – 39　坚硬胶须藻（*Rivularia dura*）

A 藻体（自胡鸿钧，魏印心）；B 部分放大（自 Bold *et al.*，重编）

着生在水生植物体上或漂浮。藻体由藻丝组成球形或半球形的胶群体（图 2 – 40A），藻体在群体内略呈放射或平行排列，常具伪分枝，藻体末端渐尖呈毛状，基部胶质鞘坚固，异形胞常基生，异形胞附近具圆柱形的厚壁孢子（图 2 – 40B，图 2 – 41）。营养繁殖：形成藻殖段。

　　（5）鱼腥藻属（*Anabaena*）　我国约有 16 种（胡鸿钧，魏印心）。生长在静水水体中，生活在水坑和稻田，许多种具有固氮作用，培养在稻田中，可作为生物氮肥，使水稻增产。有的种共生于蕨类植物满江红（*Azolla*）叶腔内，有的种漂浮于湖泊，常与微囊藻一起形成水华。藻体为单条藻丝，或不定型胶质块，或柔软膜状，具胶质鞘，但无公共胶被，藻丝等宽或末端尖，直或不规则的螺旋状弯曲，细胞球形或桶形，异形胞常间生，厚壁孢子单生或成串（图 2 – 42）。营养繁殖：形成藻殖段；无性生殖：产生异形胞，内产藻体（图 2 – 43）。

　　（6）念珠藻属（*Nostoc*）　我国约有 50 种（臧穆，黎兴江，凌元洁）。生长在静水水体中，生活在湖泊、池塘和水坑，或潮湿土壤、沙地和草地上，有的种生活在流水岩石上。漂浮或着生。本属的地木耳（*N. commune*）和发菜（*N. flegelliforme*）可供食用。藻体幼时由藻丝组成球形至长圆形的胶群体，成熟后为球形、叶形、泡状等各种形状（图 2 – 44A），蓝绿色或黄褐色，有的种可大如鸡蛋，

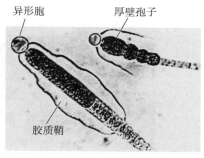

图 2 - 40   胶刺藻属（*Gloeotrichia*）

A 胶刺藻属（*Gloeotrichia*）活体染色（自 Graham *et al.*）；B 哥氏胶刺藻（*G. ghosei*）（活体）（自 Bold *et al.*，重编）

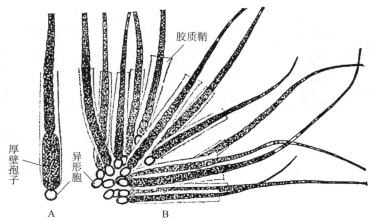

图 2 - 41   刺孢胶刺藻（*Gloeotrichia echinulata*）（自 Smith，重编）

A 具厚壁孢子的藻丝；B 部分群体

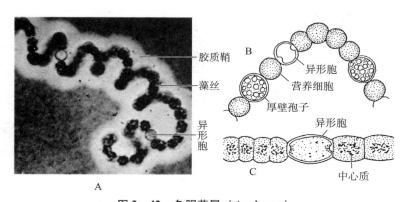

图 2 - 42   鱼腥藻属（*Anabaena*）

A 水华鱼腥藻（*Anabaena flos-aquae*）（活体）；B 卷曲鱼腥藻（*A. circinalis*）；C 一种鱼腥藻（*Aabaena* sp.）（自 Bold *et al.*，重编）

群体外有坚固的胶被，中空或实心。藻丝螺旋状弯曲或缠绕，紧密地排列在群体四周（图 2 - 44B），藻丝由形状相同的细胞组成，成为念珠状而得名（图 2 - 44C），细胞扁球形、桶形或圆柱形。胶质鞘幼时明显，或常相互融合。异形胞幼时顶生，成熟后间生。厚壁孢子球形或长圆形，在异形胞之间成串产生。

营养繁殖：产生藻殖段；无性生殖：产生厚壁孢子，萌发产生藻体（图 2 - 45）。

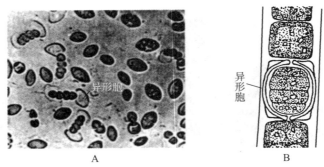

图 2−43　鱼腥藻属（*Anabaena*）异形胞萌发
A 桶形鱼腥藻（*A. doliolum*）（活体）（自 Bold *et al.* 转自 Singh）；
B 鱼腥藻（*A. hallensis*）（自 Smth 转自 Geitler，重编）

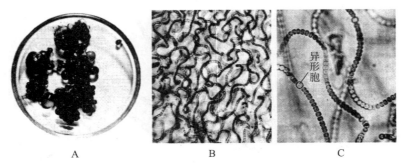

图 2−44　微型念珠藻（*Nostoc microscopicum*）（活体）（自 Bold *et al.*，重编）
A 胶群体；B 藻丝；C 藻丝放大

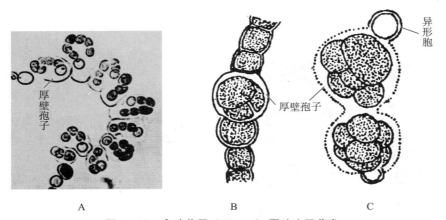

图 2−45　念珠藻属（*Nostoc*）厚壁孢子萌发
A 林氏念珠藻（*N. linckia*）（活体）（自 Bold *et al.*）；B，C 灰色念珠藻（*N. muscorum*）
（自 Smith 转自 Bristol，重编）

4. 真枝藻目（Stigonematales）

藻体为真分枝的丝状体，丝状体由单列或多列的藻丝组成，外被胶质鞘。细胞球形或椭圆形。具异形胞，厚壁孢子罕见。营养繁殖：形成藻殖段。

真枝藻属（*Stigonema*）　我国约有 20 种（臧穆，黎兴江，凌元洁）。生长在潮湿或干燥的岩石、土壤和树皮上，常与其他蓝藻混生于苔藓植物间。藻体为真分枝的丝状体，由单列或多列的藻丝组成，胶质鞘坚实，无色或黄褐色。细胞球形或扁平形，细胞之间具有原生质联丝。顶端生长。异形胞侧生或间生（图 2−46）。营养繁殖：分枝顶端形成藻殖段。

三、蓝藻在植物界的位置

1. 蓝藻的原始性

蓝藻的细胞结构原始，无真细胞核，无色素体和其他细胞器。具有原核和光合片层即类囊体，光合色素含有叶绿素 a，还有藻蓝素和藻红素。繁殖方式主要为细胞分裂，无有性生殖。

从古生物资料说明，蓝藻和细菌是地球上最早出现的生物。今在南非 32 亿年前（即太古代晚期或前寒武纪早期）形成的沉积岩层中，发现了类似蓝藻和

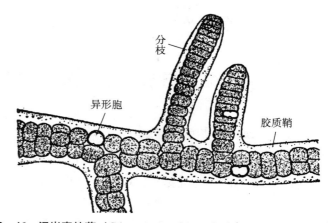

图 2−46　泥炭真枝藻（*Stigonema turfaceum*）（自 Bold *et al.*，重编）

细菌的化石，被称为古球藻和原始细菌，因古球藻进行光合作用放出氧气，使大气中产生游离氧，丰富了地球上的有机物，为异养生物（包括动物）提供食料来源。因此古球藻即蓝藻是地球上最原始、最古老的一群植物，也是动植物演化的先驱。

2. 内共生学说

近年来电子显微镜的广泛应用，对细胞核、线粒体和质体的结构，作了深入的研究，提出真核细胞起源的假说，叫做内共生学说（Endosymbiosis Theory），阐明蓝藻在生物演化过程中的重要作用。

此学说认为在距今 15 亿年前后，有一种原始的无色鞭毛生物，具有吞噬能力，先后把细菌或蓝藻吞食入细胞内，但未被消化，被一层食物泡囊包围，在细胞内建立了共生关系，最终，细菌在鞭毛生物内成为线粒体，蓝藻成为色素体。图 2−47 展示蓝藻被吞噬过程：蓝藻吞食入细胞内，成为食物泡囊，蓝藻的细胞壁溶解，成为无色鞭毛生物的色素体，还演化出淀粉核。

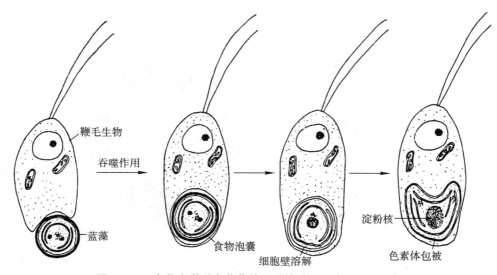

图 2−47　内共生学说中蓝藻被吞噬的过程（自 Lee，重编）

此设想的重要证据：真核细胞内线粒体和色素体，都有各自独立的 DNA 遗传物质，它们的 DNA 在结构上和生化组成上，不同于细胞核中的 DNA，却与细菌和蓝藻中的相似。另外，线粒体和色素体中核糖体，也不同于真核细胞的细胞质中的核糖体，而与细菌和蓝藻的相近。为什么真核细胞中的线粒体和色素体中的 DNA，都不同于它细胞核中的 DNA？从而使人设想这 2 种细胞器并非是原生的，最初它们可能是独立生活的原核生物，即细菌和蓝藻，被真核细胞吞食后，细胞壁消失，共生在细

内而形成。反对此学说者认为，细胞器是由原生质膜经过突起和折皱演变而成，并非原核生物内生形成。

第三节　原绿藻门（Prochlorophyta）

一、原绿藻门（Prochlorophyta）的一般特征

原绿藻门（Prochlorophyta）与蓝藻门（Cyanophyta）都无真细胞核和细胞器，同属于原核生物（Procaryotic organism）。原绿藻是近年来发现的藻类（Lewin，1973），它与蓝藻的主要区别在于所含的光合色素，原绿藻含有叶绿素 a 和 b，无藻胆素（phycobilin），蓝藻只含有叶绿素 a，无叶绿素 b，但有藻胆素。原绿藻类囊体常 2 至多条，集为 1 组，排列在细胞内的周边，光合作用产物与蓝藻基本相似，但不产生蔗糖。原绿藻的细胞壁结构与蓝藻相似，由胞壁酸构成。但无伪空胞。营养繁殖：细胞分裂。

原绿藻门 1 纲，1 目原绿藻目（Prochlorales），1 科，3 属原绿藻属（*Prochloron*）、原绿球藻属（*Prochlorococcus*）和原绿丝藻属（*Prochlorothrix*）（胡鸿钧，魏印心）。前 2 属海生，附生在海鞘及其他甲壳动物体、海藻和珊瑚礁上，后 1 属淡水生，生活在浅水富营养化湖泊（胡鸿钧，魏印心）。

二、原绿藻门（Prochlorophyta）的代表植物

原绿藻目（Prochlorales）

原绿藻属（*Prochloron*）

原绿藻（*Prochloron didemni*）海水生，我国藻类学家曾呈奎等在我国西沙群岛海域发现此种。

藻体为单细胞，球形，草绿色，无明显的胶质鞘，有时聚生成绿色胶质团（图 2 - 48A），无细胞核和其他细胞器，类囊体分布在细胞周边（图 2 - 48B），内含叶绿素 a 和 b，细胞壁含有二氨基庚二酸（diaminopimetic acid）等。

营养繁殖：细胞分裂。

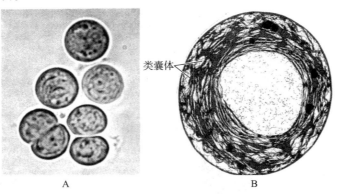

类囊体

图 2 - 48　原绿藻属（*Prochloron*）

A 细胞分裂（活体）（自 Graham *et al.* 转自 Hoshaw）；B 超微结构（自 Graham *et al.*，转自 Pugh *et al.*，重编）

三、原绿藻门（Prochlorophyta）在植物界的位置

原绿藻门与蓝藻门都属于原核藻类，是植物界两类独立的原始藻类。但根据最近基因的研究，原绿藻门的 3 属仅互为远亲关系，与蓝藻的若干种类反而有近亲关系，这导致了新观点，认为此 3 属虽含有叶绿素 a 和 b，它本来只有叶绿素 a，它的叶绿素 b 是从叶绿素 a 经多次发展而成，故原绿藻应归属于仅有叶绿素 a 的蓝藻门。

第四节　灰色藻门（Glaucophyta）

一、灰色藻门（Glaucophyta）的一般特征

灰色藻门的藻体都是单细胞的、具有真核和各种细胞器。并具有与绿藻超微结构相似的鞭毛（或退化的鞭毛）。按照内共生学说，由于无色鞭毛生物吞噬蓝藻后，有时未被消化，合成共生体，保留在细胞内，最后蓝藻成为鞭毛生物体内的色素体，此鞭毛生物演化为灰色藻。Pascher（1914）称此内生蓝藻为蓝色小体（cyanelle），曾归属于蓝藻门（Smith）。Skuja（1954）建议将此类生物建立一门，即灰色藻门。

经研究，这个门的种类具有的色素体与圆球形蓝藻十分相似，每个色素体，即蓝色小体被一层薄的肽聚糖（peptidoglycan）的被膜所包裹，与蓝藻细胞壁的化学性质相同，类囊体单条排列，具叶绿素a，但在类囊体上具有藻胆蛋白（phycobiliprotein），其中含有藻蓝素（phycocyanin）和别藻蓝素（allophycocyanin），故呈蓝绿色。贮藏物质为淀粉，位于原生质体内。无性生殖：似亲孢子。

灰色藻门1纲灰色藻纲（Glaucophyceae），1目灰色藻目（Glaucystales），3属，淡水生，为罕见藻类（胡鸿钧，魏印心）。

二、灰色藻门（Glaucophyta）的代表植物

灰色藻目（Glaucystales）

灰色藻属（*Glaucocystis*）全世界有4~5种，2变种，均为淡水产，我国已知1种（胡鸿钧，魏印心）。灰色藻（*Glaucocystis nostochinearum*）生长在清洁的静水水体中。

藻体为单细胞或由2~16细胞组成的群体，群体常位于母细胞壁内（图2-49A）。细胞卵圆形、椭圆形，罕见几乎圆形的（图2-49B）。具厚而分层的细胞壁，两端内侧增厚。细胞核位于细胞中部一侧，色素体（蓝色小体）圆盘状或带状，常排列为星形或辐射状，无淀粉核，原生质体内有淀粉颗粒（图2-49C）。无性生殖：形成4~16个似亲孢子。

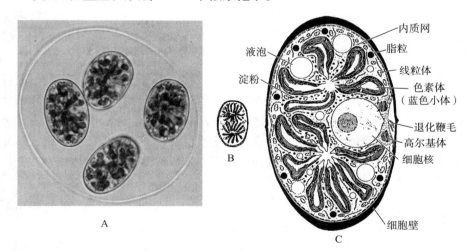

图2-49　灰色藻属（*Glaucocystis*）
A（活体）（自Graham *et al.*）；B光镜下（自Lee）；C电镜下（自Bell *et al.*，转自Schnepf *et al.*，重编）

三、灰色藻门（Glaucophyta）在植物界的位置

蓝藻被无色鞭毛生物吞噬后，在寄主体内成为蓝色小体（cyanelle），有时还保留1层薄的细

胞壁，位于液泡的侧面，与寄主共生而形成灰色藻，蓝色小体就成为灰色藻的色素体。类囊体单条排列，色素只有叶绿素 a。但灰色藻的超微结构揭示，灰色藻细胞内具有退化的鞭毛结构，因此有的学者认为灰色藻与绿藻的亲缘关系近，它可能是具叶绿素 a、b 的绿藻演化路线上的旁支。

第五节　红藻门 （Rhodophyta）

一、红藻门（Rhodophyta）的一般特征

1. 生境（habitat）

红藻全世界约有 558 属，3 740 种（Fott）。主要是海产，生于淡水的只有 12 属，约 50 种（Smith）。红藻分布很广，从南北两极到温、热带都有，主要产于温带海洋。多数种类为深海性，生于低潮线附近或潮下带，甚至 200 m 深的海底，有一些种类生于潮间带，更少数生于高潮带或潮上带。都以着生的方式，附生在海水的岩石或其他基质上。淡水的种类多生于清冷的山溪和水井中，或急流和瀑布的石上。

2. 藻体形态（algal form）

绝大多数为多细胞藻体，少数单细胞。其中有简单的单列细胞或多列细胞的丝状体，多数是由许多藻丝组成的假薄壁组织体。假薄壁组织的种类中，有单轴和多轴 2 种类型，前者藻体的中央有一条中轴丝，由它向周围各方向分生出侧丝，组成皮层；后者藻体的中央是由许多条中轴丝组成髓部，再由它向各方向分生侧丝，组成皮层。多数为顶端生长，如多管藻属（*Polysiphonia*），少数为居间生长，如附石藻属（*Epilithon*），更少数为分散生长，如紫菜属（*Porphyra*）。多数藻体种类呈紫红色，也有呈绿色、蓝绿色或浅褐色。

3. 细胞结构（cell structure）

（1）细胞壁（cell wall）　内层为纤维素（cellulose），外层为果胶（pectin）如琼胶、海萝胶和卡拉胶等组成。

（2）细胞核（nucleus）　多数种类的细胞具 1 个核，少数种具多核。有的种类幼时 1 个核，长成后多核。

（3）色素体（chromoplast）　原始红藻的色素体 1 个，轴生，星状，中央有淀粉核，淀粉核无鞘。高等红藻的色素体 1 个，侧生，常成片状或分裂，在老的细胞中色素体断裂为带状。有藻胆体，半球形，附着在类囊体表面上。色素体含叶绿素 a 和 d，还有藻红素（phycoerthrin）和藻蓝素（phycocyanin）。色素体包被外无内质网，色素体中的类囊体单条，不集成组。一般以藻红素占优势，故藻体呈红色。藻红素使红藻适应于深海生长，当光线透过海水水层时，长波光线如红、橙、黄光易被海水吸收，只有短波光线如绿、蓝光才能透入海水深处，恰好红藻因具藻红素能吸收绿、蓝光，进行光合作用，因而使红藻适应深海的生活。

（4）贮藏物质（reserve material）　为红藻淀粉（floridean starch），小颗粒状。原始红藻的红藻淀粉常围绕在淀粉核的四周，高等红藻的则分散在细胞质中。

（5）液泡（vacuole）　原始红藻无明显的液泡，大多数高等红藻细胞中央具一个大液泡。

（6）纹孔联结（pit connection）　高等红藻细胞分裂后，在横壁中央留下的小孔，称为纹孔（pit），2 个子细胞的质膜通过纹孔相互联系。接着，若干平行的泡囊（vesicle）与电子致密物质聚集于纹孔。而后，泡囊消失，电子致密物质填满纹孔，有 1 层膜围绕这些物质，在纹孔处产生塞子，成为纹孔塞（pit plug），又有扁平的泡囊覆盖在纹孔塞上，成为纹孔帽（pit plug cap），但质膜仍可继续通过纹孔联系（图 2-50）。纹孔的形状随种类和年龄而异。

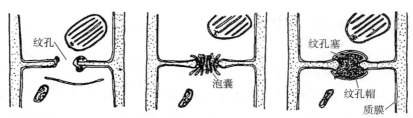

图 2－50　红藻细胞纹孔联结（自 Lee，重编）

4. 繁殖（reproduction）

（1）营养繁殖　较罕见。

（2）无性生殖　产生的孢子不具鞭毛，包括单孢子和四分孢子。

① 单孢子（monospore）不经减数分裂，1 个孢子囊内产生 1 个孢子，如紫菜（*Porphyra*）。

② 四分孢子（tetraspore）经减数分裂，1 个孢子囊内产生 4 个孢子，如多管藻（*Polysiphonia*）。

（3）有性生殖　为卵配，红藻的有性生殖是藻类中最复杂，而具有特殊的形式。雄性生殖囊为不动精子囊（spermatangium），由营养细胞转化而来，经分裂产生 1～2 个不动精子（spermatium）。雌性生殖囊称为果胞（carpogonium），形如烧瓶状，基部膨大处有卵，上面细长部分是受精丝（trichogyne）。原始红藻的受精丝粗短，高等红藻的细长。精子借水流被粘在受精丝上，相互接触的面融解，精子沿受精丝进入果胞，与卵结合。但合子不直接萌发为藻体，合子的细胞核经减数分裂，或不经减数分裂产生多数果孢子（carpospore），由果孢子发育为新藻体。

5. 生活史（life cycle）

生活史具有 2 种类型：无孢子体型和有孢子体型。无孢子体型生活史：合子细胞核经减数分裂，产生果孢子，萌发为单相（haploid，$1N$）藻体，此藻体为配子体，无孢子体，故此为无孢子体型生活史，紫菜亚纲中多数种类的生活史属于无孢子体型。

有孢子体型生活史：合子的细胞核不经减数分裂，而产生果孢子，萌发为双相（diploid，$2N$）藻体，此藻体为孢子体，故此为有孢子体型生活史，真红藻亚纲中多数种类的生活史都属于有孢子体型（图2－51）。

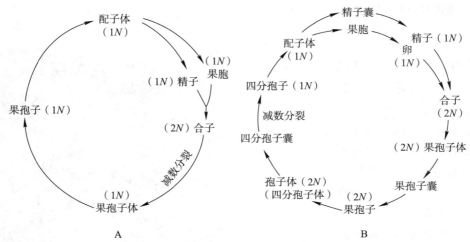

图 2－51　红藻生活史图解（自包文美）

A 无孢子体型；B 有孢子体型

红藻门全世界约 558 属，3 740 种（Fott），分为 2 纲：红毛菜纲（Bangiophyceae）和真红藻纲（Florideophyceae）（胡鸿钧，魏印心）。

二、红藻门（Rhodophyta）的代表植物

1. 红毛菜纲（Bangiophyceae）

红毛菜纲1目，15属，70种（Smith）。

本纲藻体简单，单细胞、丝状体或薄壁组织体。分散生长。细胞之间无孔状联系（pit connection）。受精后，多数种类的合子经减数分裂，产生单相的果孢子。萌发为单相藻体。多数种类的生活史为无孢子体型。本纲1目：红毛菜目（Bangiales）。

（1）紫球藻属（*Porphyridium*）全世界有4~5种（Fott），我国有1种（胡鸿钧，魏印心）。生于潮湿的地上和墙角，或淡水和海水岩石上。

藻体暗紫红色，单细胞，呈球形或卵圆形。色素体1个，轴生，星状，内含淀粉核。色素体内的类囊体单条，分散排列，不集成组，类囊体上有藻胆体（phycobilisome）。色素体一侧有细胞核。细胞外被胶质鞘（图2-52）。营养繁殖：细胞分裂。

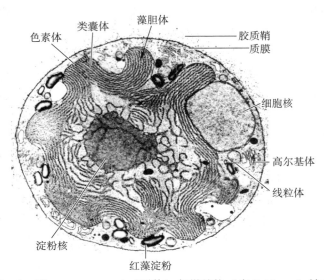

图2-52 紫球藻（*Porphyridium purpurcum*）（活体）超微结构（自 Bold *et al.* 转自 Gantt *et al.*，重编）

（2）紫菜属（*Porphyra*）全世界约有30余种，我国约有10种以上（臧穆，黎兴江，凌元洁）。我国南北沿海都能生长，生于海湾内较平静的中潮带岩石上，生长期自11月至次年5月，水温渐高，藻体逐渐消亡。紫菜是经济价值极高的食用海藻，也可药用。

藻体深紫红色或浅黄绿色，叶状、长卵形、椭圆形、圆形等形状，边缘多少有些皱褶（图2-53）。一般高20~30 cm、宽10~18 cm（图2-54A），以固着器固着于岩石上。藻体薄，仅1~2层细胞，外有胶质。细胞单核。分散生长。色素体1个，轴生，星状，含有淀粉核（图2-54B）。

无性生殖：营养细胞产生单孢子，散出后萌发为新藻体。

图2-53 一种紫菜（*Porphyra* sp.）
（活体）（自王少青）

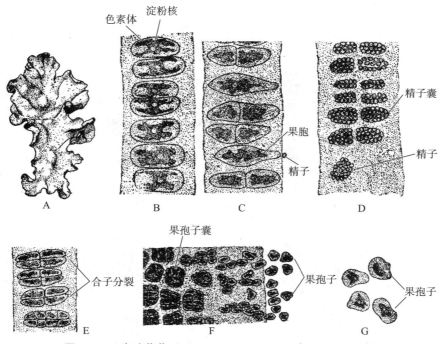

色素体　淀粉核

精子囊

果胞

精子

精子

合子分裂

果孢子囊

果孢子

果孢子

A　B　C　D　E　F　G

图 2－54　穿孔紫菜（*Porphyra perforata*）（自 Smith，重编）

A 藻体；B 藻体垂直切面；C 果胞及受精；D 精子囊和精子；E 合子分裂；F 果孢子囊散出果孢子；G 果孢子

有性生殖：藻体雌雄同株或异株。不动精子囊（spermatangium）和果胞（carpogonium）都由藻体边缘的细胞转化而成。精子囊内产生 32、64 或 128 个以上的不动精子（spermatium）（图 2－54D）。果胞形如囊状，受精丝（trichogyne）很短（图 2－54C）。受精后，合子不经减数分裂，产生 32 或 64 个果孢子（carpospore）（图 2－54E），此时的果孢已成为果孢子囊（carposporangium）（图 2－54F）。果孢子散出（图 2－54G），萌发为双相（diploid，2*N*）丝状体，此丝状体在人们未掌握紫菜的全面生活史时，曾叫壳斑藻（*Conchocelis rosea*），视其为独立的丝状藻类。丝状体产生孢子囊，孢子囊产生壳孢子（conchospore），壳孢子在产生时或萌发时经减数分裂，成为单相（haploid，1*N*）紫菜叶状体。

紫菜生活史可分为 3 个阶段：

① 叶状体阶段。叶状体即紫菜，是由晚秋或初冬的壳孢子，或由夏季小紫菜的单孢子萌发而来。叶状体产生单孢子，进行繁殖。生长到来年的春天，水温在 15℃左右，叶状体产生精子囊和果胞，受精后，不经减数分裂，形成果孢子囊，产生果孢子。此叶状体阶段是生活史主要阶段。

② 丝状体阶段。果孢子脱离母体，附于贝壳或其他石灰基质上，萌发为丝状体，丝状体在基质上蔓延生长，这是紫菜度夏的阶段。在初夏，丝状体产生的壳孢子萌发为夏季小紫菜，夏季小紫菜至晚秋产生的单孢子，萌发为叶状体。至晚秋，水温 15～20℃时，丝状体产生大量壳孢子，长成叶状体。壳孢子在产生时或萌发时进行减数分裂。

③ 小紫菜阶段。夏季小紫菜生长在较深水层，它可以产生单孢子，但仍萌发为小紫菜，繁殖 2～3 代后，到晚秋，水温降至 17～20℃，它产生的单孢子才萌发为叶状体（图 2－55）。

2. 红藻纲（Florideophyceae）

全世界约 375 属，2 500 种（Smith）。

淡水种有 3 目：海索面目（Nemalionales）、海萝目（Cryptonemiales）和仙菜目（Ceramiales）（胡鸿钧，魏印心）。海水种除上述 3 目外，还有 3 目：石花菜目（Gelidiales）、麒麟菜目（gigartinales）和红皮藻目（Rhodymeniales）（郑柏林，王筱庆）。本书介绍其中 4 目的代表植物。

本纲藻体为丝状体，假薄壁组织体或薄壁组织体。顶端生长。细胞之间具有孔状联系。受精后，

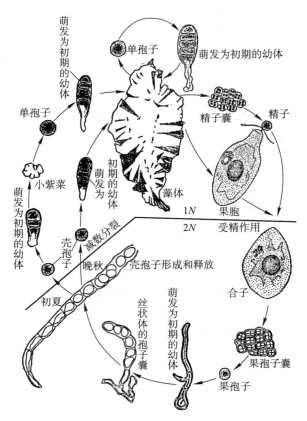

图 2 – 55　甘紫菜（*Porphyra tenera*）生活史（自曾呈奎等，重编）

多数种类的合子，不经减数分裂，产生双相的果孢子，果孢子萌发为孢子体。孢子体产生孢子囊，经减数分裂，形成四分孢子，孢子萌发为配子体。多数种类的生活史为有孢子体型。

（1）海索面目（Nemalionales）　全世界约有 35 属，250 种（Smith）。

① 海索面属（*Nemalion*）全世界约有 10 种（Fott）。生长在中潮带或高潮带，海浪激荡处的岩石上。我国产海索面（*Nemalion helminthoides* var. *vermiculare*）和叉枝海索面（*N. pulvinatum*），可供食用。

藻体由许多分枝的藻丝组成圆柱体，藻丝之间充满胶质，仿佛紫色挂面（图 2 – 56A，B），但亦有短肥多枝的种类。细胞单核，色素体 1 个，轴生，星状，内含淀粉核（图 2 – 56C）。

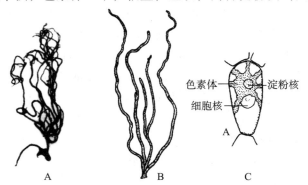

图 2 – 56　蠕虫状海索面（*Nemallion helminthoides*）

A（活体）（自 Bold *et al.*）；B 藻体放大（自 Smith）；C 细胞结构（自 Bold *et al.*，重编）

有性生殖：精子囊（spermatangium）产生于侧枝末端，每个细胞轮生小型的 3～4 个精子囊（图 2 – 57A，B），精子囊成熟后，囊壁破裂，精子逸出。

果胞（carpogonium）：原始细胞产生于近中轴丝的基部，由它分裂 3～5 个子细胞，顶端细胞膨大

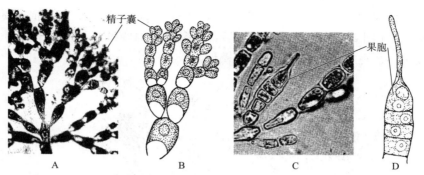

图 2 - 57 蠕虫状海索面（*Nemallion helminthoides*）精子囊和果胞（自 Bold *et al.*，重编）

A 分枝产生精子囊（活体）；B 精子囊放大；C 果胞（活体）；D 果胞放大

为果胞，前端延长为管状的受精丝，果胞和受精丝各具 1 个核（图 2 - 57C，D）。

精子逸出后，随水流动至受精丝，粘着于受精丝上（图 2 - 58A，B），精核分裂为 2，接触处细胞壁融化，受精丝的核退化。精子的 1 个核由受精丝进入果胞基部，与卵核结合为合子。

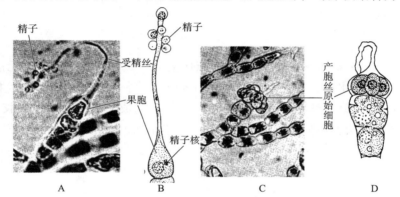

图 2 - 58 蠕虫状海索面（*Nemallion helminthoides*）受精和果胞发育（自 Bold *et al.*，重编）

A 精子粘着于受精丝上（活体）；B 果胞受精；C 果胞产生产孢丝原始细胞（活体）；D 产孢丝原始细胞放大

合子体积增大，经减数分裂为 2 个细胞，下面的子细胞核消失。上面的细胞分裂为若干产孢丝（gonimoblast）的原始细胞（图 2 - 58C，D；图 2 - 59A），由它再分裂产生产孢丝，每个产孢丝顶端的细胞膨大成为果孢子囊（carposporangium）（图 2 - 59B），由产孢丝及果孢子囊构成果孢子体（carpsporo-phyte），也可称为囊果（cystocarp），寄生在配子体上（图 2 - 59C，图 2 - 60A）。

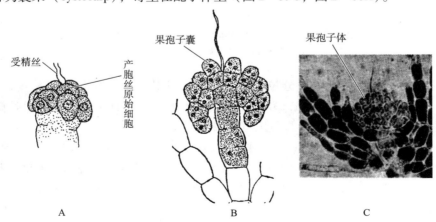

图 2 - 59 海索面属（*Nemallion*）果孢子体（囊果）的发育

A 蠕虫状海索面（*N. helminthoides*）产孢丝原始细胞（自 Bold *et al.*）；B 多枝海索面（*N. multidum*）产孢丝形成果孢子囊（自 Smith）；C 蠕虫状海索面（*N. helminthoides*）果孢子体（囊果）（活体）（自 Bold *et al.*，重编）

无性生殖：囊果（cystocarp）内有多个果孢子囊（carposporangium），每个孢子囊内有 1 个球形的果孢子（carpospore）（图 2 - 60B），囊果成熟后，果孢子囊的壁破裂，果孢子逸出，萌发为丝状体（图 2 - 60C），度过不适宜的环境，次年长成新藻体。

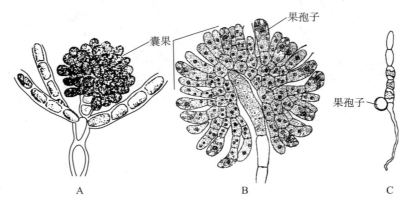

图 2 - 60　海索面属（*Nemallion*）果孢子体（囊果）产生果孢子
A 海索面（*N. vermiculare*）囊果（自冈村）；B 多枝海索面（*N. multidum*）果孢子囊放出果孢子（自 Smith）；
C 蠕虫状海索面（*N. helminthoides*）果孢子萌发（自 Bold *et al*.，重编）

② 串珠藻属（*Batrachospermum*） 全世界约有 100 余种（臧穆，黎兴江，凌元洁），我国约有 23 种，3 变种（谢树莲）。淡水产，在泉水、溪水、湖水或沼泽中，固着生长，一年生或多年生。藻体为大型具轮节（whorl）的分枝丝状体（图 2 - 61B），轮节构成串珠状，四周被胶质包围，蓝绿色、橄榄绿色或紫色。肉眼能见其胶质内的轮节，犹如一串串小珠，因此得名。分布较广的是其中的胶串珠藻（*Batrachospermum gelatinosum*），固着生长在溪水石头上。

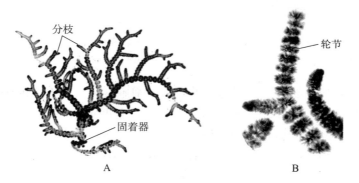

图 2 - 61　胶串珠藻（*Batrachospermum gelatinosum*）（活体）（自包文美）
A 植物体全株；B 分枝放大（示轮节）

胶串珠藻的藻体为大型具轮节的分枝丝状体，呈串珠状，被胶质包围，丛生，基部具固着器（图 2 - 61A）。紫褐色，高达 2 ~ 5 cm，分枝互生或单侧生，藻体具中轴，中轴由长筒形细胞组成，分枝分化成节和节间，节间被皮层细胞包围（图 2 - 62A）。中轴节上产生许多小分枝，叫做初生枝（primary fascicle），构成轮节（whorl），球形或扁球形，宽可达 400 ~ 900 μm（图 2 - 62B）。果孢子体在此发育。初生枝具分叉分枝 2 ~ 3 次，有 8 ~ 25 层细胞组成（图 2 - 62A，B），分枝顶端具顶毛（图 2 - 63B，C）。果孢子体是在中轴节上的初生枝上发育（图 2 - 63A）。节间未见次生枝（secondary fascicle）。

串珠藻各细胞内具盘状或片状色素体，无淀粉核（图 2 - 67A）。生活史中，占优势的是单相配子体，所以，一般所说藻体就是指其配子体。

有性生殖：精子囊（spermatangium） 在初生枝的顶端或近顶端的细胞产生多个精子囊（图 2 -

64A，图2-67A），精子囊单细胞，囊内产一个无色圆球状的不动精子（图2-64A，图2-67B），具大形细胞核，细胞壁薄。

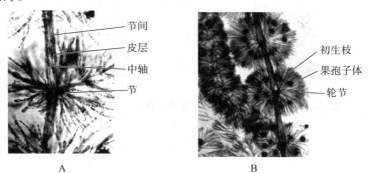

图2-62　胶串珠藻（*B. gelatinosum*）（活体）分枝（自包文美）
A 部分藻体；B 分枝放大示轮节和果孢子体

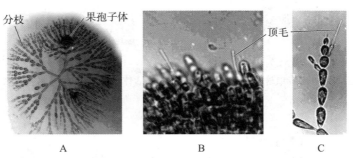

图2-63　胶串珠藻（*B. gelatinosum*）（活体）初生枝（自包文美）
A 初生枝具果孢子囊；B 初生枝分枝末端具顶毛；C 初生枝分枝末端放大

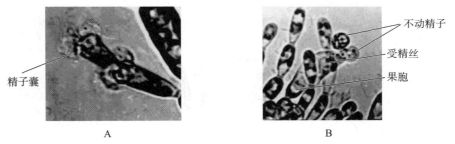

图2-64　胶串珠藻（*B. gelatinosum*）（活体）精子囊（自包文美）
A 精子囊；B 精子附着于受精丝上（活体）

果胞（carpogonium）在初生枝上先产生果胞枝（carpogonial branch），在果胞枝的顶端发育为果胞囊，每果胞囊内有1个果胞，果胞顶端具有棒状或壶状的受精丝（trichogyne），基部有卵（图2-64B；图2-67C，D）。

精子通过水流附着在受精丝上，放出全部内含物，进入果胞，与果胞内卵核结合（图2-65），合子被胶质包塞（plag）与受精丝分离（图2-67E）。果胞基部的细胞分裂，产生若干产孢丝和包被丝（enveloping filaments）包围果胞枝。果胞枝、产孢丝和包被丝都是受精后产生的双相结构，共称为果孢子体即囊果（图2-66，图2-67F）。

无性生殖：果孢子体（carposporophyte）内的产孢丝的顶端细胞，发育为果孢子囊，产生果孢子，放出果孢子后成为空囊（图2-67G），果孢子离开果孢子囊，在囊外萌发（图2-66B，图2-67H），果孢子萌发为分枝的匍匐丝状体，这些双相丝状体分枝的顶端细胞，经减数分裂，形成单相的2个小

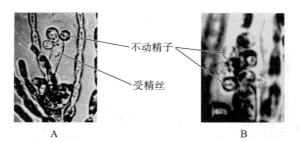

图 2 - 65　胶串珠藻（*B. gelatinosum*）精子附着于受精丝上（活体）（自包文美）

A 3 个不动精子；B 7 个不动精子

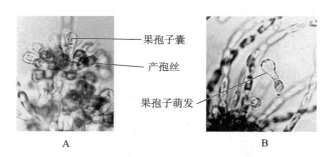

图 2 - 66　胶串珠藻（*B. gelatinosum*）（活体）果孢子体（自包文美）

A 果孢子体；B 果孢子萌发

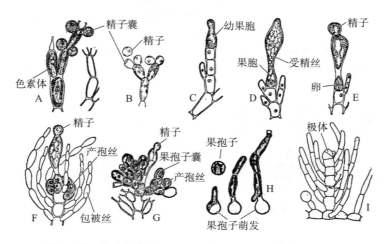

图 2 - 67　串珠藻属（*Batrachospermum*）的生殖发育过程

A ~ H 胶串珠藻（*B. gelatinosum*）：A 分枝顶端产生精子囊，B 精子囊放出不动孢子，C 果胞枝顶端产生幼果胞，
D 成熟的果胞具受精丝，E 果胞受精，F 果孢子体幼体，G 成熟的果孢子囊（1 个果孢子已放出），H 果孢子及其萌发；
I 一种串珠藻（*Batrachospermum* sp.）果孢子萌发的丝状体（顶端细胞产生 2 个小"极体"）
（A，H 自 Browm 转自 Kylin；B 自 Strasburger；C ~ G 自 Strasburger 转自 Kylin；I 自 Stosch 和 Theil 重编）

"极体（polar body）"结构（图 2 - 67I），由它发育为新的单相新藻体。

（2）石花菜目（Gelidiales）　全世界约有 6 属（Smith）。

石花菜属（*Gelidium*）全世界约有 40 余种，我国约有 6 种（臧穆，黎兴江，凌元洁），生长在海水低潮线下的岩石上，在水流急而清洁处生长良好。为多年生海藻，每年生长季节由基部产生新枝。石花菜可供食用、药用和工业用。我国产的 6 种石花菜是制造琼胶（冻粉）的主要原料，琼胶用途很广，作为细菌培养基，用于医药、生物、水产和酿造上的研究。

石花菜藻体分化为直立部分和假根，直立部分高 10 ~ 30 cm，宽 0.5 ~ 2 mm，紫红色，但因环境不同，有时可呈深红色，酱紫色，在受光多的海区呈淡黄色，假根无色。藻体呈圆柱形或扁平，两侧羽状分枝，分枝互生或对生，通常为二至三回羽状分枝（图2-68A）。顶端生长。内部分为表皮、皮层与髓部；表皮细胞紧密排列，其余疏松，细胞间充满胶质（图2-68B）。

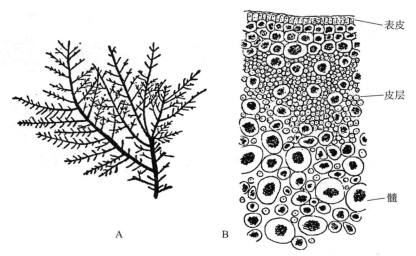

图2-68 石花菜属一种变型（*Gelidium amansii* f. *elegans*）（自冈村，重编）
A 藻体；B 藻体横切

石花菜的生活史具有外形相似的双相四分孢子体和单相雌雄配子体，此外，还有寄生在雌配子体上的双相果孢子体。

无性生殖：四分孢子体（tetrasporophyte）分枝表面的细胞，产生四分孢子囊（tetrasporangium）（图2-69A），孢子囊十字形分裂，孢子母细胞经减数分裂，成为单相的四分孢子（tetraspore）（图2-69B），四分孢子自囊内脱落，随水漂浮，附着于岩石或其他物体上，萌发为单相的雌雄配子体（图2-69C）。

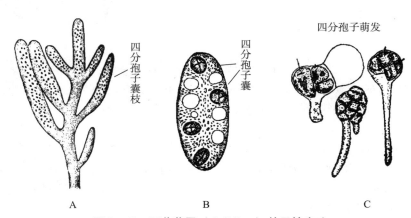

图2-69 石花菜属（*Gelidium*）的无性生殖
A 阿氏石花菜雅致变型（*G. amansii* f. *elegans*）四分孢子囊枝；B 四分孢子囊枝横切（自冈村）；
C 毛石花菜（*G. capillaceum*）四分孢子萌发（自 Smith 转自 Killian，重编）

有性生殖：雄配子体（male gametophyte）小枝顶端的表皮内，产生精子囊群，精子囊椭圆形，内产精子，成熟时排出体外（图2-70A）。

雌配子体（female gametophyte）分枝的皮层细胞内产生果胞（图2-70B），果胞具长的受精丝，延伸到藻体表面。果胞四周密布滋养细胞。精子通过受精丝，进入果胞，与其内的卵结合，果孢受精后，直接由基部生出产孢丝（图2-70C），产孢丝顶端发育成果孢子囊，产生果孢子。产孢丝和果孢子囊构成果孢子体即囊果（图 2 - 71C），寄生在雌配子体上。

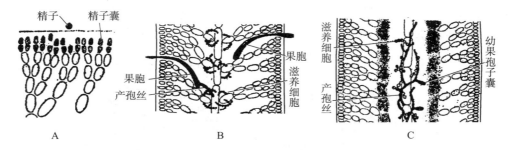

图 2 - 70　软骨石花菜（*Gelidium cartilagineum*）的有性生殖（自 Smith，重编）

A 精子囊；B 果胞及产孢丝；C 产孢丝及幼果孢子囊

果孢子体（carposporophyte）即囊果在雌配子体的小枝表面突出，呈球形膨大的突起，两面开孔（图 2 - 71A，B）。果孢子囊成熟后，果孢子由开孔处逸出（图 2 - 71C）。果孢子与四分孢子的大小相同，约 30 μm，中央有一细胞核，核周围原生质浓厚，色素体分散于细胞内。

果孢子离开果孢子体，萌发为四分孢子体。

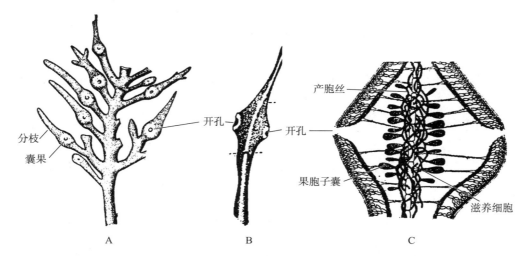

图 2 - 71　石花菜属（*Gelidium*）的囊果

A 阿氏石花菜雅致变型（*G. amansii f. elegans*）雌配子体上的囊果；B 囊果放大（自冈村）；

C 软骨石花菜（*G. cartilagineum*）囊果纵切（自 Smith，重编）

（3）海萝目（Cryptonemiales）　全世界约有 85 属，650 种（Smith）。海萝属（*Gloiopeltis*）全世界约有 7 种（Fott）。生长在海水的中潮带和高潮带下部岩石上，丛生。我国产的海萝（*Gloiopeltis furcata*）和鹿角海萝（*G. tenax*）是重要的经济海藻，可供食用和药用。海萝胶用于印染工业，广东名产黑色香云纱用的胶浆就是海萝胶。

藻体直立圆柱状或稍扁，以盘状固着器着生。高 6 ~ 15 cm，宽约 4 mm，紫红色，衰老时变为黄色（图 2 - 72），多少呈叉状或不规则分枝，分枝处常缢缩（图 2 - 73A），顶端生长。内部组织疏松，由于成长后髓部逐渐消失，藻体中空（图 2 - 73B）。细胞多核。

无性生殖：四分孢子体（tetrasporophyte）产生四分孢子囊，孢子囊由孢子体分枝的皮层细胞形成（图 2 - 73C），孢子囊十字形分裂，经减数分裂，分 4 个单相四分孢子，自囊内脱落，随水漂浮，附着于岩石或其他物体上，萌发为单相的雌雄配子体。

有性生殖：雄配子体（male gametophyte）枝顶的皮层细胞，产生精子囊，内产精子。

雌配子体（female gametophyte）枝顶的皮层细胞，产生果胞，具长的受精丝，延伸到藻体表面

图 2 −72　一种海萝（*Gloiopeltis* sp.）（活体）（自王永强）

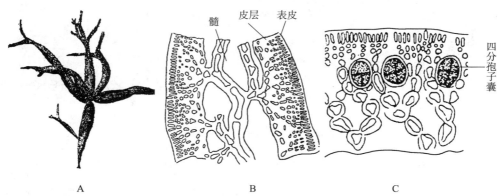

A　　　　　　　　　　　B　　　　　　　　　　　C

图 2 −73　海萝（*Gloiopeltis furcata*）藻体及四分孢子囊（自冈村，重编）

A 藻体；B 分枝纵切示组织结构；C 分枝切面示四分孢子囊

（图 2 −74A）。果孢内的卵受精后，直接由其基部生出产孢丝，产孢丝顶端发育成果孢子囊，内生果孢子。许多果孢子囊合成果孢子体，寄生在雌配子体上。囊果圆球形或半球形，突出于藻体表面（图 2 −74B），以后藻体逐渐变成淡黄，但囊果仍为褐紫色，因含有许多紫色的果胞子囊。

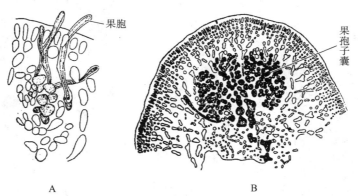

A　　　　　　　　　　　B

图 2 −74　海萝（*Gloiopeltis furcata*）藻体切面示果胞及果孢子囊

A 果胞枝；B 果孢子囊（自冈村，重编）

（4）仙菜目（Ceramiales）　全世界约有 248 属，1 300 种（Fott）。

① 仙菜属（*Ceramium*）。全世界约有 60 种（Fott）。仙菜为一年生，生长在低潮带岩石上和潮间带的石沼中。仙菜可供食用或作糊料。

藻体直立，部分或全部匍匐，直立枝圆柱形，分枝互生或不规则的叉生，或羽状分枝，基部具固着器，分枝渐尖，尖端呈钳状弯曲（图2-75A），顶端生长。红色，长10~20 cm，甚至可达25 cm，枝的表面有明显的节与节间，各小枝由节（node）的部位向不同的方向伸出，小技的数量变化很大。由于分枝的顶端细胞分裂，产生许多小形的围轴细胞（pericentral cell），形成皮层，常集中在分枝的节上，围绕中央的中轴细胞（axial cell）。中轴细胞大型，圆柱形，位于分枝中央（图2-75B，C；图2-76A）。

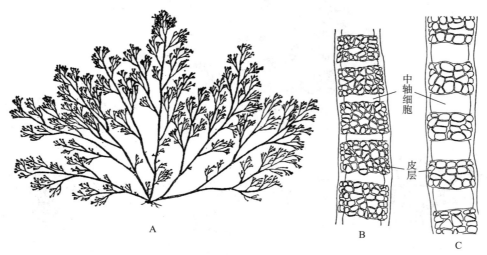

图2-75 仙菜属（*Ceramium*）
A 三叉仙菜（*Ceramium kondoi*）藻体（自郑柏林，王筱庆）；B 直顶仙菜（*C. deslongchampii*）
分枝放大（示节与节间）；C 帚状仙菜（*C. fastigiatum*）分枝放大（示节与节间）（自Taylor，重编）

无性生殖：四分孢子体（tetrasporophyte）皮层细胞上产生四分孢子囊，经减数分裂形成四分孢子，孢子囊无柄，在节上排列成一圈（图2-76B，C），各呈四面锥形体（图2-76D）。

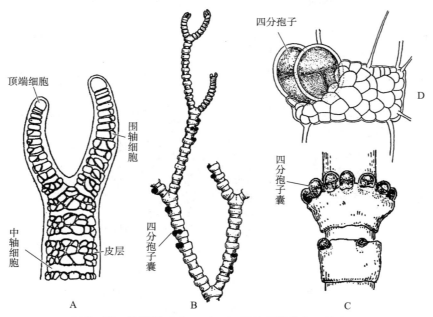

图2-76 仙菜属（*Ceramium*）的枝顶结构和无性生殖
A 直顶仙菜（*C. deslongchampii*）顶端细胞分裂（自Fritsch转自Taylor）；
B~D 仙菜一种（*C. fastigiatum*）孢子体上的四分孢子囊和孢子囊放大（自Taylor，重编）

有性生殖：精子囊（spermatangium）在雄配子体分枝的节上产生，由其皮层细胞分裂，每一皮层细胞能分生 1~3 个精子囊，一般产生在分枝的上部，形成精子囊堆。精子囊无色无柄，囊中产生精子（图 2-77A）。

果胞（carpogonium）：果胞在雌配子体分枝的节上产生，先由一个皮层细胞转化为支持细胞（supporting cell），产生两个果胞枝，果胞枝由 4 个细胞组成，顶端是果胞，基部有卵。受精后，支持细胞又分裂成单一的辅助细胞，产生许多产孢丝。产孢丝一部分或全部细胞发育成果孢子囊，发育为囊果。成熟的囊果在枝间生长，往往由几个向内弯曲的小枝所围绕（图 2-77B）。

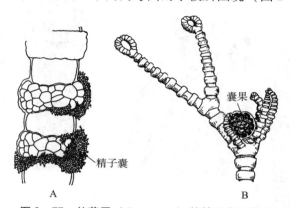

图 2-77　仙菜属（*Ceramium*）的精子囊和囊果

A 透明仙菜（*C. diaphanum*）精子囊；B 直枝仙菜（*C. strictum*）囊果（自 Taylor，重编）

② 多管藻属（*Polysiphonia*）。全世界约有 150 种，我国约有 20 种（臧穆，黎兴江，凌元洁）。生于低潮带的岩石和其他基质上。

藻体为多列的丝状体，直立，或部分匍匐，均为圆柱形。匍匐部分具 1~2 个细胞组成的假根，固着于基质（图 2-78A）。直立部分的分枝辐射形，主干和分枝都由多列细胞组成（图 2-78B），红色。顶端生长，由顶端细胞分裂形成节，节分裂后产生中轴细胞和围轴细胞。藻体中央为 1 个大型的中轴细胞，围轴细胞由 4~24 个组成，围成一圈，围轴细胞分裂成为皮层细胞（cortical cell）（图 2-78C）。

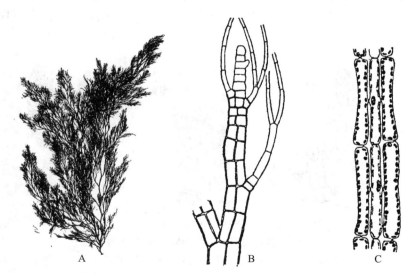

图 2-78　茎弯多管藻（*Polysiphonia flexicaulis*）；

A 藻体（自 Taylor）；B 分枝顶端表面观（自 Smith，重编）；C 分枝纵切示皮层细胞

无性生殖：四分孢子体（tetrasporophyte）四分孢子体的分枝上，围轴细胞先纵裂为 2 个细胞，外面的子细胞为不育的盖细胞（cover cell），里面的子细胞再横列为 2 个细胞，下面是柄细胞（stalk cell），上面是孢子囊母细胞。孢子囊母细胞经减数分裂形成四分孢子囊（图 2-79A），成为直线或螺

旋形排列（图 2 - 79B，C）。产生 4 个单相的四分孢子，散出囊外（图 2 - 79D）。四分孢子分别萌发为单相的雌雄配子体。

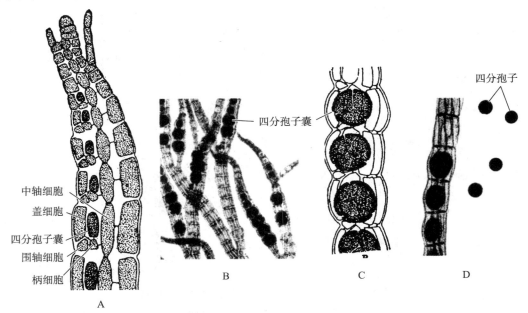

图 2 - 79　多管藻属（*Polysiphonia*）的无性生殖

A，C 一种多管藻（*Polysiphonia* sp.）幼时和成熟的四分孢子囊（自 Smith）；

B，D 多管藻属一种（*P. boldii*）成熟的孢子囊（活体）和四分孢子散出（活体）（自 Bold *et al.* 转自 Ewards，重编）

有性生殖：雄配子体（male gametophyte）分枝的顶端，由其皮层细胞分裂，先产生毛丝体（trichoblast），毛丝体形成生殖枝（fertile branch）和不育枝（sterile branch），由生殖枝发育为穗状精子囊枝。（spermatangium branch）。基部具两细胞的柄（图 2 - 80A）。精子囊枝中央为中轴细胞，四周为围轴细胞，由围轴细胞产生精子囊母细胞，每个精子囊母细胞产生 2～3 个精子囊，每精子囊含 1 个精子（图 2 - 80B）。精子囊枝可有 1 至多个精子囊分枝，基部具柄，中间夹生不育枝（图 2 - 80C，图 2 - 82A）。

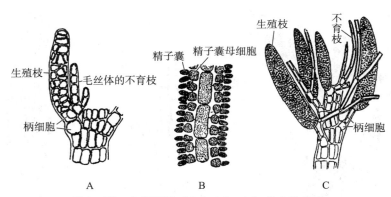

图 2 - 80　多管藻属（*Polysiphonia*）的有性生殖

A 多管藻属（*Polysiphonia*）产生生殖枝（自 Fritsch 转自 Kylin）；B 茎弯多管藻（*P. flexicaulis*）

精子囊的发育（自 Smith）；C 多管藻属（*Polysiphonia*）成熟的精子囊枝（自 Fritsch 转自 Kylin，重编）

雌配子体（female gametophyte）分枝顶端，产生毛丝体，由毛丝体基部的第 2 个细胞分裂，形成一个特殊的围轴细胞，叫做支持细胞（supporting cell）（图 2 - 81A），由此细胞生出 4 个细胞的果胞枝（carpogonial branch）（图 2 - 81B）。果胞枝的顶端发育为果胞和受精丝（图 2 - 81C）。受精丝很长，长于果胞 3 倍，精子被水带到受精丝上（图 2 - 82B），精子与卵结合。与此同时支持细胞向其基部的侧面，先分裂出不育丝原始细胞体，以后分裂为不育丝（stertle filament）（图2-83A，B）。

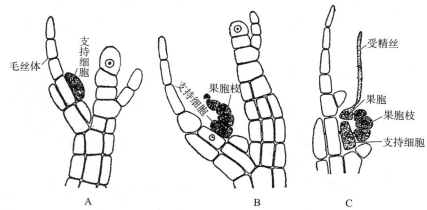

图2-81　茎弯多管藻（*Polysiphonia flexicaulis*）果胞枝发育前期（自Smith，重编）

A 毛丝体产生支持细胞；B 支持细胞产生果胞枝；C 果胞枝顶端发育为果胞

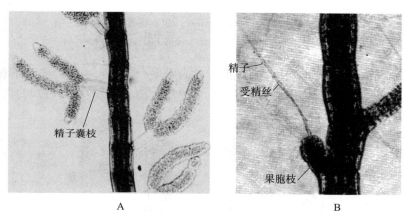

图2-82　鲍氏多管藻（*Polysiphonia boldii*）（活体）（自Bold *et al.* 转自Ewards，重编）

A 精子囊枝；B 果胞枝（受精丝上附着3个精子）

受精后，支持细胞又分裂出一个辅助细胞（auxiliary cell），位于果孢与支持细胞之间（图2-83C）。果胞四周的不育细胞也都分裂，基部的不育丝与辅助细胞相连。

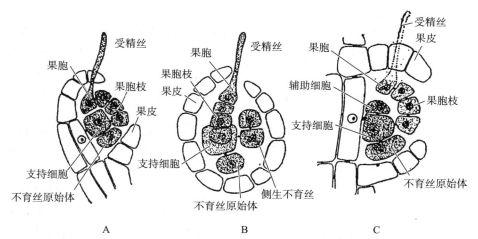

图2-83　茎弯多管藻（*Polysiphonia flexicaulis*）果胞枝发育后期和果胞受精（自Smith，重编）

A，B 果胞枝的发育后期；C 果胞受精

合子进入辅助细胞，在此细胞内进行有丝分裂，并产生产孢丝原始体（图2-84A），同时支持细胞、辅助细胞和不育丝相互融合，各细胞的核全部退化，形成一个大的胎座细胞。产孢丝原始体向外产生若干产孢丝，合子分裂后的核，分别进入产孢丝，每丝一核，顶端发育为果孢子囊，囊内含一个双相的果孢子（图2-84B）。

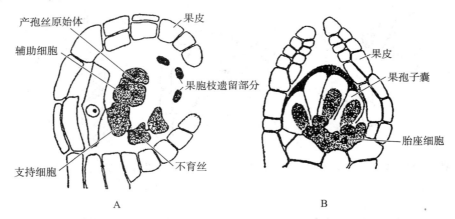

图2-84　茎弯多管藻（*Polysiphonia flexicaulis*）果孢子囊形成过程（自 Smith，重编）

A 产生产孢丝原始体；B 形成果孢子囊和胎座细胞

毛丝体下面的围轴细胞分裂，成为包围果孢子囊的果皮。果皮和内部的果孢子囊等结构，形成了果孢子体即囊果（图2-85A），寄生在雌配子体上。囊果大型，顶端有口，成熟时，果孢子从此口散出（图2-85B），萌发为双相的孢子体。

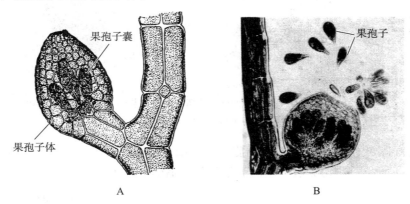

图2-85　多管藻属（*Polysiphonia*）的成熟果孢子体

A 太平洋多管藻（*P. pacifica*）果孢子体（自 Smith）；B 多管藻属一种（*P. boldii*）果孢子散出（活体）

（自 Bold *et al.* 转自 Ewards，重编）

三、红藻门（Rhodophyta）在植物界的位置

红藻被认为是最古老的真核生物，化石材料说明蓝藻出现在前寒武纪，而后不久，在19亿年前的寒武纪就发现了单细胞的红藻化石，红藻的化石在我国辽东震旦纪晚期也有发现，这时其他藻类如绿藻和褐藻尚未发生，故红藻虽有性生殖复杂，却是一门古老的藻类。

红藻含叶绿素 a 和 d，还有藻胆素，包括藻蓝素和藻红素，与蓝藻相似，两者都不产生游动细胞。蓝藻是原核细胞，没有色素体，只有类囊体。红藻是真核细胞，有色素体，无色素体内质网，色素体内的类囊体单条分散排列，与其他藻类都不相同。可见红藻与蓝藻的关系比其他藻类要接近得多。故人们解释：在叶绿素 a 和藻胆素路线演化中，形成原核藻类的1条分枝为蓝藻，形成真核藻类的2条分枝为隐藻和红藻，红藻在其中处于最高等的水平。

第六节 金藻门 (Chrysophyta)

一、金藻门 (Chrysophyta) 的一般特征

1. 生境 (habitat)

金藻全世界约有200属，1 000种 (Fott)。生长在淡水及海水中，主要为淡水产，大多数生长在透明度大、温度较低、有机质含量少的清水水体中，如泉水、山溪和山谷的小沼中。对水温的变化较敏感，常在冬季、早春和晚秋生长旺盛。有许多种类，因他们生长的特殊要求，可被用作生物指示种类，监测和评价水质。

2. 藻体形态 (algal form)

藻体主要是具鞭毛的单细胞或群体，群体的细胞放射状排列，呈球形或卵形，有的具透明的胶被；其次，是不能运动的不定群体，少数变形虫状、极少数是分枝或不分枝丝状体。细胞球形、椭圆形、卵形或梨形。

3. 细胞结构 (cell structure)

（1）细胞壁 (cell wall) 运动的种类多数无壁，细胞裸露。有壁的种类藻体表面覆盖许多硅质 (silicon) 的鳞片 (scale)，有的外被开口的囊壳 (lorica)。丝状的种类具细胞壁，壁以纤维素为主。

（2）细胞核 (nucleus) 均为单核。

（3）色素体 (chromoplast) 一般具1~2个，片状，侧生。光合色素为叶绿素a和c，β胡萝卜素和叶黄素。藻体呈金黄色或黄褐色。色素体包被外有内质网2层，类囊体3条，集成1组。淀粉核裸露或无。

（4）贮藏物质 (reserve material) 为金藻昆布糖 (chrysolaminaran)，金藻多糖 (leucosin) 和油 (oil)，常位于细胞后端。

（5）伸缩胞 (contractile vacuole) 1至多个，常位于细胞前端。

（6）鞭毛 (flagellum) 运动种类的细胞前端具1~2条等长或不等长的鞭毛，具2条鞭毛的种类，长的1条为茸鞭型，短的1条为尾鞭型。

（7）眼点 (stigma，eye spot) 运动细胞具眼点或无（图2-86）。

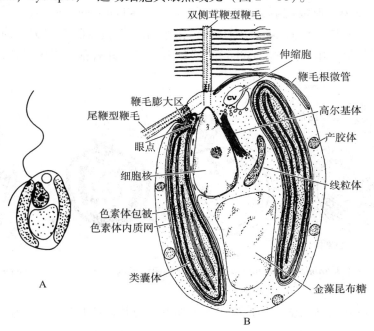

图2-86 金藻门 (Chrysophyta) 细胞在光镜和电镜下（自Lee转自Hibberd，重编）

A 光镜下；B 电镜下

4. 繁殖（reproduction）

营养繁殖：细胞分裂。

无性生殖：游动孢子（zoospore），大部分种类都能产生游动孢子。内生孢子（statospore，cyst，resting spore）是金藻特有的一种生殖细胞，内生孢子常为球形或椭圆形，细胞壁具小孔，由胶质的填充物作为孢塞（plug）封闭，壁平整或具凸边或刺，因种而异（图2-87）。

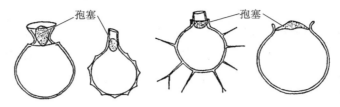

图 2-87 金藻门（**Chrysophyta**）内生孢子（自 Smith 转自 Pascher，重编）

形成内生孢子时，运动的藻体静止，失去鞭毛，内部原生质体分化为中央和边缘2部分，伸缩胞和贮藏物集中到边缘，中央和边缘之间产生原生质膜，并分泌硅质化的两瓣硅质壁，包围中央部分，顶端向上突出为囊领（collar），囊领开口，口具胶塞，边缘的原生质或逐渐消失，或有开口处流入壁内。孢子成熟时，开口被胶塞封闭，孢子壁光滑或具点状、刺状等突起，开口处也有1圈突起的边缘（图2-88）。孢子下沉至水底，直至萌发。

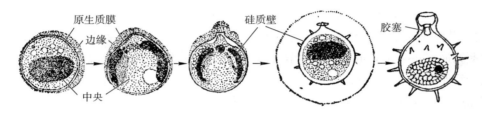

图 2-88 凹沟棕鞭藻（*Ochromonas crenatana*）内生孢子形成过程（自 Smith 转自 Doflein，重编）

从超微结构图解可见到营养细胞失去鞭毛，顶端有盘形刺胞（discobolocyst），大量伸缩胞涌向前端，细胞内出现原生质膜，形成泡囊，叫硅质沉淀泡囊（silica deposition vesicle），将细胞核，色素体，金藻昆布糖，高尔基体和核糖体都包围在内，泡囊外的细胞器随之消失，泡囊内形成新的质膜，向外产生刺状突起，顶端突出为囊领（collar），囊领有开口，并有孢塞封闭开口，形成内生孢子（图2-89）。

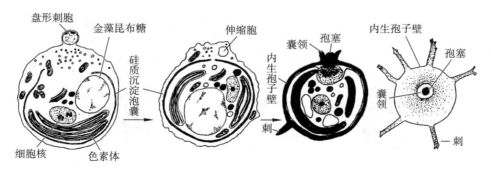

图 2-89 结节棕鞭藻（*Ochromonas tuberculata*）超微结构图解示内生孢子形成（自 Lee 转自 Hibberd，重编）

孢子萌发时，开口处的细胞壁溶解，原生质体如变形虫状，从开口逸出，生出鞭毛，发育为新藻体（图2-90）。

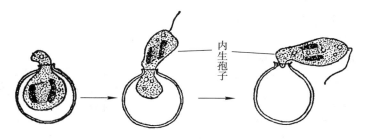

图 2－90　囊生单鞭金藻（*Chromulina freiburgensis*）内生孢子萌发（自 Smith 转自 Doflein，重编）

金藻门分为 2 纲：金藻纲（Chrysophyceae）和黄群藻纲（Synurophyceae）（胡鸿钧，魏印心）。

二、金藻门（Chrysophyta）的代表植物

1. 金藻纲（Chrysophyceae）

分为 6 个目，色金藻目（Chromulinales）、金变形藻目（Chrysamoebidales）、金囊藻目（Chrysocapsales）、蛰居金藻目（Hibberdiales）、水树藻目（Hydrurales）和褐枝藻目（Phaeothamniales）（胡鸿钧，魏印心）。本书介绍其中 1 目 3 属为代表植物。

本纲藻体为具鞭毛的单细胞或群体，群体的细胞放射状排列，呈球形或卵形，有的具透明的胶被，不能运动的种类变形虫状、胶群体状，球粒状，少数为分枝或不分枝丝状体。细胞球形、椭圆形、卵形或梨形。运动的种类细胞前端具 1～2 条等长或不等长的鞭毛。营养繁殖：细胞分裂。无性生殖：内生孢子。有性生殖：少数种类同配生殖。

色金藻目（Chromulinales）

（1）色金藻属（*Chromulina*）　全世界约有 140 种（Kristansen *et al.*），我国 7 种（冯佳）。大多生长在淡水，生活于池塘、湖泊和沼泽中，少数生长在海水。有时大量繁殖，使水着色或形成漂浮层。

藻体为自由运动的单细胞，球形、卵形、椭圆形、纺锤形或梨形，能变形。细胞裸露，无细胞壁，表面平滑或具小颗粒。细胞前端具 1 条鞭毛，另一条退化，鞭毛基部有 2 至多个伸缩胞。色素体周生，片状，1～2 个，金黄色。有的种色素体内含淀粉核。细胞核位于前端、中部或后端，因种而异。若干种具眼点。贮藏物质为金藻昆布多糖，位于细胞后端（图 2－91）。

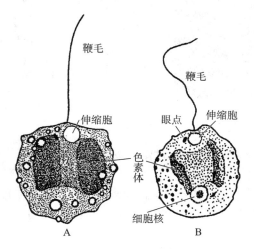

图 2－91　色金藻属（*Chromulina*）

A 球单鞭金藻（*Chromulina globosa*）（自 Smith 转自 Lackey）；

B 变形单鞭金藻（*C. pascheri*）（自胡鸿钧，魏印心，重编）

营养繁殖：细胞纵分裂，形成胶群体。

无性生殖：内生孢子。

（2）棕鞭藻属（*Ochromonas*）　全世界淡水种约有100种（Kristansen *et al.*），我国6种（冯佳）。生长池塘、湖泊、沼泽等淡水水体中，少数生于海水。

藻体为自由运动的单细胞，细胞球形、椭圆形、卵形、椭圆形或梨形，不变形或可变形，有时形成伪足，细胞裸露，无细胞壁，有背腹之分，细胞前端伸出2条不等长鞭毛，鞭毛基部有2至多个伸缩胞。色素体周生，片状，1~2个，金褐色，少数绿色，细胞单核位于中部，具1个眼点。金藻昆布糖或硅藻多糖大形，或多个小颗粒位于细胞后端（图2-92）。

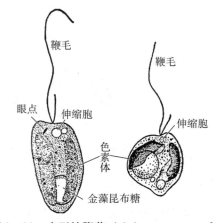

图2-92　变形棕鞭藻（*Ochromonas mutabilis*）
（左图自 Smith 转自 Conrad；右图自胡鸿钧，
魏印心，重编）

营养繁殖：细胞纵分裂，形成胶群体。

无性生殖：内生孢子。

（3）锥囊藻属（*Dinobryon*）　全世界约有41种（Kristansen *et al.*），我国8种（冯佳）。生长在清洁、贫营养的水体中，是池塘、湖泊中常见的浮游藻类，少数种类为海生。

藻体为树状或丛状群体（图2-93A，B）或单细胞（图2-93C），浮游或着生，细胞外具圆锥形、钟形或圆柱形的囊壳（lorica），前端宽广，后端锥形，透明或黄褐色，细胞纺锤形、卵形或圆锥形，前端钝，后端尖细，细胞末端有细胞质短柄，附着于囊底部，顶生2条不等长鞭毛，长的伸出囊壳外，短的留在囊壳内，鞭毛基部有1至多个伸缩胞。色素体周生，片状，1~2个，眼点1个，金藻昆布多糖为大形球状体，位于细胞后端。

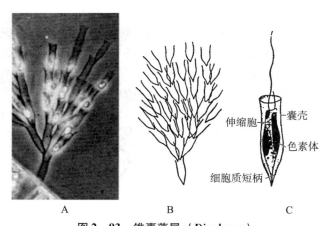

A　　　　　　　　B　　　　　　　C

图2-93　锥囊藻属（*Dinobryon*）
A 一种锥囊藻（*Dinobryon* sp.）群体（活体）着生在基质上（自 Trainor）；B 群体囊壳
（自 Fritsch 转自 Lemmermann）；C 花环密集锥囊藻（*Dinobryon sertularis*）（自 Fritsch 转自 Klebs，重编）

营养繁殖：细胞纵分裂，分裂后，1个子细胞游至母细胞囊壳顶端的内缘，分泌纤维素的新壁，并产生细胞质短柄固着（图2-94A），由于这样再三的进行纵分裂，停留在母囊处，形成树状的群体。

无性生殖：内生孢子（图2-94B）。

有性生殖：同配（图2-94C，D）。

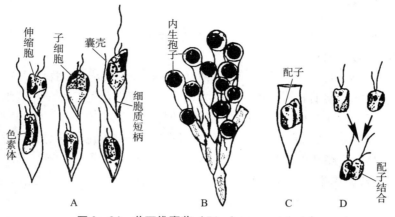

图 2 - 94　花环锥囊藻（*Dinobryon. sertularia*）

A 细胞分裂后形成新包被（自 Fritsch 转自 Klebs）；B 内生孢子（自 Fritsch 转自 West）；

C 壳内 2 个游动配子；D 配子结合（自 Fritsch 转自 Schiller，重编）

2. 黄群藻纲（Synurophyceae）

主要根据藻体的生物化学和亚显微结构的特征建立为纲，仅 1 目、黄群藻目（Synurales）（胡鸿钧，魏印心）。本书介绍其中 2 属。

本纲藻体为具鞭毛的单细胞或群体，群体的细胞放射状排列，呈球形或椭圆形，具 1 条或 2 条不等长鞭毛，具或无群体胶被，细胞表质覆盖许多硅质鳞片，覆瓦状、甲胄状排列或自由地附着于表质，鳞片具或无刺毛。营养繁殖：细胞分裂。无性生殖：游动孢子和内生孢子。

黄群藻目（Synurales）

（1）**鱼鳞藻属（*Mallomonas*）**　全世界约有 121 种（Kristansen *et al.*），我国 37 种、2 变种、2 变型（冯佳）。生长在水坑、稻田、池塘和沼泽中。鱼鳞藻的硅质鳞片和孢子在湖泊的沉积物中，可作为湖泊生态学研究的重要依据。

藻体为单细胞，细胞球形、卵形、椭圆形或圆柱形等，硅质鳞片有规则的相叠成覆瓦状或螺旋状排列在细胞表面上，鳞片上具或不具刺毛（图 2 - 95A），鳞片和刺毛的亚显微结构是分类的主要依据。细胞前端具 1 条鞭毛，3 至多个伸缩胞。色素体周生，片状，2 个，位于细胞两侧，无眼点。细胞单核。位于细胞中部，金藻昆布糖球形，位于细胞后端（图 2 - 95B）。

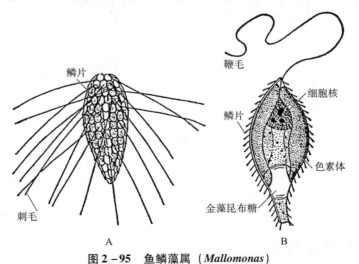

图 2 - 95　鱼鳞藻属（*Mallomonas*）

A 具尾鱼鳞藻大鳞变种（*Mallomonas caudate* var. *macrolepis*）外形（自 Smith）；

B 具尾鱼鳞藻（*Mallomonas caudate*）细胞结构（自胡鸿钧，李尧英等，重编）

营养繁殖：细胞纵分裂。

无性生殖：不动孢子，球形、卵形，前端具囊领，壁光滑或具花纹。

有性生殖：少数种为异配。

（2）黄群藻属（*Synura*）　全世界约有18种（Kristansen *et al.*），我国7种、4变型（冯佳）。生长在水坑、稻田、池塘、湖泊和沼泽中，有时大量生长，使水色呈棕色，并产生腥臭味。藻体为群体，球形或椭圆形，细胞后端互相联系，排成放射状的群体，无群体胶被。细胞梨形或长卵形，前端广圆，具2条略不等长鞭毛，后端延长为胶质柄，坚固，外盖以覆瓦状排列的硅质鳞片（图2-96），鳞片具花纹，具或不具刺，鳞片的亚显微结构是分类的主要依据（图2-96A，图2-97），细胞后端有伸缩胞2~8个，色素体周生，片状，2个，位于细胞两侧，黄褐色，无眼点。细胞单核。位于细胞中部，金藻昆布糖呈大颗粒，位于细胞后端。

营养繁殖：细胞纵分裂，群体的1个细胞，经分裂形成新群体，或群体分裂为子群体。

无性生殖：游动孢子和不动孢子。

有性生殖：异配。

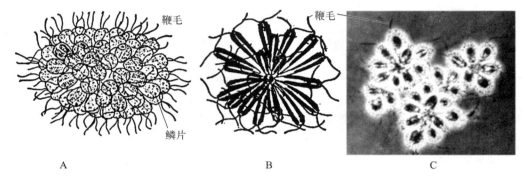

图2-96　黄群藻属（*Synura*）

A 黄群藻（*Synura uvella*）；B 棍胞黄群藻（*S. adameii*）（自 Smith）；C 一种黄群藻（*Synura* sp.）（活体）（自 Trainor，重编）

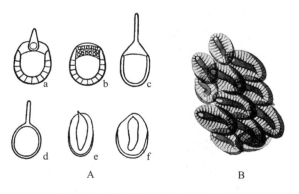

图2-97　黄群藻属（*Synura*）鳞片

A 黄群藻各种鳞片（自 Fott）：a，b 黄群藻（*S. uvella*）；c 具刺黄群藻（*S. spinosa*）；d 泥炭藓黄群藻（*S. sphagnicola*）；
e 彼得森黄群藻（*S. petersenii*）；f 彼得森黄群藻无毛变种（*S. petersenii* var. *glabra*）；
B 彼得森黄群藻（*S. petersenii*）体部鳞片（自魏印心，重编）

三、金藻门在植物界的位置

金藻门由叶绿素 a 和 c 的路线演化来的，具有2不等长鞭毛，色素体内质网2层，类囊体3条集为1组，因具此等特点，金藻与黄藻、硅藻和褐藻，同属一类自然的类群，所谓黄色藻类（stramenopiles）类群，共同起源于不等鞭毛类（heterokontae）。

第七节　定鞭藻门（Haptophyta）

一、定鞭藻门（Haptophyta）的一般特征

大多数产于海水，少数生活在淡水或半咸水的水体中。绝大多数为单细胞鞭毛藻类，除具2条等长或不等长鞭毛外，还有1条细的附着丝，称定鞭毛（haptonema），因而得名。有的种类定鞭毛退化或缺乏，细胞表面覆盖许多薄的钙质鳞片或纤维素有机质鳞片。具伸缩胞。具或不具眼点。色素体周生、片状，2~4个，金黄色或黄褐色，光合色素为叶绿素a和c，β胡萝卜素和叶黄素。色素体包被外有内质网2层，类囊体3条，集为1组。色素体常内含淀粉核1个。细胞单核。细胞后端具金藻昆布糖。某些种类在生活史中有变形虫状、胶群体状或丝状体阶段。营养繁殖：细胞纵分裂。无性生殖：不动孢子。

定鞭藻门1纲，定鞭藻纲（Prymnesiphyceae，Haptophyceae）分为4目：等鞭藻目（Isochrysidales）、定鞭藻目（Prymnesiales）、卵球藻目（Coccosphaerales）和巴夫藻目（Pavlovales）（Lee）。只有定鞭藻目的少数种类为淡水产，其他3目均为海产。本书介绍定鞭藻目（Isochrysidales）的金色藻属（*Chrysochromulina*）。

二、定鞭藻门（Haptophyta）的代表植物

定鞭藻目（Prymnesiales）　金色藻属（*Chrysochromulina*）

生长在淡水或海水中，藻体为单细胞，细胞球形，裸露，略变形，前端具3条鞭毛，两侧为2条等长或近等长的鞭毛，中间为1条附着鞭毛，称为定鞭毛。细胞表质覆盖许多小而薄的有机质鳞片，仅在电镜下能见到，色素体周生，片状，2~4个，位于细胞两侧，金褐色，金藻昆布糖位于细胞后端（图2-98）。

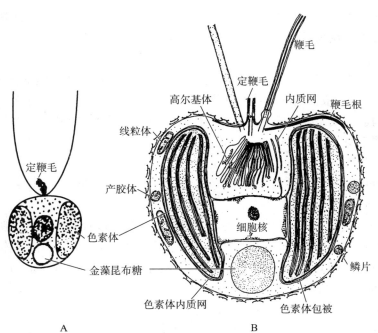

图2-98　一种金色藻（*Chrysochromulina* sp.）
A 光镜下；B 电镜下（自 Lee 转自 Hibberd，重编）

营养繁殖：细胞分裂。

定鞭毛常卷曲成螺旋状缠绕，有的种类可借定鞭毛的活动在细胞外取食如图 2 - 99，定鞭毛在环境中获得可食的小颗粒（a），小颗粒向鞭毛基部运动（b），聚集为 1 个微粒于鞭毛中下部（c），沿着定鞭毛向上移动至顶端（d），又经定鞭毛向下弯曲（e），递送至细胞后端（f），供给细胞吞食吸收。

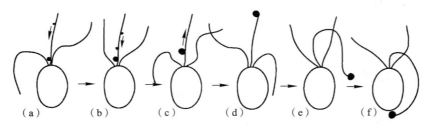

图 2 - 99　金色藻属（***Chrysochromulina***）吞噬作用（自 Graham *et al.* 转自 Lnouye *et al.*）

三、定鞭藻门（Haptophyta）在植物界的位置

定鞭藻细胞超微结构与金藻相似，都由叶绿素 a 和 c 的路线演化来的，具有 2 不等长鞭毛，色素体内质网 2 层，类囊体 3 条，集为 1 组。但定鞭藻具有独特的定鞭毛，除含叶绿素 a 和 c 外，还有岩藻黄素（fucoxanthin），定鞭藻可能起源于另一类不等鞭毛类（heterokontae），不同于金藻与黄藻、硅藻和褐藻的不等鞭毛类。

第八节　黄藻门（Xanthophyta）

一、黄藻门（Xanthophyta）的一般特征

1. 生境（habitat）

黄藻全世界 100 余属，600 余种（王全喜等，2007）。主要为淡水产，生活在半永久性或永久性的软水池塘中，也有生长在潮湿的土壤、树皮和墙上。在温度较低的季节生长旺盛。海水种类很少。

2. 藻体形态（algal form）

藻体为单细胞、群体、多核管状体或丝状体。单细胞和群体的个体细胞壁，多数由两瓣相等或不相等的"U"形节片套合而成。管状体或丝状体的细胞壁，由两瓣"H"形的节片套合而成。少数科、属的细胞壁无节片构造，或无细胞壁，具腹沟。因游动的细胞或生殖细胞前端具 2 条不等长的鞭毛，故黄藻也叫做不等鞭毛藻（heterokontae）。

3. 细胞结构（cell structure）

（1）细胞壁（cell wall）　含纤维素、果胶或硅质，少数裸露无壁。

（2）细胞核（nucleus）　多数具 1 个核，少数为多核。

（3）色素体（chromoplast）　1 至多个，盘状或片状，少数为带状或杯状，一般呈黄褐色或黄绿色，有或无淀粉核。色素成分是叶绿素 a、c 和多种叶黄素。色素体内质网 2 层，类囊体 3 条，集为 1 组。

（4）贮藏物质（reserve material）　为油滴（oil）和金藻昆布糖（chrysolaminarin）。

（5）液泡（vacuole）　细胞中央具一个大液泡，有些种类具小液泡。

（6）眼点（stigma，eye spot）　位于色素体包被内。

（7）鞭毛（flagellum）　运动细胞具有顶生 2 条不等长的鞭毛。长的 1 条具 2 排侧生的绒毛，为茸鞭型，短的 1 条平滑，无绒毛，为尾鞭型，基部有鞭毛膨大区（flagellar swelling），也称为副鞭体（paraflagellar body）（图 2 - 100）。

4. 繁殖（reproduction）

营养繁殖：细胞分裂和藻体断裂。

无性生殖：游动孢子或不动孢子。

有性生殖：少数属产生有性生殖，常为同配或异配，仅1属为卵配。

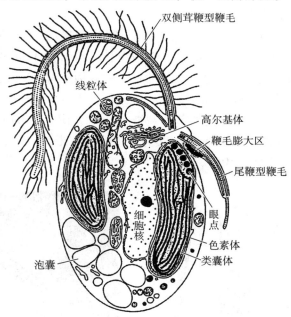

图 2-100　黄藻纲（*Xanthophyceae*）的游动孢子（自 Graham *et al.*）

黄藻门约有 75 属，375 种（Smith），可分为 2 纲：黄藻纲（Xanthophyceae）和针胞藻纲（Raphidophyceae）（胡鸿均，魏印心）。本书介绍此 2 纲的代表植物。

二、黄藻门（Xanthophyta）的代表植物

1. 黄藻纲（Xanthophyceae）

特征同门，分 4 目：柄球藻目（Mischococcales）、黄丝藻目（Tribonematales）、气球藻目（Botrydiales）和无隔藻目（Vaucheriales）（胡鸿均，魏印心）。

（1）柄球藻目（Mischococcales）　藻体为单细胞或定形或不定形群体，细胞壁由相等的或不相等的 2 个"U"形的节片套合而成，或无节片。色素体 1 至多个，黄绿色，具淀粉核或无。细胞单核或多核。无性生殖：游动孢子或似亲孢子。

角绿藻属（*Goniochloris*）全世界约有 14 种（Fott），分布广泛，常生长在酸性或高酸性水体中。藻体单细胞，漂浮，细胞侧扁，顶面观呈三角形或四角形，角上有或无小刺，侧面观有一纵脊，将细胞分成对称或不对称两等分。细胞壁具六角形小眼孔纹；色素体 2～5 个，周生，盘状；具油滴和金藻昆布糖（图 2-101）。无性生殖：游动孢子和似亲孢子。

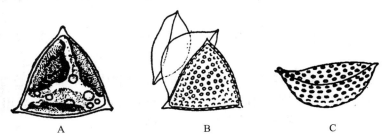

图 2-101　小刺角绿藻（*Goniochloris brevispinisa*）（自胡鸿钧，魏印心）

A 细胞结构；B 正面观；C 侧面观

（2）黄丝藻目（Tribonematales）　藻体为不分枝或分枝的丝状体。细胞圆柱形、桶形或腰鼓形。细胞壁由2个相等的"H"形的节片套合而成。细胞单核。色素体1至多个，周生，盘状、片状或带状。无性生殖：游动孢子、不动孢子和厚壁孢子。有性生殖：同配。

黄丝藻属（Tribonema）全世界约有10种（Smith），我国10余种（臧穆，黎兴江，凌元洁）。常生长在池塘或沟渠中，春季生长旺盛。

藻体为不分枝的丝状体（图2-102A），常聚生成絮状。细胞圆柱形或两侧略膨大的腰鼓形。胞壁由"H"形两节片套合组成（图2-102C）。细胞单核。色素体1至多个，周生，盘状（图2-102B，C）、片状或带状，黄绿色或暗绿色，无淀粉核。贮藏物质为油滴或和金藻昆布糖。

无性生殖：产生游动孢子时，营养细胞转化为游动孢子囊，每囊产生1~2游动孢子，游动孢子具2不等长鞭毛（图2-103），从细胞的两节片裂缝处逸出（图2-104A，B），萌发时，顶端朝下（图2-104C），生出固着器（图2-104D），分裂为2个细胞（图2-104E），下面的不再分裂，上面的可不断分裂，长成丝状体（图2-104F，G）。

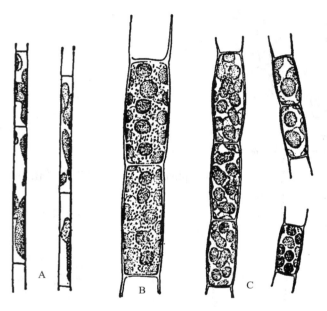

图2-102　黄丝藻属（Tribonema）
A 近缘黄丝藻（Tribonema affine）；
B 囊状黄丝藻（T. utriculosum）；
C 绿色黄丝藻（T. viride）（自胡鸿钧，魏印心）

图2-103　普通黄丝藻（Tribonema vulgare）
游动孢子（示鞭毛，活体）
（自 Bold et al. 转自 Massalski et al.）

（3）气球藻目（Botrydiales）　藻体为单细胞的多核体，细胞上部为气生部分（aerial portion），呈球形、倒卵形，或分叶的管形囊状体，下部为无色分枝的假根（rhizoid）。色素体多个，盘状。无性生殖：游动孢子和似亲孢子，或在假根部分形成厚壁休眠孢子（hypnospore），也叫做孢囊（cyst）。有性生殖：异配。

气球藻属（Botrydium）全世界约有7种（Fott）。气生藻类，生长在潮湿土壤上、水边或田埂上，温暖季节常见。

藻体单细胞多核体，气生部分为球形、倒囊形或分叶的囊状体，下部为无色分枝的假根（图2-105A，B）。细胞壁坚韧，壁内细胞质含有色素体和细胞核。色素体盘状多个，由致密的细胞质丝相连，幼细胞的色素体含有淀粉核。贮藏物质为油滴或金藻昆布糖。

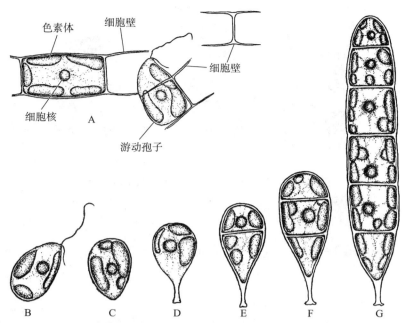

图2-104 绿色黄丝藻（*Tribonema viride*）（自包文美）

A 营养细胞产生游动孢子；B 游动孢子；C 游动孢子顶端朝下固着；D 产生固着器；E～G 萌发为丝状体

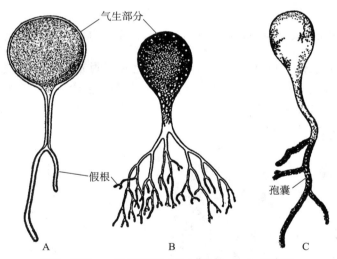

图2-105 一种气球藻（*Botrydium* sp.）的藻体

A 瓦氏气球藻（*Botrydium. wallrothii*）（自 Smith）；B，C 粒状气球藻（*B. granulatum*）（自 Fritsch 转自 Rostafinski *et al.*，重编）

无性生殖：产生不动孢子（图2-106A）。藻体遇水时，可形成游动孢子（图2-106B，C），或似亲孢子或在假根部分形成厚壁休眠孢子（hypnospore），也叫做孢囊（cyst）（图2-105C）。

有性生殖：异配（图2-106D）。

（4）无隔藻目（Vaucheriales） 藻体为管状或环状的多核体，具稀或密的分枝，无横壁，细胞壁薄。细胞质外层具多数细胞核和色素体。色素体盘状或透镜状，有或无淀粉核。藻体中央有一个大液泡。无性生殖；游动孢子、不动孢子或厚壁孢子。有性生殖：同配、异配和卵配。

无隔藻属（*Vaucheria*） 全世界约有40种，主要为淡水产，海产约有6种（Smith）。我国约有30种（臧穆，黎兴江，凌元洁）。生长浅水或潮湿土壤上，海滨含盐的沼泽中也常见。野外采来标本常无精子囊和卵囊，难以鉴定其种，如取其不动孢子在室内培养，不动孢子萌发为丝状体，顶端产生无色叉状假根，固着基质，接着，先在靠近不动孢子处，产生1对精子囊和卵囊，3周内可顺序，逐个

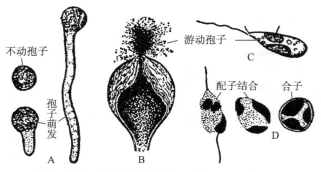

图 2 – 106 粒状气球藻（*Botrydium granulatum*）

A 不动孢子萌发（自 Smith）；B 游动孢子释放（自 Fritsch 转自 Rostafinski *et al.*）；

C 游动孢子（自 Fritsch 转自 Kolkwitz）；D 配子结合为合子（自 Fritsch 转自 Rosenberg，重编）

长出 3 对精子囊和卵囊（图 2 – 107），可供分类鉴定。

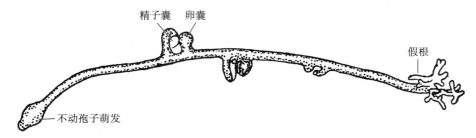

图 2 – 107 棒状无柄无隔藻（*Vaucheria sessilis* f. *clavata*）活体（室内培养 3 周）（自包文美，曹建国）

　　藻体是分枝稀疏的管状体（图 2 – 108A），常以无色假根附着于土壤，使土壤表面成黄绿色地毡状。藻体中央有一个大液泡，贯通全体。细胞壁薄，细胞质外层具有无数盘状或椭圆状的色素体，内层具许多小形的细胞核（图 2 – 108B）。贮藏物质为油或淀粉。藻体以分枝顶端的延长而生长；成熟时，产生精子囊和卵囊（图 2 – 108C）。

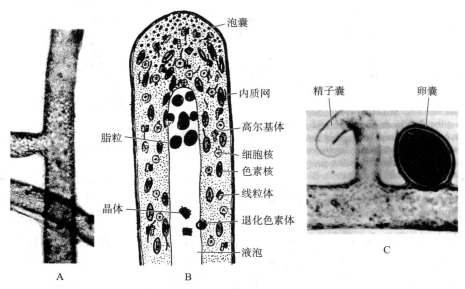

图 2 – 108 无隔藻属（*Vaucheria*）

A 一种无隔藻（*Vaucheria* sp.）（活体）（自 Trainor）；

B 狄氏无隔藻（*Vaucheria dillwynii*）藻体超微结构（自 Lee 转自 Ott *et al.*）；

C 无柄无隔藻（*V. sessilis*）精子囊和卵囊（活体）（自 Bold *et al.* 转自 Ott，重编）

无性生殖：游动孢子和不动孢子。

游动孢子（zoospore）在分枝顶略膨大，基部形成横壁，与分枝隔开，细胞核从细胞质内层移向表面，原生质体浓缩，形成游动孢子囊。游动孢子囊内的每个细胞向外伸出两条鞭毛，产生 1 个大形、多鞭毛的游动孢子，也称此为复式游动孢子（compound zoospore）。孢子囊壁破裂，游动孢子放出（图 2 – 109A）。游动停止后，鞭毛收缩，分泌细胞壁，立即萌发为新藻体。

不动孢子（aplanospore）陆生的种类产生不动孢子，形成过程与游动孢子相同，但无鞭毛（图 2 – 109B）。

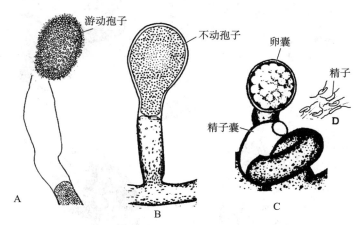

图 2 – 109　无隔藻属（*Vaucheria*）无性生殖

A 红斑无隔藻（*Vaucheria woroniniana*）游动孢子；

B 无喙无隔藻（*V. uncinata*）不动孢子；C，D 精子囊放出精子（自包文美）

有性生殖：卵配，在分枝的侧面或顶端产生精子囊和卵囊。

精子囊（spermatangium）形成时，先在分枝侧面或顶端向外突出，成为管形，逐向下弯曲为钩状，钩状基部产生横壁，钩状顶端就是精子囊，精子囊顶端有开孔（图 2 – 110）。精子囊内具许多细胞核，每个核与其周围的细胞质形成 1 个精子。成熟时，通过开孔游出，精子具 2 不等长鞭毛，短的鞭毛向前，茸鞭型，长的向后，尾鞭型（图 2 – 109C）。

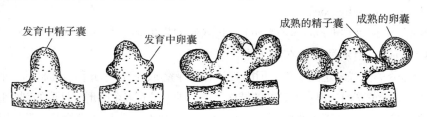

图 2 – 110　双生无隔藻（*Vaucheria geminata*）生殖囊的发育（自包文美，曹建国）

卵囊（oogonium）形成的时间晚于精子囊，常位于精子囊的附近或同一分枝上，常双双出现，先向外突出，体积增大，成为圆形或椭圆形，基部产生横壁，与分枝隔开，成为卵囊（图 2 – 110），顶端或侧面常产生一喙（beak）。卵囊内仅一核发育为卵，其余的退化。精子由卵囊的喙游入，与卵结合。合子壁厚，休眠后经减数分裂，发育为新藻体。

无隔藻常见的种类有下列 7 种，2 变型：双生无隔藻（*V. geminata*）、无柄无隔藻（*V. sessilis*）、棒状无柄无隔藻（*V. sessilis* f. *clavata*）、伏生无柄无隔藻（*V. sessilis* f. *repens*）、红斑无隔藻（*V. woroniniana*）、钩状无隔藻（*V. hamata*）、无喙无隔藻（*V. uncinata*）、复钙无隔藻（*V. debaryana*）和陆生无隔藻（*V. terrestris*）（图 2 – 111）。

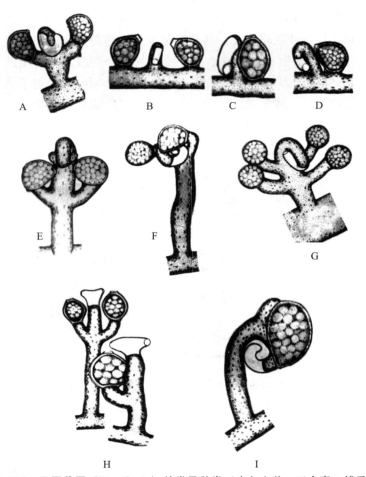

图 2－111　无隔藻属（*Vaucheria*）的常见种类（自包文美，王全喜，傅承新）

A 双生无隔藻（*V. geminata*）；B 无柄无隔藻（*V. sessilis*）；C 棒状无柄无隔藻（*V. sessilis* f. *clavata*）；D 伏生无柄无隔藻（*V. sessilis* f. *repens*）；E 红斑无隔藻（*V. woroniniana*）；F 钩状无隔藻（*V. hamata*）；G 无喙无隔藻（*V. uncinata*）；H 复钙无隔藻（*V. debaryana*）；I 陆生无隔藻（*V. terrestris*）

2. 针胞藻纲（Raphidophyceae）

此纲也叫做绿胞藻纲（Chloromonadineae），此纲的种类大多生长在淡水水体中，生活在池塘、沼泽、鱼池和水草繁密处，个别种生活在咸水中。

此纲曾被认为是分类位置未定的藻类，但因其具有叶绿素 a、c 和叶黄素，细胞具 2 不等长鞭毛，与黄藻相似，故今将其归属于黄藻门。但它有独特的结构，多数种类具有多个圆形或杆形的刺丝胞（trichocyst）。

藻体均为运动型的单细胞，无细胞壁，正面观为卵形或梨形，常具背腹纵扁，腹面中央具 1 条腹沟。细胞近顶端处伸出 2 等长或不等长鞭毛，1 条向前，茸鞭型，1 条向后，尾鞭型，位于腹沟内。无眼点。细胞单核，大形，中位或近中位。色素体多数，盘状。所含色素为叶绿素 a、c 和叶黄素。贮藏物质为油滴。细胞前端具 1 个大的储蓄泡，纵切面观为三角形，储蓄泡前端与胞咽相连，胞咽开口于细胞前端的凹入处。储蓄泡侧边有 1~2 个伸缩泡，营养繁殖；细胞纵分裂。无性生殖：少数种类产生休眠孢子。

针胞藻纲（Raphidophyceae）仅 1 目，3 属：周泡藻属（*Vacuolaria*）、膝口藻属（*Gonyostomum*）和束刺藻属（*Merotrichia*），5 种（胡鸿均，魏印心）。本书介绍周泡藻属（*Vacuolaria*）和膝口藻属（*Gonyostomum*）。

（1）周泡藻属（*Vacuolaria*）　全世界约有 3 种（Fott），我国 1 种（胡鸿钧，魏印心）。生在池塘污泥中。

藻体为单细胞，背腹略纵扁，略能变形，正面观为卵形或梨形，顶生 2 等长或不等长鞭毛，1 条茸鞭型，1 条尾鞭型。色素体多数，长圆盘状，鲜绿色，分布在细胞周质内。无眼点。细胞核大形，中位。色素体多数，与产胶体均位于细胞四周。储蓄泡大形，纵切面观为三角形，与胞咽相连，胞咽开口于前端的凹入处。伸缩胞大形，位于胞咽一侧。贮藏物质为油滴（图 2 – 112）。

营养繁殖：细胞纵分裂。

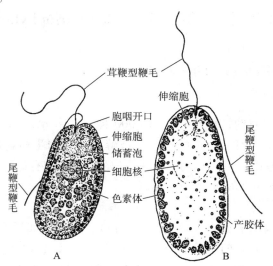

图 2 – 112　周泡藻（*Vacuolaria virescens*）
A 藻体侧面（自胡鸿钧，魏印心）；B 藻体剖面（自 Lee 转自 Mignot，重编）

（2）膝口藻属（*Gonyostomum*）　全世界约有 7 种，我国约有 3 种（臧穆，黎兴江，凌元洁）。生长在富含有机物的水体中。

藻体为单细胞，纵扁，正面观为卵形或圆形，略能变形，顶生 2 等长或不等长鞭毛，1 条茸鞭型，1 条尾鞭型。色素体多数，盘状。无眼点。细胞核大形，中位。储蓄泡大形，纵切面观为三角形，与胞咽相连。伸缩胞大形，位于胞咽一侧。刺丝胞（trichocyst）多数，杆状，放射状排列在周质层内，或分散在细胞质中。贮藏物质为油滴（图 2 – 113）。

营养繁殖：细胞纵分裂。

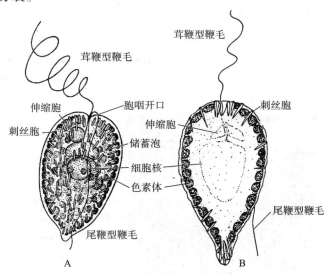

图 2 – 113　膝口藻（*Gonyostomum semen*）
A 藻体侧面（自胡鸿钧，魏印心）；B 藻体剖面（自 Lee 转自 Mignot，重编）

三、黄藻门（Xanthophyta）在植物界的位置

黄藻门由叶绿素 a 和 c 的路线演化来的，具有 2 不等长鞭毛，色素体内质网 2 层，类囊体 3 条集

为1组，因具此等特点，黄藻与金藻、硅藻和褐藻，同属一类群为所谓黄色藻类（stramenopiles）类群，都起源于不等鞭毛类。

第九节　硅藻门　（Bacillariophyta）

一、硅藻门（Bacillariophyta）的一般特征

1. 生境（habitat）

硅藻全世界200余属（胡鸿钧，魏印心），16 000种（Hustedt）。分布很广，生长在淡水、半咸水、海水，或在潮湿的土壤、岩石、树皮的表面，苔藓植物和水生植物丛中。一年四季都能生长繁殖，在低温的寒带、极地、高山、高原，高温达40°C的温泉中均有硅藻存在，夏秋高温季节，有些硅藻在湖泊、海洋中大量繁殖，形成水华和赤潮。

2. 藻体形态（algal form）

硅藻门的藻体为单细胞，圆形如小环藻（*Cyclotella*）、新月形如桥弯藻（*Cymbella*）或长杆形如针杆藻（*Synedra*）（图2−115），或彼此连成扇状（图2−114A）、块状（图2−114B）、放射状（图2−114C）、丛状（图2−114D）等群体，浮游或附着，附着种类常具胶质柄，或包被在胶质团或胶质管中。硅藻各种类之间细胞大小悬殊，小的直径仅3 ~ 4 μm，如小环藻（*Cyclotella*）和直链藻（*Melosira*）等，大的长达数十微米，如羽纹藻（*Pinnularia*）（图2−115），有的种长度达100多微米，如针杆藻（*Synedra*）中的有些种类。

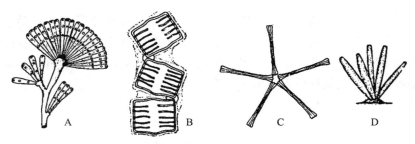

图2−114　硅藻若干群体

A 扇形楔形藻（*Licmophora flabellate*）（自Strasburger转自Smith）；B 绒毛平板藻（*Tabellaria flocculosa*）（自Strasburger转自Schroder）；C 美丽星藻（*Asterionella formosa*）（自Strasburger转自van Heurck）；D 纤细针杆藻（*Synedra gracilis*）（自Strasburger转自Smith，重编）

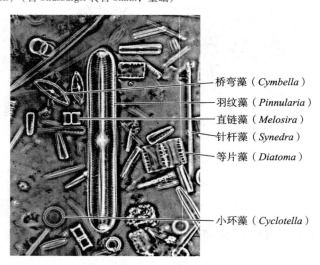

桥弯藻（*Cymbella*）
羽纹藻（*Pinnularia*）
直链藻（*Melosira*）
针杆藻（*Synedra*）
等片藻（*Diatoma*）
小环藻（*Cyclotella*）

图2−115　若干种硅藻示细胞体积大小（自包文美）

各细胞壁由上下 2 个半片套合而成，套在外面的较大，称为上壳或上瓣（epitheca，epivalve），套在里面的较小，称为下壳或下瓣（hypotheca，hypovale），上下两壳各由 2 部分组成，上壳的面称为盖板，下壳的面称为底板，两壳相叠合处称为壳环（cingulum）。硅藻细胞可分为 2 个面，正对着盖板和底板的面为壳面（valve），正对着壳环的面为带面（girdle）。细胞壁上都具有花纹或纹饰（ornamentation），叫做线纹（stria）或肋纹（costa），是由细点相连成线，每个细点是小孔或小室，这些线纹或肋纹从壳面延伸到带面的边缘，结构精细而复杂。

壳面的形状分为 2 类：

（1）壳面多为圆形或椭圆形，辐射对称，犹如培养皿（图 2 - 116）。壳面上的线纹（stria）排列是放射状的，从壳面延伸到带面的边缘（图 2 - 117A，B）。此类硅藻隶属于中心纲（Centricae）。

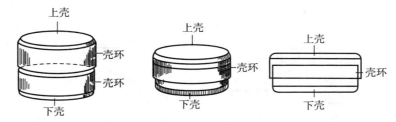

图 2 - 116 圆筛藻（*Coscinodiscus*）模型图（自小久保转自 Lebour，重编）

（2）壳面多为舟形、梭形、弓形或棒形，两侧对称，壳面上的线纹或肋纹（costa）排列是羽状的（图 2 - 117C，E）。带面多为长方形，扇形，壳面上的线纹延伸到带面的两侧（图 2 - 117D），此类硅藻隶属于羽纹纲（Pennatae）。壳面的中央和两端由于壳的内壁硅质增厚形成中央节（central nodule）和极节（polar nodule），中央节上下的壁具有裂缝成为壳缝（raphe）（图 2 - 117C）。壳缝因种而异，有的种类无真壳缝（图 2 - 129A）。

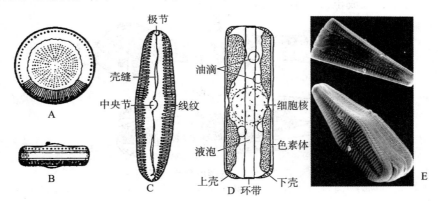

图 2 - 117 硅藻的瓣面和带面

A，B 扭曲小环藻变种（*Cyclotella comta* var. *affinis*）（自 Fritsch）；C，D 曲缝羽纹藻（*Pinnularia streptoraphe*）（自 Bold *et al.*）；
E 一种异极藻（*Gomphonema* sp.）（自 Graham *et al.* 转自 Cholewa 扫描电镜观察，重编）

3. 细胞结构（cell structure）

（1）细胞壁（cell wall） 除含果胶（pectin）外，还含有大量硅质（silicon），形成坚固的硅藻细胞（frustule），或称为壳体。羽纹纲有些种类，因细胞壁上有壳缝（raphe），原生质在此与细胞外的水和基质接触，原生质的环旋向后流动，细胞被水和基质推向前方。

（2）细胞核（nucleus） 为单核。

（3）色素体（chromoplast） 1 ~ 2 个，片状（图 2 - 117D）；多个，颗粒状。所含的色素有叶绿素 a、c，α、β 胡萝卜素和硅藻素，呈黄绿色，黄褐色。色素体包被外有内质网 2 层，类囊体 3 条，集为 1 组。有的种类具淀粉核，位于色素体中心或边缘。

（4）贮藏物质（reserve material）　为金藻昆布糖和油（图2-117D）。

（5）液泡（vacuole）　细胞具一个大液泡（图2-117D）。

（6）鞭毛（flagellum）　运动细胞具1~2条等长或不等长鞭毛，顶生（图2-120G，图2-124E）。

4. 繁殖（reproduction）

（1）营养繁殖　细胞分裂是硅藻主要的繁殖方式。母细胞分裂为2个子细胞时，1个子细胞获得母细胞的上壳，另1个获得下壳，各自在长出比它们本身小的下壳，结果，1个子细胞的体积与母细胞相等，另1个比母细胞小，如此连续分裂，后代的个体必会越来越小（图2-118）。当部分个体缩小到不能生存时，产生复大孢子（auxospore）来恢复原形的大小，复大孢子可通过或不通过有性生殖产生。

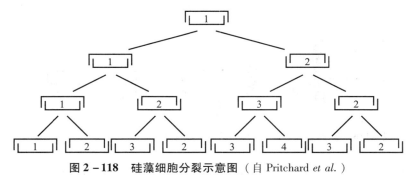

图2-118　硅藻细胞分裂示意图（自 Pritchard *et al.*）

（2）无性生殖　由营养细胞膨大，形成复大孢子（auxospore），或形成小孢子（microspore），环境不良时产生内生孢子（endospore）或称为休眠孢子（statospore）。

① 复大孢子（auxospore）。中心纲硅藻产生的复大孢子是单性生殖，原生质体从壁内释放，体积增大，分泌硅质细胞壁，长成正常大小的藻体（图2-119）。

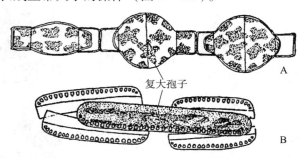

图2-119　硅藻的复大孢子

A 变异直链藻（*Melosira varians*）（自 Smith 转自 Pfitzer）；B 石上双菱藻（*Surirella saxonica*）（自 Smith 转自 Kareten，重编）

② 小孢子（microspore）。中心纲硅藻中有的种类，因硅藻细胞都是双相体，在产生小孢子时，细胞内的细胞核经过减数分裂，最后细胞质分裂，或每次细胞核分裂后，细胞质紧接着分裂，结果产生2~64个小孢子，具2条鞭毛（图2-120）。小孢子的发育不详。

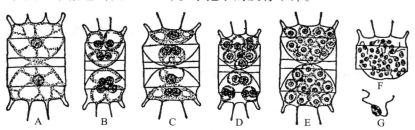

图2-120　活动盒形藻（*Biddulphia mobiliensis*）的小孢子形成过程（自 Smith 转自 Bergon）

A 营养细胞；B~E 分裂过程；F 形成小孢子；G 游动的小孢子

③ 内生孢子（endospore）或称休眠孢子（statospore），或孢囊（cyst），具有厚壁，原生质体在细胞内收缩，分泌细胞壁（图 2 - 121），度过不良环境。

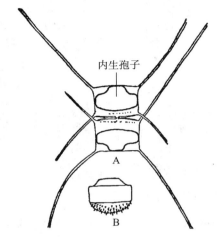

图 2 - 121　艾氏角毛藻（*Chaetoceros elmorei*）**内生孢子**（自 Smith 转自 Boyer）

A 细胞内形成内生孢子；B 成熟的内生孢子

（3）有性生殖　硅藻细胞都是双相体，有性生殖时，经减数分裂，形成单倍体的配子，配子结合为双相体的合子，合子发育为复大孢子，发育为新藻体。有性生殖有 3 种方式。

① 同配生殖（isogamy）。2 个大小相等的细胞相结合，有性生殖后产生 1 个复大孢子，如弯脊扁圆卵形藻（*Cocconeis placentula* var. *klinoraphis*），2 个细胞靠近，细胞核经减数分裂，各具 1 个单相的核，2 细胞作为配子结合，而后，2 核结合，形成双相的合子，体积增大，变为 1 个复大孢子（图 2 - 122）。

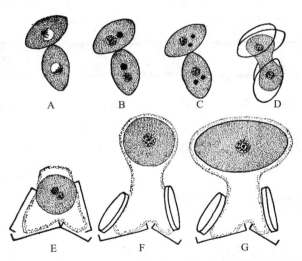

图 2 - 122　弯棘扁圆卵形藻（*Cocconeis placentula* var. *klinoraphis*）**有性生殖产生复大孢子**（自 Smith 转自 Geitler）

A～C 2 细胞减数分裂；D～E 2 配子结合；F 核结合为合子；G 合子体积增大为复大孢子

② 异配生殖（heterogamy）。2 个大小不等的细胞相结合，有性生殖后产生 2 个复大孢子，如披针桥弯藻（*Cymbella lanceolata*）。2 个细胞靠近，各细胞核经减数分裂，其中 2 个核退化，留下 2 个核，形成 2 个大小不等的配子，与对方细胞内大小不等的配子，以异配结合，形成 2 个合子，2 个合子引长为 2 个复大孢子（图 2 - 123）。

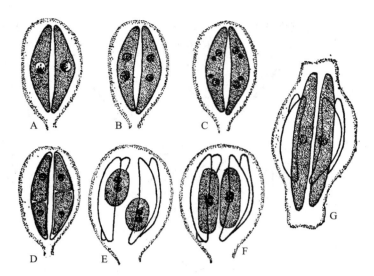

图 2 – 123　披针桥弯藻（*Cymbella lanceolata*）有性生殖产生复大孢子（自 Smith 转自 Geitler）

A～C 2 细胞的细胞核经减数分裂；D 各细胞形成 2 个大小不等的配子；

E 进行异配为合子；F，G 合子生长为 2 个复大孢子

③ 卵配生殖（oogamy）。2 个细胞分别产生精子和卵，结合为合子，合子体积增大形成复大孢子，如变异直链藻（*Melosira varians*）。2 个营养细胞分别经减数分裂，形成 1 个卵和多数精子，卵体积增大，上下壳之间产生裂缝。精子 2 条鞭毛，从裂缝游泳至卵细胞，与之结合为合子，转变为复大孢子（图 2 – 124）。

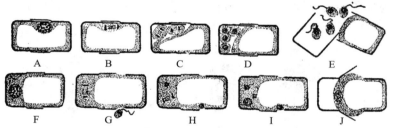

图 2 – 124　变异直链藻（*Melosira varians*）卵配生殖过程（自 Smith 转自 Stosch）

A～E 营养细胞经减数分裂，产生精子；F～I 经减数分裂产生卵；J 精卵结合，合子体积增大

硅藻门分为 2 纲：中心纲（Centricae）和羽纹纲（Pennatae）（胡鸿均，魏印心）。本书介绍 2 纲及其主要代表植物。

二、硅藻门（Bacillariophyta）的代表植物

1. 中心纲（Centricae）

多数是海生浮游种类，淡水种类较少。藻体为单细胞，或由细胞连成链状群体，细胞圆盘形、鼓形、球形或圆柱形。壳面上的纹饰，主要呈辐射状排列，细胞单核，色素体多数，小盘形，营养繁殖；细胞分裂。无性生殖：复大孢子、小孢子或休眠孢子。我国海产中心纲可分为 4 目，12 科，58 属（郭玉洁）；淡水产 3 目：圆筛藻目（Coscinodiscales）、根管藻目（Rhizosoleniales）和型藻目（Biddulphiales）（胡鸿钧，魏印心），本书介绍圆筛藻目。

圆筛藻目（Coscinodiscales）在淡水中的种类最多，分布较广。1 科圆筛藻科，5 属（胡鸿钧，魏印心）。藻体为单细胞，或由细胞连成链状群体，细胞圆盘形，鼓形、球形或圆柱形。壳面上的纹饰主要呈辐射状排列。本书以照片展示该科 4 属的形态特点。

圆筛藻科（Coscinodiscaceae）特征同目。

（1）直链藻属（*Melosira*）　单细胞，圆柱形，常由壳面连接成链状。壳面圆形，平或凸起，有或无花纹（图2-125）。

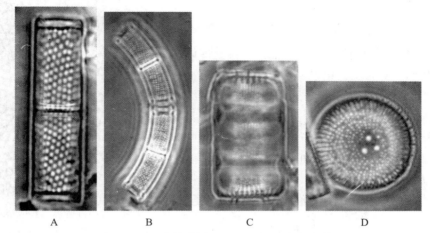

A　　　　B　　　　C　　　　D

图2-125　直链藻属（*Melosira*）（自包文美）

A颗粒直链藻（*M. granulata*）带面；B直链藻窄变种（*M. granulata* var. *angustisima*）带面；

C，D美兹直链藻（*M. roeseana*）带面和壳面

（2）小环藻属（*Cyclotella*）　单细胞，或连接成链状群体。壳面圆形或椭圆形，边缘有放射状排列的孔纹或线纹（图2-126）。

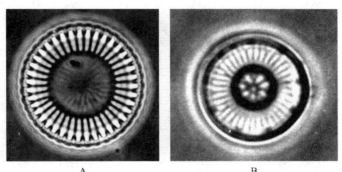

A　　　　　　　　B

图2-126　小环藻属（*Cyclotella*）壳面（自包文美）

A梅尼小环藻（*C. meneghiniana*）；B具星小环藻（*C. stelligera*）

（3）冠盘藻属（*Stephanodicus*）　单细胞，或连接成链状群体。细胞圆盘形，壳面圆形，具束状的放射状点纹，在壳缘排为多列，中央排为单列（图2-127）。

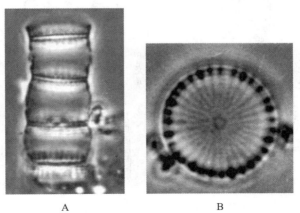

A　　　　　　　　B

图2-127　汉斯冠盘藻（*Stephanodicus hantzschii*）（自包文美）

A带面；B壳面

（4）圆筛藻属（*Coscinodiscus*）　壳面圆形，壳缘周生小棘。花纹细点纹至网眼纹，从中央向壳缘放射状排列（图2-128）。

2. 羽纹纲（Pennatae）

多数是淡水种类，分布很广。有5目，10科。藻体为单细胞，或细胞连成带状、扇状或星状群体链状群体。细胞圆盘形，鼓形、球形、圆柱形或盒形。壳面线形、披针形、椭圆形、卵形、舟形、新月形或棒形，具壳缝或无，或假壳缝，壳面上的纹饰呈两侧对称排列，带面长方形，两侧对称或不对称，细胞单核，色素体多数，呈小颗粒、盘状，或1~2个，呈片状，常含淀粉核。营养繁殖；细胞分裂。无性生殖：产生复大孢子。根据其壳缝（raphe）的类型，分为5目：无壳缝目（Araphidiales）、拟壳缝目（Raphidionales）、双壳缝目

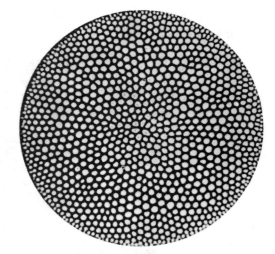

图2-128　辐射圆筛藻（***Coscinodiscus radiatus***）壳面（自 Bold *et al.*）

（Biraphidinales）、单壳缝目（Monoraphidales）和管壳藻目（Aulonoraphidinales）（胡鸿钧，魏印心）（图2-129）。本书主要以藻体的壳面照片展示5目中若干属的形态特点。

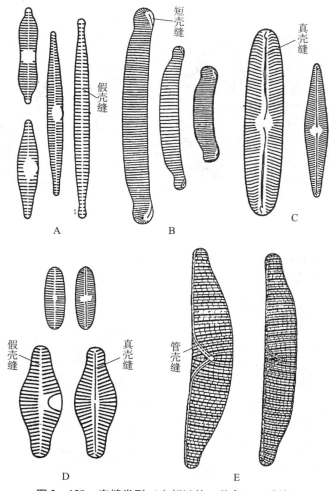

图2-129　壳缝类型（自胡鸿钧，魏印心，重编）

A 无壳缝目（只有假壳缝）；B 拟壳缝目（两端具短壳缝）；C 双壳缝目（2壳面都具真壳缝）；

D 单壳缝目（仅一壳面具真壳缝）；E 管壳藻目（具管壳缝）

（1）无壳缝目（Araphidiales）　本目无真壳缝，上下壳面上均具假壳缝，假壳缝两侧由细点纹连成横线纹或横肋纹。1科脆杆藻科，7属（胡鸿钧，魏印心）。本书以照片展示该科6属的形态特点。

脆杆藻科（Fragilariaceae）特征同目。

① 平板藻属（*Tabellaria*）壳面线形，中部明显膨大，两端略大，假壳缝狭窄。带面两端具纵向的长形隔膜（图2–130）。

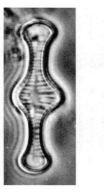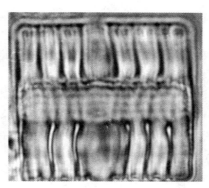

A　　　　　　　　　　B

图2–130　绒毛平板藻（*Tabellaria flocculosa*）（自包文美）

A 壳面；B 带面

② 等片藻属（*Diatoma*）壳面披针形或线形，假壳缝狭窄。带面长方形。壳面和带面均具肋纹和细纹（图2–131）。

A　　　　　　　　　B

图2–131　冬生等片藻（*Diatoma hiemale*）（自包文美）

A 壳面；B 带面

③ 扇形藻属（*Meridion*）壳面棒形或倒卵形，细胞连接成扇形（图2–132A）。

④ 峨眉藻属（*Ceratoneis*）壳面直线形或弓形，两端头状（图2–132B）。

⑤ 脆杆藻属（*Fragilaria*）壳面长线形或披针形，两端钝圆（图2–132C）。

⑥ 针杆藻属（*Synedra*）壳面长杆形或披针形，两侧平直，两端头状（图2–132D）。

（2）拟壳缝目（Raphidionales）　本目上下壳面上的两端均具短壳缝。包含1科短壳缝科，1属短壳缝属（胡鸿钧，魏印心）。本书以照片展示该属3种的形态特点。

短壳缝科（Eunotiaceae）特征同目。

短壳缝属（*Eunotia*）壳面弓形，背缘凸出，腹缘平直或凹入，两端头状或钝圆，每端有明显的极节，无中央节（图2–133）。

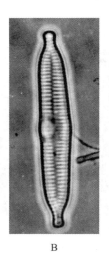

A B C D

图 2 – 132　扇形藻属（*Meridion*）、峨眉藻属（*Ceratoneis*）、脆杆藻属（*Fragilaria*）和针杆藻属（*Synedra*）
（自包文美）

A 环状扇形藻缢缩变种（*M . circulare* var. *constrictum*）；B 弧形峨眉藻线形变种直变型（*C. arcus* var. *linear* f. *recta*）；
C 沃切里脆杆藻小头变种（*F. vaucheriae* var. *capitata*）；D 肘状针杆藻（*S. ulna*）

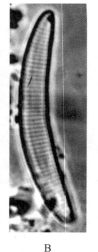

A B C

图 2 – 133　短缝藻属（*Eunotia*）（自包文美）

A 弧形短缝藻虚拟变种（*E. arcusvar. fallax*）；B 刻缺短缝藻（*E. incise*）；
C 三齿短缝藻变种（*E. tridentula* var. *perminuta*）

　　（3）双壳缝目（Biraphidinales）　　本目上下壳面均具壳缝，并具中央节和极节（图 2 – 117）。
3 科：舟形藻科（Naviculaceae）、桥弯藻科（Cymbellaceae）和异极藻科（Gomphonemaceae），14 属
（胡鸿钧，魏印心）。本书以照片展示该 3 科 12 属的形态特点。

　　① 舟形藻科（Naviculaceae）上下壳面均具壳缝，壳体舟形，壳面两侧及两端对称。

　　a. 肋缝藻属（*Frustulia*）壳面披针形或长菱形，具细点纹组成横线纹，壳缝两侧各具 1 条肋条
（图 2 – 134A）。

b. 布纹藻属（*Gyrosigma*）壳面呈"S"形弯曲，两端渐尖或钝圆（图2-134B）。

c. 美壁藻属（*Caloneis*）壳面椭圆形或线形，两端楔形至广圆形，中央节略呈方圆形（图2-134C）。

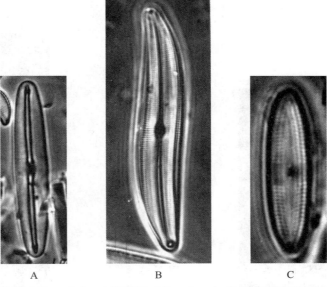

图2-134　肋缝藻属（*Frustulia*）、布纹藻属（*Gyrosigma*）和美壁藻属（*Caloneis*）（自包文美）

A普通肋缝藻（*F. vugaris*）；B尖布纹藻（*G. acuminatum*）；C杆状美壁藻（*C. bacillum*）

d. 长蓖藻属（*Neidium*）壳面椭圆形或线形，两端渐狭窄，末端钝圆，中央节的垂直管向反方向弯曲（图2-135A）。

e. 双壁藻属（*Diploneis*）壳面椭圆形，壳缝两侧由中央节延长成凸起（图2-135B）。

f. 辐节藻属（*Stauroneis*）壳面长椭圆形或狭披针形，两端头状或喙状，壳面中心区无花纹，成为辐节（图2-135C）。

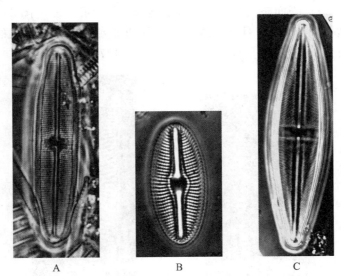

图2-135　长蓖藻属（*Neidium*）、双壁藻属（*Diploneis*）和辐节藻属（*Stauroneis*）（自包文美）

A彩红长蓖藻（*N. irides* f. *vernalis*）；B渭椭圆双壁藻（*D. ovalis*）

C紫心辐节藻（*S. phoenicenteron*）

g. 异菱藻属（*Anomoeoneis*）壳面椭圆形或线形，两端渐狭窄，末端钝圆或近头状，壳面横线纹细（图2-136A）。

h. 舟形藻属（*Navicula*）壳面线形、椭圆形或披针形，两端头状，钝圆或喙状，具横线纹，中轴区狭窄（图 2 – 136B）。

i. 羽纹藻属（*Pinnularia*）壳面线形椭圆形至披针形，两侧平行，具横向的肋纹，中轴区宽（图 2 – 136C）。

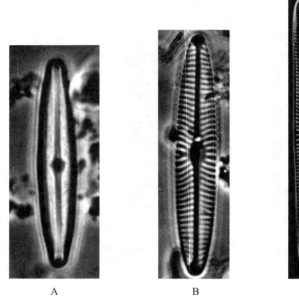

A　　　　　　　　B　　　　　　　　C

图 2 – 136　异菱藻属（*Anomoeoneis*）、舟形藻属（*Navicula*）和羽纹藻（*Pinnularia*）（自包文美）

A 济莱异菱藻稳固变型（*A zellensis* f. *difficilis*）；B 沙氏舟形藻塔斯康布变种（*N. schroeleri* var. *escambia*）；

C 微绿羽纹藻小变种（*P. virids* var. *minor*）

② 桥弯藻科（Cymbellaceae）壳面两侧不对称。

a. 双眉藻属（*Amphora*）壳面略呈镰刀形，末端钝圆，带面椭圆形（图 2 – 137A）。

b. 桥弯藻属（*Cymbella*）壳面新月形、线形、半椭圆形或舟形，具明显的背、腹两侧，背侧凸出，腹侧平直或中部略凸出，线纹略呈放射状排列（图 2 – 137B）。

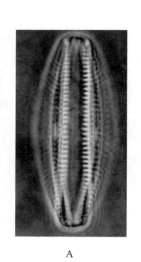
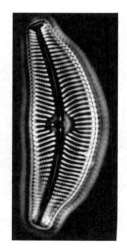

A　　　　　　　　B

图 2 – 137　双眉藻属（*Amphora*）和桥弯藻属（*Cymbella*）（自包文美）

A 卵圆双眉藻（*A. ovalis*）（带面）；B 膨大桥弯藻（*C. tumida*）（壳面）

③ 异极藻科（Gomphonemaceae）壳面两端不对称。

异极藻属（*Gomphonema*）壳面棒形或披针形，壳面两端不对称。上端比下端宽，横线纹有粗点纹或细点纹组成，略呈放射状排列（图2-138）。

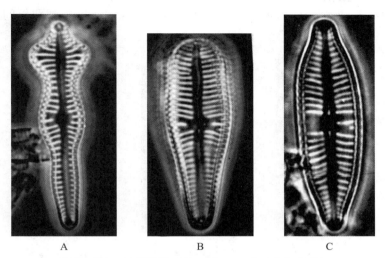

图2-138 异极藻属（*Gomphonema*）（自包文美）
A 尖异极藻花冠变种（*G. acuminatum* var. *cornatum*）；B 尖异极藻布雷变种（*G. acuminatim* var. *brebissonii*）；
C 窄异极藻延长变种（*G. angustatum* var. *productum*）

（4）单壳缝目（Monoraphidales）　本目的2个壳面上，只有1个壳面具真壳缝，另1个壳面仅具假壳缝。1科曲壳藻科，5属（胡鸿钧，魏印心）。本书以照片展示该科2属的形态特点。

曲壳藻科（Achnantheaceae）特征同目。

① 卵形藻属（*Cocconeis*）。单细胞，壳面宽椭圆形，两壳外形相同，各具壳缝和假壳缝，两侧具横线纹或点纹，在两壳面的排列不同（图2-139A，B）。

② 曲壳藻属（*Achnanthes*）。单细胞或连成囊状群体，两壳外形相同，线形披针形或椭圆形，各具壳缝和假壳缝，中央节明显，两侧横线纹或点纹相似（图2-139C，D）。

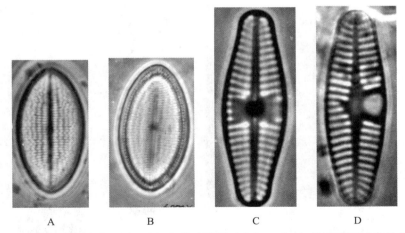

图2-139 卵形藻属（*Cocconeis*）和曲壳藻属（*Achnanthes*）的两壳面（自包文美）
A，B 扁圆卵形藻线条变种（*C. placentula* var. *lineata*）；C，D 披针曲壳藻（*A. lanceolata*）

（5）管壳藻目（Aulonoraphidinales）　本目上下壳面具管壳缝。3科：窗纹藻科、菱形藻科和双菱藻科；7属（胡鸿钧，魏印心）。本书以照片展示该3科7属的形态特点。

① 窗纹藻科（Epithemiaceae）壳面舟形至弓形，具发达的管壳缝，中央节退化或无，壳面具横肋纹。

a. 棒杆藻属（*Rhopalodia*）壳面弓形、新月心或肾形，带面比壳面宽，狭椭圆形或棒形，中部略膨大，两端广圆形（图2－140A）。

　　b. 窗纹藻属（*Epithemia*）壳面略弯曲，背侧凸出，腹侧凹入，末端钝圆形或头形，壳面具肋纹，肋纹间有点纹或窝孔纹（图2－140B）。

　　c. 细齿藻属（*Deuticula*）壳面舟形、线形、或椭圆形，壳面具肋纹，肋纹间有横线纹或横点纹（图2－140C）。

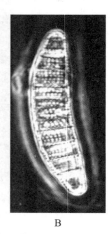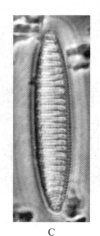

A　　　　　　　　　　B　　　　　　　　　　C

图2－140　棒杆藻属（*Rhopalodia*）、窗纹藻属（*Epithemia*）和细齿藻属（*Deuticula*）（自包文美）
A 弯棒杆藻变种（*R. gibba* var. *ventricosa*）（带面）；B 斑马窗纹藻（*E. zebra*）；C 一种细齿藻（*Deuticula* sp.）

　　② 菱形藻科（Nitzschiaceae）壳面的一侧具龙骨突起，突起上具管壳缝，管壳缝内有许多小孔，成为龙骨点。

　　a. 菱板藻属（*Hantzschia*）壳面直或"S"形，椭圆形或线形，上下壳的龙骨突起互平行（图2－141A）。

　　b. 菱形藻属（*Nitzschia*）壳面线形、披针形或棒形，上下壳的龙骨突起彼此交叉相对（图2－141B）。

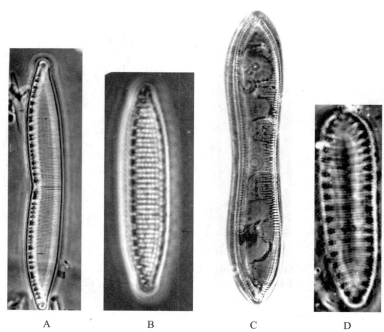

A　　　　　　B　　　　　　C　　　　　　D

图2－141　菱板藻属（*Hantzschia*）、菱形藻属（*Nitzschia*）、波缘藻属（*Cymatopleura*）和
双菱藻属（*Surirella*）（自包文美）
A 双尖菱板藻（*H. amphoxys*）；B 两栖菱形藻（*N. amphibian*）；C 草鞋形波缘藻（*C. solea*）；D 卵形双菱藻变种（*S. ovata* var. *pinncta*）

③ 双菱藻科（Surirellaceae）壳面有时呈波状弯曲，管壳缝围绕整个壳缘。

a. 波缘藻属（*Cymatopleura*）壳面椭圆形、披针形或线形，壳面横向上下起伏呈波状，线形，具粗的横肋纹，有时横纹很短，边缘具龙骨（图2－141C）。

b. 双菱藻属（*Surirella*）壳面线形、椭圆形或卵形，平直或呈螺旋状扭曲，具长或短的横肋纹，肋纹间有细线纹，边缘具龙骨（图2－141D）。

三、硅藻门（Bacillariophyta）在植物界的位置

硅藻门由叶绿素 a 和 c 的路线演化来的，具有 2 条不等长鞭毛，色素体内质网 2 层，类囊体 3 条集为 1 组。因具此等特点，硅藻与金藻、黄藻和褐藻，同属一类自然的类群，所谓黄色藻类（stramenopiles）类群，共同起源于不等鞭毛类（heterokontae）。

第十节　褐藻门（Phaeophyta）

一、褐藻门（Phaeophyta）的一般特征

1. 生境（habitat）

全世界约有 240 属，1 500 种（Fott）。褐藻绝大多数生于海水，仅少数生活在淡水中，至今全世界仅 8 种淡水褐藻，我国有 2 种淡水褐藻，均为饶钦止教授采自四川嘉陵江急流处的岩石上。一般褐藻为冷水性的藻类，多生长在寒带或南北极海中。在寒冷海洋中，生长的种类藻体大，如巨藻长可达 100 m。但在温带和热带也有分布。褐藻的垂直分布主要在低潮带和低潮线下。有些种类也生长在中潮至高潮带，多数褐藻是固着生长，通常以固着器，固着于岩石，少数漂浮海面。褐藻有的可食用如海带、鹿角菜等，可提取藻胶的如马尾藻类，许多种类可以提取甘露醇、碘、氯化钾等药品和化学品。

2. 藻体形态（algal form）

褐藻有单细胞、群体和不分枝的丝状体。它们可有 3 种基本类型。

（1）异丝体（heterotrichous filament）　藻体分化为直立部分和匍匐部分的分枝丝状体，如水云属（*Ectocarpus*）。

（2）假薄壁组织体（pseudoparcnchyma）　由许多丝状体互相交织集合而成，如酸藻属（*Desmarestia*）。

（3）薄壁组织体（parenchyma）　由于细胞向多方面分裂，形成多层细胞的薄壁组织体，而且内部结构分化为表皮、皮层和髓 3 部分，外形上也有类似根、茎、叶的构造，如海带属（*Laminaria*）和鹿角菜属（*Pelvetia*）。

褐藻的生长方式，因其生长点所在的位置而不同。藻体的细胞都能进行分裂的，叫做分散生长（diffuse growth）如水云属一些种；生长点位于藻体分枝的基部，叫做毛基生长（trichothallic growth）如水云属一些种；生长点位于藻体顶端，叫做顶端生长（apical growth）如网地藻属（*Dictyota*）；生长点位于藻体中间部分，叫做居间生长（intercalary growth）如海带属。

3. 细胞结构（cell structure）

（1）细胞壁（cell wall）　褐藻的细胞壁内层为纤维素（cellulose），外层为褐藻酸（alginic acid）和岩藻多糖（fucoidin）组成。

（2）细胞核（nucleus）　细胞单核，大而明显（图2－142）。

（3）色素体（chromoplast）　色素体多为盘状，也有星状和带状。许多褐藻都具有淀粉核，但不埋于色素体内，多数为梨形，或圆形，以一小柄或窄的一端，连接于色素体的表面，外被共同的色素体内质网包围（图2－142）。所含色素为叶绿素 a 和 c、β－胡萝卜素和叶黄素，叶黄素中以褐藻所特有的岩藻黄素（fucoxanthin）含量最多，使藻体呈褐色。色素体包被外，有 2 层色素体内质网，类囊

体 3 条，集为 1 组。

（4）贮藏物质（reserve material）　为褐藻淀粉（laminarin）和甘露醇（mannitol），都是可溶性的碳水化合物。此外，褐藻还含有碘、维生素和油。

（5）液泡（vacuole）　常具有中央液泡。

（6）鞭毛（flagellum）　褐藻的运动细胞肾形，一般侧生 2 条不等长鞭毛，一条茸鞭型，一条尾鞭型。大多数种类，长的鞭毛向前，茸鞭型，短的鞭毛向后，尾鞭型（图 2 - 143A）。少数种类正相反，长的向后，尾鞭型，短的向前，茸鞭型，前端具吻突状（proboscis-like）的突起，如墨角藻属（*Fucus*）的精子（图 2 - 143C）。更少数仅具一条茸鞭型的鞭毛，如网地藻属（*Dictyota*）的精子（图 2 - 143B）。

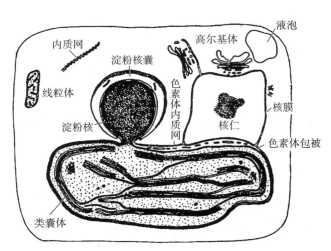

图 2 - 142　褐藻纲（*Phaeophyceae*）的细胞
（自 Lee 转自 Bouck，重编）

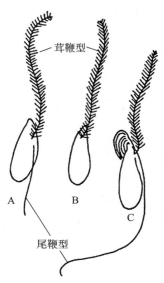

图 2 - 143　褐藻游动细胞的鞭毛
（自 Bold *et al*.，重编）
A 典型游动孢子；B 网地藻属（*Dictyota*）精子；
C 墨角藻属（*Fucus*）精子

4. 繁殖（reproduction）

（1）营养繁殖　藻体的幼体或成熟体可以断裂进行繁殖，固着的藻体可纵裂为 2 至多段，各段发育为新个体，但仍固着在原来的基质上。有的断裂后与母体分离，漂浮水中长成新个体。有些种类能产生一种特殊的生殖枝，叫做繁殖枝（propagula），脱落后，附着基质，形成新个体，如黑顶藻属（*Sphacelaria*）。

（2）无性生殖　大多数种类都能产生游动孢子和不动孢子。

① 游动孢子（zoospore）产生于游动孢子囊中，有单室和多室 2 种；单室孢子囊（unilocular sporangium）是一个细胞增大形成的，细胞核经减数分裂，产生 4～128 个核，每核与原生质体成为一个游动孢子，此类游动孢子萌发为配子体；多室孢子囊（pleurilocular sporangium）是由一个细胞经过多次横纵方向的有丝分裂，产生隔壁，形成许多小室，每室产生 1～2 个游动孢子，此类游动孢子未经减数分裂，萌发为孢子体。游动孢子都具有 2 条不等长侧生鞭毛，前长后短，前为茸鞭型（tinsel type），后为尾鞭型（whiplash type）。

② 不动孢子（aplanospore）产生于单室孢子囊中，经减数分裂形成四分孢子（tetraspore），没有鞭毛，不能运动，靠水的流动而散布。

（3）有性生殖　同配、异配和卵配。卵配生殖产生的精子小，具鞭毛，卵大而无鞭毛。精子鞭毛的着生和数目因种类而异。一般都与游动孢子形态相似，侧生 2 条不等长鞭毛，前长后短，前为茸鞭，后为尾鞭。

5. 生活史（life cycle）和世代交替（alternation of generation）

褐藻生活史中，大多数种类都具有世代交替，同型世代交替如水云属，异型世代交替如海带属。少数种类的生活史中只有双相的孢子体，没有单相的配子体如鹿角菜属。

褐藻门根据它们的世代交替的有无和类型，可分为三纲，即等世代纲（Isogeneratae）、不等世代纲（Heterogeneratae）和无孢子纲（Cyclosporae）。

二、褐藻门（Phaeophyta）的代表植物

1. 等世代纲（Isogeneratae）

世代交替是同型世代交替，孢子体和配子体同型。分为 5 目：水云目（Ectocarpales）、黑顶藻目（Sphacelariales）、线翅藻目（Tilopteridales）、马鞭藻目（Cutleriales）和网地藻目（Dictyotales）（Smith）。本书介绍其中 3 目的代表植物。

（1）水云目（Ectocarpales）　全世界约有 50 属（Smith）。主要是海水生，生长在潮间带或中潮至低潮带岩石或石沼中。藻体为单列的或分枝的丝状体，具固着器，分枝互相分离或以侧面彼此连成假薄壁组织。生活史为同型世代交替。无性生殖：游动孢子，有性生殖：同配或异配。

① 水云属（Ectocarpus）海水生，生于潮间带的岩石上，或附生于其他藻体上。藻体丛生固着（图 2 – 144A），分枝丝状体，丝状体单列，分化为异丝体。直立部分的分枝逐渐变细（图 2 – 144B）。色素体不规则带状，色素体上有淀粉核，细胞单核（图 2 – 144C，D）。大多数种类是分散生长，直立丝状体的细胞都有分生能力。也有毛基生长或居间生长。

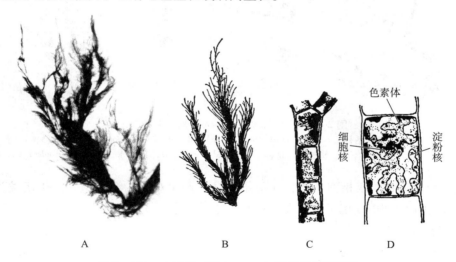

　　　　A　　　　　　　　　　B　　　　　　C　　　　　D

图 2 – 144　水云属（*Ectocarpus*）藻体和细胞结构
A 水云属一种（*Ectocarpus* sp.）（活体）（自 Trainor）；
B，C 绒毛水云（*E. tomentosus*）藻体和丝状体放大（自 Taylor）；
D 长囊水云（*E. siliculosus*）细胞结构（自 Taylor，重编）

a. 孢子体（sporophyte）：

无性生殖（asexual reproduction）产生单室孢子囊和多室孢子囊。

单室孢子囊（unilocular sporangium）由孢子体分枝上的一个细胞增大形成的，经过减数分裂，形成圆球形或椭圆形的单室孢子囊（图 2 – 145，图 2 – 148B，左侧分枝上的孢子囊），经减数分裂，产生 32～64 个单相游动孢子，侧生 2 条不等长鞭毛，萌发为单相的雌雄配子体。

多室孢子囊（pleurilocular sporangium），由孢子体分枝上的一个细胞，经过多次横纵方向的有丝分裂，形成长椭圆形，顶端微尖的多室孢子囊，内有数百个小室（图 2 – 146，图 2 – 148B 右侧分枝上的孢子囊），不经减数分裂，每室产生一个双相的游动孢子，也叫做中性孢子（neutral spore），侧生 2

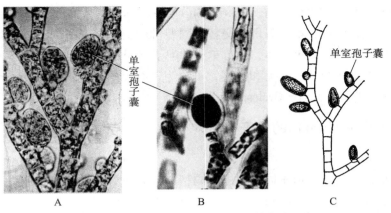

图 2 - 145　水云属（*Ectocarpus*）单室孢子囊
A 长囊水云（*Ectocarpus siliculosus*）（活体）（自 Bold *et al.* 转自 Yarish）；B 水云属（*Ectocarpus*）（活体）（自 Trainor）；
C 水绵状水云（*Ectocarpus confervoides*）（自 Taylor，重编）

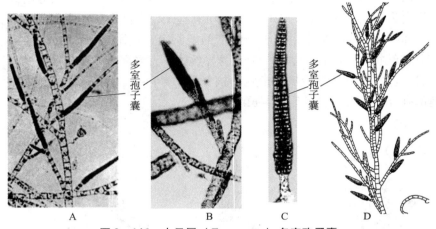

图 2 - 146　水云属（*Ectocarpus*）多室孢子囊
A 长囊水云（*E. siliculosua*）（活体）（自 Bold *et al.* 转自 Yarish）；B 一种水云（*Ectocarpus* sp.）（活体）（自 Trainor）；
C 水云属一种（*Ectocarpus* sp.）多室孢子囊放大（活体）（自 Bold *et al.*）；D 水绵状水云（*E. confervoides*）（自 Taylor，重编）

条不等长鞭毛，萌发为新的双相孢子体，此孢子体又可产生双相的游动孢子，仍萌发为孢子体（图 2 - 148C）。多室孢子囊和单室孢子囊可在同一孢子体上产生（图 2 - 148B）。

b. 配子体（gametophyte）：

有性生殖（sexual reproduction）

多室配子囊（plurilocular gametangium）其形状和形成过程与多室孢子囊相似（图 2 - 147A，图 2 - 148A），配子侧生 2 条不等长鞭毛，同配或异配（图 2 - 147B），结合为合子（图 2 - 147C，D），不经休眠萌发为孢子体（图 2 - 148B）。未经结合的配子可行单性生殖，仍萌发为新的单相配子体。

水云的生活史中有孢子体世代和配子体世代，两世代可以进行交替，也可以各自单独的绵延，发育为新的世代（图 2 - 148）。

② 石皮藻属（*Lithoderma*），淡水生，固着生长。我国报道的层状石皮藻（*Lithoderma zonatum*）生长在嘉陵江急流处岩石上。

层状石皮藻（*Lithoderma zonatum*），藻体幼时鞘毛藻状，淡绿褐色，厚度仅 1 层细胞，或少数几层细胞。成体皮壳状，深黄褐色。细胞不规则地分裂，藻体扩展，产生许多直立藻丝，互相连接成假薄壁组织状（图 2 - 149A）。纵切面观，细胞近方形，具 2~6 个小盘状色素体（图 2 - 149B，D）。无性生殖：单室孢子囊于每列藻丝顶端（图 2 - 149B），游动孢子具 2 不等长鞭毛（图 2 - 149C）。有性生殖：多室配子囊，常 2~4 个集合为配子囊群（图 2 - 149D）。

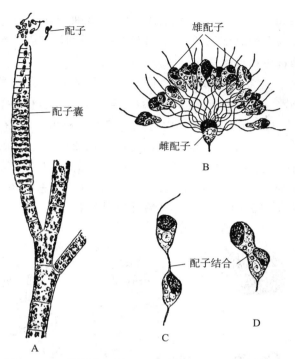

图 2 – 147　长囊水云（*Ectcarpus siliculosus*）有性生殖

A 配子囊（自 Strasburger 转自 Thuret）；B 雄配子围绕雌配子；C，D 配子结合（自 Strasburger 转自 Hygen，重编）

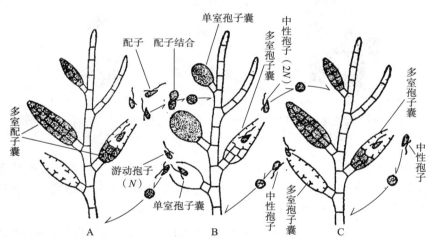

图 2 – 148　水云世代交替（自 Smith，重编）

A 配子体；B 产生 2 种孢子囊的孢子体；C 产生 1 种孢子囊的孢子体

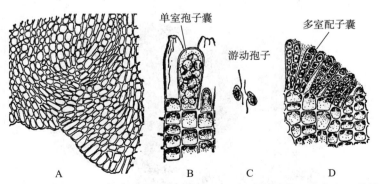

图 2 – 149　层状石皮藻（*Lithoderma zonatum*）（自胡鸿钧，魏印心，重编）

A 藻体；B 藻体纵切面示单室孢子囊；C 游动孢子；D 藻体纵切面示多室配子囊

（2）黑顶藻目（Sphacelariales）　全世界约有15属，175种（Smith）。主要是海水生，生长在潮间带岩石上或石沼中，藻体为多列分枝的丝状体，以固着器或匍匐枝着生于基质。顶端生长。生活史为同形世代交替；无性生殖：游动孢子。有性生殖：同配或异配。

黑顶藻属（Sphacelaria），大多数为海水生，固着生长，附生于大型藻体上，或潮间带岩石上。我国报道淡水生的河生黑顶藻（Sphacelaria fluviatilis），生长在嘉陵江的砂岩裂缝中。

河生黑顶藻（Sphacelaria fluviatilis），藻体由直立枝和匍匐枝组成（图2-150A），在亚气生条件下，高度不超过1 cm，贴生在岩石上，平铺生长，呈黄褐色或黑褐色。在水生条件下，藻体高度达11 cm，颜色较深。细胞单核，色素体盘状，多数，黄褐色（图2-150B）。顶端生长，横分裂，形成许多段细胞，每段纵分裂形成2~4个长形细胞，产生分枝（图2-150C）。营养繁殖：藻体细胞断裂。无性生殖：产生繁殖芽（图2-150D），聚生在主枝或分枝上，脱落后长成新藻体。

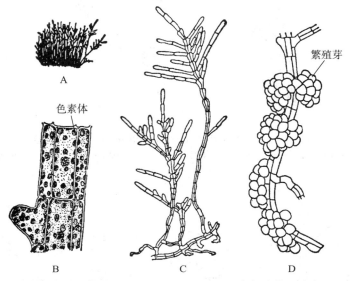

图2-150　河生黑顶藻（**Sphacelaria fluviatilis**）（自胡鸿钧，魏印心，重编）
A 藻体；B 细胞结构；C 部分藻体放大；D 分枝产生繁殖芽

（3）网地藻目（Dictyotales）　全世界约有20属，100种（Smith）。潮间带或低潮带附近的岩石上或石沼中。藻体扁平，二歧分枝，具固着器，分枝顶端具个顶端细胞，顶端生长或边缘生长，生活史为同形世代交替。无性生殖：不动孢子，有性生殖：异配或卵配。

网地藻属（Dictyota），全世界约有35种（Smith）。生长在低潮带，附生岩石上和石沼内（图2-151）。

图2-151　一种网地藻（**Dictyota sp.**）（活体）（自王永强）

藻体扁平，膜质，多次二歧分枝，以基部的分枝假根或固着器，附生于基质（图 2－152A）。顶端生长，顶端具透镜形的顶端细胞（图 2－152B），进行纵分裂（2－152C），为 2 个相等的顶端细胞，再由它们继续分裂（图 2－152D），以此形成多次二歧分枝。

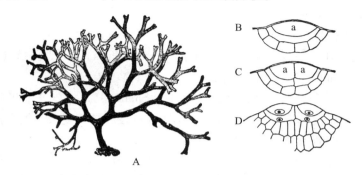

图 2－152　网地藻（*Dictyota dichotoma*）
A 藻体（自 Strasburger 转自 Schenck）；B～D 分枝顶端纵切（自 Strasburger）

无性生殖：四分孢子体（tetrasporophyte）藻表面产生不动孢子囊即四分孢子囊（tetrasporangjum），单生或集生，孢子囊膨大，细胞核经减数分裂，形成 4 个四分孢子（图 2－153），成熟时，孢子散出，萌发为雌雄配子体。

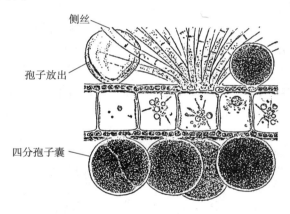

侧丝

孢子放出

四分孢子囊

图 2－153　网地藻（*Dictyota dichotoma*）四分孢子囊（自 Strasburger 转自 Thuret，重编）

有性生殖：雄配子体（male gametophyte）藻体表面产生精子囊群，表面有角质膜遮盖，精子囊无色，由 100～200 个集生成群，周围由 3 至多列含有色素体的不育丝体包围，成为杯状（图 2－154A），每个精子囊约有 1 500 个精子，精子有 1 条鞭毛（图 2－154C）。

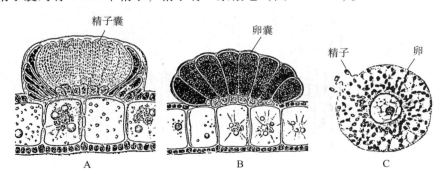

精子囊　　　卵囊　　　精子　　卵

A　　　　　B　　　　　C

图 2－154　网地藻（*Dictyota dichotoma*）
A 精子囊群；B 卵囊群；C 卵受精
（A，B 自 Strasburger 转自 Thuret；C 自 Strasburger 转自 Williams，重编）

雌配子体（female gametophyte）藻体表面产生卵囊群，卵囊深褐色，由 20～25 个集生成群（图 2-154B），每个卵囊产生 1 个卵，成熟后，由卵囊顶端裂开放出，精卵在体外结合为合子（图 2-154C），萌发为孢子体。

2. 不等世代纲（Heterogeneratae）

世代交替是异型世代交替，孢子体和配子体异型。分为 6 目：索藻目（Chordariales）、毛头藻目（Sporochnales）、酸藻目（Desmarestiales）、点叶藻目（Punctariales）、网管藻目（Dictyosiphonales）和海带目（Laminariales）（Smith）。本书介绍海带目的代表植物。

海带目（Laminariales）全世界约有 50 属，100 种（Smith）。大多数生于寒带或亚寒带。生长在低潮线下。孢子体为大型片状体，圆柱状至扁平，单条或分枝，结构复杂。配子体丝状。生活史为异形世代交替。无性生殖：游动孢子。有性生殖：异配。

海带属（Laminaria）全世界约有 30 种，我国的海带（Laminaria japonica）原产俄罗斯远东地区和日本与朝鲜北部的沿海，1927 年才引进到我国大连。通过对海带生长发育和环境条件，特别是水温关系的研究，成功地解决了海带在我国沿海人工养殖的问题，现在养殖面积已经扩大到南方各省直至广东省。

（1）孢子体（sporophyte） 大型，褐色，一般长 3～4 m，宽 20～30 cm，由假根或固着器（holdfast），柄（stipe）和叶片（blade）3 部分组成（图 2-155A）。固着器分枝，牢固地固着于基质上。柄粗而短，在柄的上面为扁带状的叶片。生长点位于叶片的基部与柄相连处，故为居间生长。叶片和柄均分化为三层组织：表皮、皮层和髓。表皮由 1～2 层排列紧密的小细胞组成，内含盘状载色体，表皮外有胶质层，具保护作用。表皮内为皮层。由大型的薄壁细胞组成，皮层内有大型的黏液腔，分泌黏液（图 2-155B）。髓由无色髓丝组成。髓丝细胞分裂，产生连接丝体，其一端膨大为喇叭管，与另一喇叭管相连，相连的端壁具有小孔，称为"筛板"，具有输导作用。叶片的髓较窄，柄的髓部明显（图 2-155C）。

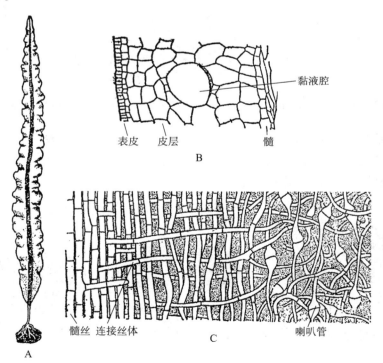

图 2-155 海带属（Laminaria）孢子体

A 一种海带（Laminaria sp.）孢子体（自 Haupt）；

B 海带（L. japonica）孢子体叶片部分纵切；C 柄髓部纵切（自 Smith，重编）

无性生殖：游动孢子囊（zoosporangium）当孢子体成熟时，在叶片两表面产生孢子囊群，呈不规则形的泡状突起，外被胶质冠。孢子囊群内有棒形的单室游动孢子囊，中间夹生着长形的细胞，叫做侧丝（paraphysis），侧丝顶端有透明的胶质冠，作为保护层（图 2 − 156）。囊内的细胞核经过减数分裂后，形成 32 个游动孢子，梨形，侧生 2 条不等长鞭毛，由囊顶游出，2 ~ 8 小时后即附着萌发为丝状的雌雄配子体。

（2）配子体（gametophyte）雄配子体（male gametophyte），由 1 ~ 10 个小形的细胞组成分枝的丝状体（图 2 − 157A）。每个细胞都可以形成精子囊，每精子囊产生一个精子，精子梨形，侧生 2 条不等长鞭毛（图 2 − 157B）。雌配子体（female gametophyte），由 1 至多个大型的细胞组成，细胞球形或梨形，比雄配子体要大 2 ~ 3 倍（图 2 − 157C）。每个细胞都能形成卵囊，每卵囊产生一个卵，成熟后由卵孔排出，附着于空卵囊口上，等待受精（图 2 − 157D），受精后即萌发为幼孢子体（图 2 − 157E）。

生活史（life cycle）：世代交替是异型世代交替（图 2 − 158）。

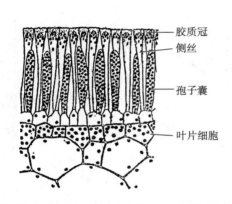

图 2 − 156　海带（*Laminaria japonica*）孢子体叶片横切，示孢子囊群（自 Smith，重编）

标注：胶质冠、侧丝、孢子囊、叶片细胞

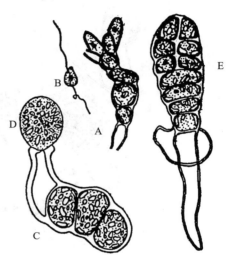

图 2 − 157　海带（*Laminaria japonica*）配子体受精，产生幼孢子体（自曾呈奎）
A 雄配子体；B 精子；
C 雌配子体；D 卵；E 幼孢子体

3. 无孢子纲（Cyclosporae）

生活史中只有孢子体世代，孢子体上产生配子囊，精子具鞭毛，侧生，2 条不等长鞭毛，但前短后长，前为茸鞭，后为尾鞭（图 2 − 143C，图 2 − 164A）。没有无性繁殖，不产生孢子。仅 1 目墨角藻目（Fucales）。

墨角藻目（Fucales），全世界约有 40 属，350 种（Smith）。生长在寒冷或温暖的海洋，多数种类固着于潮间带或低潮线下的岩石上，也有浮生于水面。藻体多年生，扁平或圆柱状，2 条歧或互生分枝，具固着器。顶端生长。有性生殖：卵配。

（1）鹿角菜属（Pelvetia）全世界约有 4 种（曾呈奎，毕列爵），我国已知 1 种（臧穆，黎兴江，凌元洁）。生长在中潮带或高潮带岩石上。为温暖性海藻，生长季节在春天。分布在我国辽宁和山东沿海。可供食用，因含褐藻胶，可工业用。

藻体软骨质，鲜时黄橄榄色，干后变黑。一般高 6 ~ 7 cm，顶端生长。固着器为圆锥状盘状体，柄短呈短圆柱形，柄上多次 2 条歧分枝（图 2 − 159A），内部分化为表皮、皮层和髓。生殖时在枝的顶端形成生殖托（receptacle），成熟的生殖托呈长角果形，比普通的分枝为粗，表面有显著的结节状突起，是生殖窠（conceptacle）的开口（图 2 − 159B）。

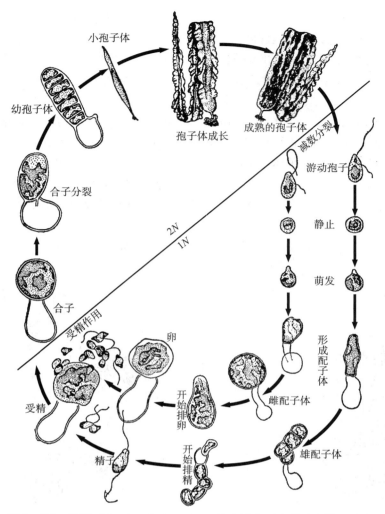

图 2-158　海带（*Laminaria japonica*）的生活史（自曾呈奎等，重编）

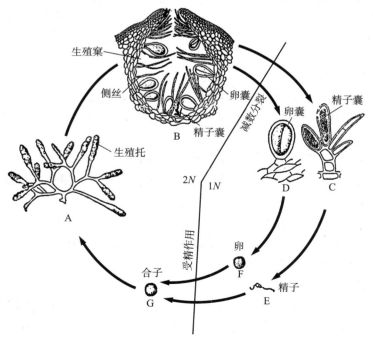

图 2-159　鹿角菜（*Pelvetia siliquosa*）的生活史（自曾呈奎等，重编）

在同一生殖窝内产生卵囊和精子囊，即雌雄同窝（图2-159B）。精子囊生于生殖窝内的分枝上，每个分枝有2~3个小形的精子囊，分枝之间产生侧丝。精子囊单细胞，梨形或长圆形（图2-159C）。囊内经减数分裂后，形成64个精子。精子梨形，侧生2条不等长鞭毛，前短后长（图2-159E）。卵囊单细胞，减数分裂后，仅有2个卵成熟（图2-159D），其余退化。其中一卵（图2-159F）受精为合子（图2-159G），萌发为双相的藻体。

鹿角菜的生活史上有一个双相的植物体，也可称它为孢子体，但此孢子体不产生孢子，经过减数分裂产生精子和卵，精卵结合后又发育为孢子体，故没有配子体阶段。

（2）墨角藻属（*Fucus*）　全世界约有15种（Fott）。我国未有记录。分布在北半球的寒冷的海洋，生长在潮间带的岩石上。

藻体为扁平分叉的带状体，中部有脊，成为中肋，下有柄和盘形固着器。顶部有立方形的顶端细胞。藻体上有隆起的大形气囊（air bladder），枝顶产生生殖窝（图2-160）。

生殖时，在分枝的顶端膨大为生殖托（receptacle），托上小穴为生殖窝，向外开孔（图2-160），内产精子囊和卵囊。有些种雌雄异窝（图2-161A），卵囊和精子囊生于不同窝，有些种则为雌雄同窝（图2-161B）。精子囊和卵囊之间，均夹生丝状体为侧丝（paraphysis）。生殖窝顶端产生的丝状体为缘丝（periphysis）向开口处伸出（图2-161A，B）。

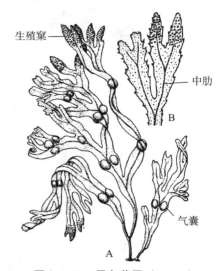

图2-160　墨角藻属（*Fucus*）
A 墨角藻（*Fucus vesiculosus*）（自 Strasburger）；
B 齿缘墨角藻（*F. serratus*）（自 Strasburger，重编）

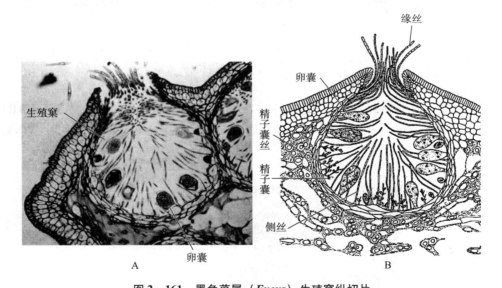

图2-161　墨角藻属（*Fucus*）生殖窝纵切片
A 一种墨角藻（*Fucus* sp.）生殖窝内的卵囊和侧丝（活体）（自 Trainor）；
B 叉分墨角藻（*F. furcatus*）生殖窝内的卵囊，精子囊丝和侧丝（自 Haupt，重编）

精子囊圆柱形，产生于丝状分枝的精子囊丝上（图2-162A），形成精子时，细胞核进行减数分裂。精子囊内产生64个精子，成熟时精子囊壁开裂，精子游出（图2-162B，C），精子长卵形，侧生2不等长鞭毛，长的向后，尾鞭型，短的向前，茸鞭型（图2-162D，图2-164A）。

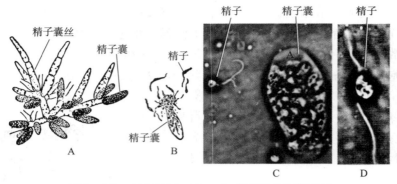

图 2-162　墨角藻属（*Fucus*）精子囊丝和精子囊

A，B 墨角藻（*F. vesiculosus*）（自 Strasburger 转自 Thuret）；
C，D 二列墨角藻（*F. distichus*）（活体）（自 Bold *et al.*，重编）

卵囊卵圆形，单生于短柄上（图 2-163A）。形成卵时，细胞核进行减数分裂。卵囊产生 8 个卵，卵囊有 3 层膜，各卵在囊内被挤成多边形，卵囊有开口（图 2-163B），成熟后卵膜由外向内破裂，卵吸水成球形，经开口处排出（图 2-163C）。

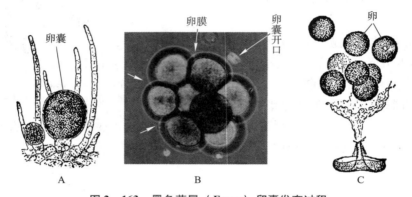

图 2-163　墨角藻属（*Fucus*）卵囊发育过程

A 墨角藻（*F. vesiculosus*）（自 Strasburger 转自 Thuret）；B 二列墨角藻（*F. distichus*）（活体，箭头指卵膜）
（自 Bold *et al.* 转自 Pollock）；C 墨角藻（*F. vesiculosus*）（自 Strasburger 转自 Thuret，重编）

精子游出精子囊后，卵分泌如疱状物样的化学物质，可能以此吸引精子（图 2-164B），大量的精子将卵包围，在卵外游动（图 2-164C），卵亦因之转动。仅 1 个精子进入卵内，与卵融合。受精的卵发育成双相的藻体。

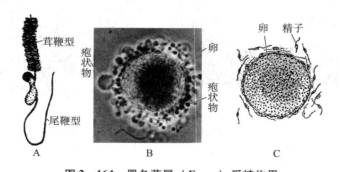

图 2-164　墨角藻属（*Fucus*）受精作用

A 墨角藻属（*Fucus*）精子（Lee 转自 Manton *et al.*）；
B 二列墨角藻（*F. distichus*）受精（活体）（自 Bold *et al.* 转自 Pollock）；
C 墨角藻（*F. vesiculosua*）受精（自 Haupt 转自 Thuret，重编）

（3）马尾藻属（*Sargassum*）　全世界 270 余种，我国 60 多种（臧穆，黎兴江，凌元洁）。生长在潮间带或低潮带的岩石上。为大型经济海藻，可提取褐藻胶、甘露醇等工业原料，有的种可药用、食用或肥料用。

藻体由固着器、茎和叶片3部分组成。固着器为圆锥形的盘状，茎圆柱状，向四周辐射分枝，叶片扁平或棍棒状，全缘或有锯齿（图2－165，图2－166A），叶腋生出气囊和生殖托。气囊球形、椭圆形或管形，能使藻体浮生（图2－166B，C）。生殖托纺锤形或圆柱形（图2－166C）。藻体内部分化为表皮、皮层和髓3部分。

图2－165　一种马尾藻（*Sargassum* sp.）（活体）（自王永强）

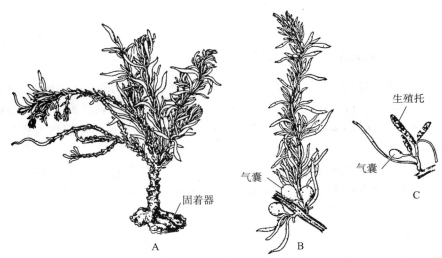

图2－166　解氏马尾藻（*Sargassum kjellmanianum*）
A藻体；B藻体部分放大；C生殖托（自曾呈奎等，重编）

雌雄同窠或异窠，生殖托内的生殖窠内产生精子囊和卵囊（图2－167A）。

精子囊由生殖窠内的精子囊丝产生（图2－167A，B），成熟的精子囊具有2层壁，成为椭圆形胶质团，细胞核经减数分裂后形成64个精子，从开口处逸出，精子梨形，具2条不等长鞭毛，前短后长。

卵囊产生于生殖窝的内壁上（图2－167A，C），细胞核经减数分裂后8个核，成熟时，7个核都退化，卵囊内仅有1个卵。精子逸出后，多数以其前鞭毛围绕卵转动，随之卵也转动，不久1个精子入卵内，结合为合子，萌发为双相藻体。

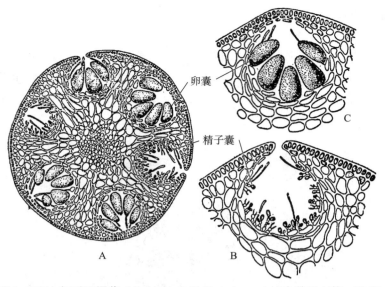

图2-167 解氏马尾藻（*Sargassum kjellmanianum*）（自曾呈奎等，重编）
A 生殖托横切示雌雄异窠的精子囊及卵囊；B 精子囊放大；C 卵囊放大

三、褐藻门（Phaeophyta）在植物界的位置

褐藻门由叶绿素 a 和 c 的路线演化来的，具有 2 条不等长鞭毛。色素体内质网 2 层，类囊体 3 条，集为 1 组。因具此等特点，褐藻与硅藻、金藻和黄藻，同属一类自然的类群，所谓黄色藻类（stramenopiles）类群，共同起源于不等鞭毛类（heterokontae），褐藻在此类群中处于最高等的水平。

第十一节　隐藻门（Cryptophyta）

一、隐藻门（Cryptophyta）的一般特征

早期隐藻曾隶属于甲藻门的一纲，但随研究深入，隐藻在细胞、色素体和鞭毛等的结构上与甲藻不同，具有其独特的纵沟、口沟和驱体（ejectsome）。驱体与甲藻的刺丝胞（trichocyst）结构不同。发现色素体内含有核形体（nucleomorphs），因此 Graham（1951）建议将它们列为独立的一门。

1. 生境（habitat）

全世界约有 5 科，9 属（Fott），我国已知 1 科（胡鸿钧，魏印心），4 属，34 余种（臧穆，黎兴江，凌元洁）。生长在淡水和海水中，有些种类喜生于含有机物和氮丰富的水域中，少数种生长在土壤和沼泽地带。

2. 藻体形态（algal form）

多数为具 2 条鞭毛的单细胞（图2-168A），少数成为不定群体（palmelloid）（图2-168B）。具鞭毛的种类长椭圆形或卵形，前端较宽，钝圆或斜向平截，显著纵扁，背侧略凸，腹侧平直或略凹入，从腹侧的前端一侧，向后延伸 1 条纵沟，有的种类还具 1 条口沟。

3. 细胞结构（cell structure）

（1）细胞壁　为无纤维素的细胞壁，细胞表面具周质体（periplast）（图2-170B），有的类群周质体为一定形态的板片。

（2）发射物（projectile）　隐藻特有的结构，称为驱体，也称为刺丝胞，但它与甲藻的刺丝胞（trichocyst）结构不同。大型的驱体分布在细胞前端纵沟和口沟的两侧，小形的在细胞周边（图2-169A），当受到外界伤害时，驱体即刺丝胞发射长线（图2-169B）。

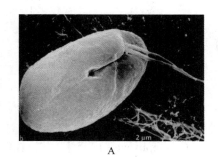
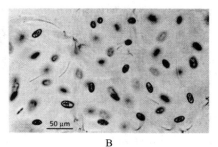

图 2－168 一种隐藻 (*Cryptomonas* sp.) 单细胞和胶群体 (活体)

A 单细胞，扫描电镜下 (自 Graham *et al.* 转自 Kugrens)；B 胶群体 (自 Graham *et al.*)

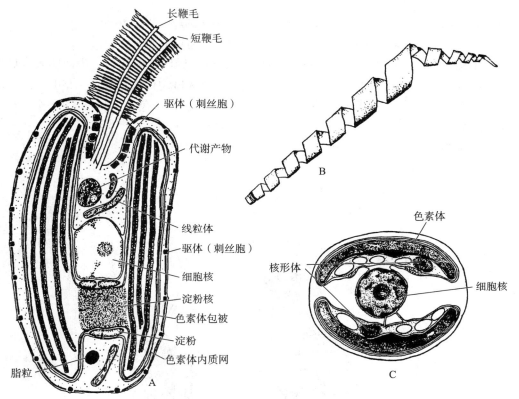

图 2－169 一种隐藻 (*Cryptomonas* sp.)

A 超微结构 (自 Lee)；B 驱体 (刺丝胞) 发射模型 (自 Lee 转自 Hovasse *et al.*)；C 藻体横切 (自 Graham *et al.*，重编)

（3）细胞核（nucleus） 细胞单核，位于后端或中央。

（4）色素体（chromoplast） 1～2 个，大形叶状，所含的色素有叶绿素 a 和 c，在类囊体上有藻胆体（phycobilisome），内含有藻胆素（phycobilin），黄绿色、黄褐色、蓝绿色、绿色或红色。色素体内质网 2 层，类囊体 2 条，集为 1 组，有些种类无色素体。淀粉核 1 至多个，位于细胞中央或色素体内（图 2－169A）。在色素体和色素体内质网膜之间，有特殊结构叫做核形体（nucleomorph），它被认为是内共生真核生物退化的细胞核（图 2－169C）。

（5）贮藏物质（reserve material） 为淀粉和油，淀粉贮藏在核与色素体之间，色素体的内质网内，这也是隐藻与其他藻类不同之处（图 2－169A）。

（6）液泡（vacuole） 1 个，位于细胞前端。

（7）眼点（stigma, eye spot） 有些种类具有眼点，位于色素体包被内。

（8）鞭毛（flagellum） 具 2 条不等长鞭毛，从腹侧前端伸出，长的鞭毛具 2 排侧生茸鞭，短的鞭毛具 1 排短茸鞭（图 2 – 189A）。

（9）伸缩胞（contractile vacuole）　细胞前端有 1～2 个伸缩胞。

4. 繁殖（reproduction）

（1）营养繁殖　细胞纵裂，形成不定群体。

（2）无性生殖　不具鞭毛的种类产生游动孢子。

（3）有性生殖　不详。

隐藻门 1 纲隐藻纲（Cryptophyceae），1 目隐藻目（Cryptophycales），5 科，本书介绍其中隐鞭藻科（Cryptomonadaceae）隐藻属（*Cryptomonas*）。

二、隐藻门（Cryptophyta）的代表植物

隐藻目（Cryptophycales）隐鞭藻科（Cryptomonadaceae）隐藻属（*Cryptomonas*）

我国 30 余种（臧穆，黎兴江，凌元洁）。生长在湖泊、池塘和鱼池中。

藻体为单细胞，细胞椭圆形、豆形、卵形或纺锤形，前端钝圆或斜截形，中间凹入，后端或宽或窄的钝圆形，具明显的纵沟和口沟，位于腹侧，鞭毛 2 条，从口沟伸出（图 2 – 170A），具驱体（刺丝胞）（图 2 – 170B），或无，色素体 1～2 个，黄绿色、黄褐色或红色。淀粉核 1～4 个，或无。细胞单核，位于细胞后端。

营养繁殖：细胞纵裂。

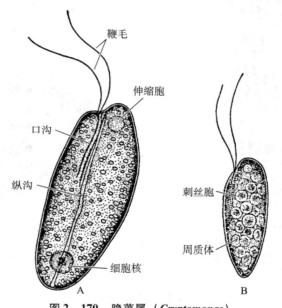

图 2 – 170　隐藻属（*Cryptomonas*）
A 卵形隐藻（*C. ovata*）；B 啮蚀隐藻（*C. erosa*）（自胡鸿钧，魏印心，重编）

三、隐藻门（Cryptophyta）在植物界的位置

隐藻门虽具有叶绿素 a 和 c，但它与其他所谓黄色藻类（Stramenopiles）有不同之处：首先，在它的类囊体上具有藻胆体（phycobilisome），内含有藻胆素（phycobilin），此与红藻和蓝藻类似；其次，色素体内含有独特的核形体（nucleomorph），故有人认为这是由于红藻在寄主体内寄生后，所有细胞器被消化，保留了色素体和细胞核而形成的，还有，色素体内质网 2 层，但类囊体 2 条，集为 1 组，不同于黄色藻类的类囊体 3 条，集为 1 组。因此隐藻不归为所谓黄色藻类，它可能由叶绿素 a 和藻胆素路线演化而来，但却与蓝藻和红藻不同，因为隐藻具有 2 条不等长鞭毛，长的鞭毛具

2排侧生茸鞭，短的鞭毛具1排短茸，故隐藻可能为由叶绿素a和藻胆素路线演化上，具鞭毛的另1条分支。

第十二节　甲藻门（Pyrrophyta）

一、甲藻门（Pyrrophyta）的一般特征

1. 生境（habitat）

甲藻是一类重要的浮游藻类，全世界约有126属，1 050种（Smith），分布很广，生长在海水、淡水、半咸水中。大多数是海产种类，少数寄生在鱼类、桡足类及其他无脊椎动物体内。甲藻和硅藻是水生动物的主要饵料。但如果甲藻过量繁殖常使水色变红，形成赤潮（red tide）。赤潮中甲藻细胞密度很大，藻体死亡后，滋生大量的腐生细菌，因细菌的分解作用，使水体溶氧急骤降低，并产生有毒物质，造成当地鱼、虾、贝等水生动物的大量死亡。

2. 藻体形态（algal form）

藻体大多数种类为单细胞，丝状体的极少。细胞球形到针状，背腹扁平或左右侧扁；细胞裸露或具细胞壁，壁薄或厚而硬。具2条鞭毛，1条纵生为纵鞭毛（longitudinal flagellum），1条横生为横鞭毛（transverse flagellum）（图2-173A）。

3. 细胞结构（cell structure）

（1）细胞壁（cell wall）　多数甲藻具有厚的细胞壁，由纤维素构成，称其壁为壳（theca）。壳的结构复杂，有的种类如纵裂甲藻类的壳由左右2瓣组成，无纵沟（longitudinal groove，sulcus）或横沟（transverse groove，girdle）或叫做腰带（cingulars）（图2-177）。大多数种类如横裂甲藻类的壳分成上下2部分，上部分为上壳（epitheca），下部分为下壳（hypotheca），它们之间是横沟，围绕细胞的腰部，略凹入。细胞腹面有1条纵沟，与横沟相交（图2-173A）。横裂甲藻类的壳壁由许多板片（plate）组成；板片的形状、数目和排列各属不同，为分类的标准（图2-171）。

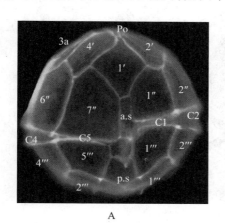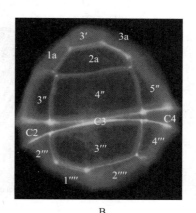

图2-171　二角多角甲藻（*Peridinium bipes*）示板片排列格式
A腹面；B背面（自刘国祥）
图中各符号表示板片的名称（略）

（2）细胞核（nucleus）　细胞核1个，大而明显，圆形、椭圆形或细长形，染色体排列如串珠状，在整个生活史中持续存在。有丝分裂过程中，核膜和核仁不消失，不形成纺锤体。这种细胞核被称为甲藻细胞核（dinokaryon）或称为中核或间核（mesokaryon）（图2-172）。位于原核与真核之间的过渡类型。

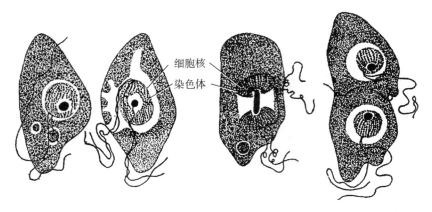

图 2-172　海生尖尾藻（*Oxyrrhis marina*）细胞分裂（自 Smith 转自 Hall，重编）

（3）色素体（chromoplast）　色素体多个，盘状、棒状或片状，常分散在细胞表层（图 2-173B），棒状色素体常呈辐射状排列。光合作用色素为叶绿素 a 和叶绿素 c，胡萝卜素和几种叶黄素，有些种类含有多甲藻素（peridinin）和藻蓝素（phycocyanobilin）。金黄色、黄绿色或褐黄色，极少数种类无色。色素体内质网 1 层，类囊体 3 条，集成 1 组（图 2-173B）。淀粉核多见于横裂甲藻类，位于色素体中央，表面有 1 层淀粉粒。

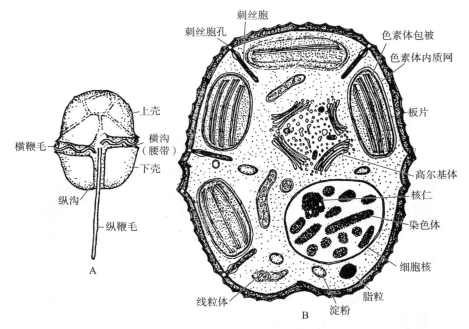

图 2-173　一种多甲藻（*Peridinium* sp.）
A 光镜下；B 超微结构（自 Lee，重编）

（4）贮藏物质（reserve material）　为淀粉和油（图 2-173B）。

（5）液泡（vacuole）　多数海生种类具特殊的液泡，位于细胞中央，球形、长圆形或囊状称为甲藻液泡（pulsule）。有的种类具有聚合液泡（collecting pulsule），其中央是甲藻液泡，与周围一圈小的泡囊（pulsule vesicle）相连，小泡囊各具小孔，开口于液泡管。甲藻液泡不是排放液体，而是具有摄入细胞外液体的作用（图 2-174）。

（6）眼点（stigma，eye spot）　有些种类具眼点。

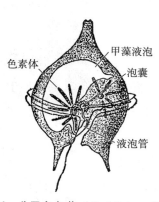

图2-174　分叉多角藻（*Peridinium divergens*）
的液泡（自 Fott 转自 Schutt，重编）

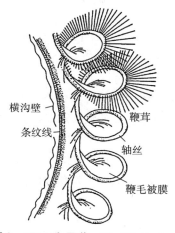

图2-175　多甲藻一种（*P. cincium*）
的横鞭毛（自 Lee 转自 Berdach，重编）

（7）鞭毛（flagellum）　具2条鞭毛，横鞭和纵鞭，从横沟和纵沟相交处的鞭毛孔伸出。横鞭带状，环绕在横沟中（图2-173A），作波状运动，使藻体旋转。纵鞭线状，通过纵沟伸向后方，作鞭状运动，使藻体前进。2条鞭毛均具细的侧生细毛，可称为鞭茸，横鞭仅具1排鞭茸（图2-175），纵鞭具2排鞭茸，极少数种类无鞭毛。因甲藻大多为游动的单细胞，具有1条围绕腰部鞭毛，在动物学中称为腰鞭毛虫（Dinoflagelata）。

（8）刺丝胞（trichocyst）　少数无色裸露的种类具刺丝胞。刺丝胞贮在刺丝囊（nematocyst）内（图2-176A），遇到体外入侵物时，发射出刺丝胞，刺向对方（图2-176B）。

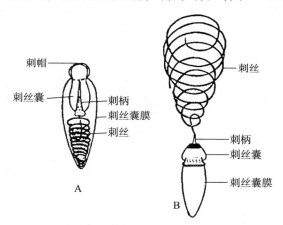

图2-176　考氏多沟藻（*Polykrikos kofoidi*）的刺丝胞
A 未发射前；B 正在发射（自 Fritsch 转自 Kofoid *et al.*，重编）

4. 繁殖（reproduction）
（1）营养繁殖　细胞分裂是甲藻类最普遍的繁殖方法。
（2）无性生殖　有的种类产生动孢子，似亲孢子或不动孢子。
（3）有性生殖　少数种类发现同配生殖。
甲藻门1纲甲藻纲（Pyrrophceae），2亚纲：纵裂甲藻亚纲（Desmokontae）和横裂甲藻亚纲（Dinokontae）。

二、甲藻门（Pyrrophyta）的代表植物

甲藻纲（Pyrrophceae），分2个亚纲。

1. 纵裂甲藻亚纲（Desmokontae）
本纲都是罕见的藻类，大多是海水生。藻体为单细胞，细胞壁由左右2瓣组成，没有横沟，2条

鞭毛着生在细胞前端。

本亚钢 2 目：纵裂甲藻目（Desmonadales）和双甲藻目（Prorocentrales）（郑柏林，王筱庆），6 属，50 种（Smith）。

双甲藻目（*Prorocentrales*）

卵甲藻属（*Exuviaella*）全世界约有 10 种（Smith）。海水生，生长在海滩上。藻体为单细胞，细胞椭圆形，左右侧扁，细胞壁分成左右 2 瓣，壁上排列不规则的孔纹，2 条鞭毛，顶生，由环形鞭毛孔伸出，鞭毛孔周围有 1 圈小的齿状突起（图 2 – 177），色素体 2 个，片状，侧生，有或无淀粉核。贮藏物质为淀粉和油。细胞核位于细胞后端（图 2 – 178）。营养繁殖：细胞纵裂，2 子细胞获得母细胞的 1 个瓣片，各自分泌 1 个新瓣片，成为新藻体。

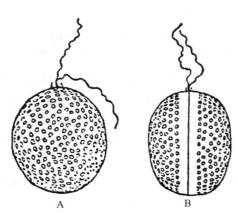

图 2 – 177 海洋卵甲藻（*Exuviaella marina*）
A 前面观；B 侧面观（自 Smith 转自 Schutt）

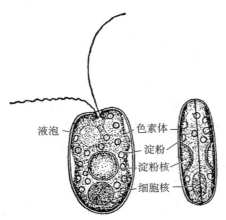

图 2 – 178 卵甲藻一种（*E. cassubica*）
（自 Fott，重编）

2. 横裂甲藻亚纲（dinokontae）

海洋中的主要浮游生物，在淡水的湖泊、池塘和积水中大量繁殖。大多数种类是具鞭毛、能游动的单细胞。细胞表面有厚壁，具纵沟和横沟。纵沟位于腹面，横沟围绕细胞中部一圈，纵沟和横沟相交点，着生 2 条鞭毛，1 条沿纵沟伸向后方，为纵鞭，1 条环绕在横沟内，为横鞭。营养繁殖：细胞分裂。无性生殖：游动孢子和厚壁孢子。有性生殖：同配生殖。

本亚纲 8 目，裸环藻目（Gymnodiniale）、两栖壳藻目（Amphiothales）、单壳藻目（Kolkmitzielles）、翅壳藻目（Dinophysiales）、多甲藻目（Peridiniales）、变形甲藻目（Rhizodiales）、球甲藻目（Dinococcales）和丝甲藻目（Dinnotrichales）（郑柏林，王筱庆）。120 属，1 000 种（Smith）。本书介绍其中 3 目的代表植物。

（1）裸环藻目（Gymnodiniales）

① 裸甲藻属（*Gymnodinium*）全世界约有 130 种（Fott）。生长在淡水和海水中。藻体为单细胞，细胞圆形或椭圆形，上壳小于下壳（图 2 – 179A），或大于下壳（图 2 – 179B）。具纵横 2 沟，鞭毛由 2 沟相交点伸出，色素体有或无，有色素体者，色素体多数，盘状或棒

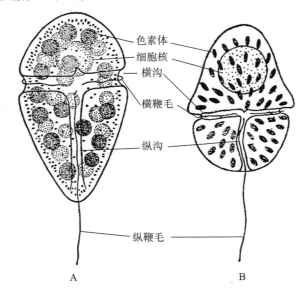

图 2 – 179 裸甲藻属（*Gymnodinium*）
A 真蓝裸甲藻（*G. eucyaneum*）（自胡鸿钧，魏印心）；
B 沼生裸甲藻（*G. palustre*）（自 Fott 转自 schilling，重编）

状，侧生或放射排列，金褐色、绿色或蓝绿色。许多海生种类无色素体。具眼点或无。细胞单核。有些种类形成赤潮。营养繁殖：细胞分裂。无性生殖：厚壁孢子。有性生殖：同配生殖。

② 夜光藻属（Noctiluca）仅有 1 种，夜光藻（N. miliaris）（Fott），是很闻名的种，世界各地海洋均有分布。

夜光藻（Noctiluca miliaris）的藻体为大型单细胞，球形或肾形。顶端具 1 条触手（tentacle），触手附近有退化的鞭毛。纵横沟不明显。中央为大液泡，被原生质丝分割。细胞单核（图 2－180A）。无色素体，营异养生活。原生质体内含有无数发光的小颗粒，能使细胞发亮，大量繁殖，引起海水发光，形成赤潮。无性生殖：游动孢子，具触手，鞭毛和腹沟（图 2－180B）。

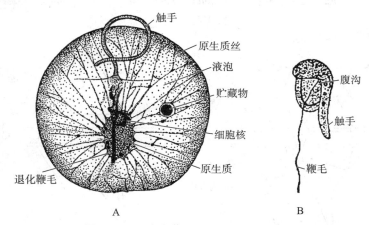

图 2－180　夜光藻（Noctiluca miliaris）

A 营养细胞（自 Grell 转自 Kuhn）；B 游动孢子（自 Fott 转自 Reichenow，重编）

（2）多甲藻目（Peridiniales）

① 多甲藻属（Peridinium）全世界约有 200 种（Fott）。海水和淡水中的主要浮游生物，大多数是海水种，淡水种生长在池塘、湖泊和沼泽。

藻体为单细胞，细胞球形、椭圆形或卵形，罕见多角形，前端常成圆顶状，或突出成角状，后端钝圆，或叉分成角，腹部平直或凹入。纵沟和横沟明显（图 2－181，图 2－182）。鞭毛 2 条，自腹面的纵、横沟相交叉处的鞭毛孔伸出。色素体有或无，有则常为多数，颗粒状，呈黄绿色、黄褐色或褐红色。淀粉核和眼点有或无。贮藏物质为淀粉和油。细胞核大，圆形、卵形或肾形，位于细胞中部。各种多甲藻细胞上板片（thecal plate）有一定的名称，排列有一定程式，都是分种的依据（图 2－183）。营养繁殖：斜向的纵分裂。无性生殖：游动孢子和厚壁孢子。有性生殖：仅少数种类具有。

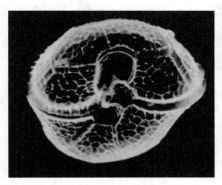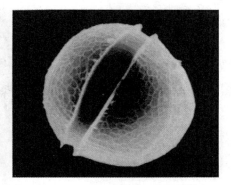

图 2－181　腰带多甲藻倒游变种（Peridinium cinctum var. ocaplanum）（活体）

A 背面；B 腹面（自 Bold et al. 转自 Cox et al.）

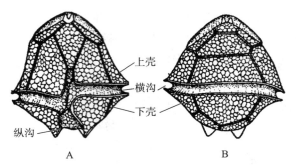

图 2-182 二角多甲藻（*Perdinium bipes*）（自胡鸿钧，魏印心，重编）

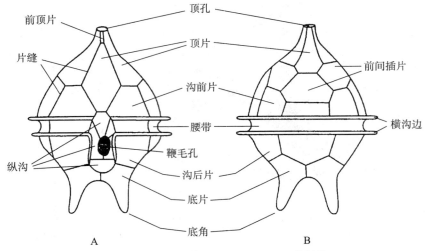

图 2-183 多甲藻属（*Peridinium*）的板片

A 腹面；B 背面（自 Graham *et al.* 转自 Taylor，重编）

② 角甲藻属（Ceratium） 全世界约有 80 种（Fott）。海水和淡水中常见，大多数海水生。

藻体为不对称的单细胞，前端具 1 长角叫做顶角，末端具孔，后端有 2~3 个短角叫做底角，末端开口或封闭（图 2-184A，B）。细胞表面被板片覆盖，板片各有其名称。横沟位于细胞中央，腹部有裂缝，鞭毛 2 条，由裂缝伸出（图 2-184C）。体内有细胞核和 1 眼点。色素体多数，小颗粒状，金黄色、黄绿色或褐色。

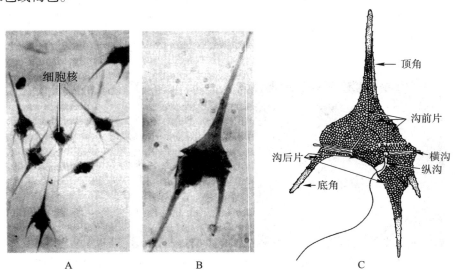

图 2-184 甲藻属（*Ceratium*）

A 飞燕角甲藻（*Ceratium hirundinella*）（活体染色示细胞核）多个细胞；B 一个细胞放大（自 Bold *et al.*）；C 板片名称（自 Farmer，重编）

营养繁殖：细胞分裂，常是斜向的，2 个子细胞从母细胞各获得半个旧壁及 1 条鞭毛，各自再长出新的半个壁及另 1 条鞭毛（图 2－185）。无性生殖：休眠孢子。

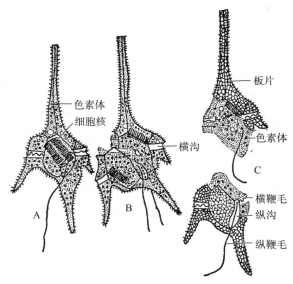

图 2－185 飞燕角甲藻（*Ceratium hirundinella*）细胞分裂（自 Smith 转自 Lauterborn，重编）
A 营养细胞；B 细胞分裂；C 2 个子细胞（已长出鞭毛）

（3）丝甲藻目（Dinnotrichales）

①枝甲藻属（*Dinoclonium*）仅 1 种，康氏枝甲藻（*Dinoclonium conradi*），是罕见的淡水甲藻，附生在绿藻丝状体上。曾在海水的水族箱内被发现。

康氏枝甲藻（*Dinoclonium conradi*），藻体为分枝的丝状体，有匍匐部分和直立部分的分化，直立分枝顶端的细胞逐次变细，类似绿藻异丝体的结构，细胞桶形，壁上有花纹，中央有液泡，色素体多数，颗粒状（图 2－186A）。具淀粉核。贮藏物质为油点，有些细胞有 1 个明显的眼点。

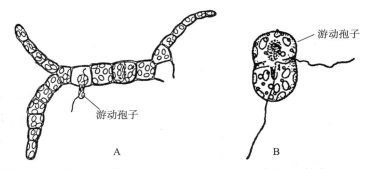

图 2－186 康氏枝甲藻（*Dinoclonium conradi*）（自 Smith 转自 Pascher）
A 藻体；B 游动孢子

营养繁殖：细胞分裂。

无性生殖：营养细胞内产生 1~2 个游动孢子，具眼点、纵沟和横沟，2 鞭毛，犹如 1 个裸甲藻（图 2－186B）。

②丝甲藻属（*Dinothrix*）仅有 1 种，奇异丝甲藻（Dinothrix paradoxa），也是罕见的淡水甲藻，附生在绿藻丝状体上。也曾在海水的水族箱内被发现。

奇异丝甲藻（*Dinothrix paradoxa*），藻体为短粗的分枝丝状体，细胞短桶形，原生质体具典型的甲藻类的构造，有 1 个明显的眼点和纵、横沟（图 2－187A）。

营养繁殖：细胞分裂，斜向分为 2，各子细胞出现眼点、纵沟和横沟（图 2－187B）。

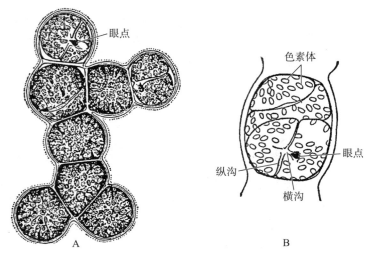

图 2 – 187　奇异丝甲藻（**Dinothrix paradoxa**）（自 Fott 转自 Pascher，重编）

A 藻体；B 细胞分裂

三、甲藻门（Pyrrophyta）在植物界的位置

甲藻色素为叶绿素 a 和 c，有些种类含有多甲藻素（peridinin）、甲藻素（phycopyrrin）和藻蓝素（phycocyanobilin），色素体内质网 1 层，类囊体 3 条，集为 1 组，与叶绿素 a 和 c 演化路线中的金藻、黄藻、硅藻和褐藻组成的所谓黄色藻类（Stramenopiles）有不同之处，特别是甲藻具有独特的细胞壁、细胞核、和鞭毛结构，在有丝分裂中核膜不消失，不形成纺锤体，它应该是叶绿素 a 和 c 演化路线上的另一条独立的分支。其中枝甲藻属（Dinoclonium）和丝甲藻属（Dinothrix）代表甲藻门中发展到较高水平的类型。

第十三节　裸藻门（Euglenophyta）

一、裸藻门（Euglenophyta）的一般特征

1. 生境（habitat）

全世界约有 140 属，800 种（Fott）。主要生长在淡水中。特别在有机质丰富的水中，温度升高时，生长茂盛，大量繁殖时使水呈深绿色，并可浮在水面形成水华。少数种类生长在半咸水，极少数生于海水，个别种成为冰雪藻。也有寄生在水生动物体内。有的种类无色，不含光合色素。营异养或动物性吞食为生，具有动物的特性，动物学中称其为眼虫。

2. 藻体形态（algal form）

藻体大多数是单细胞，细胞前端钝圆，后端尖细。前端有凹入的胞口（cytostome），胞口向下形成胞咽（cytopharynx）和袋形的储备泡（reservoir）。但此非吞食固体食物的渠道，而是排除废物的出口。

3. 细胞结构（cell structure）

（1）细胞壁（cell wall）　裸藻没有纤维素的细胞壁，原生质体分化 1 层由蛋白质组成的表膜（pellicle）覆盖表面，有的周质膜坚硬，使细胞有固定的外形，有的富于弹性，使细胞可以伸缩，改变形状，表膜的表面平滑或具许多螺旋状密接相连的表膜条纹（stripe），条纹突出部分为脊（ridge），脊的两侧内陷为沟（groove）。表膜内还有微管和产胶体。微管是细胞的骨架，产胶体可分泌黏液或胶质，抵抗不良环境。有的种类细胞外有囊壳（lorica），囊壳的前端开口，鞭毛由此伸出（图 2 – 188，图 2 – 189）。

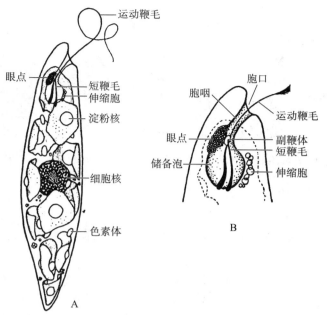

图 2 – 188　纤细裸藻（*Euglena gracilis*）（自 Strasburger 转自 Leedale，重编）
A 藻体；B 藻体前端放大

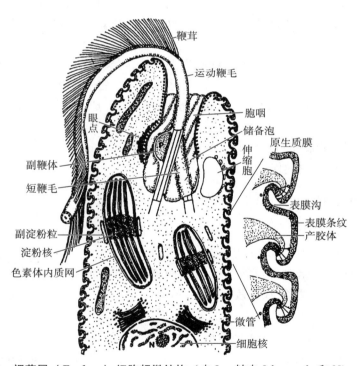

图 2 – 189　裸藻属（*Euglena*）细胞超微结构（自 Lee 转自 Jahn *et al.* 和 Mignot，重编）

（2）细胞核（nucleus）　细胞核常大而明显，位于细胞后端，细胞分裂过程中，染色体呈浓缩状，核膜和核仁永久存在，并不出现纺锤体。因此也称此类细胞核为中核（mesocaryon），位于原核与真核之间的过渡类型（图 2 – 190）。

（3）色素体（chromoplast）　色素体多个，盘状、裂片状或带状，侧生，或放射状排列如星状，绿色。色素体包被外有内质网包围，类囊体 3 条，集为一组。所含的色素有叶绿素 a，b，胡萝卜素和叶黄素，与绿藻相似。有的种类色素体上有淀粉核，淀粉核由两半组成，突出于色素体两侧，裸露

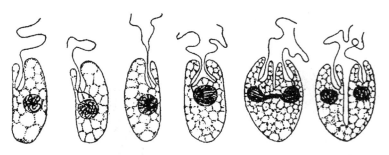

图 2 – 190 弯杆胞藻（***Rhabdomonas incurve***）细胞分裂（自 Smith 转自 Hall）

或附有一层副淀粉粒（图 2 – 189）。

（4）贮藏物质（reserve material）为副淀粉（paramylum）和油（oil），副淀粉常以固定形状存在，如盘状、棒状、杯状或线团状。附着于淀粉核上或分散在细胞质中。是分类鉴定的依据（图 2 – 189）。

（5）眼点（stigma，eye spot） 储备泡侧面有眼点（图 2 – 188，图 2 – 189）。

（6）鞭毛（flagellum） 鞭毛 2 条，1 条鞭毛由储备泡基部穿过胞咽从胞口伸出体外，为游动鞭毛，具 1～2 列横向排列的鞭茸（mastigonemes），基部具鞭毛膨大区（flagellar swelling）也叫做副鞭体（paraflagellar swelling）；另 1 条鞭毛为短鞭毛，藏于储备泡内（图 2 – 188，图 2 – 189）。

（7）伸缩胞（contractile vacuole） 在储备泡附近有一个大伸缩胞，在它周围又有一圈小的伸缩胞（图 2 – 188，图 2 – 189），它们收集体内废物运到储备泡内，经过胞咽和胞口，排出体外。

4. 繁殖（reproduction）

营养繁殖：细胞纵裂。当环境变化时，细胞失去鞭毛，分泌胶被，细胞在胶被内反复分裂，形为胶群体，环境适宜时，每细胞发育为新个体。环境恶劣时，细胞失去鞭毛，分泌一层厚膜，成为圆形的孢囊（cyst），环境好转，孢囊内的原生质体从厚膜中脱出，成为一个新藻体，但孢囊并不增加藻体的个数，只能抵抗恶劣的环境。

裸藻门 1 纲裸藻纲（Euglenophyceae），1 目裸藻目（Euglenales），5 科，21 属（胡鸿钧，魏印心），本书介绍其中 2 科中 5 属的代表植物。

二、裸藻门（Euglenophyta）的代表植物

裸藻目（Euglenales）

1. 袋鞭藻科（Peranemaceae）

袋鞭藻属（*Peranema*），此学名与蕨类植物的柄盖蕨属（*Peranema*）的学名相重，日后当有变动。我国约有 15 种（臧穆，黎兴江，凌元洁）。生长在淡水中，生活于鱼缸、池塘、沼泽或湖泊沿岸。

藻体为单细胞，体形多变，当全体伸长时，前端稍尖，宽圆形。具 2 条鞭毛，1 条为游动鞭毛（swimming flagellum），粗长，伸向前方，游动用，另 1 条为拖曳鞭毛（dragging flagellum），短于体长，因紧贴于细胞表面，不易见到。细胞前端有凹入的胞口，胞口向下形成胞咽和袋形的储备泡，储备泡基部有伸缩胞（图 2 – 191）。储备泡附近有咽头杆状器（pharyngeal rod apparatus）简称杆状器。细胞核位于中部或偏后。无色素体，以杆状器捕捉固体食物为生（图 2 – 192）。

2. 裸藻科（Euglenaceae）

（1）裸藻属（*Euglena*） 全世界约 155 种（Fott），我国约 60 种（臧穆，黎兴江，凌元洁）。广泛分布在世界各地，大多数淡水产，喜生长在温暖而有机质丰富的小型静水的环境中。有些种类耐污力很强，许多种类可形成膜状水华。

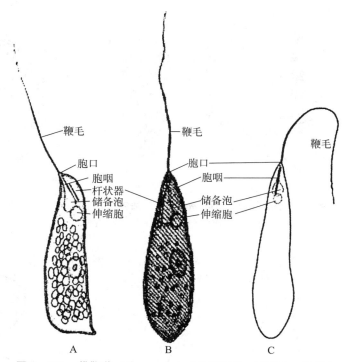

图 2 – 191　袋鞭藻（*Peranema*）（自胡鸿钧，魏印心，重编）

A 楔形袋鞭藻（*P. cuneatum*）；B 叉状袋鞭藻（*P. furcatum*）；C 三角袋鞭藻（*P. trichophorum*）

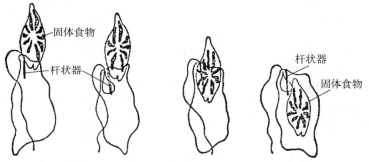

图 2 – 192　三角袋鞭藻（*Peranema trichophorum*）吞噬固体食物过程（自 Fott 转自陈阅增）

　　藻体为单细胞，形状易变，多为纺锤形或圆柱形，后端延伸为尾状或具尾刺，鞭毛单条，由储备泡底部，经胞咽和胞口伸出，另 1 条退化（图 2 – 193A）。表质柔软或半硬化，具螺旋形排列的线纹或颗粒（图 2 – 194B）。眼点明显，储备泡侧面有伸缩胞。细胞核较大，位于细胞中部或偏后（图 2 – 194）。色素体 1 至多个，带状、盘状、片状或星状，绿色。少数种类无色，或具有裸藻红素，呈红色。淀粉核有或无，副淀粉粒小颗粒状，数量不等（图 2 – 194A），或定形大颗粒 2 至多个，（图 2 – 194C）。营养繁殖：细胞纵裂（图 2 – 193B，C），形成胶群体。

　　（2）柄裸藻属（*Colacium*）　全世界约有 11 种（Fott），我国约有 6 种（臧穆，黎兴江，凌元洁）。淡水产，池塘、沼泽、湖泊、水沟和河流中，附生在浮游动物体上。

　　藻体单细胞或形成胶群体，或树状群体。细胞卵圆形、纺锤形或椭圆形，体外有胶质包被，前端具胶柄或胶垫，向下着生在浮游动物体上。细胞前端具胞口、胞咽、眼点和储备泡。眼点明显，色素体多数，圆盘形，淀粉核有或无，细胞单核，位于中下部（图 2 – 195A）。

　　营养繁殖：细胞纵分裂。形成群体（图 2 – 195B）。

　　无性生殖：由营养细胞转化为 1 个游动孢子，具单鞭毛（图 2 – 195C），长成新藻体。

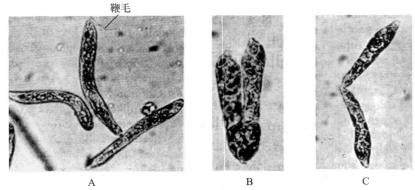

图 2-193　梅氏裸藻（*Euglena mesnili*）（活体）（自 Bold *et al.*，重编）

A 生活个体；B 细胞分裂；C 分裂后期

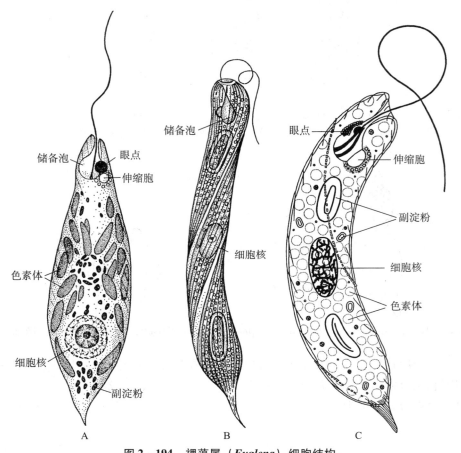

图 2-194　裸藻属（*Euglena*）细胞结构

A 绿色裸藻（*Euglena viridis*）（自 Grell 转自 Dofluin）；B 尖裸藻（*E. oxyuris*）；C 旋纹裸藻（*E. spirogyra*）

（自 Grell 转自 Leedale *et al.*，重编）

（3）囊裸藻（*Trachelomonas*）　全世界 191 种（Fott），我国 100 种（臧穆，黎兴江，凌元洁）。淡水生，广泛分布在各种水体，如鱼池、水坑、池塘、湖泊、沼泽和水库。大量繁殖时，使水呈黄褐色。

藻体为单细胞，外具囊壳（lorica）（图 2-196B），囊壳内原生质体裸露无壁，色素体盘形，有或无淀粉核，具胞口、胞咽和眼点（图 2-196A）。囊壳由胶质和铁或锰化合物沉淀组成。由于金属的成分和数量不同，使囊壳呈无色、黄色、橙色或褐色，透明或不透明。顶端具圆形鞭毛孔，鞭毛由

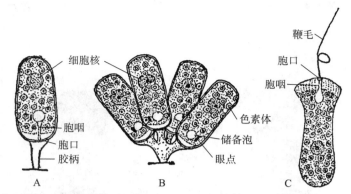

图 2 – 195　光滑柄裸藻（*Colacium calvum*）（自 Smith 转自 Stein，重编）
A 单细胞藻体；B 群体；C 游动孢子

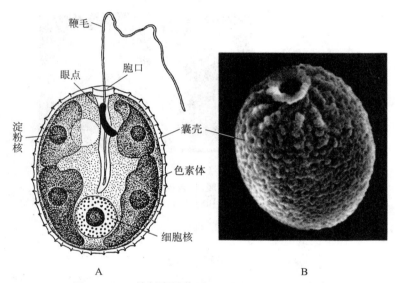

图 2 – 196　棘刺囊裸藻（*Trachelomonas hispida*）
A 细胞模式图（自 Grell 转自 Doflein 和 Kuhn）；B 细胞（活体）（扫描自 Graham *et al.* 转自 Dunlap *et al.*，重编）

此伸出，鞭毛孔周围有或无领（collar），有或无环状加厚圈。囊壳球形、卵形、椭圆形、圆柱形或纺锤形。囊壳薄，半透明（图 2 – 197A），具瘤的（图 2 – 197B），具刺的（图 2 – 197C）。囊壳表面光滑或具点纹、孔纹、网纹、颗粒、或棘刺等纹饰（图 2 – 198）。

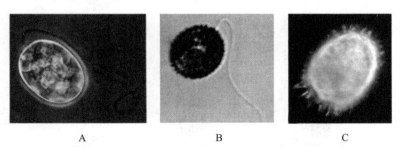

图 2 – 197　囊裸藻属（*Trachelomonas*）（活体）壳面
A 壳囊薄，半透明；B 具瘤的；C 具刺的（自 Graham *et al.* 转自 Dunlap *et al.*，重编）

营养繁殖：细胞纵裂，原生质体分裂为 2 个子细胞，有的种类如相似囊裸藻（*Trachelomonas simi-les*）2 个子细胞都离开母细胞，第 1 个子细胞先从母细胞内逸出（图 2 – 199A ~ C），脱离母细胞（图 2 – 199D），产生鞭毛，自由游动，第 2 个子细胞暂时留在囊壳内，一段时间后，也从母细胞内逸出

（图2－199E，F），母细胞只剩下1个空壳。各子细胞分泌胶质，形成新的囊壳，成为新藻体。

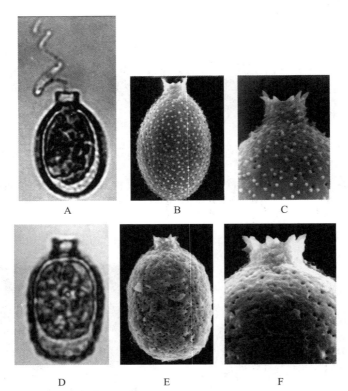

图2－198　囊裸藻属（*Trachelomona*）囊壳
A～C浮游囊裸藻（*T. planctonica*）；D～F林生囊裸藻（*T. silvatica*）（自孙世琴）

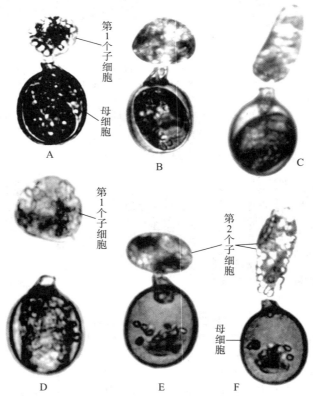

图2－199　相似囊裸藻（*Trachelomonas similes*）（活体）细胞分裂2个子细胞（先后逸出）（自孙世琴）
A～C 1个子细胞从母细胞内逸出；D 此子细胞离开母细胞；E，F 另1个子细胞从母细胞内逸出

有的种类如棘刺囊裸藻（*T. hispida*）和旋转囊裸藻（*T. volvocina*），仅1个子细胞逸出；原生质体分裂为2个子细胞后，其中1个子细胞从母细胞内逸出（图2-200A，C），另1个仍留在母细胞囊壳内，旋转而伸长，占满囊壳（图2-200B，D），并长出鞭毛，伸出鞭毛孔，向四周游动。

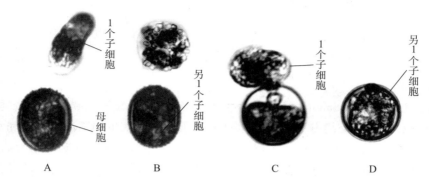

图2-200 囊裸藻（*Trachelomonas*）（活体）细胞分裂2个子细胞（1个逸出，另1个留母壳内）
A，B 棘刺囊裸藻（*T. hispida*）；C，D 旋转囊裸藻（*T. volvocina*）（自孙世琴）

（4）扁裸藻（Phacus） 全世界140种（1955）（Fott），我国70种（臧穆，黎兴江，凌元洁）。大多数为淡水生，极少海水生。

藻体为单细胞，鞭毛2条，1条鞭毛伸出体外，为运动鞭毛，另1条藏于储备泡内，为短鞭毛（图2-201C）。细胞表膜硬，形状固定，明显扁平，呈叶片状（图2-201A），有背腹之分，背面隆起，常具背脊或背沟，正面观一般呈圆形、卵形、或椭圆形，后端多数呈尾状（图2-201B），表膜表面具纵向或螺旋状排列的线纹、肋纹或颗粒。色素体多数，小盘形。副淀粉1个，大型，环形、圆盘形、球形或假环形，有的副淀粉多个，球形、卵形或杆形。眼点明显。细胞核位于后端（图2-201B，C）。

营养繁殖：细胞纵裂。

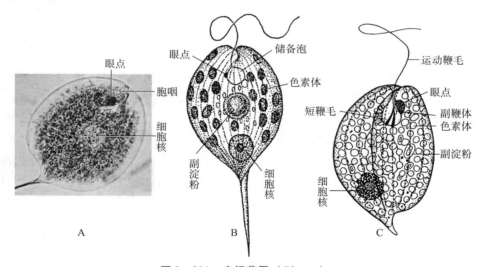

图2-201 扁裸藻属（*Phacus*）
A 宽扁裸藻（*Phacus pleuronectes*）（活体）（自 Bold *et al.*）；B 长尾扁裸藻（*P. longicauda*）（自 Grell 转自 Stein 和 Kuhn）；
C 三棱扁裸藻（*P. triqueter*）（自 Strasburger 转自 Leedale，重编）

三、裸藻门（Euglenophyta）在植物界的位置

裸藻门色素有叶绿素a、b，胡萝卜素和叶黄素，与绿藻相似，色素体内质网1层，类囊体3条，集为1组。有人认为裸藻是由于无色鞭毛生物吞噬绿藻，成为体内的色素体而形成。因其色素的成分与绿藻和高等植物相似，具叶绿素a、b，为叶绿素a、b演化路线上的一条分支。裸藻具有鞭毛，而

且兼有动植物的特征，过去人们把它当成动、植物的共同祖先，但裸藻的细胞分化现象已进入高级阶段，尤其是它的鞭毛器的组成复杂，动、植物的祖先应该是比裸藻更原始的生物。

第十四节　绿藻门（Chlorophyta）

一、绿藻门（Chlorophyta）的一般特征

1. 生境（habitat）

绿藻全世界约有 425 属（Smith），5 000～8 000 种（Fott）。绿藻是最常见的藻类，淡水产为主，淡水种类约占 90%，海水种类占 10%。淡水种分布很广，静水中如湖泊、池塘和水坑，流水中如溪流和瀑布中均可发现。它们以漂浮、浮游或固着生活。在潮湿的土壤上、墙上、岩石上和树干上，甚至冰雪上都可找到。海水种多分布在海洋沿岸，固着在浅水的岩石上。此外，有的种类成为冰雪藻，也有寄生，内生或共生形成地衣。

2. 藻体形态（algal form）

绿藻门的藻体是多种多样的，有单细胞的、群体（定形的和不定形的）、丝状体（分枝和不分枝的）、管状和假薄壁组织状等。有些种类的营养细胞前端具有鞭毛，终生能运动。多数种类的营养细胞不能运动，但在繁殖时，形成的孢子和配子大多有鞭毛，能运动。鞭毛通常是 2 或 4 条，顶生，等长，为尾鞭型（whiplash，acronematic type）。因绿藻的鞭毛是等长的，又叫做等鞭毛藻（Isokontae）。

3. 细胞结构（cell structure）

（1）细胞壁（cell wall）　大多数种类具细胞壁，其主要成分是纤维素和果胶质。少数裸露无壁。

（2）细胞核（nucleus）　多数具 1 个核，少数为多核。核的构造和有丝分裂过程与高等植物相似。

（3）色素体（chromoplast）　多数具 1 至多个，形状变化很大，杯状、片状、盘状、星状、带状或网状。所含的色素与高等植物的相同，有叶绿素 a、b，胡萝卜素和叶黄素。色素体内含有 1 至多个淀粉核。

（4）贮藏物质（reserve material）　为淀粉，多储于淀粉核周围成为淀粉鞘。

（5）液泡（vacuole）　细胞中央具一个大液泡，有些种类具小液泡。

（6）眼点（stigma，eye spot）　藻体产生的运动细胞常具 1 个眼点，椭圆形或卵形等，在色素体前端或中部侧面，由许多溶有胡萝卜素的脂类颗粒，排列而成，在色素体的光合片层之间。

（7）鞭毛（flagellum）　运动细胞多数具有顶生 2 条等长的尾鞭型鞭毛，鞭毛表面光滑。

（8）伸缩胞（contractile vacuole）　鞭毛基部常具 2 个伸缩胞，由于它们分别伸缩，排出细胞内的废物。

4. 繁殖（reproduction）

（1）营养繁殖　细胞分裂和藻体断裂。各细胞分泌胶质，形成不定群体（palmella）度过不良环境后恢复生长。

（2）无性生殖　除产生游动孢子（zoospore）和不动孢子（aplanospore）外，可产生与母细胞形态特征相似的似亲孢子（autospore）。在不良环境下，不动孢子的细胞壁加厚，形成休眠孢子（hypnospore，resting spore），营养细胞的细胞壁加厚，贮藏物质增多，形成厚壁孢子（akinete）。

（3）有性生殖　同配、异配和卵配，接合藻纲的种类还可产生没有鞭毛的配子相接合，称为接合生殖（conjugation）。

绿藻门分为 4 纲：葱绿藻纲（Prasinophyceae）、绿藻纲（Chlorophyceae）、接合藻纲（Conjugatophyceae）和轮藻纲（Charophyceae）（胡鸿均，魏印心，2006）。本书介绍后 3 纲及其主要代表植物。

二、绿藻门（Chlorophyta）的代表植物

1. 绿藻纲（Chlorophyceae）

分布很广，生活在各种水体、潮湿土壤以至冰雪上。藻体有单细胞的、群体（定形的和不定形的）、丝状体（分枝和不分枝的）、片状、管状和假薄壁组织状。多数种类的细胞单核，少数种类为多核细胞（coenocyte）。细胞大多具1至多个色素体，所含的色素与高等植物的相同，有叶绿素a和b，β胡萝卜素和叶黄素，色素体内含1至多个淀粉核或无，贮藏物质为淀粉，少数种类为油或金藻多糖（leucosin）。运动细胞常具1个眼点。营养繁殖：细胞分裂或藻体断裂。无性生殖：游动孢子、不动孢子、厚壁孢子和似亲孢子；有性生殖：同配、异配和卵配。

绿藻纲有淡水产和海水产，可分为11目（胡鸿均，魏印心）：团藻目（Volvocales）、四孢藻目（Tetrasporales）、绿球藻目（Chlorococcales）、丝藻目（Ulotrichales）、石莼目（Ulvales）、胶毛藻目（Chaetophorales）、橘色藻目（Trentepohliales）、鞘藻目（Oedogoniales）、环藻目（Sphaeropleales）、刚毛藻目（Cladophorales）和管藻目（Siphonales）。本书介绍以上各目中的若干代表植物。

（1）团藻目（Volvocales） 约有60属300种（Smith），我国已知6科，30属（胡鸿钧，魏印心）。分布十分广泛，主要为淡水产。生长在江河、湖泊、沟渠、池塘和潮湿土表，以至冰雪、温泉和海洋中。

藻体为运动的单细胞或定形群体（coenobium），营养细胞都具有顶生2条等长鞭毛。鞭毛为表面光滑的尾鞭型。细胞单核，色素体杯状、片状或星芒状，内含1至多个淀粉核，或无淀粉核。具1个橙红色眼点。此类细胞结构称为衣藻型的（chlamydomonad）。营养繁殖：细胞分裂，环境不适时，鞭毛脱落，细胞壁胶化，原生质体分裂，形成不定形群体。无性生殖：游动孢子，形成与母群体相似的似亲群体。有性生殖：同配、异配，少数卵配。

① 衣藻属（Chlamydomonas）是团藻目最大的一个类群，约有500种（胡鸿钧，魏印心）。生长在有机质丰富的小水体中，早春和晚秋大量生长，使水变为绿色，个别种生长在冰雪中为冰雪藻。

藻体为游动的单细胞，卵形、球形、椭圆形或圆形。细胞壁由纤维素和果胶质组成。顶端着生2条等长鞭毛，鞭毛着生处有或无乳突，基部有2个伸缩胞，交替地收缩，排出废物。前端一侧有红色眼点。细胞核位于细胞中央，色素体大多为厚底的杯状、少数片状，其基部含有1个淀粉核（图2-202）。这样具有杯状色素体和顶生等长鞭毛的细胞，可称为衣藻型的。

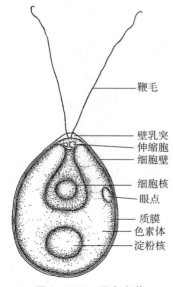

图2-202 逗点衣藻
（*Chlamydomonas kumma*）（自包文美）

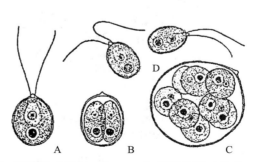

图2-203 衣藻属（*Chlamydomonas*）无性生殖（自Haupt，重编）
A 细胞转为游动孢子囊；B 分裂为2子细胞；C 分裂为8子细胞；
D 子细胞成为游动孢子游出

从衣藻超微结构看到，杯状色素体由2~6类囊体（thylakoid）组成，眼点是排列在类囊体之间的脂类颗粒，鞭毛中有中央微管（central microtubule）和周围微管（surrounding microtubule）。细胞内还有内质网（endoplasmic reticulum）、线粒体（mitochondria）和高尔基体（Golgi body）等细胞器，都充分展示真核细胞的特点，衣藻超微结构也代表绿藻的细胞结构（图2-204）。

无性生殖：在生长季节内，营养细胞的鞭毛收缩或脱落，成为游动孢子囊（zoosporangium）。原生质体进行分裂，分为2~16块，各有一核，并分泌1层细胞壁，生出2条鞭毛，成为游动孢子。母细胞壁破裂或胶化时，游动孢子（zoospore）放出，长成新藻体（图2-203）。

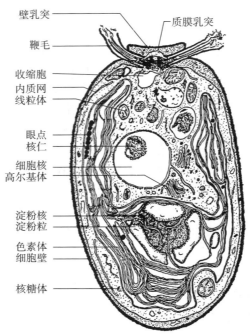

壁乳突　　　　　　　　　　质膜乳突
鞭毛
收缩胞
内质网
线粒体
眼点
核仁
细胞核
高尔基体
淀粉核
淀粉粒
色素体
细胞壁
核糖体

图2-204　真配衣藻（*Chlamydomonas eugametos*）的超微结构
（自 Bold *et al.* 转自 Walne，重编）

在环境不适宜时，鞭毛脱落，细胞壁胶化，原生质体分裂为数十至数百个子细胞，成为不定群体（palmella），待环境好转，各自长出鞭毛和细胞壁，由胶质中脱出，成为新藻体（图2-205A）。

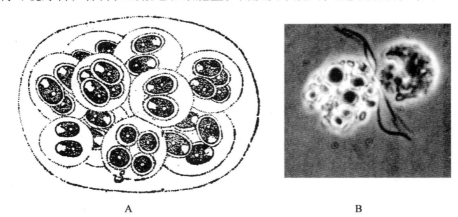

A　　　　　　　　　　　　　　　　B
图2-205　衣藻属（*Chlamydomonas*）群体和有性生殖
A 衣藻属的不定群体（自 Smith）；B 雷氏衣藻（*C. reinhardi*）同配生殖（活体）（自 Grell 转自 Sager *et al.*）

有性生殖：常发生在生长季节的末期，多数种为同配和异配，少数为卵配。产生配子与产生孢子相似，营养细胞变为配子囊（gametangium），配子（gamete）的数目比孢子的多，一般为16~64个，其形状与孢子相同，只是体积较小（图2-205B，2-206A）。相结合的配子，来自同一母细胞叫做同宗配合

（homothallism），来自不同的母细胞叫做异宗配合（heterothallism），多数种为异宗配合。配子结合后，成为 4 条鞭毛的双相合子（图 2 – 206B ~ E），合子（zygot）仍能游动，数小时后变圆，失去鞭毛（图 2 – 206F），分泌厚壁（图 2 – 206G），壁上可能产生刺突。合子经过休眠，环境适宜时萌发（图 2 – 206H），经减数分裂产生 4 个单相的游动孢子，破壁而出，各成为新藻体（图 2 – 206I）。

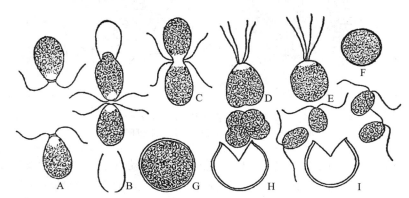

图 2 – 206　斯诺衣藻（*Chlamydomonas snowiae*）有性生殖和合子萌发（自 Smith，重编）
A 2 个同形配子；B 配子脱壁而出相结合；C ~ E 具 4 鞭毛的合子；
F 合子失去鞭毛；G 合子分泌厚壁；H 合子萌发；I 产生 4 个游动孢子

② 盘藻属（*Gonium*）全世界 7 种，我国 3 种（胡鸿钧，魏印心），常生长于浅水湖和池塘中，在有机质丰富的水体中大量繁殖。

藻体为多细胞具鞭毛能运动的定形群体（coenobium），群体板状，方形，由 4 ~ 32 个细胞组成，排列在一个平面，群体具胶被。各细胞由胶被相连而呈网状，群体中央具大空腔。每个细胞的结构和衣藻相似，为衣藻型。细胞球形，卵形或椭圆形，顶端具 2 条等长鞭毛，基部 2 个伸缩胞，近前端具 1 个眼点，色素体杯状，基部含有 1 个淀粉核（图 2 – 207）。

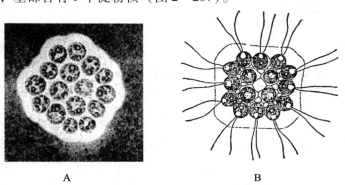

图 2 – 207　盘藻属（*Gonium*）
A 盘藻一种（*Gonium multicoccum*）（活体）（自 Bold *et al.* 转自 Starr）；B 盘藻（*G. pectorale*）（自 Smith）

无性生殖：群体内每个细胞都能进行分裂，形成于母群体相似的子群体称为似亲群体（autocolony），母群体破裂而散出。不良条件下，形成厚壁孢子或不定群体。

有性生殖：同配或异配。

③ 实球藻属（*Pandorina*）全世界 4 种，我国 1 种（胡鸿钧，魏印心）。常生长在有机质丰富的浅水湖和鱼池中。

藻体为多细胞群体，群体球形或短椭圆形。由 4 ~ 32 个（常为 16 个）细胞组成，群体具胶被，各细胞彼此紧贴，无间隙。细胞球形或倒梨形，前端宽，后端窄，前端具 2 条等长鞭毛，每个细胞的结构和衣藻相似，仍为衣藻型（图 2 – 208）。

无性生殖：每个细胞都能进行分裂，产生似亲群体（图 2 – 209）。

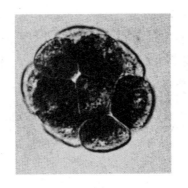
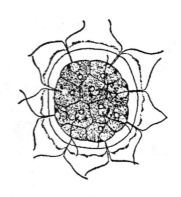

A   B

图 2 – 208 实球藻（*Pandorina morum*）

A 活体（自 Bold *et al.*）；B 实球藻（自 Smith）

有性生殖：同配或异配（图 2 – 210A，B），合子仍能游动（图 2 – 210C ~ E），数小时后变圆，失去鞭毛，分泌厚壁，进行休眠。萌发时经减数分裂，其中三核消失，存留一个单相核，形成游动孢子，由此游动孢子发育为新藻体。

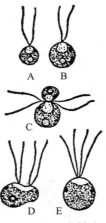

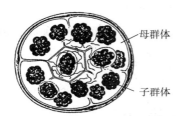

母群体

子群体

图 2 – 209 实球藻（*P. morum*）似亲群体

（自 Fritsch 转自 Pringsheim，重编）

图 2 – 210 实球藻（*P. morum*）有性生殖（自 Smith，重编）

A 小配子；B 大配子；C，D 配子结合；E 4 条鞭毛合子

④ 空球藻属（*Eudorina*）全世界 6 种，我国 2 种（胡鸿钧，魏印心）。生长在各种小水体中。

藻体为多细胞群体，群体球形，多为椭圆形，罕见球形，由 16 ~ 64 个（常为 32 个）细胞组成，群体具胶被。各细胞彼此分离，细胞胶质鞘融合，排列在群体胶被的周边，群体中央具大空腔（图 2 – 211A）。细胞球形，每个细胞的结构和衣藻相似，仍为衣藻型（图 2 – 211B）。

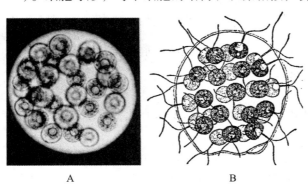

A   B

图 2 – 211 空球藻属（*Eudorina*）

A 空球藻（*Eudorina elegans*）（活体）（自 Bold *et al.*）；
B 单果空球藻（*E. unicocca*）（自 Smith）

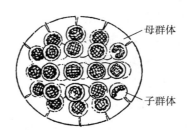

母群体

子群体

图 2 – 212 空球藻（*E. elegans*）似亲群体

（自 Fritsch 转自 Hartmann，重编）

无性生殖：每个细胞进行分裂，产生似亲群体（图 2 – 212）。

有性生殖：异配生殖，接近于卵配生殖。有同宗配合和异宗配合。异宗配合的群体，在有性生殖时，雌雄配子体分别形成雌配子和雄配子球。

雄配子体，细胞分裂，形成雄配子球，内含多数雄配子，自由游动，游至雌配子体，雄配子散开。雄配子纺锤形，2 条鞭毛（图 2 – 213A，B）。

雌配子体，细胞不经分裂，形成雌配子，球形，不游动，（图 2 – 213A）。雄配子与雌配子结合，形成合子，合子待母群体胶质腐解而放出，经减数分裂，形成游动孢子，发育为新藻体。

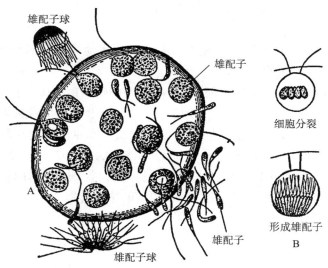

图 2 – 213　单果空球藻（*E. unicocca*）有性生殖（自 Fritsch 转自 Goebel，重编）
A 雌配子体，雄配子游入；B 雄配子体群体的细胞形成雄配子

⑤ 杂球藻属（*Pleodorina*）全世界 2 种，我国 1 种（胡鸿钧，魏印心）。常生长在温带浅水湖及池塘中，春秋两季较多。

藻体为多细胞群体，球形或宽椭圆形，由 32 ~ 128 个细胞组成。各细胞彼此分离，排列在群体胶被的周边，细胞胶质鞘融合，群体中央具大空腔。细胞大小不同，大细胞为生殖细胞，小细胞为营养细胞，细胞球形或卵形，每个细胞的结构和衣藻相似，仍为衣藻型（图 2 – 214）。

无性生殖：每个细胞进行分裂，产生似亲群体。

有性生殖：异配或卵配。

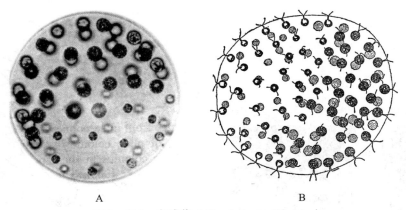

图 2 – 214　杂球藻（*Pleodorina californica*）
A 活体（自 Bold *et al.*）；B 杂球藻（自 Smith）

⑥ 团藻属（*Volvox*）全世界 7 种，我国 4 种（胡鸿钧，魏印心）。常在夏季生长在淡水池塘和临

时积水中。

藻体是具有胶被的大型定形运动群体，球形、卵形或椭圆形，直径 0.5~3 mm，由 512 个至数万个细胞组成，排列在群体胶被的周边，群体中央为胶质和水，成为空心的定形群体。细胞球形，卵形，扁球形或多角形，每个细胞的结构和衣藻相似，仍为衣藻型。

无性生殖：群体一端的细胞形成生殖胞（gonidium），体积增大，进行分裂，成为圆板状的皿状体（plakea），经过翻转过程，发育为子群体。

有性生殖：卵配生殖。

以下主要以球团藻（*Volvox globator*）的活体显微镜观察和摄影为例，来说明团藻的形态特征及其繁殖。

球团藻（*Volvox globator*）常发生在春夏季，生活于淡水池塘和临时积水中，夏季后形成合子，休眠过冬。藻体是具有胶被的大型运动的（motile）定形群体（coenobium），球形（sperical）、卵形（oval）或椭圆形（ellipsoidal），直径为 0.38~0.8 mm，由 1 500~20 000 个细胞组成（图 2-215A）。细胞排列在群体胶被（gelatinous envelope）的周边，每个细胞顶端朝向胶被外，伸出 2 条等长的鞭毛（图 2-215B，图 2-217A），群体中空（hollow），充满胶质和水。细胞衣藻型，球形、卵形或扁球形，基部具 2~5 个伸缩胞（contractile vacuole），色素体杯状或片状，内含 1 个淀粉核（图 2-216，图 2-218），细胞核位于细胞中央，眼点位于前端一侧，各细胞都有自己的胶质鞘（gelatinous sheath），细胞排列紧密，相互挤压，胶质鞘呈现多角形的轮廓（图 2-218）。各细胞之间具或不具胞间连丝（plasmodesmus）（图 2-216，图 2-217B）。

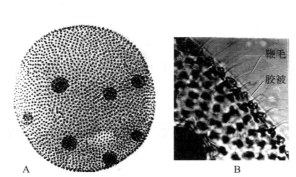

图 2-215　球团藻（*Volvox globator*）（自包文美）
A 群体（活体）；B 群体周边部分放大示鞭毛和胶被（蛋白银染色）

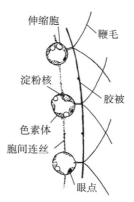

图 2-216　美丽团藻（*V. aureus*）
周边部分示意图（自 Bold *et al.*，重编）

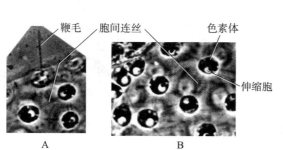

图 2-217　球团藻（*V. globator*）（活体）表面观（自包文美）
A 群体边缘；B 群体表面

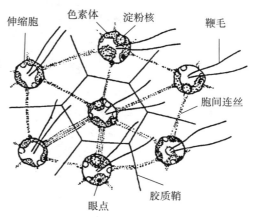

图 2-218　美丽团藻（*V. aureus*）表面观
示意图（自 Bold *et al.*，重编）

无性生殖：在生长季节，发生无性生殖。在群体的后端，有少数的细胞体积增大，失去鞭毛，比营养细胞大 10 倍或 10 倍以上，称为生殖胞（gonidium）（图 2 - 219A）。此生殖胞不断进行分裂，分裂为 2 个细胞（图 2 - 219B）、4 个细胞（图 2 - 219C），当其分裂为 8 个细胞时，成为圆板状的皿状体（plakea）（图 2 - 219D），16 个细胞时，皿状体发展成为空心球体。此球体靠近母群体表面的一端，留一小孔叫做皿体孔（phialopore）（图 2 - 219E）。此时空心球状的皿状体继续分裂，增大体积，各细胞的前端本来朝向皿状体的腔内（图 2 - 219F），到一定时候，皿状体经过翻转（inversion）过程（图 2 - 219G），即皿状体的内表面通过皿体孔向外翻转后，露在外表面，皿状体皿体孔朝向母群体的中央，这样，各细胞的前端朝向皿状体的表面（图 2 - 40H）。在此过程中，各细胞产生鞭毛。此时皿状体已成为子群体，子群体外具有胶被，陷入母群体中央的腔内，旋转游动。皿状体活体翻转过程如图 2 - 220 卡氏团藻（*V. carteri*）所示。

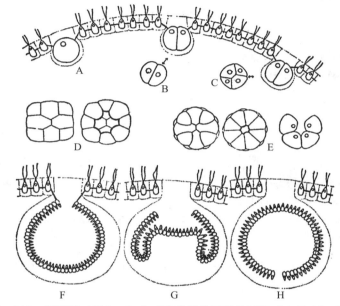

图 2 - 219　团藻属（*Volvox*）生殖胞发育为子群体图解（自 Smith，重编）
A 生殖胞；B 生殖胞分裂为 2 个细胞；C 4 个细胞；D 8、16 个细胞的皿状体；
E 皿状体产生小孔；F 皿状体翻转前；G 翻转过程；H 翻转之后，形成子群体

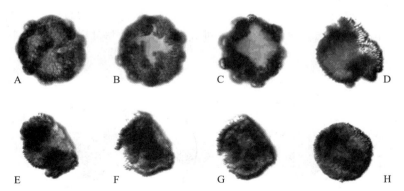

图 2 - 220　卡氏团藻（*V. carteri*）（活体）皿状体翻转过程（自 Hallmann，重编）
A 皿状体分裂为空心球体；B 出现皿体孔；C ~ F 皿状体经过翻转；G ~ H 翻转完成

团藻属的各种生殖胞分裂和产生皿体孔过程不尽相同，如球团藻（*V. globator*）的生殖胞分裂为 16 个细胞时产生皿体孔（图 2 - 221A），产生皿体孔后，不立即翻转，细胞继续分裂为 100 余个细胞（图 2 - 221B），到一定时间后才翻转，成为大型的子群体（图 2 - 221C，D）。

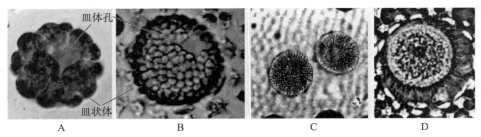

图 2 - 221　球团藻（*V. globator*）子群体生长发育过程（活体）（自包文美）

A 生殖胞分裂为 16 个细胞，产生皿体孔；B 皿状体细胞继续分裂至 100 余个；

C 皿状体翻转完成；D 成为子群体，周边伸出鞭毛

　　母群体破裂后，出现裂口，子群体连其胶质鞘一同游出（图 2 - 222），当子群体未离开母群体时，它又可产生第 2 代子群体（孙群体），这样成为"三世同堂"的群体（图 2 - 223）。

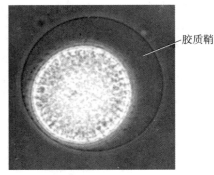

图 2 - 222　球团藻（*V. globator*）子群体（活体）
离开母群体并自由游动（自包文美）

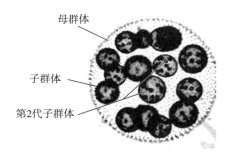

图 2 - 223　卡氏团藻（*V. carteri*）3 代群体
（自 Whimy，重编）

　　有性生殖：生长季节的末期，产生有性生殖，在群体后端的少数细胞转化为雌雄生殖胞。雄生殖胞（androgonidium）相当于精子囊（antheridium），雌生殖胞（gynogonidium）相当于卵囊（oogonium）。

　　雄生殖胞（androgonidium）的细胞（图 2 - 224A）如同无性生殖的生殖细胞一样进行多次分裂，成为 16～512 个细胞的皿状体（图 2 - 224B），期间产生皿体孔，翻转过程中，各个细胞产生 2 条鞭毛，成为盘状或球状的精子球（sperm packet），外具胶质鞘（图 2 - 224C），在母群体内旋转游动。如为雌雄异体的种，精子球必离开雄的母群体，进入雌的群体，与其卵结合。而雌雄同体的，则在母群体内结合。

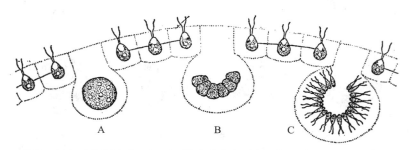

图 2 - 224　团藻属（*Volvox*）精子球发育过程图解（自 Smith，重编）

A 雄生殖胞；B 细胞分裂为皿状体；C 经过翻转之后，并产生鞭毛成为精子球

　　活体观察球团藻（*V. globator*）雄生殖胞分裂过程时（图 2 - 225）精子球的皿状体在 32 个细胞时期产生皿体孔（图 2 - 225A），64 个细胞时期经过翻转作用，各个细胞顶端产生 2 条等长鞭毛，向

外伸出（图 2 – 225B），球团藻是雌雄同体的种类，皿状体在母群体内旋转游动，精子球淡灰绿色，圆盘状，直径约 40 μm，内具纺锤状精子细胞，游动时鞭毛朝后（图 2 – 225C，D；图 2 – 226A），一直游动不止，游至卵细胞附近，精子球内各精子分散（图 2 – 226B），如不遇到卵，游 40 min 后，静止不动，最后解体。

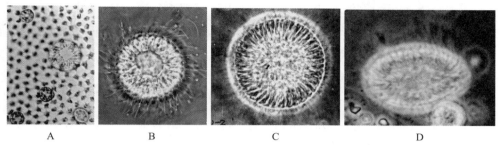

图 2 – 225 球团藻（*V. globator*）精子球发育过程（活体）（自包文美）
A 雄生殖胞的皿状体 32 个细胞，已产生皿体孔；B 皿状体已经翻转，产生鞭毛（腹面观）；
C 成熟的精子球（背面观）；D 成熟的精子球（背侧面观）

虽然母群体内的精子球和子群体均为球状体，但它们是能区分的，因球状体的颜色和球体内细胞的形状是不同的（图 2 – 226C），精子球色淡，精子长形，子群体色深，细胞卵圆形。

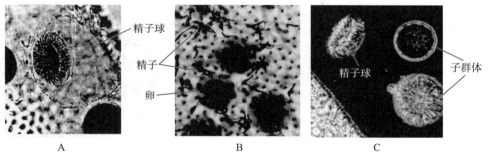

图 2 – 226 球团藻（*V. globator*）精子球、卵和子群体（自包文美）
A 精子球在母群体中游动（活体）；B 精子游向卵（蛋白银染色）；
C 将精子球和子群体置于母群体外（活体）

球团藻（*V. globator*）的精子顶端具 2 等长鞭毛，精子顶端均为锥形。未成熟时，圆形，直径 6.18 μm，鞭毛长 23.71 μm，虽能游动，但无受精能力（图 2 – 227A）。精子成熟后，长棒形，基部广圆形（图 2 – 227B），或纺锤形，长约 21.65 μm，成熟前后鞭毛长度变化不大，仍为 23.71 μm，形状可变，前端有 3 个伸缩胞，它们交替收缩，中部有眼点（图 2 – 227C）。

精子运动速度快，常变形，能缩为杯状，伸长为针杆状，如无受精机会，运动 50 min 后，静止而死亡。

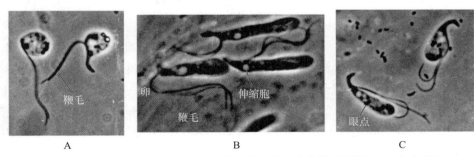

图 2 – 227 球团藻（*V. globator*）精子发育中形态变化（活体）（自包文美）
A 未成熟的精子；B，C 成熟的精子

经蛋白银染色后，见其细胞核大，长圆形，位于中下部（图 2 – 228A），鞭毛基部膨大为 2 个小圆球状突起（图 2 – 228B）。

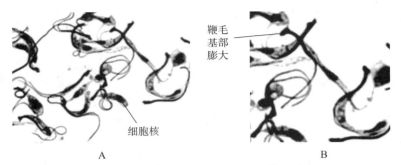

图 2 – 228　球团藻（*V. globator*）精子形态
A 精子（蛋白银染色）；B 为 A 图部分放大（自包文美）

雌生殖胞（gynogonidium）由营养细胞不经分裂，体积膨大，内产 1 卵（图 2 – 229A，图 2 – 230A）。整个精子球游动至卵的周围，精子散开，与卵结合（图 2 – 229B，图 2 – 230B），形成合子（图 2 – 229C）。

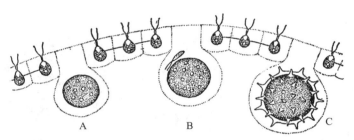

图 2 – 229　团藻属（*Volvox*）卵和受精图解（自 Smith，重编）
A 卵的发育；B 受精；C 合子

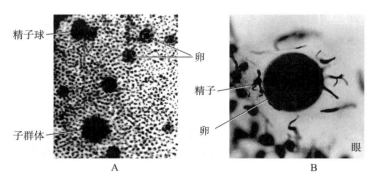

图 2 – 230　球团藻（*V. globator*）卵、精子球和子群体（蛋白银染色）（自包文美）
A 卵、精子球和子群体；B 精子游向卵

受精时，如球团藻（*V. globator*）的精子，顶端变为尖细，伸入卵细胞周围的胶质鞘，尾部变为细长的针状，末端膨大为球状，此时精子总长约达 37 μm，其尾部竟长达 17～19 μm（图 2 – 231A），当顶端伸入卵时，常作左右摆动和上下伸缩运动（图 2 – 231B）。

群体内的卵都可受精成为合子（图 2 – 232A），合子产生厚壁，有的种的壁光滑，有的种壁具突起，如球团藻（*V. globator*）的合子具刺状突起（图 2 – 232B）。但都能抵抗恶劣环境，数年不死，待环境好转，即可萌发。

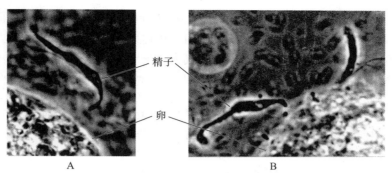

图 2－231　球团藻（*V. globator*）受精（活体）（自包文美）
A 1 条精子穿入卵的胶质鞘；B 2 条精子之 1 已深入卵细胞

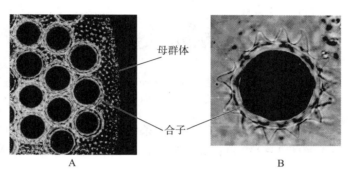

图 2－232　球团藻（*V. globator*）的合子（活体）（自包文美）
A 群体内多个合子；B 合子的壁具刺状突起

合子（图 2－233A）萌发时，先经减数分裂，产生一个单相的游动孢子（或不动孢子），再分裂为 4 个细胞（图 2－233B），分裂一定时间后，如同无性生殖产生皿状体（plakea）的一样，出现皿体孔（phialopore）（图 2－233C）经过翻转过程，长成新个体（图 2－233D）。

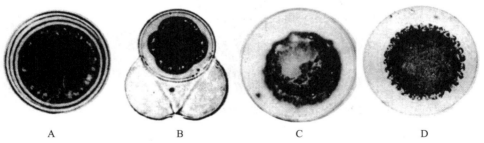

图 2－233　美丽团藻（*Volvox aureus*）合子萌发（自 Darden，重编）
A 合子；B 减数分裂后的 4 个细胞；C 出现皿体孔；D 发育为新群体

（2）四孢藻目（Tetrasporales）　全世界 5 科，9 属（胡鸿钧，魏印心）。生长在水坑、池塘、湖泊、沼泽、小溪和河流中。有的种类亚气生，生长在土壤、树皮和岩面。

藻体为胶群体，细胞分散在胶被内或排列在胶被的周边。细胞球形、椭圆形、卵形或圆柱形。具细胞壁，大多数种类无鞭毛，少数具伪纤毛（pseudocillia），位于细胞前端，不能运动。细胞单核，色素体杯状、片状或盘状，1 至多个，内含 1 个淀粉核。营养繁殖：细胞具生长性的细胞分裂。无性生殖：游动孢子，不动孢子和厚壁孢子。有性生殖：同配或异配。

四孢藻属（*Tetraspora*），我国 20 余种（臧穆，黎兴江，凌元洁）。生长在静水和流动的浅水中，多出现在早春低温时期。

藻体为大型或微型的不定形或定形群体，着生或浮游，球状或块状如滑润四胞藻（*Tetraspora lubri-*

ca）（图2–234A）、或圆柱形如筒状四孢藻（*T. cylindrical*）（图2–235A）、或囊状如胶四孢藻（*T. gelatinosa*）（图2–236A）。发育成熟的群体，其直径可达数厘米。群体胶被无色、不分层，群体内各细胞球形或椭圆形，细胞常2个或4个为一组，成为一个平面，排列在群体胶被的周边，有时也有少数分散在群体胶被内部（图2–234B）。色素体杯状，有时分散，内含1个淀粉核（图2–234D）。

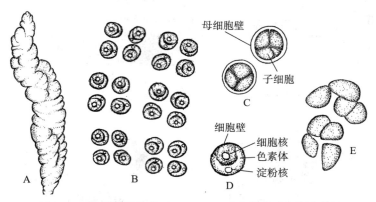

图2–234 滑润四胞藻（*Tetraspora lubrica*）（自包文美）
A 藻体；B 藻体内的营养细胞；C 细胞分裂；D 细胞构造；E 子细胞散出

各细胞胶质鞘不明显，有的种细胞具2条或4~6条细长的伪纤毛，全部包被在群体胶被内，如筒状四胞藻（*T. cylindrical*）（图2–235B），或其先端伸出胶被之外如胶四孢藻（*T. gelatinosa*）（图2–236B）。

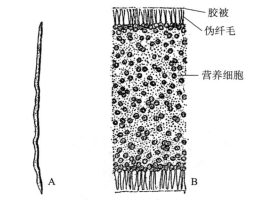

图2–235 筒状四孢藻（*T. cylindrical*）（自Smith，重编）
A 藻体；B 藻体部分放大

营养繁殖：营养细胞2次垂直于胶被表面的分裂，每个细胞分裂为4个子细胞（图2–234C），母细胞壁变为胶质，各子细胞散开（图2–234E），或群体断裂。

无性生殖：营养细胞分裂为4个子细胞，直接形成具鞭毛的游动孢子，不动孢子和厚壁孢子。

有性生殖：同配或异配。营养细胞分裂，形成4或8个卵圆形的双鞭毛配子（图2–236C），结合为合子（图2–236D，E）。合子萌发时，经减数分裂后，产生4或8个游动孢子或不动孢子，长成新群体。

（3）绿球藻目（Chlorococcales）全世界11科，54属（胡鸿钧，魏印心）。分布广泛，主要为淡水生，在富营养的水体中常见。生长在水坑、池塘、湖泊、沼泽、小溪和河流中。有些种类亚气生，生长在土壤、树皮和岩面。有的种类构成地衣的成分。在冰雪中与其他一些藻类形成红雪。

藻体为单细胞和不定形或定形群体。细胞球形、椭圆形、卵形或纺锤形，细胞单核或多核，无鞭毛。色素体卵形或纺锤形，1个或多个，内具1至多个淀粉核或无。无营养性细胞分裂。无性生殖：游动孢子，不动孢子和似亲孢子。有性生殖：同配，异配或卵配。

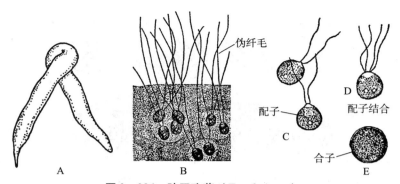

图 2 - 236　胶四孢藻（*T. gelatinosa*）
A 藻体（自胡鸿钧，魏印心）；B 藻体部分放大；C~E 有性生殖（自 Smith，重编）

① 绿球藻属（*Chlorococcum*）全世界 50 余种，我国 2 种（臧穆，黎兴江，凌元洁）。多为气生或亚气生，生长在潮湿土壤、岩石、树干和砖墙上，尤以潮湿土壤上为多。少数种类生长在水中。

藻体为单细胞或聚集成为膜状团块或包被在胶质中。细胞球形、近球形或椭圆形，大小很不一致。幼细胞单核，细胞壁薄，老细胞的壁常不规则地增厚，并有明显分层。色素体在幼时杯状，1个，内含 1 个淀粉核（图 2 - 237A，2 - 238A~C），随细胞生长，细胞核可增至多个，色素体分散，充满整个细胞（图 2 - 237B），内含多个淀粉核和多个淀粉颗粒。

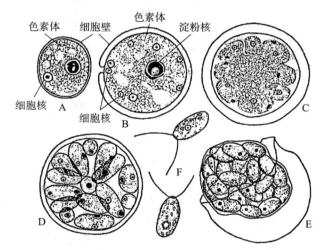

图 2 - 237　水溪绿球藻（*Chlorococcum infusionum*）（自 Haupt 转自 Bold *et al.*，重编）
A 藻体幼细胞；B 成长细胞；C 细胞卵裂；D 孢子囊产生游动孢子；E 释放游动孢子；F 游动孢子

无性生殖：形成游动孢子，营养细胞卵裂，产生 8 个或 l6 个双鞭毛游动孢子（图 2 - 237C~F），有时产生不动孢子、厚壁孢子。

有性生殖：同配生殖，营养细胞产生双鞭毛的配子（图 2 - 238D~F），结合为合子（图 2 - 238G），合子体积增大，产生厚壁（图 2 - 238H）。环境适宜时，经减数分裂，产生游动孢子，发育为新藻体。

② 小球藻属（*Chlorella*）我国 5 种（臧穆，黎兴江，凌元洁）。分布很广，生长在含有机质的淡水中，如小河、沟渠、池塘和水坑中，或潮湿的土壤、树皮、岩石和墙上，凡有水的环境中，几乎无处不存在，也生长在咸水中，还有内生于动物体内如在草履虫和水螅体内。有些种类与真菌共生成为地衣。小球藻含蛋白质丰富，以其干重量计算达 50% 左右，在人工培养下大量繁殖，可作为动物饲料和人类食品。

藻体单细胞，单生或多个聚集成群，群体内细胞大小不一，球形或椭圆形。细胞壁薄或厚，细胞单核，常位于色素体一侧，色素体杯状或片状，内含 1 个淀粉核（图 2 - 239，图 2 - 240B）或无。

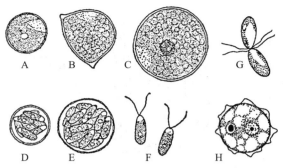

图 2 – 238　绿球藻属（*Chlorococcum*）
A～F 土生绿球藻（*C. humicola*）（自 Smith）；G～H 绿球藻一种（*C. echinozygotum*）（自 Bold *et al.*，重编）
（A 藻体幼细胞；B～C 成长细胞；D～E 配子囊；F 配子；G 配子结合；H 合子）

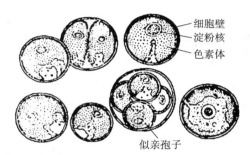

细胞壁
淀粉核
色素体

似亲孢子

图 2 – 239　小球藻（*Chlorella. vulgaris*）（自胡鸿钧，魏印心，重编）

无性生殖：产生不动孢子，在母细胞内分裂形成 2～16 个不动孢子，因其与母细胞的形态特征相似，又称为似亲孢子（图 2 – 239，2 – 240A）。母细胞壁破裂，放出孢子，长成新个体。

有性生殖：尚未发现。

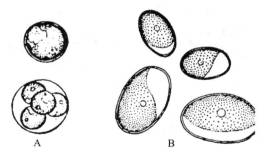

图 2 – 240　小球藻属（*Chlorella*）
A 蛋白核小球藻（*C. pyrenoidosa*）；B 椭圆小球藻（*C. ellipsoidea*）（自胡鸿钧，魏印心，重编）

③ 栅藻属（*Scenedesmus*）我国 90 余种（臧穆，黎兴江，凌元洁）。为淡水中常见的浮游藻类，在静水小水体中生长繁盛。

藻体为定型群体，常由 4 个细胞排列在一个平面，细胞壁光滑或具刺状突起（图 2 – 241；图 2 – 242D，G，I）。细胞单核，色素体片状，内含 1 个淀粉核（图 2 – 241B）。细胞椭圆形、卵形、新月形、纺锤形或长圆形。

群体内的细胞同形（图 2 – 242A，D～F，H）或异形（图 2 – 242B，C，J）。4 个细胞构成（图 2 – 242B，D，E，G，I，J）或 8 个细胞构成（图 2 – 242A，C，F，H）。各细胞以长轴相互平行，细胞壁彼此连接，平齐（图 2 – 242B，C，G～I）或交错（图 2 – 242A，C，D～F，）。细胞排成 2 列（图 2 – 242A，D～F）。细胞壁具各种突起，如短刺（图 2 – 242D）、棘刺（图 2 – 242G，I）、具颗粒（图 2 – 242E），具隆起线（图 2 – 242H），顶端帽状增厚（图 2 – 242J）。

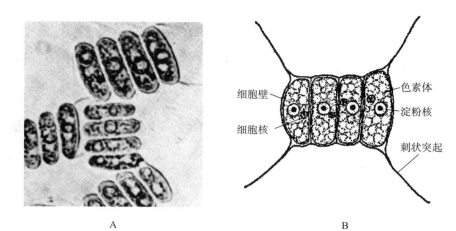

图 2 – 241　栅藻属（*Scenedesmus*）

A 一种栅藻（*Scenedesmus* sp.）（活体）（自 Bold *et al.*）；

B 四尾栅藻（*Scenedesmus quadricauda*）（自 Haupt，重编）

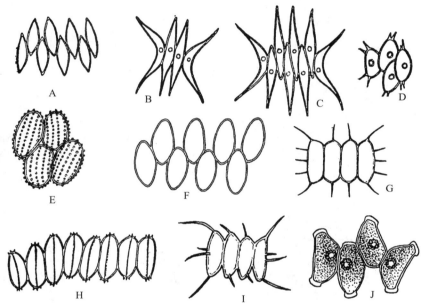

图 2 – 242　栅藻属（*Scenedesmus*）若干种类（自胡鸿钧，魏印心，重编）

A 斜生栅藻（*Scenedesmus obliquus*）；B，C 二形栅藻（*S. dimorphus*）；D 齿牙栅藻（*S. denticulatus*）；
E 颗粒栅藻（*S. granulatus*）；F 椭圆栅藻（*S. ovalternus*）；G 丰富栅藻（*S. abundans*）；
H 巴西栅藻（*S. brasiliensis*）；I 多棘栅藻（*S. spinosus*）；J 凸头状栅藻（*S. producto-capitatus*）

无性生殖：母细胞内细胞分裂，产生似亲孢子，长成相似的新藻体（图 2 – 243）。

有性生殖：未见报道。

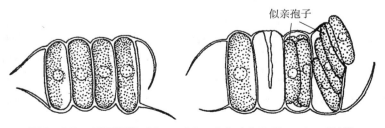

图 2 – 243　四尾栅藻（*S. quadricauda*）（自 Bold *et al.*，重编）

④ 盘星藻属（*Pediastrum*）我国 20 余种（臧穆，黎兴江，凌元洁）。生长在水坑、池塘、湖泊、水库、稻田和沼泽中，浮游生活。

植物体为定形群体，由 4～128 个细胞排列成为一层细胞厚的扁平盘状或星状群体。群体无穿孔或具穿孔。群体的边缘细胞常具 1～4 个突起（图 2–244，图 2–245A），有时突起上具长的胶质毛丛。群体内部细胞多角形，细胞壁平滑或具颗粒和细网纹。幼细胞单核，色素体圆盘状，内含 1 个淀粉核（图 2–244B）。随细胞成长，成熟细胞具 1～8 个细胞核，色素体分散为网状，具 1 至多个淀粉核。

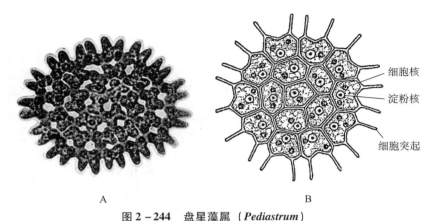

图 2–244　盘星藻属（*Pediastrum*）

A 盘星藻（*P. dupex*）（活体）（自 Bold *et al.*）；B 短棘盘星藻（*P. boryanum*）（自 Haupt，重编）

无性生殖：营养细胞形成游动孢子囊（图 2–245A），产生的游动孢子的数目与母群体细胞数相等，在囊内游动短时期后，从囊外层的裂孔逸出，失去鞭毛，停止运动（图 2–245B），分泌新细胞壁，排列成与母群体形态类似的新藻体（图 2–245C）。不良条件下，细胞产生厚壁孢子（图 2–245D），待环境好转萌发，分裂为游动孢子，形成新群体。

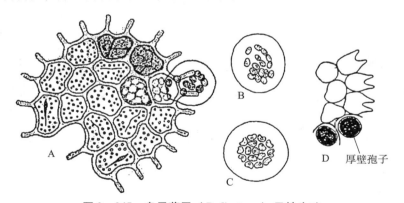

图 2–245　盘星藻属（*Pediastrum*）无性生殖

A～C 短棘盘星藻（*P. boryanum*）（自 Haupt 转自 Braum 和 Askcnoxy）；
D 二角盘星藻（*P. duplex*）（自 Fritsch 转自 West，重编）

有性生殖：营养细胞形成配子囊，配子同形，具 2 鞭毛，成熟后，从配子囊裂孔逸出（图 2–246A），配子结合（图 2–246B）为合子（图 2–246C）。合子不经休眠，减数分裂后，产生 4 个游动孢子，每个游动孢子分泌多角形的厚壁，发育为多角细胞（polyedere）（图 2–246D），体积增大，细胞壁加厚。待环境好转，多角细胞分裂为与母群体细胞数相等的游动孢子，突破母细胞的壁，形成新藻体（图 2–246E～G）。

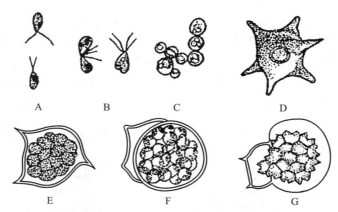

图 2 – 246 盘星藻属（*Pediastrum*）有性生殖（自 Brown 转自 Braun 和 Askenasy）
A 配子；B 配子结合；C 合子；D 合子萌发为多角细胞；E ~ F 多角细胞产生游动孢子；G 游动孢子形成子群体

⑤ 水网藻属（*Hydrodictyon*）仅 1 种，分布很广。常生长在稻田、湖湾、池塘、沟渠、小水洼和园亭内的各种静水水体中。在鱼池中繁殖很快，对鱼苗造成危害。

植物体为大型定形群体，囊状，由圆柱形或宽卵形的细胞，彼此以其两端的细胞壁相互连接，组成囊状的网，网眼多为五边形或六边形（图 2 – 247A）。幼时细胞单核，色素体片状，内含 1 个淀粉核（图 2 – 247B）。成长后细胞核多个，色素体为网状，内含多个淀粉核（图 2 – 247C）。

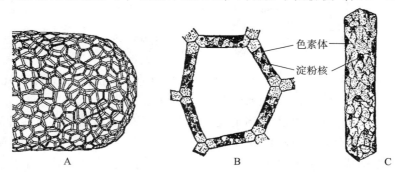

图 2 – 247 水网藻（*Hydrodictyon reticulatum*）（自 Smith，重编）
A 群体一部分；B 幼细胞；C 成长细胞

无性生殖：1 个营养细胞中可以产生 7 000 ~ 20 000 个游动孢子（图 2 – 248A），各具 2 鞭毛，在母细胞内游动一时期后，不游出，失去鞭毛而静止，分泌细胞壁，相互有规律地连接，成为网状，不再进行细胞分裂，在母群体的细胞内，长成与母群体同样大小的新群体，待母细胞壁破裂后散出（图 2 – 248B）。

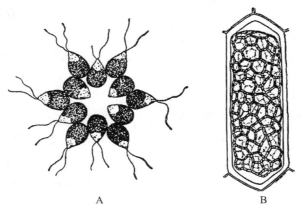

图 2 – 248 水网藻属（*Hydrodictyon*）无性生殖
A 水网藻属（*Hydrodictyon*）母细胞内游动孢子；B 水网藻（*Hydrodictyon reticulatum*）在母细胞游动孢子形成新群体
（A 自 Coulter 转自 Klebs；B 自 Haupt 转自 Klebs，重编）

有性生殖：营养细胞产生 30 000～100 000 个配子，配子同形（图 2－249A），具 2 鞭毛，从母细胞壁裂孔逸出，结合为合子（图 2－249B）。合子体积增大，储满油质，具有薄壁（图 2－249C），经减数分裂，产生 4 个大形游动孢子（图 2－249D，E），游动不久，分泌多角形的厚壁，成为多角细胞（图 2－249F），以度过不良环境。大多在春季萌发，萌发为有薄囊包围的一堆游动孢子，游动孢子 50～100 个，在囊内游动。游动末期，排列为网状，突破母细胞的壁，形成新藻体（图 2－249G）。

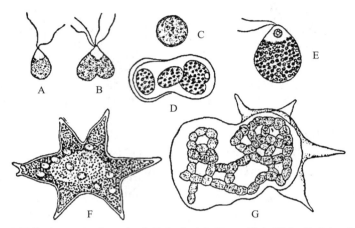

图 2－249　水网藻（*H. reticulatum*）有性生殖（自 Haupt 转自 Klebs 和 Pringsheim，重编）
A 配子；B 配子结合；C 合子；D 合子萌发，产生 4 个游动孢子；
E 游动孢子游出；F 多角形休眠孢子；G 休眠孢子萌发为网状新藻体

（4）丝藻目（Ulotrichales）　全世界约 135 种，我国 71 种（胡鸿钧，魏印心）。大多数种类生长在淡水中，漂浮生活，或着生在潮湿土面或石面。

藻体为不分支的丝状体，常由单列细胞组成。丝状体具或不具胶质鞘。有些种类幼时以基细胞即固着器（holdfast）着生于基质，长成后漂浮。细胞圆柱形、球形、卵形、近方形或近三角形，有的略膨大呈桶形。细胞壁薄或厚，有些种类的壁具 "H" 片构造。色素体片状、带状、盘状、星状或网状，内含 1 至多个淀粉核或无。营养繁殖：丝状体断裂。无性生殖：游动孢子，不动孢子和厚壁孢子。有性生殖：同配和卵配。

① 丝藻属（Ulothrix）全世界 25 种以上，我国 20 种（胡鸿钧，魏印心）。大多生于流动的水中，如瀑布、溪流和小河。也有生长在静水或潮湿土壤上和岩石上。少数在海水中，生长在潮间带。常丛生在一起，呈绿色黏滑的绒毛状。

藻体由单列细胞组成不分支的丝状体，幼时由固着器着生。除固着器外，细胞都可分裂，细胞圆柱形，有的略膨大，细胞壁薄或厚，少数种类具胶质鞘。色素体片状或带状，内含 1 至多个淀粉核。这样具有片状色素体，内含 1 至多个淀粉核的细胞（图 2－250），常称为丝藻型（ulotrichoid）。

营养繁殖：丝状体断裂。

无性生殖：营养细胞的原生质体分裂，形成 2～32 个游动孢子（图 2－251A），由细胞侧壁的小孔放出。游动孢子顶端具 4 等长鞭毛（图 2－251B），游动一段时间后，前端固着于基质，产生细胞壁，横裂为 2 个细胞。下面的细胞为固着器，不再分裂，上面的细胞不断分裂成为丝状体。有些种类产生不动孢子。在不利条件下，细胞分泌胶质，形成胶群体的状态，条件好转，形成新藻体。

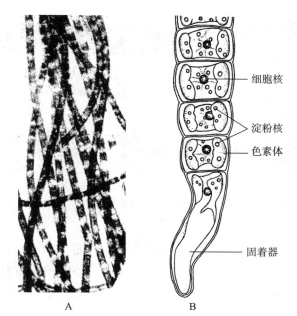

图2-250 丝藻属（*Ulothrix*）丝状体及其细胞结构

A 流苏丝藻（*Ulothrix fimbriata*）丝状体（活体）（自 Bold *et al.*）；
B 环丝藻（*Ulothrix zonata*）细胞结构（自包文美）

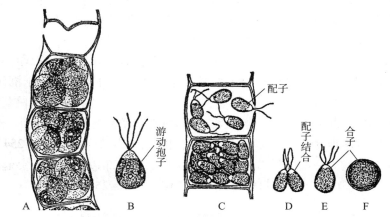

图2-251 环丝藻（*Ulothrix zonata*）无性生殖和有性生殖（自 Smith，重编）

A 营养细胞产生游动孢子；B 游动孢子；C 营养细胞产生配子；D 配子结合；E，F 合子

　　有性生殖：同配生殖，有性生殖和无性生殖可在同一条丝状体上进行，配子形成过程与孢子形成相同，配子的数目较多，8~64个（图2-251C）。配子的形状大小相同，顶端具2条等长鞭毛，来自2条不同丝状体的配子才能结合（图2-251D，E），为异宗同配生殖。合子细胞壁加厚（图2-251F），休眠后，经减数分裂，产生单相的游动孢子或不动孢子，每个孢子长成新藻体。

　　② 微孢藻属（*Microspora*），全世界15种（Smith），我国已知12种（胡鸿钧，魏印心）。大多数种类生长在淡水、沼泽或池塘等静水水体中，少数种类生长在江河等流水环境中，尤在早春生长茂盛。

　　藻体为由单列细胞组成不分支的丝状体，幼时固着，后漂浮。细胞圆柱状，有的略膨大或呈桶形。2个相邻细胞共有紧贴的细胞横壁，并各向一方伸出半个细胞的壁，构成一个明显的"H"形结构。色素体片状或网状，无淀粉核，但有淀粉颗粒（图2-252A）。

　　无性生殖：游动孢子、不动孢子和厚壁孢子。营养细胞都可产生各种孢子，每个细胞可产生1~16个游动孢子，顶端具2或4条等长鞭毛，借细胞侧壁的胶化或"H"片构造的分离而游出（图2-

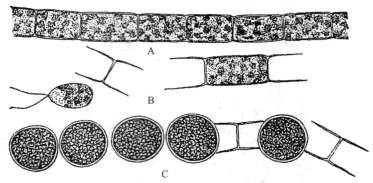

图 2 – 252　维利微孢藻（*Microspora willeana*）（自 Smith，重编）
A 藻体营养细胞；B 产生游动孢子；C 产生不动孢子

252B），萌发成为新藻体。每个细胞可产生 1 个不动孢子，球形或略膨大，有时整条丝状体的全部细胞产生不动孢子（图 2 – 252C），不动孢子萌发成为新藻体。厚壁孢子萌发时，先形成 1 至多个游动孢子，或分裂为 2~4 团原生质团，形成不动孢子，再由游动孢子或不动孢子萌发成为新个体。

　　有性生殖：不详。

　　（5）石莼目（Ulvales）全世界约有 6 属，125 种（Smith）。大多为海产，少数淡水产。幼时固着，成熟后漂浮。

　　藻体为丝状、薄片状或圆柱状，由 1 或 2 层细胞构成，固着生长。细胞单核，色素体星芒状、片状或瓶状，内含 1 至多个淀粉核，细胞结构多为丝藻型。无性生殖：游动孢子，不动孢子和厚壁孢子。有性生殖：同配、异配和卵配。有些种类生活史具有世代交替的现象。

　　① 溪菜属（*Prasiola*）全世界约有 20 种，我国已知有 11 种（胡鸿钧，魏印心）。产于淡水。淡水种类生长溪流、山溪和河流，或高山、冷水的激流中。亚气生种类多生长于潮湿土壤、岩石、墙壁、腐木和树皮上。有些种为我国特产种，某些种称为"石花菜、水陆菜、水白菜"。我国古代就有一些地区的人们食用此菜，做汤或酱，视为佳肴。某些种在日本被视为保健食品。藻体幼时常为不分支的圆柱状丝状体，以后逐步发育成为大型，扁平叶状体（图 2 – 253A，图 2 – 254A，B），仅由 1 层细胞组成，但常以 4 个细胞为一组（图 2 – 253B），以假根或基部边缘细胞的突起或增厚的柄固着。细胞单核，色素体星芒状，内含 1 个淀粉核（图 2 – 253C，图 2 – 254C）。

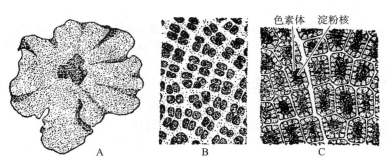

图 2 – 253　溪菜属（*Prasiola*）藻体及其细胞结构
A 墨西哥溪菜（*Prasiola mexicana*）藻体外形及部分放大；B，C 溪菜一种（*P. meridionalis*）的细胞结构（自 Smith，重编）

　　营养繁殖：叶状体断裂。

　　无性生殖：厚壁孢子和不动孢子。营养细胞产生厚壁孢子（图 2 – 255A），由厚壁孢子萌发为新藻体，或由它再产生不动孢子（图 2 – 255B，C），由不动孢子长成新藻体（图 2 – 255D）。未见其游动孢子。

　　有性生殖：卵配生殖，只在少数种中有报道。

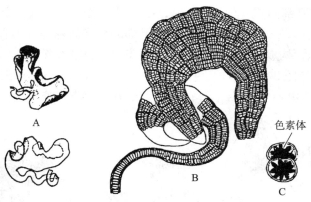

图 2 – 254　皱溪菜（*Prasiola crispa*）（自 Fritsch，重编）
A 藻体外形；B 藻体放大；C 营养细胞

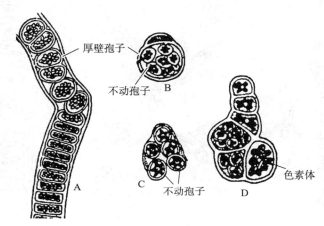

图 2 – 255　溪菜属（*Prasiola*）无性生殖
A 绉溪菜（*Prasiola crispa*）产生厚壁孢子（自 Fritsch 转自 Gay）；B 绉溪菜（*Prasiola crispa*）厚壁孢子产生不动孢子（自 Fritsch 转自 Wile）；C，D 麸糠溪菜（*Prasiola furfuracea*）不动孢子长成新个体（自 Fritsch 转自 Wile，重编）

② 石莼属（*Ulva*）全世界约有 30 种（Smith），我国 5 种（臧穆，黎兴江，凌元洁）。本属为海产。生长在潮间带的岩石上（图 2 – 256）。可供食用，沿海居民称之为海白菜。

图 2 – 256　孔石莼（Ulva pertusa）（活体）（自王永强）

藻体幼时是丝状体，基部固着（图2-257A，C），由于细胞向2或8个方向分裂，形成2层细胞组成的大型叶状体（图2-257E，2-258A）。薄体下部的细胞向基部长出管状的假根（图2-257G，2-258C），互相紧密交织，构成叶状体的固着器。藻体的细胞是丝藻型的，表面观为多角形（图2-257D），切面观为长方形（图2-258B）。色素体片状，位于叶状体的外侧，内含淀粉核一个，细胞单核（图2-257D，2-258B），位于片状体的内侧。细胞之间充满胶质。

图2-257 石莼（*Ulva lactuca*）（自 Fritsch 转自 Schiller，Schimper 和 Thuret，重编）
A，C 幼植物体；B 配子；D 细胞结构；E 藻体；
F 部分藻体放大；G 成熟藻体纵切

石莼的生活史中有2种植物体，即孢子体（sporophyte）和配子体（gametophyte），它们的形态构造完全相同。但在生殖时，产生的生殖细胞不同，孢子体只能产生孢子，配子体只能产生配子。

孢子体（sporophyte）：孢子体成熟后，除基部外，全部细胞均可形成游动孢子囊，游动孢子必经减数分裂，形成单相的游动孢子，8~16个，顶端具4等长鞭毛（图2-259）。游动孢子在海水中游动后，固着于岩石，萌发为藻体，此藻体为单相配子体。

配子体（gametophyte）：配子体成熟后，表面细胞形成配子囊（图2-258D），各产生16~32个同形或异形配子，顶端具2条等长鞭毛（图2-257B），但必须来自不同藻体的配子（图2-258E，F）才能结合（图2-258G，H），为异宗同配，不同宗的配子体可分别以正（＋）和负（－）号表示。合子（图2-258I，J）不经休眠，萌发为藻体，此藻体为双相的孢子体（图2-259）。

在石莼的生活史中，就核相来说，游动孢子是经减数分裂而来，由它萌发为单相的植物体，此植物体叫做配子体，直至配子体产生配子前都归为单相期，称此期为配子体世代（gametophyte generation），配子体的生殖是有性生殖，又称其为有性世代（sexual generation）。配子体产生配子，配子结合为合子，由它萌发为双相的植物体，进入双相期，此植物体叫做孢子体，称此期为孢子体世代（sporophyte generation），孢子体的生殖是无性生殖，又称其为无性世代（asexual generation）。

在石莼的生活史中，这2种世代是相互更替的，此现象称为世代交替（alternation of generations）。石莼配子体和孢子体的形态构造相同，这样的世代交替叫做同形世代交替（isomorphic alternation of generations）（图2-259）。世代交替在植物生活史中甚为重要，许多藻类和全部高等植

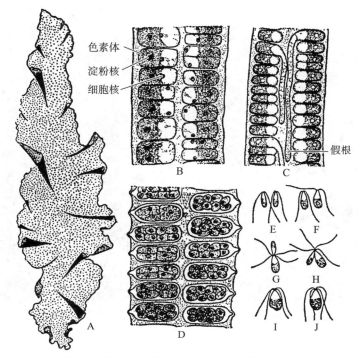

图 2 – 258　石莼属（*Ulva*）藻体及其有性生殖
A 狭叶石莼（*Ulva stenophylla*）藻体；B 分裂石莼（*U. lobata*）藻体上部垂直切面；
C 藻体下部垂直切面；D 细胞形成配子囊；E，F 配子；G，H 配子结合；I，J 合子（自 Smith，重编）

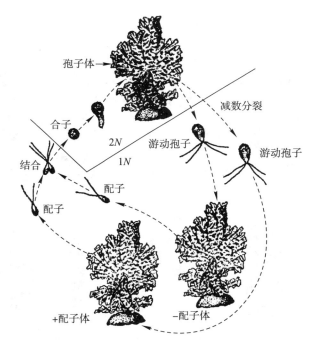

图 2 – 259　石莼（*Ulva lactuca*）生活史简图（自 Brown，重编）

物都有世代交替现象。

③浒苔属（*Enteromorpha*）全世界约有 16 种，海产或淡水产，其中淡水和咸水中产 11 种，我国已知淡水产 4 种（胡鸿钧，魏印心）。海水产 6 种（曾呈奎），生长在低潮带和高中潮的岩石和石沼中（图 2 – 260），可食用，称之海苔、绿苔和苔条，江南一带将其与面粉制成苔条饼。

藻体幼时是丝状体，基部以固着器固着（图 2 – 261Ｏ）。成长后为单层细胞厚的中空管状体（图

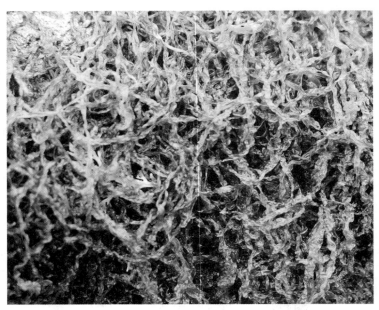

图 2 – 260 一种浒苔（*Enteromorpha* sp.）（活体）（自王少青）

2 – 261A），细胞形状多样，色素体瓶状，内含 1 个淀粉核。

营养繁殖：具有生产能力的片段脱离母体，长成新藻体。

无性生殖：产生 4 ~ 32 个顶生 4 条鞭毛的游动孢子，萌发为新个体即配子体（图 2 – 261J ~ O）。

有性生殖：产生顶生 2 条鞭毛的同形或异形配子（图 2 – 261B，C），异宗配合（图 2 – 80D ~ F），合子（图 2 – 261G），萌发为新个体即孢子体（图 2 – 261H，I）。配子体和孢子体的形态构造相同，生活史具同形世代交替现象。

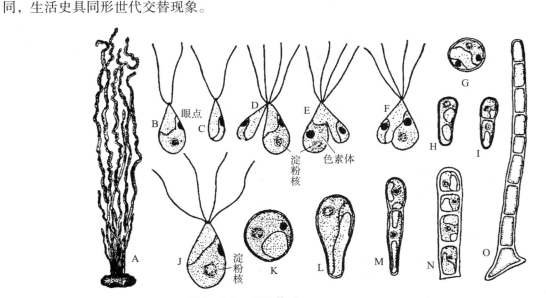

图 2 – 261 肠浒苔（*Enteromorpha intestinalis*）
A 藻体；B ~ F 有性生殖；G ~ I 合子萌发；J ~ O 游动孢子及其萌发
（A 自 Brown；B ~ O 自 Fritsch 转自 Kylin，重编）

（6）胶毛藻目（Chaetophorales） 我国已知有 4 个科（胡鸿钧，魏印心）。此目都是附生种类，固着于基质上，或内生于植物的细胞壁或动物体内。

藻体为分支的丝状体，集生成球形、不规则球形、盘状或薄壁组织状，具或不具群体胶被。多数种类具有直立的（erect）部分和匍匐的（prostrate）部分分化，有些种类直立部分退化，匍匐部分成为平伏的丝状体或扁平的盘状，直立部分的分枝顶端具或不具无色多细胞的毛，毛不分叉或分叉；有的种类有刺毛，刺毛基部膨大，或具圆筒状的鞘。细胞单核，色素体带状或片状，1~2个，内含1至多个淀粉核。

营养繁殖：丝状体断裂。无性生殖：游动孢子，不动孢子或厚壁孢子。有性生殖：同配、异配或卵配，同宗或异宗配合。有的种类生活史具有世代交替。下面主要以室内人工培养胶毛藻目的胶毛藻属（*Chaetophora*）、毛枝藻属（*Stigeoclonium*）和竹枝藻属（*Draparnaldia*）来说明其形态特点和无性生殖过程。

① 胶毛藻属（*Chaetophora*）全世界10种，我国已知5种（胡鸿钧，魏印心）。常着生于池塘和湖泊的基质上，或流水的沉水植物、岩石和木桩上。

优美胶毛藻（*Chaetophora elegans*），藻体为单列细胞组成的分枝丝状体，具有直立部分和匍匐部分，有厚而稠密的胶质，集成球形、半球形或其他形状。直立部分从基部呈放射状伸出（图2-262A），丝状体繁多，上部分枝尤多，分枝顶端细胞钝尖，成为无色的毛，下部分枝较少。匍匐丝状体稀疏，以匍匐丝状体和假根着生于基质（图2-262H，I）。细胞球形或不规则形，色素体带状，内含1个淀粉核（图2-262B）。

营养繁殖：罕见丝状体断裂。

无性生殖：游动孢子和厚壁孢子。在直立丝状体分枝上部的细胞中（图2-262B），各细胞产生1~2个游动孢子，顶生4条鞭毛，从母细胞侧壁孔隙逸出（图2-262C），游动孢子圆球形或卵形，色素体杯状，内含1个淀粉核（图2-262D），约游动30 min后，顶端向下，固着于基质，体积增大，基部透明，分裂为2个细胞，即顶细胞和基细胞（图2-262E）。顶细胞发育为直立丝状体，分枝顶端具无色的毛；基细胞发育为匍匐丝状体（图2-262F，G），并伸出假根（rhizoid）（图2-262H，I），5周后藻体集成球状新藻体（图2-262J）。

有性生殖：同配生殖。

② 毛枝藻属（*Stigeoclonium*）全世界30种，我国已知19种2变种（胡鸿钧，魏印心），常着生在静水、或缓慢流水的岩石、树枝和沉水植物上。

藻体为单列细胞组成的分枝丝状体，具有直立部分和匍匐部分，有的具胶质。有的种类直立部分发达，有的种类直立部分发育不全，匍匐部分极发达。直立部分分枝顶端渐尖，形成多细胞无色的毛。细胞圆柱形或腰鼓形，色素体带状，内含1至多个淀粉核。营养繁殖：丝状体断裂。无性生殖：游动孢子，不动孢子和厚壁孢子。有性生殖：同配生殖，有时进行单性生殖。有的种类具有世代交替现象。

毛枝藻属各种的直立部分变化很大，匍匐部分形态特征稳定，故必须了解匍匐部分的特点才能鉴定它归属何种。野外采集时必取其匍匐部分，或进行人工培养获得藻体的匍匐部分。

a. 夏毛枝藻（*Stigeoclonium aestivale*），藻体为单列细胞组成的分枝丝状体，具有直立部分和匍匐部分，直立丝状体从匍匐丝状体向上长出，分枝常向一侧生或互生（图2-263A），顶端成为无色毛（图2-263G，H），直立丝状体形态特征不稳定。细胞圆柱形，色素体片状，内含1~2个淀粉核（图2-263B）。匍匐丝状体的主枝和分枝富有胶质，匍匐于基质，细胞圆球形或短圆柱形，具色素体和淀粉核，没有假根（图2-263G）。

无性生殖：直立丝状体分枝的上部细胞都能产生游动孢子，一般情况每个细胞产生1~2个游动孢子（图2-263C，D），少数情况可产生多个，从母细胞侧壁孔隙逸出。游动孢子圆球形或椭圆形（图2-263E），4条鞭毛向基质匍匐方向一侧伸出突起（图2-263F），产生横壁，顶端的细胞为匍匐丝状体的第一个细胞，进行分裂，向匍匐面一侧伸长，而后，匍匐的游动孢子向上产生直立细胞，长成直立丝状体，又向匍匐面的另一侧产生突起，延长匍匐丝状体，直立丝状体顶端出现无色的毛（图2-263G，H），不产生假根，成为新藻体（图2-263A）。

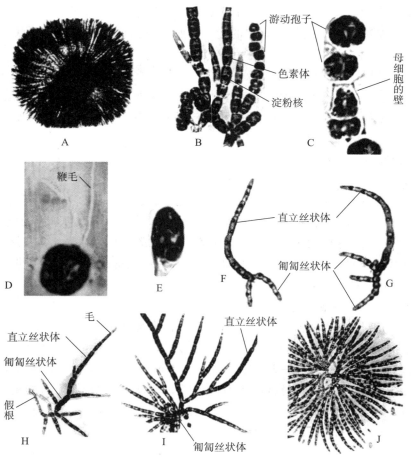

图 2 – 262　优美胶毛藻（*Chaetophora elegans*）无性生殖（活体）（自曹建国，祖国辉，王全喜，重编）
A 藻体；B 分枝放大；C 产生游动孢子；D 游动孢子；E 游动孢子萌发；F～G 萌发为直立和匍匐丝状体；
H 产生假根，直立丝状体分枝顶端成为无色的毛；I 直立丝状体分枝增多；J 成为球状新个体

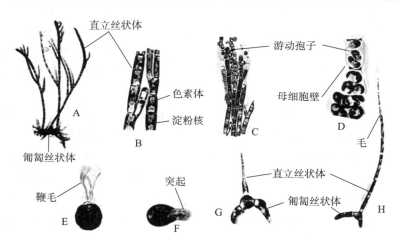

图 2 – 263　夏毛枝藻（*Stigeoclonium aestivale*）无性生殖（活体）（自祖国辉，包文美，王全喜，重编）
A 藻体；B 分枝放大；C，D 产生游动孢子；E 游动孢子；F 游动孢子萌发；G，H 萌发为直立和匍匐丝状体

　　b. 偏生毛枝藻（*S. subsecundum*），藻体为分枝的丝状体，具有直立部分和匍匐部分，具胶质。直立丝状体上分枝较少，一侧生或互生分枝顶端尖细，罕见具毛（图 2 – 264A，I），细胞长圆柱形，色素体片状，内含 1 至多个淀粉核（图 2 – 264B）。直立丝状体比匍匐丝状体生长速度快，向下产生假根与匍匐丝状体的假根合为束状，固着于基质。

无性生殖：直立丝状体分枝的上部细胞都能产生游动孢子，每个细胞产生 2 个 4 条鞭毛游动孢子（图 2 – 264C），它们在母细胞内已形成鞭毛，缓慢地活动，从母细胞侧壁孔隙逸出，游动孢子椭圆形（图 2 – 264D），色素体杯状，内含 1 个淀粉核，约游动 2 h 后，鞭毛碎裂为数段而脱落。游动孢子向上产生突起（图 2 – 264E，F），分裂为直立丝状体，分裂至 3 ~ 6 个细胞时，游动孢子向一侧面伸长，细胞分裂为短的匍匐丝状体（图 2 – 264G），并产生分枝。直立丝状体和匍匐丝状体都可向下产生假根（图 2 – 264H），假根的色素体退化，变为无色，共同固着基质，成为新藻体（图 2 – 264I）。

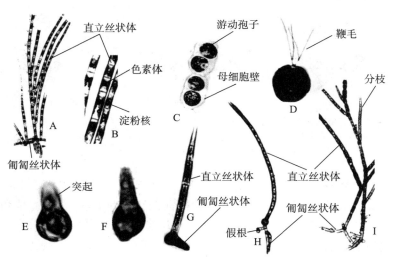

图 2 – 264　偏生毛枝藻（*Stigeoclonium subsecuncdum*）无性生殖（活体）（自祖国辉，包文美，王全喜，重编）
A 藻体；B 分枝放大；C 产生游动孢子；D 游动孢子；
E，F 游动孢子萌发；G ~ I 萌发为直立和匍匐丝状体，并产生假根

c. 丰满毛枝藻（*S. farctum*），藻体为分枝的丝状体，具有直立部分和匍匐部分，直立丝状体分枝简单，主枝下部几无分枝，上部有稀少互生分枝（图 2 – 265A，B），分枝顶端细胞渐尖，成为无色的毛（图 2 – 265I）。主枝细胞长圆柱形，色素体片状，内含 1 个淀粉核（图 2 – 265C）。匍匐丝状体生长茂盛，主枝和分枝分别进行多回分裂，向四周展开，成为放射状，形成单层细胞厚的假薄壁组织状，此种匍匐丝状体的形状结构稳定不变（图 2 – 265K）。直立丝状体和匍匐丝状体都可产生假根，固着于基质。

无性生殖：直立丝状体分枝的上部细胞都能产生游动孢子，各细胞产生 1 个 4 条鞭毛游动孢子，从母细胞侧壁孔隙逸出（图 2 – 265D）。游动孢子圆球形或卵形，色素体杯状，内含 1 个淀粉核（图 2 – 265E）。约游动 30 min 后，固于基质，鞭毛消失，向基质匍匐方向一侧伸出突起（图 2 – 265F）并分枝（图 2 – 265G），再分枝（图 2 – 265H），生长茂盛，成为匍匐丝状体，细胞短圆柱形，色素体片状，内含 1 个淀粉核。直至匍匐丝状体生长 1 周后，游动孢子才向上产生直立丝状体，分枝顶端为无色的毛（图 2 – 265I，J），发育为新藻体，新藻体的直立丝状体稀少、匍匐丝状体极为发达（图 2 – 265K）。

③ 竹枝藻属（*Draparnaldia*）全世界 10 余种，我国已知 5 种（胡鸿钧，魏印心）。多数为冷水性种类，通常生长在清洁的流动水体中，着生在湖泊、池塘、江河、溪流中的石块和木桩上，春季和早夏生长茂盛。

a. 羽枝竹枝藻（*Draparnaldia plumosa*），藻体为由单列细胞组成的分枝丝状体，具有直立部分和匍匐部分，大型，具胶质，主枝与分枝有明显的区别，主轴粗大而长，分枝多为对生或互生，分枝上的小枝对生、单生或丛生（图 2 – 266A，B）。小枝顶端常具长的、单细胞或多细胞的毛。主枝细胞

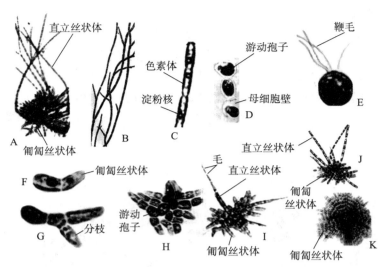

图 2 - 265　丰满毛枝藻（*Stigeoclonium farctum*）无性生殖（活体）（自祖国辉，包文美，王全喜，重编）
A 藻体；B ~ C 分枝并放大；D 产生游动孢子；E 游动孢子；F ~ H 游动孢子萌发；
I ~ J 萌发为直立和匍匐丝状体；K 假薄壁组织状匍匐丝状体

短圆柱形，横壁不收缢或略收缢，色素体片状，围绕细胞中部，内含多个淀粉核。小枝细胞长圆柱形，色素体浓密，围绕整个细胞，内含 1 ~ 2 个淀粉核（图 2 - 266B）。以匍匐枝和假根着生（图 2 - 266I）。

无性生殖：小枝的部分细胞或大多数细胞都能产生游动孢子，每个细胞产生 1 ~ 2 个 4 条鞭毛游动孢子，成熟时可在母细胞内活动，待母细胞侧壁破裂逸出（图 2 - 266C），有时也可在母细胞内就地萌发。游动孢子圆球形或扁球形，深绿色，色素体杯状，内含 2 ~ 4 个淀粉核（图 2 - 266D）。约游动 1 h 后，速度减慢，顶端向下，固于基质，鞭毛消失，伸出突起开始萌发（图 2 - 266E），先分裂为 2 个细胞，即顶细胞和基细胞。顶细胞发育为直立丝状体，基细胞发育为匍匐丝状体，并产生假根，假根无色（图 2 - 266F ~ I）。直立丝状体可不断产生分枝（图 2 - 266J）。在人工培养条件下，自孢子萌发后 2 个月左右的藻体与野外生长的形态基本相同。

b. 簇生竹枝藻（*D. glomerata*），具有直立部分和匍匐部分，主轴细胞腰鼓形，分枝丰富，单生、对生，分枝上的小枝丛生，对生或轮生。

无性生殖：产生游动孢子具有 4 条鞭毛（图 2 - 267B），萌发为新藻体。还可产生厚壁孢子（图 2 - 267A），度过不良环境，待环境好转，萌发为新藻体。

有性生殖：同配或异配，配子也具有 4 条鞭毛（图 2 - 267C），结合后（图 2 - 267D），形成合子，合子壁加厚（图 2 - 267E），可度过不良环境。

④ 费氏藻（*Fritschiella*）全世界只有 1 种，我国已知 1 种（胡鸿钧，魏印心）。它生长在潮湿土壤表层，夏季尤多，匍匐部分为多年生，并有营养繁殖的功能（图 2 - 268）。藻体为不规则状分枝的丝状体，分化为直立系统和匍匐系统，直立系统有初生直立枝和次生直立枝，匍匐部分在土壤表面蔓延，向下产生无色长形的假根。匍匐系统及直立系统的中部细胞，由于进行纵向及斜向的细胞分裂，形成不规则的多列细胞丝状体（图 2 - 269A）。细胞圆柱状，色素体带状，内含 2 至多个淀粉核。

无性生殖：直立系统分枝末端的细胞形成游动孢子囊（图 2 - 269B），产生游动孢子，球形，具 4 条鞭毛，游动孢子萌发为新藻体（图 2 - 269C）。

有性生殖：同配生殖，合子不经减数分裂，萌发为二倍体的植物体。

生活史具有世代交替现象。

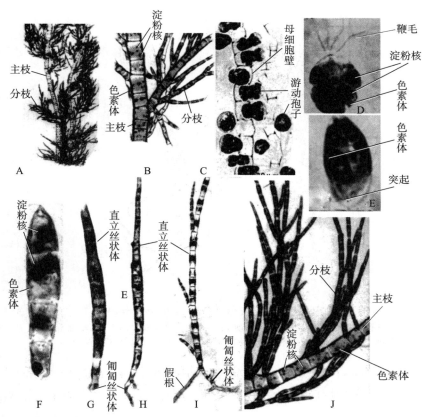

图 2 - 266　羽枝竹枝藻（*Draparnaldia plumosa*）无性生殖（活体）（自曹建国，祖国辉，王全喜，重编）
A 藻体；B 分枝放大；C 产生游动孢子；D 游动孢子；E，F 游动孢子萌发；
G，H 萌发为直立和匍匐丝状体；I 产生假根；J 发育为新个体

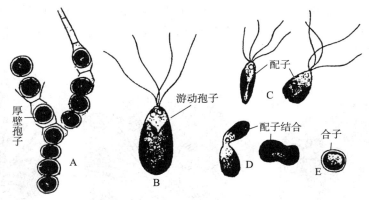

图 2 - 267　簇生竹枝藻（*D. glomerata*）（自 Fritsch，重编）
A 厚壁孢子；B 游动孢子；C 配子；D 结合；E 合子

图 2 - 268　费氏藻（*Fritschiella tuberose*）（活体）生长在琼脂培养基上
（自 Bold *et al.* 转自 Ruf）

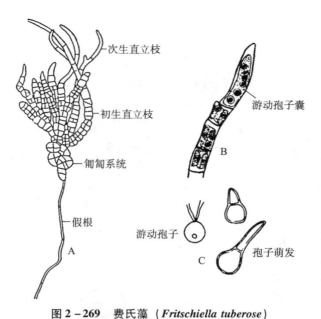

图 2-269　费氏藻（*Fritschiella tuberose*）
A 藻体（自 Bold *et al.* 转自 Singh）；B 部分直立枝放大，产生游动孢子囊
（自 Fritsch 转自 Iyengar）；C 游动孢子及其萌发（自胡鸿钧，魏印心，重编）

⑤ 鞘毛藻属（*Coleochaete*）　全世界约有 15 种，我国已知有 7 种（臧穆，黎兴江，凌元洁）。生活在各种淡水水体中，附生于各种高等水生植物或大型藻类的体表上，少数内生于轮藻类植物的角质层之内。

藻体为二歧分枝的丝状体（图 2-270C），具有直立部分和匍匐部分，匍匐部分发育完善，罕有直立部分。匍匐丝状体由一个中心向外辐射伸展，相邻丝状体侧面完全愈合，成为一个单层细胞厚的假薄壁组织状的盘体，细胞多为圆柱状，常因挤压而呈多角形，细胞内色素体片状，内含 1~2 个蛋白核（图 2-270A，B）。分枝末端的细胞多具圆顶，分枝基部具有 1 条长而不分枝的刺毛，刺毛基部为胶质鞘（图 2-270C）。

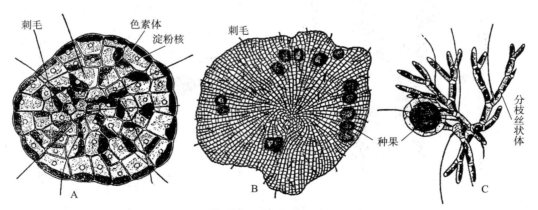

图 2-270　鞘毛藻属（*Coleochaete*）藻体
A 鞘毛藻（*Coleochaete scutata*）幼藻体（自 Smith）；B 鞘毛藻属（*Coleoochaete*）成熟藻体（自 Brown）；
C 垫形鞘毛藻（*C. pulvinata*）部分藻体放大（自 Smith，重编）

无性生殖：部分细胞内各产生 1 个双鞭毛的动孢子（图 2-271）。有时产生不动孢子。

有性生殖：卵配生殖，雌雄同株或异株。精子囊小，卵形或长椭圆形，单个或数个丛生，生于分枝末端（图 2-272A）。卵囊由分枝形成，球形或长卵形，基部膨大，卵囊前端无或有受精丝（trich-

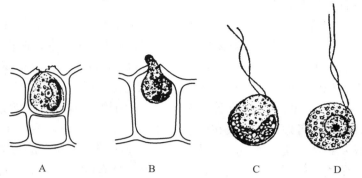

图 2 – 271　鞘毛藻属（*Coleochaete*）（自 Brown，重编）

A，B 细胞内形成游动孢子；C，D 游动孢子

ogyne），后端含 1 个卵（图 2 – 272B）。成熟时，卵囊的受精丝变为无色，顶端开裂（图 2 – 272C）。精子游出（图 2 – 272A 右下方），由受精丝进入卵囊，与卵结合，受精后卵囊膨大（图 2 – 272D），形成裸露的或全部由 1 层细胞的包被所包裹，成为种果（spermocarp）（图 2 – 270B，C；图 2 – 273A，B），合子萌发时，经减数分裂后，成为 8 ～ 32 个游动孢子（图 2 – 273C，D），种果破裂而释放，游动孢子萌发为新藻体。

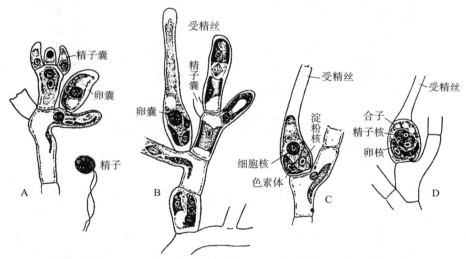

图 2 – 272　垫形鞘毛藻（*C. pulvinana*）有性生殖（自 Fritsch 转自 Oltmanns，重编）

A，B 分枝具精子囊和卵囊；C 卵囊放大；D 卵受精

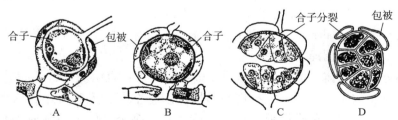

图 2 – 273　垫形鞘毛藻（*C. pulvinana*）合子分裂过程

A，B 合子包被为种果；C，D 种果内合子分裂

（A ~ C 自 Smith 转自 Oltmanns；D 自 Fritsch 转自 Pringsheim，重编）

（7）橘色藻目（Trentepohliales）　全世界约 18 属，80 种（Smith），我国约有 16 种（胡鸿钧，魏印心）。大都是亚气生或气生，主要生活在潮湿土壤、岩石、墙壁、树干和树叶表面或角质层以下，

有些种是寄生的。有的种共生在地衣中。

藻体是由单列细胞构成的分枝丝状体，彼此分离，或联合成为 1 至多层细胞厚的盘状体。色素体盘状或带状，1 至多个，多个则连接成为串珠状，色素体外面具有血红素，使藻体呈现橘红色、红色或黄色，因而得名。细胞内无淀粉核，不储存淀粉，储油滴。营养繁殖：丝状体断裂。无性生殖：游动孢子，不动孢子。有性生殖：同配。

橘色藻属（*Trentepohlia*），全世界约 50 种（Smith），我国约有 16 种（胡鸿钧，魏印心）。均为气生，主要分布在长江流域以南各地，多生长在树干、岩石、墙壁、土壤和树叶上。

藻体为由单列分枝丝状体，集成绒毛状，具有匍匐部分和多少有向上的直立部分（图 2-274）。细胞圆柱状或近球形，细胞壁较厚或有分层，有时细胞顶端具有胶质帽状的顶冠（图 2-275A）。幼时细胞单核，成长后细胞多核。色素体带状、螺旋状或盘状，1 至多个，无淀粉核，不含淀粉，常有油滴，含大量血红素而呈橘黄色或深橘红色。

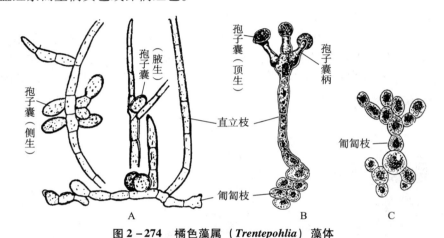

图 2-274 橘色藻属（*Trentepohlia*）藻体
A 橘色藻（*Trentepohlia aurea*）（自 Fritsch 转自 Chodat）；
B，C 赭褐橘色藻（*T. umbrina*）（自 Fritsch 转自 Gobi，重编）；
A，B 藻体示直立枝、匍匐枝和孢子囊；C 部分匍匐枝放大

营养繁殖：丝状体断裂。有的种匍匐枝上的圆球形或椭圆形的细胞相互分散（图 2-274C），随风传布，落至适宜环境中萌发为新藻体。

无性生殖：产生孢子囊，孢子囊有孢子囊柄，顶生（图 2-274B）或无孢子囊柄，侧生或腋生（图 2-274A）。孢子囊成熟后脱落，散布各处，在潮湿条件下，孢子囊产生游动孢子，具 4 条鞭毛。在干燥条件下，产生不动孢子，分别萌发为新藻体。

有性生殖：同配生殖，配子囊球形或卵球形（图 2-275A，C），产生多数配子（图 2-275B）配子具 2 条鞭毛（图 2-275A，B），结合为合子（图 2-275D，E）。

（8）环藻目（Sphaeropleales）全世界 1 科 2 属，我国有 1 属 1 种（胡鸿钧，魏印心）。生长于水池、水坑、水沟、水田和沼泽中。

藻体为长的不分枝丝状体，由一列长形的多核细胞组成，自由漂浮，无固着器。细胞圆柱形，有时略呈桶形，横壁不收缢，平整，或不均匀增厚。细胞壁薄，无胶质鞘，每个细胞具有一串细胞质隔板，隔板之间为液泡。色素体带状、环状或网状，多个，位于细胞质隔膜的内侧，边缘平滑或具锯齿，含有多个淀粉核。细胞核 1～2 个。营养繁殖：藻丝断裂。有性生殖：卵配，少数为异配。

环藻属（*Sphaeroplea*）全世界约 8 种，我国有 1 种（胡鸿钧，魏印心）。常生长在周期性被水淹没的水坑中。

藻体为长的不分枝丝状体，丝状体由单列长圆柱状细胞构成，没有固着器。细胞长度达宽度的

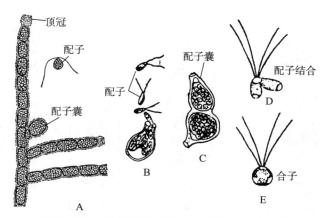

图 2 – 275　橘色藻属（*Trentepohlia*）有性生殖
A 多果橘色藻（*T. aurea* var. *polycarpa*）藻体产生配子囊（自 Smith）；
B 赭褐橘色藻（*T. umbrina*）配子囊；C 配子；D 配子结合；E 合子（自 Fritsch，重编）

3～20 倍，横壁平整，薄或增厚，无收缢。细胞核多个，色素体环状，12～34（49）条，内含 2～10 个淀粉核（图 2 – 276A，B），或色素体盘状，各含 1 个淀粉核。细胞产生多数横向的细胞质隔板（septa），将大形液泡分割为一串液泡。细胞核和色素体位于隔板中（图 2 – 276C，D）。液泡扩大，促使细胞长度增加。

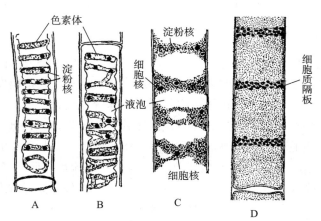

图 2 – 276　环藻（*Sphaeroplea annulina*）
A，B 幼时细胞结构；C，D 细胞内液泡扩大（示细胞质隔板）
（A，B 自 Fritsch；C 自 Fritsch 转自 West；D 自 Smith，重编）

营养繁殖：丝状体断裂。

有性生殖：卵配，由营养细胞形成精子囊和卵囊。

精子囊，细胞核数目增加，色素体分裂，淀粉核消失。原生质体分裂为梭状，各具 1 核，产生 2 条鞭毛，成为精子（图 2 – 277A）。产生卵囊时，色素体由环状变为网状，原生质体分裂为球状，各具 1 核，成为卵。卵排列不规则状，（图 2 – 277A）或排列为单列（图 2 – 277B）。成熟的卵囊细胞壁上产生小孔（aperture），精子由此孔进入卵囊，与卵结合为合子（图 2 – 277A，B）。合子在卵囊内产生厚壁，壁上产生特有的花纹呈深红色（图 2 – 277C）。卵囊的壁破裂，合子散出。度过不良环境，经减数分裂，产生游动孢子，萌发为无固着器的幼个体（图 2 – 277D）。

（9）鞘藻目（Oedogoniales）　全世界 1 科，3 属，350 种（Smith）。生长在淡水中，固着或漂浮，少数种类生长在潮湿土面。

藻体为不分枝或分枝丝状体，以基细胞或假根状分枝着生于其他物体上或漂浮水面。细胞单核，色素体网状，具 1 至多个淀粉核。运动细胞中的游动孢子（zoospore）、雄孢子（androspore）和精子

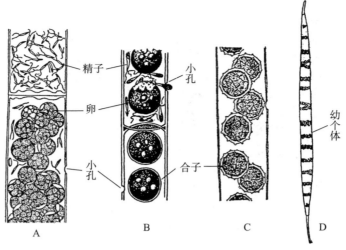

图 2 - 277 环藻属（*Sphaeroplea*）有性生殖
A 坎布里亚环藻（*S. cambrica*）营养细胞形成精子囊和卵囊（自 Smith）；B 环藻（*S. annulina*）
卵受精为合子（自 Fritsch 转自 Klebahn）；C 合子壁加厚，产生突起；D 幼个体（自 Smith，重编）

（spermatozoid）都为卵形，在细胞前端都具一轮环状排列的鞭毛。

营养繁殖：细胞分裂方式为本目特有，首先顶端发生环状裂缝，自此逐渐延伸出新生的子细胞，并可在一个细胞上连续发生多次，并在营养细胞的顶端残留，1 至多个帽状环纹成为顶冠（apical cap）。

无性生殖：除基细胞外，营养细胞都可成为游动孢子囊，产生一个大型的游动孢子，前端生出一圈鞭毛。成熟时，孢子囊前端产生横向的裂缝，裂开后，放出孢子，直接萌发产生新藻体。

有性生殖：卵配生殖为本目特有，在同一或不同的藻体营养细胞上，形成卵囊和精子囊。卵囊是一个膨大的细胞，内藏一个卵。精子囊是短细胞，往往数个精子囊连在一起。每个精子囊通常产生 2 个精子，精子前端有一圈鞭毛，形状与游动孢子相同，体积较小。有些种类的营养细胞先形成雄孢子囊（androsporangium），雄孢子囊产生小形的雄孢子，雄孢子游泳后，附着于卵囊附近或卵囊上，发育成短小的丝状体称为矮雄丝体（dwarf male filament）简称矮雄体，在矮雄体顶端的 1～2 个细胞内形成精子囊，每个精子囊产生 2 个精子。因而产生矮雄体的种为具矮雄的（nannandrous）种，不产生矮雄体的为具大雄的（macrandrous）种。卵成熟时，卵囊侧面开一小孔（aperture），精子从此进入，与卵融合。合子经过休眠萌发，进行减数分裂，原生质体形成 4 个游动孢子，破壁而出，各长成新藻体。

① 鞘藻属（*Oedogonium*）全世界约 450 种，我国已知 250 种（臧穆，黎兴江，凌元洁）。生长在稻田、水沟和池塘等各种静水的水体中，着生于水生植物体或其他物体上。有些种类幼时着生，长成后漂浮于水中。在温暖季节生长茂盛。

藻体为不分枝丝状体，营养细胞圆柱形，有些种类上端膨大，或两侧呈波状，顶端细胞的末端呈钝圆形、短尖形或变成毛样。细胞单核，色素体网状，具 1 至多个淀粉核位于卵囊下的细胞，称为卵柄细胞（图 2 - 278B）。

营养细胞（图 2 - 279A）分裂时，细胞上端的侧壁向内出现环状体（ring），犹如 1 条橡皮管环绕在细胞壁内（图 2 - 279B，图 2 - 280 A），接着，此环向外产生一槽，侧壁在此槽处裂开，环状体扩大，与此同时细胞核和原生质体分裂为二，中间出现微管（microtubule）（图 2 - 279C；图 2 - 280B，C）和泡囊（vesicle），产生横壁，原生质体引长，裂开的环状体也随着伸长（图 2 - 279D，图 2 - 280D），环状体构成 1 个子细胞的主要侧壁（图 2 - 279E，图 2 - 280E），母细胞分裂为 2 个子细胞（图 2 - 279F）。

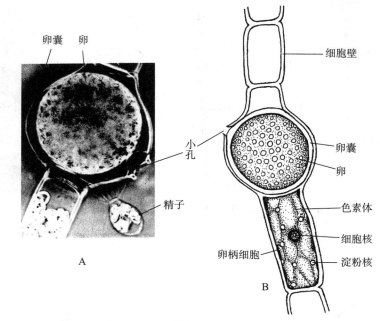

图 2-278　鞘藻属（*Oedogonium*）

A 心形鞘藻（*Oedogonium cardiacum*）卵囊和精子（活体）（自 Bold *et al.* ）；
B 中型鞘藻（*O. intermedium*）卵柄细胞和卵囊（自包文美）

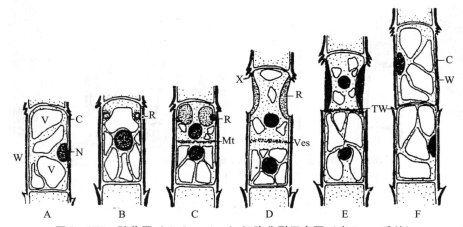

图 2-279　鞘藻属（*Oedogonium*）细胞分裂示意图（自 Lee，重编）

A 营养细胞；B 出现环状体；C 环状体出现裂口并扩大；D 环状体裂口伸长；E 横壁形成；F 产生 2 个子细胞
C 角质层；Mt 微管；N 细胞核；R 环状体；TW 横壁；V 液泡；Ves 泡囊；W 细胞壁；X 顶冠

　　在 2 个子细胞中，下面的细胞的侧壁是旧有的，上面的一个是新生的。在最初形成环状体时，环状体上面有一圈旧侧壁，仍保留在子细胞上，成为顶冠（图 2-279C～F）。一次细胞分裂后，一个子细胞顶端出现一个顶冠，多次分裂后，顶冠下必复生一环又一环，彼此重叠，每一顶冠意味一次细胞分裂（图 2-279D，E；图 2-280E，F）。

　　无性生殖：游动孢子。在 1 个营养细胞内只形成 1 个游动孢子，常产生在具有顶冠的细胞中（图 2-281A），成熟后顶冠处的侧壁开裂，游动孢子和包围它的薄膜一同逸出（图 2-281B）。游动孢子可在薄膜内游动，不久薄膜消失，游动孢子前端透明，具有一圈鞭毛（图 2-281C），自由游动，最后前端向下，固着基质，鞭毛收缩，产生固着器，分泌细胞壁，长成新藻体（图 2-281D，E）。厚壁孢子。在 1 个营养细胞内只形成 1 个厚壁孢子，常在连接的细胞内产生 10 个以上厚壁孢子成为一串（图 2-281F），内含淀粉核油，每个厚壁孢子萌发为新藻体。

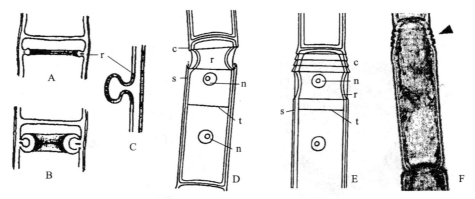

图 2 – 280 鞘藻属（*Oedogonium*）细胞分裂图解

A，B 鞘藻属一种（*O. tumidulum*）（自 Fritsch 转自 Strasburger）；C ~ F 一种鞘藻（*Odogonium* sp.）
（C ~ E 自 Fritsch 转自 Wisselingh；F 自 Graham 等，重编）
c 顶冠；n 细胞核；r 环状体；s 细胞壁；t 横壁；箭头示顶冠

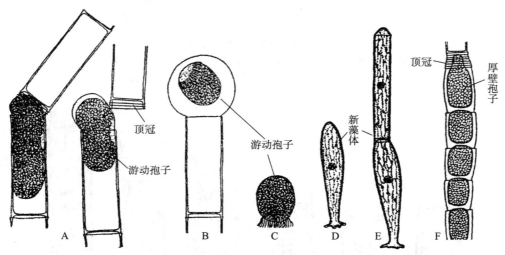

图 2 – 281 一种鞘藻（*Oedogonium* sp.）无性生殖（自 Smith，重编）
A，B 游动孢子逸出；C 固着；D，E 萌发；F 形成厚壁孢子

有性生殖：有性生殖过程中，精子囊的发育有 2 种类型，具大雄种的（macrandrous）和具矮雄种的（nannadrous）。卵囊的发育是一致的。

大雄种的精子囊产生在正常大小的丝状体细胞内，大雄种丝状体细胞作为精子囊母细胞，由于不断分裂，形成一连串细胞（图 2 – 282A），每个细胞是 1 个精子囊，各产生 2 个精子，形状与游动孢子相似（图 2 – 282B）。

卵囊是丝状体细胞发育为卵囊母细胞，经横分裂，上面具顶冠为卵囊，体积增大，成为椭圆体，下面为卵柄细胞。成熟时，侧壁上出现小孔（图 2 – 282C），卵核由中央移至卵表面，与壁上小孔相对，形成 1 个透明的接纳点（receptive spot）。

矮雄种的精子囊发育与大雄种大不相同，首先，在丝状体细胞内形成雄孢子囊，每个雄孢子囊产生 1 个小形的雄孢子（androspore），形似游动孢子（图 2 – 283A），雄孢子游泳到卵囊附近或卵囊上附着，长成形状矮小的丝状体，称为矮雄体（dwarf male fiament），然后，在矮雄体的顶端产生精子囊，产生精子（图 2 – 283B）。精子通过卵囊的小孔，进入接纳点与卵结合（图 2 – 283C）。

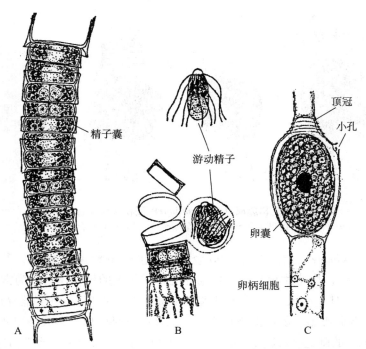

图 2 – 282　鞘藻属（*Oedogonium*）大雄种有性生殖

A 粗鞘藻（*O. crassum*）大雄种产生精子囊（自 Smith）；B，C 鞘藻属（*Oedogonium*）精子逸出，产生卵囊（自 Haupt，重编）

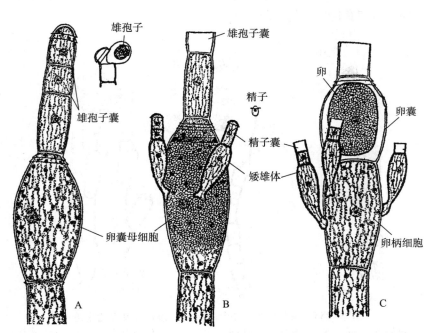

图 2 – 283　链孔鞘藻（*O. concatenatum*）矮雄种有性生殖（自 Smith，重编）

A 营养细胞形成雄孢子囊和卵囊母细胞；B 雄孢子囊产生雄孢子，并萌发为矮雄体，
矮雄体产生精子；C 卵囊母细胞产生卵囊

受精作用：矮雄种及大雄种的受精作用都是由于游动精子游至卵囊壁上的小孔，从透明的接纳点进入卵细胞（图 2 – 278A，图 2 – 284A），与卵结合，形成合子，合子体积稍有收缩（图 2 – 284B），成熟的合子的壁加厚（图 2 – 284C），通常由 3 层组成，表面具有纹孔、网纹或肋纹，由于原生质体储存红色的油，合子呈红色以至红棕色。经过休眠，合子萌发，原生质体变为绿色，减数分裂后，形成 4 个游动孢子（图 2 – 284D），各发育为新藻体。

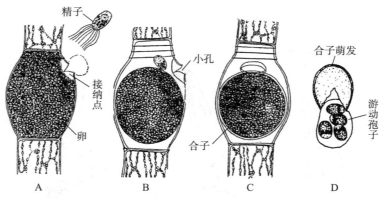

图 2-284　鞘藻属（*Oedogonium*）受精作用和合子萌发
A～C 粗鞘藻（*O. crassum*）受精过程（自 Smith）；D 鞘藻属（*Oedogonium*）合子及合子萌发（自 Lee，重编）

② 毛鞘藻属（*Bulbochaete*）　全世界约有 90 余种，我国已知 55 种（臧穆，黎兴江，凌元洁）。生长在各种静水水体中，着生于水生植物或其他物体上，在轮藻的植物体上尤为常见。

藻体为单侧分枝丝状体，分枝较多。基细胞（basal cell）的基部有固着器（hold fast），固着于基质上（图 2-285B）。营养细胞一般向上略扩大，在纵断面略呈楔形。多数细胞的一侧具 1 条细长、管状，基部膨大成为半球形的刺毛（hair），因此得名鞘毛藻（图 2-285A）。细胞结构与鞘藻相似，细胞分裂常限于基细胞，每次分裂在基细胞与其上面的细胞之间产生新细胞。少数种类是具大雄的，大多数具矮雄的（图 2-285B）。卵囊的形状和大小变化很大，因种而异，外壁常具特有的肋纹（图 2-285C）。

营养繁殖、无性生殖和有性生殖与鞘藻相似。

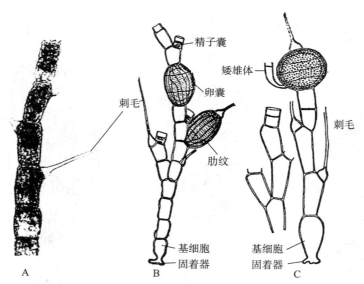

图 2-285　毛鞘藻属（*Bulbochaete*）藻体及其有性生殖
A 一种毛鞘藻（*Bulbochaete* sp.）藻体（活体）（自 Graham *et al.*）；B 奇异毛鞘藻（*B. mirabilis*）藻体及有性生殖囊（自胡鸿钧，魏印心）；C 大毛鞘藻（*B. gigantea*）矮雄体（自 Smith，重编）

（10）刚毛藻目（Cladophorales）　全世界 12 属，350 种（Smith）。淡水和海水都产，淡水中生长在湖泊、池塘或稻田，着生或漂浮，有的种类着生在龟背上，该龟成为绿毛乌龟。

藻体为多核细胞组成单列丝状体，分枝或分枝稀少。细胞壁主要由高度结晶的纤维素组成，许多种类的细胞壁厚，借助于固着器固着，有些种类无固着器，每个细胞具多数不规则、具角的色素体，构成周位网状或多或少连续的层。或者也可以沿着细胞质连丝横向穿过液泡。每个色素体常由纤维彼此连接，各具 1 个双透镜形的淀粉核。细胞内常含许多淀粉粒。

营养繁殖：藻状体断裂。无性生殖：不动孢子和厚壁孢子。有性生殖：同配生殖。有些种的生活史有同型世代交替现象。

① 刚毛藻属（*Cladophora*）约有 160 种（Smith）。我国已知 10 种（胡鸿钧，魏印心）。分布很广，生长在永久性的河流、湖泊和池塘中，一般是固着生长，也有漂浮生长。海水中生长在潮间带的岩石上。

藻体多核细胞组成单列的分枝丝状体（图 2－287A），固着生长（图 2－286A），有些种集生为球状，直径约达 5 cm，如习性刚毛藻（*Cladophora holsatica*）（图 2－286B，C），有些种类幼时固着，长成后漂浮。

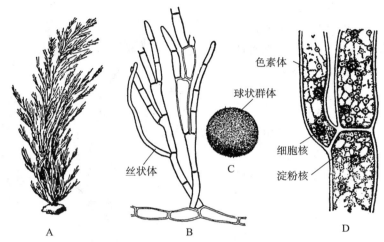

图 2－286　刚毛藻属（*Cladophora*）藻体
A 刚毛藻属（*Cladophora*）藻体（自 Strasburger 转自 Oltmanns）；B，C 习性刚毛藻（*C. holsatica*）
丝状体和球状藻体（自 Smith）；D 刚毛藻属（*Cladophora*）细胞结构
（自 Coulter 转自 Chamberlain，重编）

细胞长圆柱形或膨大，多数种类壁厚，外层为几丁质，内层为纤维素，中层为果胶质。细胞多核，细胞中央有一个大液泡，色素体盘状或网状，具多个淀粉核（图 2－286D）。虽然每个细胞都能分裂，但生长往往发生在顶端的细胞（图 2－287A）。由于细胞壁外层为几丁质，无胶质鞘，用手触摸，感觉丝状体粗糙，其上附生大量其他藻类，尤多硅藻。

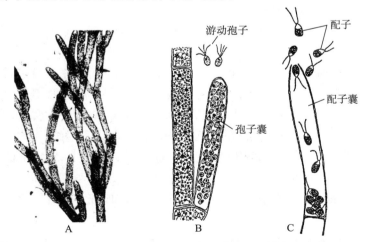

图 2－287　刚毛藻属（*Cladophora*）的生殖
A 刚毛藻属（*Cladophora*）（活体）（自 Bold *et al.*）；B 刚毛藻属（*Cladophora*）产生的动孢子（自 Haupt）；
C 库兴刚毛藻（*C. kuetzingianum*）产生配子（自 Smith，重编）

营养繁殖：丝状体断裂。

无性生殖：营养细胞形成游动孢子囊，经细胞质分割，产生 4 鞭毛游动孢子，各游动孢子具单核，一眼点，网状色素体和多个淀粉核，囊壁破裂，产生小孔，游动孢子逸出（图2-287B），萌发为新藻体。

有性生殖：同配生殖，形成配子囊与形成游动孢子囊的过程相同，但产生2鞭毛配子（图2-287C），配子结合为合子，不经休眠立即萌发为新藻体

刚毛藻生活史中有的种具有世代交替现象，其中有许多种是同型世代交替，有的种是异型世代交替（heteromorphic alternation of generation）。

② 黑孢藻属（*Pithophora*）我国已知1种（胡鸿钧，魏印心）。常生长在静水水体中。

藻体为长形的分枝丝状体，分枝无规则。细胞圆柱形的或略膨大，多核，色素体盘状，内含多个淀粉核（图2-288B）。

营养繁殖：丝状体断裂。

无性生殖：只在分枝顶端（图2-288B）或分枝中间（图2-288A）产生厚壁孢子，由营养细胞膨大，转变为桶状，壁厚，色深。环境适宜时萌发为新藻体。分枝顶端的厚壁孢子渐尖，犹如毛笔的笔梢，曾称其为笔梢藻。

（11）管藻目（Siphonales）全世界50属，400种（Smith）。此目绝大多数为海生，淡水仅1种。生长在海洋和淡水的岩石、水底和植物体上。个别的能寄生在被子植物的

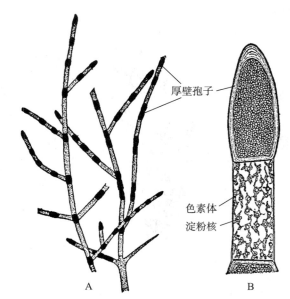

图2-288 黑孢藻（*Pithophora oedogonia*）（自Smith，重编）
A 部分分枝；B 分枝顶端的黑壁孢子

叶内，如叶管藻属（*Phyllosiphon*）。藻体为管状多核体，具或稀或密的分枝。只有在繁殖时，形成横壁，其他部分无横壁。细胞壁薄，色素体椭圆形、盘状或透镜形，多数，分布于细胞质外层，细胞质内层具许多小形细胞核，中央有1个大液泡，有或无淀粉核。光合色素中有管藻黄素（siphonoxanthin）和管藻素（siphonein），贮藏物质为油滴、淀粉或金藻昆布糖。

无性生殖：游动孢子，有时形成不动孢子或厚壁孢子。

有性生殖：同配、异配或卵配。营养体是双相体，产生配子时进行减数分裂，配子结合为合子，萌发为双相的新藻体。

① 叉管藻属（*Dichotomosiphon*）全世界2种，淡水和海水各产1种，淡水种为叉管藻（*D. tuberosus*），海水种为微小叉管藻（*D. pusillus*）。我国已知1种（臧穆，黎兴江，凌元洁）。

叉管藻（*Dichotomosiphon tuberosus*），生长在含有机质丰富的湖泊和小水塘的水底。藻体为二歧分枝的多核管状体（图2-289A），基部具细的、无色的假根。藻体具缢缩，分枝基部尤为明显，缢缩处细胞壁增厚，并常呈褐色（图2-289B）。色素体透镜状，多数，无淀粉核，具白色体（leucoplast），内含淀粉颗粒。

无性生殖：分枝顶端形成厚壁孢子，产生横壁与藻体的其他部分隔开（图2-289C），成熟后脱落，萌发为新藻体。

有性生殖：卵配，卵囊和精子囊位于分枝顶端，产生横壁与藻体其他部分隔开。精子囊圆锥形，略弯曲。成熟后，精子囊产生喙状小孔，精子逸出，与卵结合，精子囊称为空鞘。卵囊球形，体积膨大，暗绿色，卵受精后，暂时保留在卵囊内（图2-289D）。

② 羽藻属（*Bryopsis*）全世界30种（Smith），全部是海产，我国已知1种（臧穆，黎兴江，凌元洁）。生长在海洋潮间带，以假根状匍匐枝着生在岩石上。

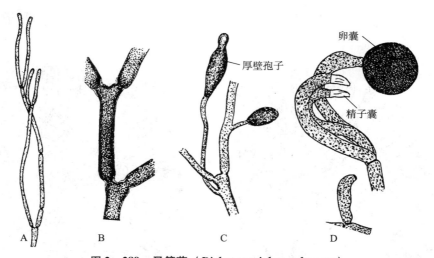

图2-289　叉管藻（*Dichotomosiphon tuberosus*）

A 藻体（自 Smith）；B 部分分枝放大示缢缩（自 Fritsch，重编）；
C 分枝顶端产厚壁孢子（自 Fritsch，重编）；D 分枝顶端产卵囊和精子囊（自 Smith）

　　藻体由直立枝和匍匐枝组成，直立枝具二回羽状分枝，匍匐枝分枝为假根状（图2-290A）体内不分隔，具有无数细胞核和色素体，色素体盘形或梭形，各含1个淀粉核（图2-290C）。

　　营养繁殖：小羽片或匍匐枝分段脱落，长成新个体。

　　无性生殖：不详。

　　有性生殖：异配，1片小羽片基部产生横隔，形成配子囊，细胞核经减数分裂，产生大量配子，配子有大小之分，卵形，顶生2条等长鞭毛（图2-290B），通过配子囊壁的小孔逸出，大小配子结合，形成合子，合子立即萌发，成为双相的新藻体。

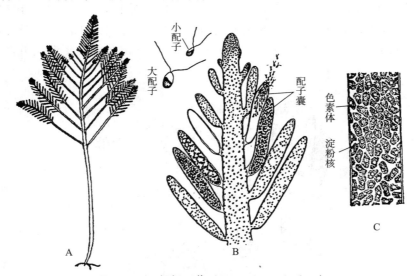

图2-290　假根羽藻（*Bryopsis corticulans*）

A 藻体（自 Smith）；B 分枝顶端具配子囊，大、小配子逸出（自 Bold *et al.* 转自 Smith，重编）；
C 部分小羽片放大（自 Smith）

　　③ 松藻属（*Codium*）全世界50种（Smith），我国已知2种（臧穆，黎兴江，凌元洁）。生长在海洋低潮带，以假根着生在岩石上。藻体为多分支的管状体，具有匍匐枝和直立枝，体大，分枝似鹿角，海绵质，深绿色，具分枝的圆柱形，体内无隔膜（图2-291A），具无数细胞核和色素体，无淀粉核。藻体由许多的细管交错相连，中央部分的细管细长，无色，排列疏松，成为藻体的髓部，表面的细管棒状，绿色，称为胞囊（utricle）排列紧密，成为藻体的皮层（图2-291B）。

营养繁殖：分枝基部产生小芽，脱落萌发为新藻体。

无性生殖：不详。

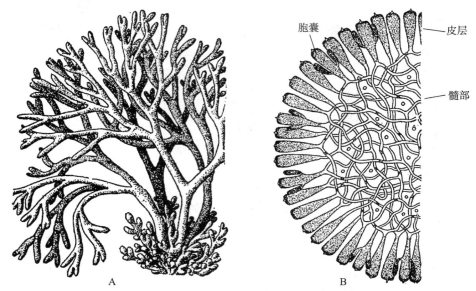

图 2 – 291 刺松藻（*Codium fragile*）（自 Smith，重编）
A 藻体；B 分枝部分横切面

有性生殖：异配，在分枝表面胞囊的侧面，产生配子囊，基部有横隔与分枝隔断（图 2 – 292A）。配子囊有大小之分，大配子囊深绿色（图 2 – 292B，C）。小配子囊黄褐色（图 2 – 292D）。产生配子时，经减数分裂，配子囊顶端开裂，配子囊内部产生胶质团，胶质团的中央为中轴管（图 2 – 292B ~ D）。成熟时，配子通过中轴管道，经顶端裂口逸出，它们在配子囊内无鞭毛，排出后才产生鞭毛。大小配子的体积相差很大，但均为卵形或卵圆形，顶生 2 条等长鞭毛（图 2 – 292E，F）。大小配子结合为合子（图 2 – 292G），合子立即萌发（图 2 – 292H），先长成分枝，逐渐向外产生胞囊，形成双相的新藻体。

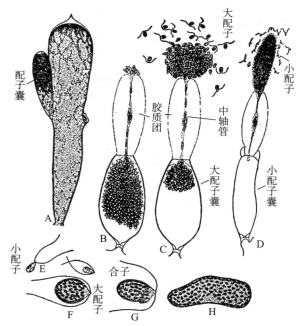

图 2 – 292 刺松藻（*C. fragile*）有性生殖（自 Smith，重编）
A 幼配子囊；B ~ C 大配子囊释放配子；D 小配子囊释放配子；E 小配子；F 大配子；G 结合为合子；H 合子萌发

④ 蕨藻属（*Caulerpa*）全世界约有60种（Smith）全部是海产，我国已知1种（臧穆，黎兴江，凌元洁）。生长在海洋低潮带，以假根枝着生在岩石上（图2-293）。藻体具有假根枝、匍匐茎和直立枝（图2-294A～C），在外形上有类似茎叶的分化，如蕨类植物而得名，有的种可食用。

图2-293　一种蕨藻（*Caulerpa* sp.）（活体）（自王永强）

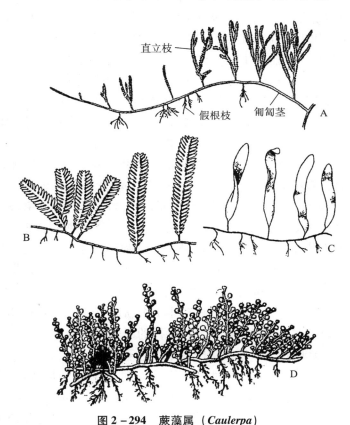

图2-294　蕨藻属（*Caulerpa*）
A 柏叶蕨藻（*Caulerpa cucressoides*）；B 厚叶蕨藻（*C. crassifolia*）；
C 蕨藻（*C. prolifera*）（自Smith）；D 一种蕨藻（*Caulerpa* sp.）（自Brown，重编）

营养繁殖：藻体断裂。无性生殖：不详。有性生殖：异配，在藻体的生育部分，长出无数乳头状的突起，由此突起称为挤出乳头（extrusion papillae），配子由此突起逸出（图2-295A，B）。产生配子时，经减数分裂。配子有大小之分，都为卵形，顶生2条等长鞭毛（图2-295C，D）。配子结合（图2-295E）为合子（图2-295F～H），分泌厚壁，增大体积（图2-295I），萌发过程不详。

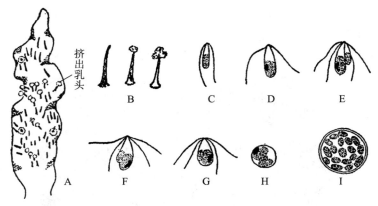

图 2 - 295　蕨藻（*C. prolifera*）有性生殖（自 Smith，重编）

A 藻体的叶片；B 挤出乳头；C 小配子；D 大配子；E 配子结合；F~H 合子；I 合子体积增大，壁加厚

2. 双星藻纲（Zygnematophyceae）

全世界约有 55 属，6 000 余种，中国已知 42 个属，1 366 种（胡鸿钧，魏印心）。全为淡水种，分布很广，生长在湖泊、池塘、水库和河流中，有少数种类在溪流、江河和泉水等流动水体中，浮游生长，或附着在沉水生植物上，或形成胶质块生长在土表或岩石表面呈亚气生。

藻体为单细胞，单列细胞不分枝的丝状体和多细胞群体。细胞呈圆柱形、椭圆形、纺锤形或棒形等。细胞单核，色素体分为周生和轴生两大类，周生的色素体位于细胞的一侧，有带状、片状、板状或螺旋带状等，轴生的色素体位于细胞的中轴，有星状、片状、盘状、板状、辐射纵脊状或螺旋脊状等，色素体 1 至多个，内含 1 至多个淀粉核或无。光合作用贮藏产物为淀粉。细胞壁由完整的一片，或有 2 至多个片段组成，具或不具小孔。分裂的细胞产生或不产生 1 个新的半个细胞，具或不具缝线。

营养繁殖：单细胞种类进行细胞分裂，形成 2 个子细胞。丝状体种类由丝体断裂，增加个体数。

无性生殖：不动孢子、休眠孢子、厚壁孢子和单性孢子（parthenospore）。

有性生殖：接合生殖（conjugation），生殖细胞不具鞭毛，多数种类为同配，少数为异配。

双星藻纲可分为 2 目：双星藻目（Zygnematales）和鼓藻目（Desmidiales）。

（1）双星藻目（Zygnematales）　全世界约有 11 属，我国已知 9 属，349 种（胡鸿钧，魏印心），都为淡水产，生长在各种水体中，少数种类生长在潮湿上壤，个别种类能在半咸水中生活。

藻体为单细胞或单列不分枝的丝状体，细胞圆形、椭圆形、圆柱形、纺锤形或棒形等多种形状，中部无收缢。细胞单核，位于细胞的中部或中部的一侧。色素体周生，螺旋带状、片状、板状、星状或盘状，2 至多个，内含 1 至多个淀粉核或无。贮藏产物为淀粉，少数种类含有油滴。细胞壁由完整的一片组成，壁平滑，不具小孔。分裂的细胞不产生 1 个新的半细胞（semicell），不具缝线。

营养繁殖：单细胞的以细胞分裂进行繁殖，丝状体的以丝体断裂。

无性生殖：不动孢子、休眠孢子、厚壁孢子和单性孢子。

有性生殖：接合生殖，进行接合生殖时，互相贴近的 2 个细胞形成配子囊细胞（gametangial cell），简称配子囊，产生突起伸向对方，形成接合管（conjugation tube）。配子囊内的原生质体成为变形的配子，以变形的方式，由一方的配子囊移动至对方的配子囊 或接合管中相结合，形成合子。绝大多数种类的合子壁为 3 层，即外孢壁、中孢壁和内孢壁，少数种类外孢壁具有花纹。合子萌发，经减数分裂，形成 1~4 个子细胞。

① 双星藻属（*Zygnema*）全世界约有 95 种（Smith），我国已知 70 余种（臧穆，黎兴江，凌元洁）。广泛分布于浅水的静水水体中，极罕见生长在流水的石上，或极潮湿的土壤上。藻体为不分枝丝状体，细胞圆柱形，色素体星芒状，2 个，沿细胞长轴排列，每个色素体中央内含 1 个大的淀粉核，细胞核位于两色素体之间（图 2 - 296A）。

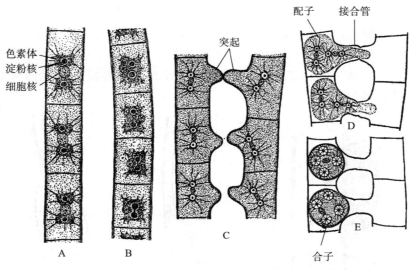

图 2 – 296　双星藻属（*Zygnema*）（自 Smith，重编）

A 营养细胞；B 细胞分裂；C 配子囊产生突起；D 产生接合管，配子移向对方；E 形成合子

营养繁殖：细胞分裂和丝状体断裂，细胞分裂时，细胞核分裂为 2，其中 1 个细胞核与 1 个星状色素体，分别进入子细胞，产生横壁，在子细胞内色素体，再进行分裂，成为 2 个星状色素体（图 2 – 296B）。

无性生殖：不动孢子，厚壁孢子和单性孢子。

有性生殖：梯形接合（scalariform conjugation）2 条并列靠近的丝状体细胞，成为配子囊，各向对方伸出突起而伸长，相互接触（图 2 – 296C），接触面的细胞壁溶解，形成短管，即接合管，与此同时，两方配子囊的原生质体缩成一团，成为配子，一条丝状体配子囊中的配子，全部或大部分都以变形运动的方式，移动到另一条丝状体配子囊中（图 2 – 296D），与其配子结合，形成合子（图 2 – 296E）。最后一条丝状体的细胞只剩空壁，另一条丝状体则有一列合子。从行为上看前者是雄性（male），后者是雌性（female）。它们是雌雄异株（dioecious）。2 条接合的丝状体形成的接合管，外观像梯子，此接合称为梯形接合（图 2 – 297A）。

合子分泌厚壁，内充满贮藏物质，即母体死亡，沉入水底；待母体细胞破裂后，放出体外，遇环境适宜，核经减数分裂，形成 4 个单相的核，其中 3 个消失，一个存留，细胞进行分裂（图 2 – 297 B，C），萌发为新藻体（图 2 – 297D）。

侧面接合（lateral conjugation）较罕见。

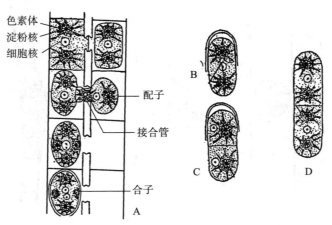

图 2 – 297　双星藻属（*Zygnema*）接合生殖和合子萌发（自 Smith，重编）

A 梯形接合内的配子结合；B，C 合子萌发；D 新藻体

② 转板藻属（*Mougeotia*）全世界 150 种，我国 61 种（胡鸿钧，魏印心）。生长在水坑、池塘、湖泊、水库、沼泽和稻田中，尤在早春和晚秋生长茂盛。

藻体为不分枝的丝状体，有时产生假根状分枝。细胞长圆柱形，色素体平板状，内含淀粉核多个（图 2-298A）。色素体长宽与细胞内腔几乎相等，随光的强度而转动，光弱全面向光，光强侧面向光（图 2-298B），因此得名。

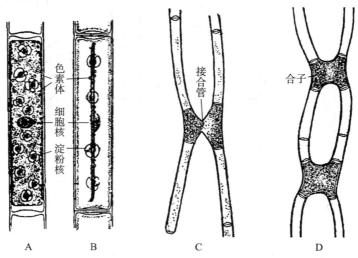

图 2-298 转板藻属（*Mougeotia*）细胞结构和梯形接合
A，B 梯接转板藻（*Mougeotia scalaris*）：A 光弱全面向光，B 光强侧面向光（自 Fritsch 转自 Palla）；
C，D 鲜绿转板藻（*M. viridis*）梯形接合（自 Smith，重编）

无性生殖：不动孢子和单性孢子（图 2-299C）。

有性生殖：接合生殖多数为梯形接合，少数为侧面接合，少数种类兼有梯形接合和侧面接合。

梯形接合（scalariform conjugation）　当 2 条丝状体的细胞形成配子囊时，两方产生接合管（图 2-298C），接合管体积膨大，配子在接合管内结合，囊内有一部分细胞质遗留在原细胞中，形成似四角形的合子，与原细胞其他部分隔开（图 2-298D），或在接合管中结合后，接合管体积不膨大，合子的表面很快被特殊的壁包围，形成圆球形的合子（图 2-299A）。它们都是雌雄异株（dioecious）。

侧面接合（lateral conjugation），在同一条丝状体相邻的 2 个配子囊横壁处，各向外产生突起，成为沟通的接合管，出现穿孔，2 个配子都移动至穿孔处，结合为合子（图 2-299B），此 2 配子在形态上和生理上没有分化，可认为是双星藻目中原始的接合类型。它们是雌雄同株（monoecious）。

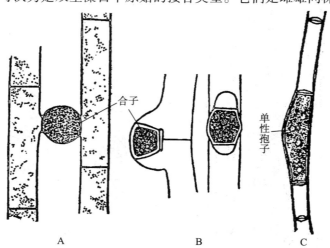

图 2-299 转板藻属（*Mougeotia*）接合生殖和单性孢子（自 Smith，重编）
A 梯接转板藻（*M. scalaris*）梯形接合；B 弯曲转板藻（*M. genuflexa*）侧面接合；C 转板藻（*M. viridis*）单性孢子

③ 水绵属（*Spirogyra*）我国已知 180 余种（臧穆，黎兴江，凌元洁），是常见的丝状绿藻，在各种淡水生境中都能见到，如小河、池塘、沟渠、水坑和水田中。常大片漂浮生活于水面或水底。由于细胞壁外层有大量果胶质，用手触及有黏滑感。

藻体为长而不分枝的丝状体，偶尔产生假根状分枝。细胞圆柱形，细胞壁内层为纤维素，外层为果胶质。色素体 1 ~ 16 条，周生，带状，沿细胞壁螺旋盘绕于细胞周围，每条色素体内含一列多个淀粉核。细胞内有一大液泡，被原生质丝所分割。细胞核悬于中央，被四周原生质包围，此原生质与细胞周围的原生质相连（图 2 - 300A）。

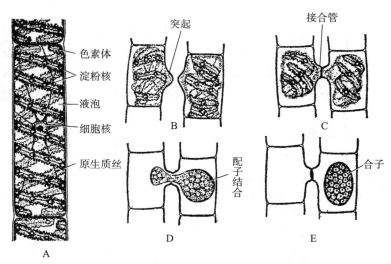

图 2 - 300　水绵属（*Spirogyra*）（自 Brown，重编）
A 细胞结构；B ~ E 梯形接合和形成合子

无性生殖：不动孢子，单性孢子。

接合生殖：与双星藻相似，有梯形接合和侧面接合 2 种方式。

梯形接合（scalariform conjugation），其过程与双星藻相似，2 条丝状体并列，相对的 2 个配子囊各产生突起（图 2 - 300B），连接成接合管（图 2 - 300C）。一条丝状体上的配子通过接合管，以变形运动的方式移入另一条丝状体的配子囊中（图 2 - 300D），结合为合子（图 2 - 300E）。合子沉入水底，待母体细胞破裂后，经减数分裂，萌发为新藻体（图 2 - 301E）。它们的丝状体雌雄异株。

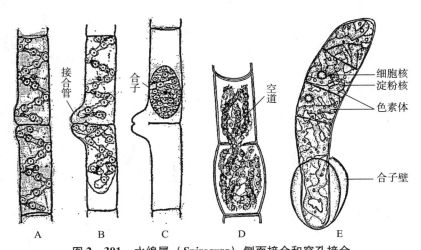

图 2 - 301　水绵属（*Spirogyra*）侧面接合和穿孔接合
A ~ C 水绵属（*Spirogyra*）侧面接合（自 Haupt）；D 水绵一种（*S. jogensis*）穿孔接合（自 Pandey）；
E 一种水绵（*Spirogyra* sp.）合子萌发（自包文美，重编）

侧面接合（lateral conjugation），其过程与双星藻相似，在同 1 条丝状体相邻的 2 个配子囊横壁处，各向外产生突起（图 2-301A，B），成为沟通的接合管，1 个配子通过接合管进入另一个配子囊中，与其配子结合，形成合子（图 2-301C）。它们是雌雄同株。

另外，侧面接合中，相邻的 2 个细胞不产生接合管，在其共同的横壁上出现穿孔，称为空道，使一配子借此孔道与另一配子结合，可称其为横壁穿孔结合（图 2-301D），合子萌发如上所述。

（2）鼓藻目（Desmidiales）全世界约 44 属，我国已知 33 属，1 000 余种（胡鸿钧，魏印心），绝大多数都是淡水种，生长在各种水体中，一般在偏酸性的小水体中，仅极少数种类生长在半咸水或咸水中。有的种类亚气生。

藻体绝大多数为单细胞，少数为单列不分枝的丝状体或不定型群体（图 2-302），具或不具胶被。细胞形态多种多样，每个细胞明显对称，细胞中部称为峡或腰或缢部（isthmus），具或无收缢，细胞核位于缢部，细胞分成 2 个半细胞（semicell），在缢部相连，各具 1~4 个色素体，内含 1 至多个淀粉核（图 2-302B）。贮藏物质是淀粉，少数种类含有油滴。少数种类细胞两端具液泡，内含 1 至多个能运动的结晶。

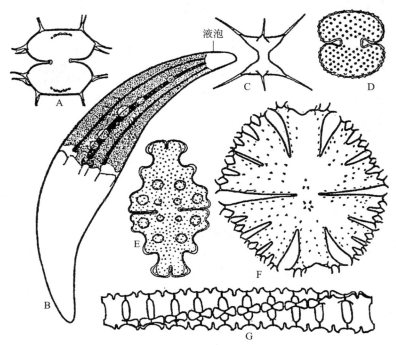

图 2-302　鼓藻目的若干种类（自 Smith，重编）
A 对称多棘鼓藻变种（*Xanthidium antilopaeum* var. *polymarum*）；B 项圈新月藻（*Closterium moniliforme*）；
C 弯弓角新鼓藻（*Staurastrum curvatum*）；D 肾形鼓藻（*Cosmarium reniforme*）；E 近亲凹顶鼓藻（*Euastrum affine*）；
F 尖刺微星鼓藻（*Micrasterias apiculata*）；G 扭联角丝鼓藻（*Desmidium aptogonum*）

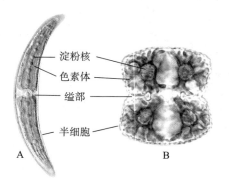

图 2-303　新月藻属（*Closterium*）和鼓藻属（*Cosmarium*）细胞结构
A 项圈新月藻（*Closterium moniliforum*）；B 双钝顶鼓藻（*Cosmariun biretum*）（自魏印心，重编）

营养繁殖：单细胞的种类细胞分裂，2个半细胞分离，各产生新的半细胞。丝状体的类型为丝状体断裂。

无性生殖：不动孢子、休眠孢子、厚壁孢子和单性孢子。

有性生殖：接合生殖。

① 新月藻属（*Closterium*） 我国已知20种（胡鸿钧，魏印心），生长在水坑、池塘、湖泊和河流、水库等的静水和沼泽中。

藻体为单细胞，新月形，略弯曲或显著弯曲，两端钝圆、平直圆状、喙状或渐尖，形如新月而得名。细胞由2个半个细胞组成，细胞中部成为缢部（isthmus），不凹入或膨大，细胞核位于缢部。细胞壁平滑、具纵向的线纹、肋纹或纵向的颗粒，无色或因铁盐沉淀而呈淡褐色或褐色。每个半细胞内具1个色素体，色素体由1至多个纵向脊片组成，内含多个淀粉核，纵向排成一列，或不规则散生。细胞两端各具1个液泡，内含能运动的结晶体颗粒（图2-302B，图2-303A）。

营养繁殖：细胞分裂，2个半细胞内的色素体分裂为2，随后细胞核也横裂为2，各核移向半细胞的中部，母细胞的缢部产生横壁（图2-304A），1个母细胞分裂为2个子细胞，子细胞内的核各移向子细胞中央，色素体也分裂为2（图2-304B）。每个子细胞在原母细胞的横壁处向外膨大，形成新壁，成为完整的新藻体。因此，子细胞是由母细胞的半细胞和新形成的半细胞组成。每分裂一次，在它们之间的细胞壁上常留下缝线（suture line），其数目可表示细胞分裂的次数。

有性生殖：接合生殖（conjugation）相对的2个配子囊各产生突起（图2-304C），连接成接合管，配子在接合管内，结合为合子（图2-304D），原来2个细胞成为空壳，合子产生厚壁（图2-304E）。各种类的合子具有多种形状和花纹。

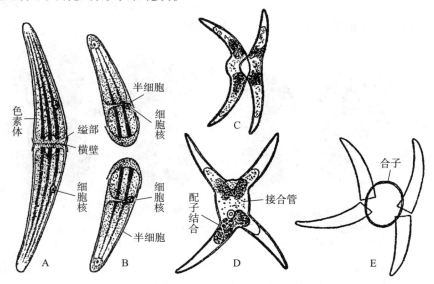

图2-304 新月藻属（*Closterium*）

A 细胞分裂初期；B 分裂后的2个半细胞（自Coulter转自Fischer）；
C 产生突起；D 连成接合管，配子结合（自Coulter转自De°Bary）；E 形成合子（自Coulter转自West，重编）

配子结合（图2-305A）后，细胞核为双相单核（图2-305B，C）。合子萌发时，原生质体分裂为2（图2-305D），细胞核经减数分裂为4个核，分别进入2个原生质体内，这样，每原生质体内各有2个核（图2-305E，F），但其中1核逐渐退化消失，最后，此2原生质体内各有1核，产生新壁，形成2个新藻体（图2-305G）。

② 鼓藻属（*Cosmariun*）是鼓藻目中种类最多的一属，全世界约1 200余种（胡鸿钧，魏印心），我国已知约100种（臧穆，黎兴江，凌元洁）。生长在水坑、池塘、湖泊、水库、河流的沿岸带和沼泽等生境中。主要生活于偏酸性的、贫营养的软水水体中。少数种类亚气生。

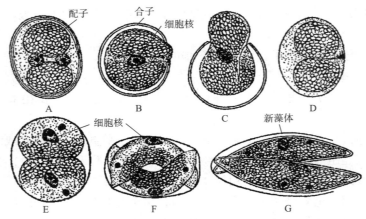

图 2 – 305 新月藻属（*Closterium*）合子萌发（自 Brown 转自 Klebahn，重编）
A 2 个配子；B 结合为合子；C ~ F 合子减数分裂为 2 个原生质体；G 形成 2 个新藻体

　　藻体为单细胞，细胞缢部明显收缩为缢缝（sinus），缢缝常深凹入。细胞分为 2 个半细胞，在缢部相连。细胞大小变化很大，不同的面呈现不同形状，半细胞正面观近圆形、半圆形、椭圆形或卵形等，侧面观绝大多数呈椭圆形或卵形；垂直面观椭圆形或卵形；细胞壁平滑，具点纹、小孔、瘤或颗粒、突起等。每个半细胞具色素体 1 至多个，内含 1 至多个淀粉核，细胞核位于 2 个半细胞之间的缢部（图 2 – 303B，图 2 – 306A）。

　　营养繁殖：细胞分裂时，缢部的细胞核分裂为 2，各向半细胞移动，色素体各自对分，细胞中间缢部分开而突出（图 2 – 306B，C），产生横壁，细胞分成两半，2 个子细胞各从母细胞获得 1 个半细胞，再长出一个与母半细胞相同的新半细胞（图 2 – 306D）。

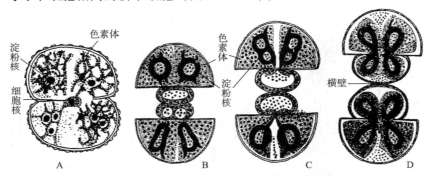

图 2 – 306　鼓藻属（*Cosmarium*）营养细胞和细胞分裂
A 肾形鼓藻（*Cosmarium reniforme*）营养细胞（自 Fritsch 转自 Carter）；
B ~ D 葡萄鼓藻（*C. botrytis*）细胞分裂，形成 2 个子细胞（自 Pandey 转自 De Bary，重编）

　　有性生殖：接合生殖（conjugation）结合的 2 细胞靠近，向外分泌胶质，缢部开裂，产生大形泡状物，细胞内的原生质体作为配子突出（图 2 – 307A），2 个配子在细胞外结合（图 2 – 307B），形成合子，细胞成为空壳（图 2 – 307C）。

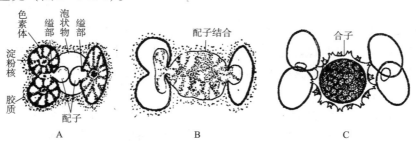

图 2 – 307　鼓藻属（*Cosmarium*）接合生殖
A 葡萄鼓藻（*C. botrytis*）2 细胞产生配子（自 Lee）；B 配子结合（自 Lee）；C 形成合子（自 Brown，重编）

配子结合后（图 2-308A）的合子（图 2-308B），合子萌发时，经减数分裂，产生 4 个细胞核（图 2-308C，D）其中 2 个核退化消失，另 2 个核与原生质形成 2 个细胞（图 2-308E），各成为新藻体（图 2-308F）。

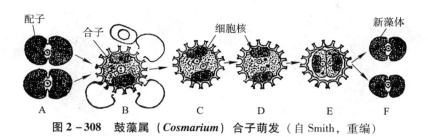

图 2-308　鼓藻属（*Cosmarium*）合子萌发（自 Smith，重编）

3. 轮藻纲（Charophyceae）

全世界仅 1 目，即轮藻目（Charales），4 科，其中 3 科均为化石种类，1 科，轮藻科（Characeae）为现存类群，可分为 6 属，现知 315 种（Wood, Imahori）。由于轮藻的藻体高度分化，生殖囊结构复杂，有人建议将它列为一门，即轮藻门。最近在分子分析的研究中，植物界是有 2 条不同的演化路线发展，即链形植物门（Streptophyta）和绿藻植物门（Chlorophyta），轮藻类置于链形植物门。本书仍将其作为一个纲，归属于绿藻门，置其于轮藻类。均丛生于水底，在各种淡水或半咸水水体中，生活在水塘和池沼水底的泥浆和沙土上，尤以稻田、沼泽和湖泊中更为常见。在深水湖泊中，在水生高等植物的地带中，生长茂盛。如在实验室内培养，取其藻体连同基质一起栽在水族缸内，加培养液，可常年生活在缸内，供实验观察用。

（1）一般特征　藻体大型，地上部分具有主轴（axis）和分枝（branch），主轴分化为节（node）和节间（internode），犹如被子植物中的金鱼藻（*Ceratophyllum dimersum*），节上生长侧枝（lateral branch）和小枝，（short branch），侧枝可不断伸长，小枝轮生，生长有限度。地下部分为无色的茎和假根（图 2-309A）。细胞幼时单核，后为多核，在成熟的细胞中，具大型的中央液泡，色素体透镜形，或椭圆形，多个，螺旋状排列于细胞四周，色素以叶绿素为主，并有叶黄素和胡萝卜素，无蛋白核，贮藏物质为淀粉。因色素和贮藏物质与绿藻相同，故有理归属于绿藻门。

营养繁殖：在假根上产生珠芽（bulbil），可长成新藻体。

无性生殖：各种孢子。

有性生殖：卵配，由精囊球（globule）和卵囊球（nucule）产生精子和卵，精囊球和卵囊球结构复杂，均以其基部的柄细胞（pedicel cell）着生于小枝的节上。精囊球为球形，外壁由 8 个（罕为 4 个）盾片状的细胞叫做盾细胞（shield cell）组成（图 2-312），在这些细胞内侧中央有盾柄细胞（manubrium），盾柄细胞顶端产生丝状的精囊丝，精囊丝细胞内为精子（图 2-313）。卵囊球椭圆形，内藏有卵，外有 5 列螺旋状细胞包围，顶端有冠细胞（corona cell），由 10 个细胞排成 2 轮（图 2-309C）或 5 个细胞排成 1 轮（图 2-310C）组成。精囊球的盾细胞相互离开，精子逸出，通过卵囊球的冠细胞之间的裂缝，进入卵内受精（图 2-315B）。

轮藻纲仅一目轮藻目（Charales），目的特征同纲。常见有丽藻属（*Nitella*）（图 2-309A）和轮藻属（*Chara*）（图 2-310A）。

① 丽藻属（*Nitella*）全世界约有 153 种（Fott），我国已知 90 余种（臧穆，黎兴江，凌元洁）。主轴和分枝的节间，除中央细胞外，别无其他皮层细胞。精囊球常位于卵囊球上方（图 2-309A，B）。卵囊球的冠细胞 10 个，分上下 2 层，每层 5 个细胞（图 2-309C）。

② 轮藻属（*Chara*）全世界约有 117 种（Fott），我国已知 90 余种（臧穆，黎兴江，凌元洁）。主轴和分枝的节间除中央一个大型的中央细胞外，大多数被上、下节细胞所衍生的皮层细胞所包围（图 2-310D）。精囊球位于卵囊球的下方（图 2-310B），卵囊球的冠细胞 5 个，排为 1 层（图

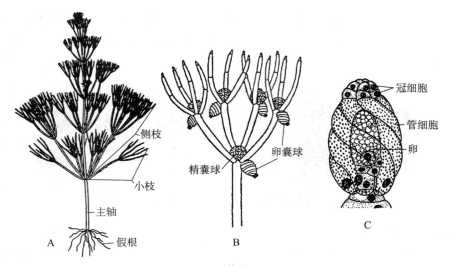

图 2 – 309　丽藻属（*Nitella*）
A 丽藻属藻体（自胡鸿钧，魏印心）；B 纤细丽藻（*N. gracilis*）（自 Smith）；
C 暗色丽藻（*N. opaca*）（自 Bold *et al.* 转自 Sawa，重编）

2 – 310C）。

（2）代表植物　轮藻属（*Chara*）分布很广，淡水、半咸水都有。生活在湖泊、池塘、稻田、水沟、温泉等静水水体中。有的种类喜生长于含钙质略高的水体中。

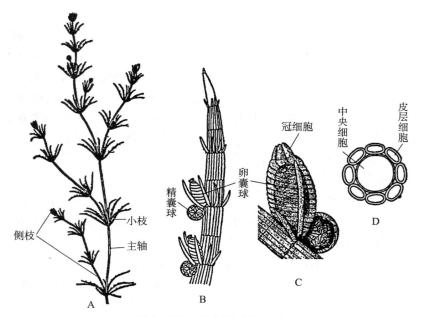

图 2 – 310　轮藻属（*Chara*）
A 轮藻属（*Chara*）藻体（自胡鸿钧，魏印心）；B 普通轮藻（*C. intermedia*），示精囊球和卵囊球；C 一种轮藻（*Chara* sp.），
示卵囊球（自 Smith）；D 轮藻属（*Chara*）主轴横切，示中央细胞和皮层细胞（自胡鸿钧，魏印心，重编）

　　藻体大型，可高 10～60 cm，分化为直立部分和地下部分。直立部分以其主轴（茎）为主，主轴有节与节间的分化，地下部分为单列多细胞，具有分枝的假根，固着于水底淤泥中。主轴的节上生长轮生的小枝和互生的侧枝（图 2 – 310A）。小枝无顶端细胞（apical cell）不能继续生长，侧枝和主轴一样都有顶端细胞继续生长。侧枝和小枝都分化为节和节间，在侧枝的节上可再长出小枝。小枝虽都分化为节和节间，但在它的节上只能轮生单细胞的刺状突起（图 2 – 310B）。植物的生长是由顶端细胞不断分裂而形成的，顶端细胞横分裂，形成 2 个子细胞，上面的子细胞仍保持顶端细胞的作用，下

面的子细胞再进行横裂，又形成2个子细胞，上面的是节的原始细胞（nodal initial），下面的是节间的原始细胞（internodal initial）（图2-311A）。节间的原始细胞保持不分裂，但长大并伸长，其长度为原来的许多倍，成为主轴或分枝的节间。

节的原始细胞经过多次纵裂，产生许多小细胞，构成主轴（茎）或分枝的节。这些节的外围细胞保留分裂能力，进行垂直的和横向的分裂形成初生节（图2-311B）。再分裂成为由2个中央细胞（central cell），外被一层6~20个围轴细胞（peripheral cell）组成的次生节（图2-311C）。中央细胞保持不分裂，围轴细胞再进行平周分裂组成三生节（图2-311D），围轴细胞最外面的细胞是小枝和侧枝的原始细胞，小枝和侧枝由它产生。小枝到一定长度便停止生长，在其节上可产生单细胞的刺状突起。主轴和侧枝能无限生长。节的围轴细胞再向上、下衍生，形成节间的皮层细胞。

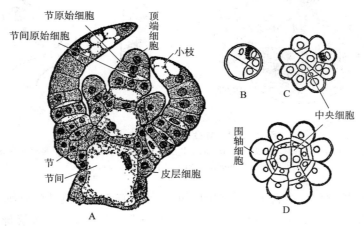

图2-311　一种轮藻（*Chara* sp.）（自 Smith，重编）
A 枝顶纵切；B 初生；C 次生；D 三生节横切

营养繁殖：常以藻体断裂的方式进行营养繁殖，断裂的藻体沉在水底，从其节处长出假根和分枝，发育为新藻体。藻体的基部还可产生珠芽，珠芽内含有大量淀粉，类似种子植物的块茎，由珠芽长出新藻体。

无性生殖：未见报道。

有性生殖：为卵配，卵囊球和精囊球都生于小枝的节上。卵囊球生于刺状突起的上方，精囊球生于刺状突起的下方。

精囊球（globule）圆形，以柄细胞着生于小枝的节上，周围有4~8个三角形的盾细胞，构成精囊球的外壳。盾细胞含有橘红色的色素体，成熟的精囊球呈现橘红色，肉眼可见（图2-312）。

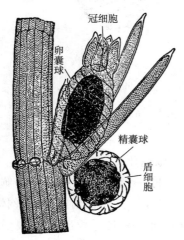

图2-312　脆轮藻（*Chara fragilis*）（自 Strasburger
转自 Sachs，重编）

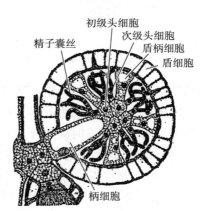

图2-313　一种轮藻（*Chara* sp.）（自 Smith，重编）

精囊球内的每个盾细胞内侧中央连接一个长圆柱形的盾柄细胞。盾柄细胞末端有 1~2 个圆形细胞，叫做头细胞（head cell）或初级头细胞（primary capitulum）。头细胞上又生出几个小圆形细胞，叫做次级头细胞（secondary capitulum）。从这些次级头细胞的顶端，长出数条单列多细胞的精子囊丝（antheridial filament）（图 2－313，图 2－314A），在其各细胞内产生 1 个精子（图 2－314B）。精子细长，顶生 2 条等长的鞭毛（图 2－314C）。精囊球成熟时，其盾细胞相互分离，露出其中的精子囊丝，放出精子，游入水中。

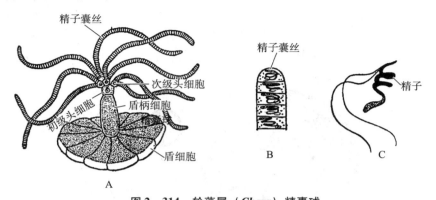

图 2－314　轮藻属（*Chara*）精囊球
A 轮藻属（*Chara*）精囊球结构（自 Dutta）；B 恶臭轮藻（*C. foetida*）精子囊丝（自 Smith）；
C 脆轮藻（*C. fragilis*）精子（自 Strasburger，重编）

卵囊球（nucule）长卵形，内含 1 个卵细胞。卵的外围有 5 个螺旋状的管细胞（tube cell）。每个管细胞的顶端有 1 层冠细胞（corona cell），位于卵囊球顶端，总共 5 个。卵囊球基部有柄细胞，着生于小枝的节上（图 2－312，图 2－315A）。

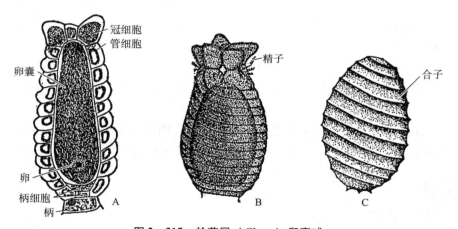

图 2－315　轮藻属（*Chara*）卵囊球
A，C 一种轮藻（*Chara* sp.）（自 Smith）；B 恶臭轮藻（*C. foetida*）（自 Smith 转自 De Bary，重编）

卵囊球成熟时，冠细胞裂开，精子从裂缝中进入，与卵结合（图 2－315B）。卵受精后，冠细胞脱落，合子分泌厚壁，变为黑褐色，落至水底（图 2－315C）。

合子经休眠后萌发，萌发时减数分裂为 4 个核，其中 3 核逐渐退化（图 2－316A，B），另 1 个单相的核进行分裂，成为 2 个细胞，一为初级原丝体原始细胞，另一为初级假根原始细胞（图 2－316C），分别长为初级原丝体和初级假根（图 2－316D），再由初级原丝体长出次级原丝体（图 2－316E），再长出初生主轴（图 2－316F），初生主轴产生节和节间，又向下长出次级假根，成为新藻体。

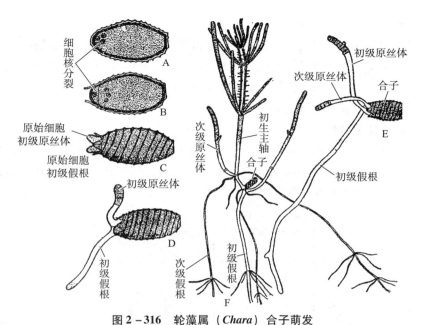

图 2 – 316 轮藻属（*Chara*）合子萌发

A，B 恶臭轮藻（*Chara foetida*）合子萌发纵切面（自 Smith 转自 Ochlkers）；
C，D 多毛轮藻（*C. crinata*）合子萌发表面观；E 多毛轮藻（*C. crinata*）幼苗原丝体时期；
F 由次级原丝体形成初生主轴，产生节和节间（自 Smith 转自 Debary，重编）

三、绿藻门在植物界的位置及其演化

绿藻门由叶绿素 a 和 b 的路线演化来的，运动细胞具 2 条等长鞭毛，无色素体内质网 2 层，类囊体 2~6 条，集为 1 组。绿藻门在植物界有重要的位置，因绿藻和高等植物具有共同的特点；光合作用色素都是叶绿素 a 和 b，β 胡萝卜素和叶黄素，贮藏物质为淀粉，鞭毛类型为尾鞭型，细胞壁都由纤维素构成。因此，多数植物学家都认为绿藻是高等植物的祖先，绿藻在植物界的系统演化中起着"承先启后"的作用，居于主要地位。

然而高等植物究竟是从绿藻中的那一类藻类发展来的，人们从比较复杂的绿藻中去寻找答案。20世纪 30 年代发现费氏藻（*Fritschiella tuberosa*），其藻体是异丝性（heterotrichy）的，由匍匐枝和直立枝组成。匍匐枝生于地下，直立枝穿过土壤形成丛状分枝，呈现藻体的高度分化。具有同型世代交替现象，并能适应陆地生活。因此曾被认为高等植物是由这类绿藻发展来的。但经日后深入研究，此观点未被确认。

（一）绿藻根据细胞学和生物化学的演化：20 世纪 70 年代后，由于电子显微镜的应用和细胞学及生物化学的研究，有人对绿藻的演化提出新的看法，绿藻起源于单细胞鞭毛藻类，根据绿藻体内酶的分布、有丝分裂过程和运动细胞的鞭毛根排列，绿藻演化可分为 2 条基本路线；衣藻演化路线和苔藓演化路线（图 2–317）。

1. 衣藻演化路线（chlamydomonad line）

（1）有丝分裂中，细胞核分裂后，纺锤体（spindle）分散，2 子细胞核靠在一起，有一组微管（microtubules）垂直于纺锤体，细胞壁沿着这些微管形成，促使 2 子细胞核相互隔开，形成新的细胞壁，这些微管称为藻质体（phycoplast）。凡因藻质体完成细胞分裂的绿藻归为此路线。

（2）鞭毛根 4 条十字形排列（cruciately arranged）。

（3）体内具有甘醇脂脱氢酶（glycolate dehydrogenase）。

凡具上述 3 特点的绿藻归为衣藻演化路线，此演化路线的第 1 个分支是团藻目的衣藻属，依次分枝为四孢藻目、石莼目、丝藻目、鞘藻目和刚毛藻目，表明它们从单细胞分别演化到定形和不定形的群体、片状体到不分枝和分枝的丝状体，不再向前发展为高等植物。

2. 苔藓演化路线（bryophytan line）

（1）有丝分裂中 纺锤体不分散，保持在 2 子细胞核之间，并促使 2 子细胞核相互隔开，在纺锤体微管之间，有含有壁成分的高尔基体泡囊（dictyosome vesicles）凝聚，形成新的细胞壁，这些泡囊称为成膜体（phragmoplast）。凡因成膜体完成细胞分裂的绿藻归为此路线。

（2）鞭毛根 2 束排列（in two bundles）。

（3）体内具有甘醇脂氧化酶（glycolate oxidase）。

凡具上述 3 特点的绿藻归为苔藓演化路线，此演化路线的第 1 大分枝是管藻目，依次分枝为双星藻目和鞘毛藻目，最后是轮藻门，表明它们从单细胞分别演化到管状体、丝状体、假薄壁组织体到大型具有主轴（axis）和分枝的藻体。第 2 大分支发展为高等植物。

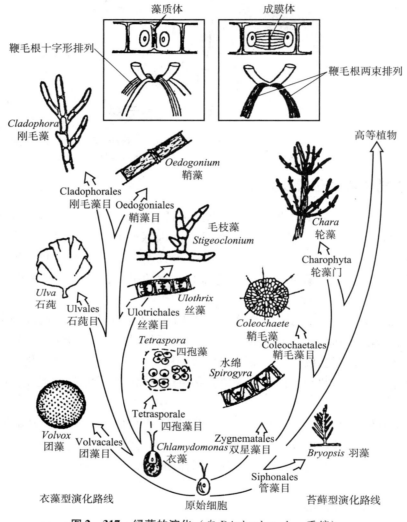

图 2-317 绿藻的演化（自 Pritchard *et al.*，重编）

（二）绿藻根据形态学和分子分析的演化：近年根据分子分析的特征，绿藻起源于单细胞鞭毛藻，它们形成两大分支，1 支有 3 个单系，绿藻类（Chlorophyceae）、共球藻类（Trebouxiophyceae）和石莼类（Ulvophyceae），另 1 分支为轮藻类（Charophyceae），轮藻类与高等植物为同一分支，此分子分析与上述绿藻的演化大致相符（图 2-318）。

（三）绿藻分子演化系统：此演化系统（Leliaert 2012）认为绿藻起源于原始鞭毛生物（AGF），演化为两大分支。一演化分支以藻质体（phycoplast）为基础，成为绿藻植物门（Chlorophyta）和另

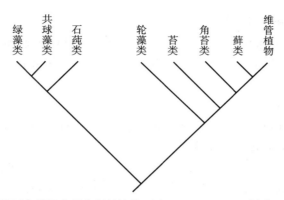

图 2 – 318　根据绿藻形态学和分子分析的演化（自 Graham et al.，转自 Mishler et al.，重编）

一演化分支以成膜体（phragmoplast）为基础，成为链形植物门（Streptophyta），并做了进一步的分子分析（图 2 – 319）。

一支为绿藻植物门（chlorophyta）分支（图 2 – 319 左支），早期是真绿藻类（prasinophytes），包括大量的从单细胞到复杂的多细胞，从水生到陆生的种类，再发展为核心绿藻类（core chlorophytes），构成了这条分支。

另一支为链形植物门（Streptophyta）分支（图 2 – 319 右支），早期有单细胞和丝状体的种类，发展为轮藻门、双星藻门和鞘毛藻门，此 3 类共称为轮藻类（charophytes），再发展为陆生植物（land plant）。分子演化的研究扩大了绿藻演化关系的范围。并确认绿藻起源于原始绿色鞭毛生物，经轮藻演化分支，发展为高等植物，是植物界系统演化中的主干。

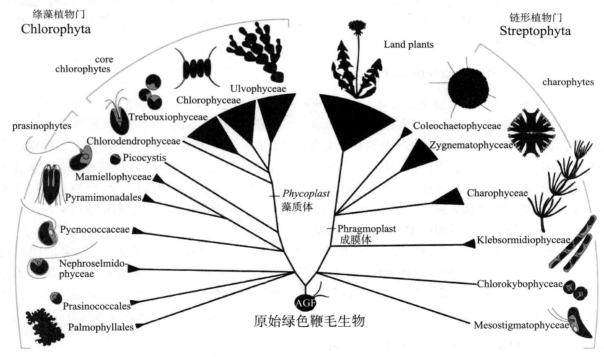

图 2 – 319　绿藻分子演化系统（自 Leliaert et al.，重编）

此演化系统说明如下：

1. 链形藻门（Streptophyta）

本门包括陆生植物（land plant）和轮藻类（charophytes）。

（1）陆生植物（land plant）

（2）轮藻类（Charophytes）包括 6 类：

①中眼藻纲（Mesostigmatophyceae）、②绿头藻纲（Chlorokybophyceae）、③克里藻纲（Klebsormidiophyceae）、④轮藻纲（Charophyceae）、⑤双星藻纲（Zygnematophyceae）和⑥鞘毛藻纲（Coleochaetophyceae）。

2. 绿藻门（Chlorophyta）

本门包括真绿藻类（prasinophytes）和核心绿藻类（chlorophytes core）。

（1）真绿藻类（prasinophytes）包括 8 类：

①掌叶藻目（Palmophyllales）、②深绿球藻目（Prasinococcales）、③肾藻纲（Nephroselmidophyceae）、④密球藻科（Pycnococcaceae）、⑤塔胞藻目（Pyramimonadales）、⑥细乳头藻纲（Mamiellophyceae）、⑦黑囊藻属（Picocystis）和⑧绿枝藻纲（Chlorodendrophyceae）。

（2）核心绿藻类（chlorophytes core）包括 3 类：

①共球藻纲（Trebouxiophyceae）、②绿藻纲（Chlorophyceae）和③石莼纲（Ulvophyceae）。

第十五节　藻类植物的演化趋势

在地球生物史上，32 亿年前，首先有蓝藻作为最早的绿色植物出现，逐渐其他藻类相继发生。一直到 4 亿年前，藻类植物仍是地球上唯一的绿色植物，这是藻类的繁盛时期，被称为地史上的藻类时代。在当时的原始海洋中，到处生活着五彩缤纷的各种藻类。而后，地球表面沉积陆地，藻类的生活环境改变，部分藻类因不能适应而淘汰，部分藻类随环境的改变，经几十亿年的演化，生活到今日，成为现代的藻类。通过对各门藻类的研究，不难发觉，为适应环境的变化和历史的发展，包括藻类在内的植物界，都是按照一定的规律，如由单细胞到多细胞，由简单到复杂，由低级到高级、由水生到陆生等路线在演化着。

一、细胞的演化（evolution of cell）

地球上最早出现的蓝藻是原核藻类（procaryotic algae），14 亿～15 亿年后有了真核藻类（eukaryotic algae）。原核藻类的细胞结构比真核藻类简单，无核膜和核仁，只有由 DNA 微纤维组成的中心质，位于细胞中央，使人们设想细胞核的演化是从原核到真核。近年对甲藻细胞核的研究，发现甲藻在细胞分裂时，核膜和核仁不消失，其染色体中仅有少量核组蛋白，此结构虽比原核复杂，但比真核简单，称此种细胞核为间核或中核（mesocaryon），因而人们又认为细胞的演化是由原核，中核到真核。细胞内的细胞器是从无到有，原核细胞不具色素体、线粒体等细胞器，细胞器可能由原始细胞吞噬了原核细胞，营共生生活而产生，成为真核细胞。

藻类的细胞随着不断复杂化，由不分化到分化，成为具有各种功能的细胞，如绿藻的团藻目（Volvocales）中的衣藻（Chlamydomonas）仅 1 个细胞，兼有营养和生殖的 2 种功能。而发展到团藻（Volvox），由上万个细胞组成，大多数仅有营养功能，少数行生殖功能。很多结构复杂的藻类，其藻体内分化为各种组织，如褐藻的海带（Laminaria）细胞分化为表皮，皮层和髓，分别负担不同功能。

二、藻体的演化（evolution of algal form）

藻类植物中最原始简单的藻体是具鞭毛的单细胞，在裸藻、绿藻和金藻中都有这样原始类型的单细胞藻体，它们从单细胞发展到多细胞藻体，如团藻目中各藻类演化趋向是最典型的例子，衣藻（Chlamydomonas）是单细胞，具鞭毛能游动的类型，演化到盘藻（Gonium）、实球藻（Pandorina）到团藻（Volvox），逐渐成为具鞭毛能游动的群体和多细胞藻体。

单细胞具鞭毛能游动的类型，还可向失去鞭毛向不能自由游动的方向发展，在这条演化趋向中，从团藻目的衣藻具鞭毛能游动的类型，通过四孢藻目（Tetrasporales）的四孢藻（*Tetraspora*）集成胶群体，营养细胞不具鞭毛，具生长性的细胞分裂；演化到绿球藻目（Chlorococcales）的绿球藻（*Chlorococcum*）单细胞和群体，营养细胞不具鞭毛，不行细胞分裂，形成孢子。藻体具有鞭毛到失去鞭毛也说明它们从水生到陆生的演化过程。

单细胞不能游动的类型又能发展为多细胞的丝状体，固着生长，其营养时期，细胞不能游动，生殖时期能产生游动孢子。丝状体又从不分枝到分枝，在这条演化趋向中，从四孢藻目（Tetrasporales）到不分枝丝状体的丝藻目（Ulotrichales）［如丝藻（*Ulothrix*）］到分枝丝状体的刚毛藻目（Cladophorales）［如刚毛藻（*Cladophora*）等］，而且多数营固着生活。进一步演化为异丝体类型，到胶毛藻目（Chaetophorales）如毛枝藻属（*Stigeoclonium*）和费氏藻（*Fritschiella*）具有直立和匍匐2部分，更接近高等植物。

综上所述，藻体是按照由单细胞体向群体和多细胞体、由简单到复杂、由自由游动到不游动（水生到陆生）、由不固着到固着生活的规律发展。

三、繁殖的演化（evolution of reproduction）

藻类延续后代是沿着营养繁殖（vegetative reproduction）、无性生殖（asexual reproduction）到有性生殖（sexual reproduction）的路线演化的。蓝藻、裸藻和部分其他单细胞藻类仅有营养繁殖，没有无性生殖和有性生殖，这是原始的类型。多数真核藻类产生无性生殖和有性生殖，无性生殖产生孢子（spore），有性生殖产生配子（gamete），它们都是单相的，如衣藻产生的孢子和配子，其形状和结构相同，只是产生配子的数目较多，体积较小，如果环境条件适宜，配子不经结合，仍可直接萌发为新个体，配子可充当孢子。由此可说明有性生殖是无性生殖发展来，因适应环境变化而产生的。

有性生殖又是沿着同配（isogamy）、异配（heterogamy）和卵配（oogamy）的方向演化。异配和卵配的优点是它们的雌配子（female gamete）或卵（egg）从母体带来更多的营养物质，可保存在合子中，供萌发时所用。卵配生殖是植物界有性生殖中最进化的类型，卵不但贮有大量丰富的营养，而且固定不动，等待受精，这样，受精的概率比同配和异配大大提高；另一方面，卵配生殖产生游动精子（spermatozoid）的数目相应大大增加，在受精过程中能"选优"受精，使受精的合子具有更强的生命力，对其后代的生长有利。

四、生活史的演化（evolution of life cycle）

藻类中只有营养繁殖的如蓝藻和裸藻，只有无性生殖的如小球藻（*Chlorella*）和栅列藻（*Scenedesmus*），在它们的生活史中因没有有性生殖，也就不发生减数分裂和核相的变化，这是最简单的生活史类型。有性生殖出现后，生活史中必然发生减数分裂，形成单相核和双相核交替的现象。减数分裂发生的时间不一，可分为3种类型。

1. 合子减数分裂（zygotic meiosis）

减数分裂在合子萌发时发生，这种生活史中，只有一种植物体，是单倍体，合子是生活史中唯一的双倍体，如衣藻（*Chlamydomonas*）、丝藻（*Ulothrix*）、水绵（*Spirogyra*）、轮藻（*Chara*）和无隔藻（*Vaucheria*）等（图2-320A）。

2. 配子减数分裂（gametic meiois）

减数分裂在形成配子时发生，这种生活史中，也只有一种植物体，而是双倍体，配子是生活史中唯一的单倍体，如硅藻和鹿角菜（图2-320B）。

3. 孢子减数分裂（sporic meiosis）

减数分裂在形成孢子时发生，这种生活史中，有2种植物体，即双相孢子体和单相配子体，出现这2种植物体的交替现象（图2-320C），这是3种生活史类型中最进化的一类型。

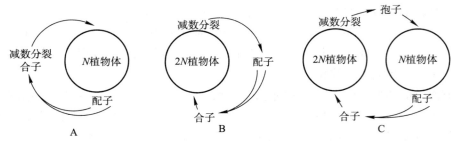

图 2-320　藻类减数分裂的时间（自 Trainor，重编）

A 合子减数分裂；B 配子减数分裂；C 孢子减数分裂

孢子减数分裂的生活史有 2 种类型。

（1）同型世代交替（isomorphic alternation of generation）　孢子体与配子体的形态构造相同，称为同型世代交替，如石莼（*Ulva*）、水云（*Ectocarpus*）等（图 2-321A）。这是其中较低等的生活史类型。

（2）异型世代交替（heteromorphic alternation of generation）　由同型世代交替发展，到孢子体与配子体的形态构造不相同的异型世世代交替。异型世代交替中又有 2 种类型：

① 配子体占优势（图 2-321B），如绿藻石莼目中的礁膜（*Monostroma*）配子体膜状，肉眼可见，孢子体小，仅比合子体增大数倍，在贝壳内生长。

② 孢子体占优势（图 2-321C），如海带（*Laminaria*）孢子体大型片状，配子体丝状。

异型世代交替中，孢子体占优势的类型是进化发展中的主要方向，植物界高等植物的生活史以孢子体占优势，作为系统发育的主干。在植物界生活史的演化，从配子体占优势的苔藓植物发展到孢子体占优势的蕨类植物，到配子体逐渐退化，直至寄生在孢子体上的种子植物。

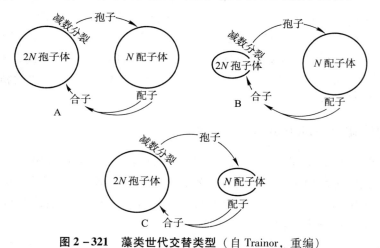

图 2-321　藻类世代交替类型（自 Trainor，重编）

A 同型世代交替；B 配子体占优势的异型世代交替；C 孢子体占优势的异型世代交替

藻类各门植物根据内共生学说，认为最原始的细胞是仅具有光合片层（类囊体）的原始细胞，含叶绿素 a，它向 3 条路线发展（图 2-322）。

（1）第一条是叶绿素 a 和藻胆素（藻红素和藻蓝素）路线，在这路线上，原含叶绿素 a 的基础上，补充藻胆素，形成原核藻类即蓝藻。有可能产生叶绿素 b，形成原绿藻。进一步被无色细胞吞噬，成为其内共生的色素体，形成具有真核藻类即红藻和隐藻。

（2）第二条是叶绿素 a 和 b 路线，在这路线上，原含叶绿素 a 的基础上，补充叶绿素 b，又被无色细胞吞噬，成为其内共生的色素体，形成具有真核的绿色藻类，即裸藻和绿藻。另外，无色细胞吞噬蓝藻，成为其内共生的色素体，保持共生关系，但只有叶绿素 a，形成灰色藻。叶绿素 a 和 b 路线上，发展水平最高的是绿藻，由绿藻发展为高等植物。

（3）第三条是叶绿素 a 和 c 路线，在这路线上，原含叶绿素 a 的基础上，补充叶绿素 c，分别被 3 类无色细胞吞噬，成为其内共生的色素体，又成具有真核的 3 条演化分支。

① 第 1 分支的主枝是祸藻，又产生 3 条分支：金藻、硅藻和黄藻，Moestrup（2006）称此 4 类藻类为黄色藻类（stramenopiles），为同一起源。

② 第 2 分支产生甲藻。

③ 第 3 分支产生定鞭藻。

在叶绿素 a 和 c 路线上，进化水平最高的是祸藻。

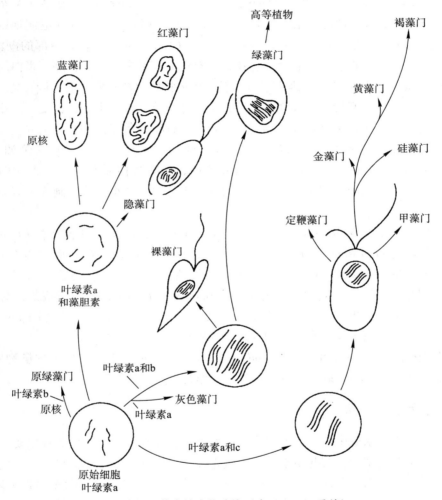

图 2 - 322　藻类的演化路线（自 Trianor，重编）

第十六节　藻类植物的经济价值

　　我国土地辽阔，湖泊江河众多，海岸线长。在广大的水域宝库中，蕴藏着无穷的财富，其中水产品如鱼、虾、蟹、螺、贝等是最引人关注的。此类水产品都是水生动物，所有的动物在自然界是能量的消费者，它们本身不能制造能量，必须依靠吞吃食物来生活生长，建造身体，繁殖后代。陆地草食动物的食物是牧草和饲料，水生动物最终的食物是水生植物，因此就有俗语"大鱼吃小鱼，小鱼吃螺丝，螺丝吃烂泥"，所谓"烂泥"主要是水域中植物即藻类。因为只有包括藻类在内的植物具有叶绿素，能行光合作用，把无机物变为有机物，生产能量，作为自然界能量的生产者，供给动物以至人类消费。藻类最大的经济意义也就在此，它的作用甚至超过高等植物。有人推算，每年藻类可固定 2×10^{11} t 的碳，此数量等于高等植物的 5 倍。同时空气中含氧气主要是靠藻类和高等植物在光合作用中产生，供动物和人类呼吸。藻类在各方面与人类有直接和间接的关系，在经济发展中起着重要的作用。

一、食用藻类

藻类是我国民间极为普通的副食品，最著名的是海带和紫菜，深为人们所喜爱，在各种藻类中还有大量藻类都可食用。蓝藻中的葛仙米又叫做地木耳（*Nostoc commune*），发菜（*N. flagelliforme*）和海雹菜（*Brachytrichia quoyi*）都可食用。发菜是我国外贸中的畅销品，主要向港澳地区出口，据说因其名的谐音近似"发财"，受人欢迎。蓝藻中的螺旋藻（*Spirulina*）在非洲中部的湖泊中大量生长，当地人民收集晒干，作为糕点食用。它生长迅速，含有优质高蛋白的天然食品，蛋白质含量相当于坚果和大豆，可达干重的 50% ~70%，维生素 B，不饱和脂肪酸和 β 胡萝卜素含量极高。因此对螺旋藻培养受到各国重视，我国已开设多家大规模工厂，生产螺旋藻，投入市场，深受人们欢迎。

绿藻中的石莼又叫做海白菜（*Ulva*）、浒苔（*Enteromorpha*）等是广为食用的藻类。溪菜（*Prasiola*）、刚毛藻（*Cladophora*）和水绵（*Spirogyra*）有些地区也被食用。单细胞绿藻如小球藻（*Chlorella*）和栅藻（*Scenedesmus*）等，具有极高的营养价值、含有蛋白质 50%，脂肪 20%，糖类 20%，富有氨基酸和维生素。我国台湾和山东等地开设大规模工厂，生产小球藻，制成小球藻粉，作为营养补品。

褐藻和红藻中除海带（*Laminaria*）和紫菜（*Porphyra*）外，褐藻中的裙带菜（*Undaria*）、鹿角菜（*Pelvetia*）、羊栖菜（*Sargassum fusiforme*）等都可食用。红藻中的石花菜（*Gelidium*）、海索面（*Nemalion*）、海萝（*Gloiopeltis*）、江篱（*Gracilaria*）等，都是沿海居民普遍食用的海产蔬菜。海藻含有许多盐类，特别是碘，海带中碘的含量为干重的 0.08% ~0.76%，用它当蔬菜，对预防和治疗甲状腺肿，特别有效。海菜是极重要的维生素来源，紫菜中维生素 C 的含量约达同重量的橙橘类的一半。因此建议在人类的食物中应注意经常加入藻类为副食。

最近研究发现硅藻中三角褐指藻（*Phaeodactylum tricornutum*）能产生高生物量物质，经培养后，提取多不饱和脂肪酸（*polyunsaturated fatty acid*），可作为人类食物补充剂。

二、藻类与渔业的关系

水产动物的生产中，水域中植物性养料供给的程度为重要指标，植物性养料主要是浮游藻类，因此藻类与渔业的关系非常密切。有些淡水鱼如白鲢直接以浮游藻类为主要食料，有些鱼如花鲢既吃浮游藻类，又吃浮游动物，而浮游动物还是要吃浮游藻类为生，归根到底浮游藻类是水域中基本食料，因而水产动物的生产发展，是靠它们的食物即藻类来决定，在鱼塘养鱼。必须促进藻类大量生长，增加鱼类的基本食料，才能提高鱼类的产量。例如在印度海岸，当大洋脆杆藻（*Fragilaria oceanica*）大量繁殖时，表明沙丁鱼（*Sardinella*）将会丰产。所以凡水生动物如鱼、虾、蟹、螺、贝类等的生长，离不开这样的食物链范围。

有些藻类在一定条件下，成为渔业的危害，使鱼类患病，如直链藻（*Melosira*）附生在幼鱼的鳃上，使之死亡；颤藻（*Oscillatoria*）等蓝藻在鱼池中生长，使鱼肉带有难吃的土腥味；绿球藻（*Chlorococcum*）附生在鲤鱼的皮肤和鳃上，引起化脓致死；刚毛藻（*Cladophora*）等丝状藻类在鱼的孵化池中大量生长，小鱼常被留挂在藻丝上而死亡，同时藻丝又影响了浮游藻类的繁殖。

在淡水池塘中，夏季由于某些藻类大量的生长和繁殖，形成密集的絮状物，漂浮水面，呈现各种颜色，这种现象叫做水华（water bloom）。如蓝藻中的微囊藻（*Microcystis*）、鱼腥藻（*Anabaena*）、束丝藻（*Aphanizomenon*）等形成淡蓝绿色水华，产生毒素，对鱼类危害极大。水华中的微囊藻产生一种毒素肝毒素，危害肝脏；束丝藻产生毒素，是一种神经毒物，致毒于中枢神经系统。当藻体腐烂分解后，水中氧气下降，影响鱼类生活，家禽和家畜饮用此水后也会中毒致死。

海洋中生长的一些多甲藻（*Peridinium*）、裸甲藻（*Gymnodinium*）等在环境适宜时，大量繁殖，使海水变为红色，叫做赤潮（red tide）。赤潮中的甲藻产生毒素，是一种神经毒物，杀死海洋中的鱼、虾，蟹等水生动物。

三、藻类在农业上的应用

淡水藻类大批死亡后，沉入水底，形成有机淤泥，可当肥料。长期来，沿海农民在低潮时，将海藻收集起来，作为农田肥料。近年来用海藻制成可溶性肥料和粉末饲料，都已广泛应用。

藻类的生长与水稻的收成有相当的联系，农民在秋冬季节，观察水田中藻类繁茂与否，来估计明年水稻的产量。经过长期研究，发现蓝藻中约有120种藻类具有固氮作用，它们能将空气中游离的氮固定下来，成为含氮的化合物，分泌到体外，作为水稻的生物氮肥，提高水稻的产量。试验证明：在水田中接种固氮蓝藻，使水稻平均增产15%～30%。施用固氮蓝藻的工作曾在我国南方地区开展。

固氮蓝藻既有固氮作用，又能在生长过程中分泌促进农作物生长的活性物质，简称促长物质，从固氮蓝藻中提取促长物质，用作小麦浸种和叶期喷雾，促进种子萌发，提高成穗率。试验证明，增产幅度达10%以上。

四、藻类在工业上的应用

藻类可用来提取工业原料。从褐藻中得到的主要是藻胶酸，可制造人造纤维，也可作为染料、皮革和布匹的光泽剂，食品工业的稳定剂。从红藻中提取的琼胶和卡拉胶，用于纺织工业的浆料，造纸工业的黏胶剂，食品工业中饮料的澄清剂。海藻中还可获得碘和钾的化合物，作药用和肥料。硅藻大量死亡之后，细胞内的有机物质分解，硅藻细胞壁保存下来，沉到水底，长期堆积而成硅藻土。硅藻土疏松而多孔，是良好的吸附剂和过滤剂，用于火药生产和制糖工业，又因它多孔而不传热，可作高炉、热道管等场所的耐高温的隔离物质，还可作金属、木材等的磨光剂。

近年发现绿藻中的丛粒藻（*Botryococcus braunii*）培养后，能产生大量脂类（lipid），可供工业上作为滑润剂和表面活性剂。

五、藻类在医药上的应用

海带含有丰富的碘，从海带或其他褐藻中提取碘，可用作预防和治疗甲状腺肿的药物；提取藻胶酸在牙科医学上作牙模型材料。红藻中提取的琼胶是医药或生物学研究方面最佳的培养基材料，也可作为通便的轻泻剂。红藻中的海人草（*Digenea simplex*）和鹧鸪菜（*Caloglossa leprieurii*）都有驱除蛔虫的作用。红藻中的红球藻（*Haematococcus lacustris*）大量培养，产生虾青素（astaxanthin）是目前为止自然界发现的最强抗氧化素，能很好地清除自由基，防治和治疗糖尿病，高血压、胃溃疡和血脂异常等病都有明显效果，我国已有工厂大规模生产。

六、藻类与环境保护的关系

由于工业的发展，城市人口增多，使许多河流湖泊受到污染。藻类对消除污染，并在表明污染的程度上，具有重要的意义。藻类在光合作用过程中，吸收污水中的无机物，放出氧气，同时又促进好氧细菌的活动，加速污水中有机物分解为无机物，完成污水的净化作用。有些藻类有吸收和积累有害元素的能力，如四尾栅藻（*Scenedesmus quadricauda*）积累的有害元素铈（Ce）和钇（Y）比外界环境高20 000倍。有些有害的元素可通过藻体内的解毒作用和生理过程，逐步降解和消除。

藻类与其生活的水域是相适应的，水质污染必然导致藻类种类的改变。将水质污染程度分为若干等级，如多污带、中污带和寡污带，藻类在每等级内生活着不同的种类，因此藻类的存在是水质污染的指示植物。如卵形异鞭藻（*Anisonema ovale*）、绿色颤藻（*Oscillatoria chlorina*）、绿裸藻（*Euglena viridis*）都是多污染带指示植物；花胞藻（*Anthrophysa vegetans*）是中污带指示植物；寡污带水体的有机物被分解，水变为清洁，富于氧气，某些藻类种类增多，如窗格平板藻（*Tabellaria fenestrata*），等片藻（*Diatoma vulgare*）和淡水红藻都是寡污带指示植物。故而利用各种藻类在不同的污染带生活，来评价和监测水的质量，是研究环境保护的重要手段。

七、藻类与探矿上的应用

古藻类的化石与矿产的形成有一定关系，据报道甲藻是古代生油地层中的主要化石，世界各国的石油勘探中，常把甲藻化石当做主要依据。许多矿产是古代的藻类形成的，在探矿工作中，藻类化石具有一定的指示作用，例如在我国一个油田里发现了大量的盘星藻（*Pediastrum*）化石，对于陆相形成油田提供了生物成因的基础理论。

据报道日本利用温泉内的蓝藻作为电源发电，获得成功，这是对藻类利用的重要研究成果。我们应该对曾经不太受重视的藻类，进行广泛深入的研究，扩展它们利用价值，为人类生活服务。

藻类植物参考文献

包文美．哈尔滨郊区硅藻．中国藻类学术讨论会，1985

包文美，陈发生．植物学 第二分册 第二篇 植物系统．哈尔滨：哈尔滨师范大学，1986

包文美，孙宏，吴晓珍．共生小球藻的分离培养和特性及其对宿主袋形草履虫生长的影响．西南师范大学学报，1987，（2）：45 – 48

包文美，王全喜，傅承新．哈尔滨的无隔藻属．哈尔滨师范大学（自然科学版），1983，（1）：76 – 84

包文美，王全喜，施心路．松花江高楞——依兰江段浮游藻类调查．哈尔滨师范大学自然科学学报，1989，5（1）：75 – 93

曹建国，祖国辉，王全喜，等．两种胶毛藻科植物的培养研究成果．西北植物学报，2008，28（11）：2217 – 2225

冈村金太郎．日本海藻志．内田老鹤圃，1936

郭玉洁．中国海藻志（第五卷）硅藻门第一册：中心纲．北京：科学出版社，2003

华东师范大学、东北师范大学．植物学（下册）．北京：高等教育出版社，1982

冯佳．中国淡水金藻门植物的分类研究．博士论文，2008

马家海，梁泽锋，谢恩义．宽礁膜孢子体阶段的研究，水产学报，2007（5）：682 – 686

孙世琴．囊裸藻和陀裸藻属囊壳微细结构与系统分类关系及其培养观察．硕士论文，1996

胡鸿钧，李尧英，等．中国淡水藻类．上海：上海科学技术出版社，1979

胡鸿钧，魏印心．中国淡水藻类——系统、分类及生态．北京：科学出版社，2006

小久保清治．浮游矽藻类．华汝成，译．上海：上海科学技术出版社，1960

谢树莲．中国串珠藻目的研究．博士论文，2001

严楚江．孢子植物形态学．北京：高等教育出版社，1959

臧穆，黎兴江．凌元洁．中国隐花（孢子）植物科属词典．北京：高等教育出版社，2011

曾呈奎，等．中国经济海藻志．北京：科学出版社，1962

曾呈奎，毕列爵．藻类名词及名称．北京：科学出版社，2005

张景钺，梁家骥．植物系统学．北京：高等教育出版社，1965

郑柏林，王筱庆．海藻学．北京：农业出版社，1961

周伟，等．紫菜丝状体阶段和分裂特征观察．海洋水产研究，2008，29（1）：51 – 56

徐姗楠，马家海，何培民．紫菜的减数分裂，海洋科学，2007，31（7）：76 – 80

祖国辉，包文美，王全喜，等．三种毛枝藻的培养研究及其异丝性特征．植物分类学报．2006，44（6）：654－669

Bao Wen-mei（包文美），Wang Quan-xi（王全喜），Reimer C W. Diatoms from Changbaishan mountain area. Bulletin of Botanical Research, 1992, 12（4）：125－143

Barsanti L, Gualtieri P. Algae. London：CRC Taylor & Francis, 2006

Bell P R, Hemsley A R. Green plants. Cambridge：Cambridge University Press, 2000

Bold H C, M J Wynne. Introduction to Algae. Englewood Cliffs：Prentice-Hall, Inc. , 1985

Bold H C, Alesopoulos C J, Delevoryas T. Morphology of plants and fungi. 5th ed. New York：Harper & Row Publishers, 1987

Brown W H. The Plant Kingdom. The Athenaeum Press, 1935

Coulter J M, Barnes C R, Cowles H C. A Textbook of Botany. Vol. 1. New York：Morphology American Book Company, 1910

Darden W H. Sexual differentiation in Volvox aureus. J. Protozoo. , 1966, 13（2）：239－255

Dutta A C. Botany for degree students. 5th ed. Oxford：Oxford University Press, 1979

Farmer J N. The Protozoa. Introduction to1 Protozoology. New York：The C. V. Mosby Company, 1980

Florenzano G et al. Nomenclature of *Prochloron didemni*（Lewin 1977）sp. nov. nom. rev. , *Prochloron*（Lewin 1976）gen. nov. nom. rev. , Prochloraceae fam. nov. Prochlorales ord. nov. nom. rev. in the class Photobacteria Gibbons and Murray 1978. International Journal of Systematic Bacteriology. 1986, 36（2）：351－353

Fott B . Algenkunde . New York：VEB Gustav Fischer Verlag, 1971

Fritsch F E. The Structure and Reproduction of the Algae Vol. 1 & 2. 3rd ed. Cambridge：Cambridge University Press, 1956

Grell K G. Protozoology. New York：Spring-Verlag, 1973

Graham E, Graham M, Wilcox W. Alage. 2nd ed. New York：Benjamin Cummings, 2005

Haupt A W. Plant Morphology. New York：McGraw-Hill Book company, Inc. , 1953

Hallmann A. Morphogenesis in the Family Volvocaceae：Different tactics for turning an embryo right-side out Protisi, 2006, 157：445－461

Hausmann K & Hulsmann N. Protozoology. 2nd ed. London：Georg Thieme Verlag, 1996

Lee R E. Phycology. Cambridge：Cambridge University Press, 1980

Leliabert F, Smith D R. Phylogeny and molecular evolution of the green algae. Critical Reviews in plant science, 2012, 31：1－46

Lewin R A. *Prochloron* type genus of the Prochlorophyta. Phycologia, 1977, 1：217

Lewin R A. *Prochloron*. A status report Phycologia, 1984, 23（2）：203－208

Moestrup O. Algae：Phylogeny and evolution. New York：John Wiley & sons, Ltd. , 2006

Pandey D C. A Text Book on Algae. New York：Kitab Mahal, 1979

Pritchard H N, Bradt P T. Biology of nonvascular plants. New York：Times Miror /Mosby College Publishing, 1984

Sinnott E W, Wilson K S. Botany. 6th ed. New York：McGraw-Hill Book company Inc. , 1963

Smith G M. The Fresh-water Algae of the United States. 2nd ed. New York：Mcgraw-Hill Book Company Inc. , 1950

Smith G M. Cryptogamic Botany. Vol. 1. Algae and Fungi 2nd ed. New York：Mcgraw-hill Book Company Inc. , 1955

von Denffer D, Schumacher W, Magdefrau K, Ehrendorfer F. Strasburger's Textbook of Botany. 30th edition. Translated by Bell P R, Coombe D E. London：Longman Group Limited, 1976

Taylor W R. Marine algae of the northeastern coast of North America. 2nd ed. Michigan：The University of Michigan Press, 1957

Trainor F R. Introductory Phycology. New York：John Wiley & Sons Inc. , 1978

von Stosch H A, Gisei A Theii. A new mode of life history in the freshwater red algal genus *Batrachospermum*. Amer. J. Bot, 1979, 66（1）：105－107

第三章 ⟋ 苔藓植物（Bryophyta）

第一节 苔藓植物的一般特征

苔藓植物（Bryophyta）是一类小型的高等植物。多适于生长在阴湿的环境中，在潮湿的石面、土表或树干上，常成片生长。少数种类着生常绿革质植物的叶片，或淡水中生长。最大的种类有数十厘米，小的肉眼几乎不能辨认，体长不达数毫米。它与蕨类植物（Pteridophyta）和种子植物（Spermatophyta）一样，都具有明显的世代交替（alternation of generations）现象，与蕨类植物不同的是苔藓植物的配子体（gametophyte）发达，孢子体（sporophyte）只寄生在配子体上，不能独立生活（图3-1）。蕨类植物的孢子体发达，但孢子体和配子体都能独立生活。苔藓植物的此特点与种子植物正相反，种子植物孢子体发达，配子体不能独立生活，寄生在孢子体上。植物界演化是沿着以孢子体发达为主干而发展的，故苔藓植物是植物界系统演化中的一个侧枝或盲枝。

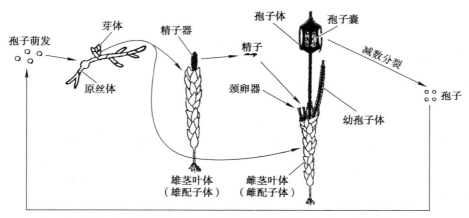

图3-1 苔藓植物世代交替示意图（自 Strasburger，重编）

习见的苔藓植物的营养体就是它的配子体，配子体有的是没有茎叶分化的叶状体（thallus）如苔类植物的一些种类（图3-2），有的是有茎叶分化的茎叶体（leafy gametophyte），但茎叶体有的匍匐生长（prostrate growing），如苔类植物的多数种类（图3-3），也有直立生长的（erect growing），如藓类植物

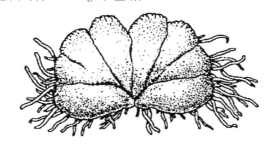

图3-2 浮苔（*Ricciocccarpis natans*）配子体（自 Haupt）

的部分种类（图3-4）。

苔藓植物都无真根，只有假根（rhizoid）（图3-4），假根由单细胞或由单列细胞组成，主要是起固着作用，其次兼有吸收作用。体内没有真的输导组织即维管束构造，因此输导作用不强。茎叶体的茎内组织略有分化，出现表皮、皮层和中轴，中轴由厚壁或薄壁细胞构成，担负机械支持和输导作用。叶多数是由一层细胞构成，既能进行光合作用，又能直接吸收水分和养料。大多数藓类的叶片具中肋（midrib），由一群狭长的或壁加厚的细胞构成，具机械支持作用。

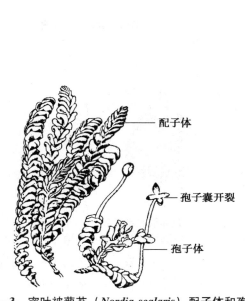

图3-3 密叶被蒴苔（*Nordia scalaris*）配子体和孢子体
（自 Bold *et al.*，重编）

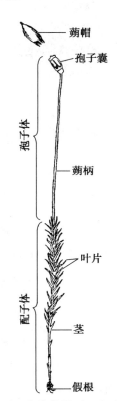

图3-4 金发藓属（*Polytrichum*）
配子体和孢子体（自 Smith，重编）

配子体（gametophyte），苔藓植物的配子体都是单相的（haploid，1N）植物体，有性生殖器官都是多细胞组成的。精子器（antheridium），外形多成棒状或球状，外壁由一层细胞构成，其顶端为盖细胞（cap cell），内有精原组织（spermatogenous tissue），基部具柄（图3-5）。精子器成熟后，顶端的盖细胞裂开，精子溢出，借助于水游向颈卵器，精子细长而卷曲，顶生2等长鞭毛。

颈卵器（archegonium），因苔藓植物具有颈卵器，也可称之颈卵器植物。颈卵器的外形如长颈烧瓶状，上部细长的部分称为颈部（neck），下部膨大的部分称为腹部（venter）（图3-6B）。颈卵器的外壁由一层细胞构成，腹部的壁称腹壁细胞，颈部的壁称颈壁细胞，顶端为盖细胞。颈壁内有一串细胞，称为颈沟细胞（neck canal cell），颈沟细胞解体形成一条长沟，称为颈沟（neck canal），腹部底部有一个大型的细胞，称为卵（egg），在卵与颈沟细胞之间有一个腹沟细胞（ventral canal cell）（图3-6A），腹沟细胞解体形成腹沟（ventral canal）。

由于卵的成熟，颈卵器顶端盖细胞裂开，颈沟和腹沟细胞解体，精子沿颈沟游至腹沟，与卵结合成为双相（diploid，2N）的合子（zygote）。虽苔藓植物已登上陆地，但受精作用必须在水中完成，它不能成为完善的陆生植物。合子不经休眠即在颈卵器内部分裂形成胚（embryo），胚发育为孢子体（图3-7）。苔藓植物具有胚，胚是植物界系统演化中的一个重要阶段，凡具有胚的植物都称为有胚植物（Embryophyta），又称为高等植物（higher plant）。

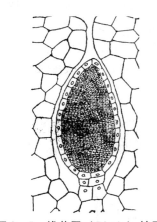

图3-5　钱苔属（*Riccia*）精子器
（自 Smith）

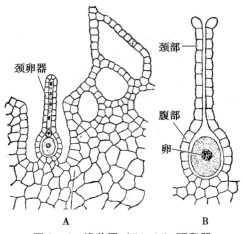

图3-6　钱苔属（*Riccia*）颈卵器
A 幼颈卵器；B 成熟的颈卵器（自 Smith，重编）

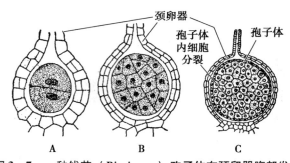

图3-7　一种钱苔（*Riccia* sp.）孢子体在颈卵器腹部发育
A 合子分裂为2个细胞；B 继续分裂为多个细胞的胚；C 幼孢子体（自 Smith，重编）

　　苔藓植物的胚在颈卵器内部发育为孢子体，孢子体通常分为三部分，上部为孢子囊（sporangium）又称为孢蒴（capsule），孢蒴下有柄，称为蒴柄（seta），蒴柄最下部有基足（foot），基足伸入配子体组织内吸收养料，以供孢子体生长，故孢子体能寄生于配子体上（图3-8A）。孢蒴内形成造孢组织（sporogenous tissue），造孢组织产生孢子母细胞（spore mother cell），每个孢子母细胞经过减数分裂，形成单相的孢子（spore），有的种类孢蒴内产生弹丝（elater），有助于孢子的散发（图3-8B）。

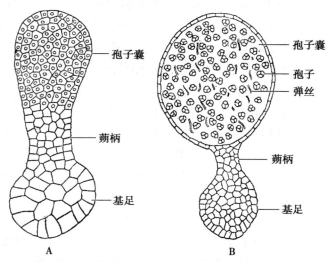

图3-8　皮叶苔（*Targionia hypophylla*）孢子体
A 幼孢子体；B 成熟的孢子体（自 Smith，重编）

孢子体（sporophyte）寄生于配子体，其蒴柄可伸长，高出体外，散发孢子，孢子细小，适于随风在空中散布，对陆生生活具有重要的适应意义。

孢子在适宜条件下萌发，成为丝状或片状的原丝体（protonema），如葫芦藓（*Funaria hygrometrica*）的原丝体为丝状，匍匐于基质的称为匍匐枝（prostrate branch），绿色，可分枝，伸入基质的为假根（rhizoid），无色，不分枝，固着于基质。在原丝体上产生芽体（bud），由芽体发育为植物体（图3-9）。有的种类原丝体不发达，有的发达。苔藓植物在个体发育中出现原丝体阶段，这是它在植物界唯一的特征，原丝体犹如藻类，因此有人认为这表明苔藓植物是由藻类演化而来。

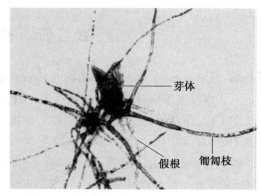

图3-9　葫芦藓（*Funaria hygrometrica*）原丝体和芽体（活体）（自包文美）

苔藓植物约有23 000种，遍于世界各地（吴鹏程），我国约有3 000种（中国苔藓志）。根据其营养体的形态结构，可分为3门（phyla）：苔门（Marchantiophyta）、角苔门（Anthocerotophyta）和藓门（Bryophyta）（Frey and Stech，2009）。本书以苔藓植物分为3纲（class）（胡人亮，1987）来介绍，它们的区别如下（图3-10）：

苔纲	角苔纲	藓纲
1. 原丝体不发达，每一原丝体发育成一个配子体	1. 同苔纲	1. 原丝体发达，每一原丝体发育成多个配子体
2. 顶端细胞有2~3个分裂面，因此植物体左右对称	2. 同苔纲	2. 顶端细胞有3~4分裂面，植物体通常为辐射对称
3. 植物体有茎叶型和叶状体型二种类型，若为茎叶型，叶无中肋	3. 植物体均为叶状体型	3. 植物体均为茎叶型，叶多有中肋(少数例外)
4. 细胞内叶绿体多数，无淀粉核。有油体	4. 细胞内叶绿体少数；通常1~8个，叶绿体内有淀粉核。无油体	4. 同苔纲，但无油体
5. 假根单细胞	5. 同苔纲	5. 假根为单列细胞
6. 精子器和颈卵器游离(少数例外)，颈卵器顶生或侧生	6. 精子器生于配子体表皮下的精子器腔中。颈卵器的颈部和腹部均与配子体组织结合，不游离	6. 精子器和颈卵器游离，颈卵器生于主茎或侧枝的顶端和侧面
7. 孢蒴在成熟前被颈卵器壁所包围，后来才破颈卵器而出，无蒴帽结构	7. 同苔纲	7. 孢蒴成熟前便将颈卵器撑破，分成两部分，上部发育成蒴帽，基部发育成基鞘
8. 蒴柄短小或细长柔弱，发育在孢蒴成熟之后，没有细胞分裂，只有细胞的伸长。孢子成熟早。蒴柄后伸长	8. 无蒴柄，但蒴基部有居间分生组织，在一定时间内孢蒴可增加长度。孢子逐渐成熟	8. 蒴柄一般发达，坚挺，发育在孢蒴成熟之前。孢子成熟较晚。蒴柄先伸长
9. 一般无蒴轴	9. 具蒴轴	9. 具蒴轴(少数例外)
10. 孢蒴成熟时纵裂或不规则裂开，无蒴盖、蒴齿、环带等构造	10. 孢蒴成熟时2瓣开裂，无蒴盖、蒴齿、环带的构造	10. 孢蒴成熟时盖裂，有蒴盖、环带、蒴齿的分化
11. 孢蒴内有不育性细胞发育成的弹丝	11. 孢蒴内具由不育性细胞发育的假弹丝	11. 无弹丝及假弹丝

图3-10　苔纲、角苔纲和藓纲的特征比较（自胡人亮，重编）

第二节 苔纲 (Hepaticae)

苔纲 (Hepaticae) 又称苔类植物 (1iverworts)，约有 9 000 种 (吴鹏程)，多生于阴湿的土地、岩石和树干上，亦可生于树叶或蕨类植物叶上，有的种类飘浮于水面，或完全沉于水中。习见的苔类植物体是它的配子体，有叶状体和茎叶体，但大多匍匐生长，有背腹之分，两侧对称 (symmetria bilateralis)。假根生于腹面，均为单细胞。茎叶体的苔类，则叶片多为一层细胞，无中肋。孢子体的构造比藓类植物简单，蒴柄柔弱不发达，孢蒴 (capsule) 内多无蒴轴，也无蒴齿。有的种类除产生孢子外，还产生单细胞，壁螺旋状加厚的弹丝 (elater)。孢子萌发时，原丝体不发达，每个原丝体只发育成一个植物体。

苔纲 (Hepaticae) 可分为 2 个亚纲：地钱亚纲 (Marchantiae) 和叶苔亚纲 (Jungermanniae)。地钱亚纲分为 3 个目，囊果苔目 (Sphaerocarpales)、单片苔目 (Monocleales) 和地钱目 (Marchantiales)。叶苔亚纲分为 4 个目，藻苔目 (Takakiales)、美苔目 (Calobryales)、叶苔目 (Jungermanniales) 和叉苔目 (Metzgeriales) (胡人亮，1987)。故苔纲总共有 7 个目，本书介绍其中 4 个目。

一、地钱亚纲 (Marchantiae)

植物体多为叶状体，匍匐生长，有背腹之分，背面常有气室和气孔，腹面常有鳞片 (scale) 和假根，假根常有平滑或疣壁两种。蒴柄短，蒴壁为单层细胞，孢蒴成熟后不规则开裂，或盖裂和瓣裂。常见的是地钱目 (Marchantiales)。

地钱目 (Marchantiales)

1. 一般特征

配子体为叶状体，二歧分枝 (dichotomous)，两侧对称。内部组织略有分化，分成表皮、同化组织和贮藏组织。有气孔 (air pore) 和气室 (air chamber)。叶状体腹面具有片状鳞片和管状假根。蒴壁为单层细胞，孢蒴规则或不规则开裂，孢子和弹丝多数。本目 8 科，15 属 (胡人亮，1987)，

2. 代表植物

地钱科 (Marchantiaceae) 地钱属 (*Marchantia*) 地钱 (*Marchantia polymorpha*) 是地钱目中常见的种，分布于我国南北各地，喜生于阴湿之处，常见于山坡、林缘、井边、墙隅等地。

(1) 配子体 (gametophyte)

成熟的配子体为绿色二歧分枝的叶状体，匍匐生长于地面，其前端凹入处为生长点，此处细胞能不断分裂，使植物体生长 (图 3 – 11A)。从外表可就见到它的上表皮有斜六角形网纹，网纹中央具有一个白点，该网纹是叶状体组织内的气室轮廓在上表面衬出形成，中央的白点是气孔 (图 3 – 12)。叶状体的下表皮有鳞片和假根 (图 3 – 13)，具有吸收养料、保持水分和固定植物体的功能。

A   B

图 3 – 11　地钱 (*Marchantia polymorpha*) (活体)
A 二歧分枝叶状体；B 叶状体上产生雌、雄生殖托 (自包文美，计晓春)

图3-12 地钱（*M. polymorpha*）（活体）叶状体
表面示气室和气孔（自包文美，计晓春）

图3-13 地钱（*M. polymorpha*）（活体）叶状体
腹面示假根（自包文美，计晓春）

从叶状体的纵切可见它是由多层细胞组成，由于细胞的分化，形成叶状体的各种组织。叶状体的最上层是表皮。表皮下有一层气室，气室内有绿色排列疏松的细胞是同化组织，室与室之间有单层细胞构成的壁，成为室的分界线。每室的顶部中央有一个气孔，孔的周围烟囱状，由4层细胞高，每层4个细胞所构成，气孔无闭合能力。同化组织下是多层细胞组成的贮藏组织，内含有淀粉或油滴。下表皮向下生多细胞紫褐色的鳞片和无色平滑的假根（图3-14）。

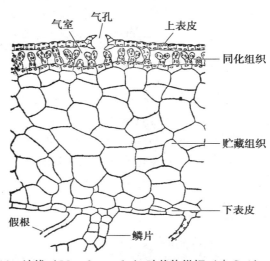

图3-14 地钱（*M. polymorpha*）叶状体纵切（自Smith，重编）

地钱是雌雄异株植物，有性生殖时，在雄株上产生雄生殖托（antheridiophore），雌株上产生雌生殖托（archegoniophore），常简称它们为雄托和雌托（图3-11B）。

雄托（antheridiophore）幼时蘑菇状，绿色，由直立的柄（stalk）和顶端的托盘（disk）组成，长成后柄长约3 cm，最大的托盘直径可达1.3 cm左右，边缘常波状浅裂为八瓣（图3-15）。柄内产生假根和鳞片延伸到托盘（图3-17）。衰老时边缘发白，雄托萎缩。

精子器（antheridium）生于雄托的托盘内，托盘有100~200个精子器腔，每腔内生1个精子器（图3-16），精子器腔顶端有孔（pore）与外界相通。精子器幼时长椭圆形，其壁由一层细胞构成，内有精原组织（spermatogenous tissue），下有一个短柄与生殖托组织相连（图3-17）。

图3-15 地钱（*M. polymorpha*）雄托
（活体）（自包文美，计晓春）

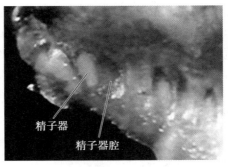

图3-16 地钱（*M. polymorpha*）雄托托盘（活体）纵切
（自包文美，曹建国）

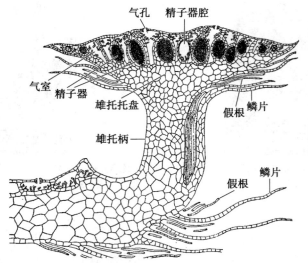

图 3 – 17　地钱（*M. polymorpha*）雄托托盘纵切（自 Smith，重编）

　　精子器幼时长椭圆形，白色，因其壁细胞含有叶绿体逐渐变为绿色（图 3 – 18A），成熟后叶绿体退化而呈红褐色。成熟的精子器卵状椭圆形（图 3 – 18B），精子器顶端的 2 个盖细胞（cap cell）裂开，精子（spermatozoid）由此裂口游出（图 3 – 18C），约 40 min，精子放完，精子器成为空壳，以水为媒介，精子游向雌托上的颈卵器，这一段路程至少有 4 ~ 5 cm，精子可能借助于雨水的水滴溅到雌托上，在水中游泳，进行受精。虽然精子的数目很多，但颈卵器是有限的，能达到受精的比例极小。

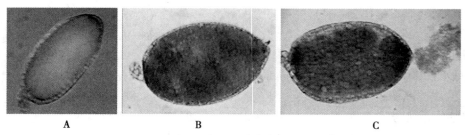

图 3 – 18　地钱（*M. polymorpha*）精子器（活体）
A 幼精子器；B 成熟精子器；C 精子器释放精子（自包文美，曹建国）

　　在已经成熟的雄托盘表面，我们若用微细管滴一滴清水，雄托内精子器盖细胞立即开裂（图 3 – 19），精子经精子器腔上的孔向外拥出，此时托盘表面出现乳白色胶状的精子悬浮液，取此溶液在显微镜下观察，可见到成千上万的游动精子。刚放出的精子圆圈状或环状，但瞬间即伸长为线形，十分活跃地游动于水中，精子细长，直径 7 ~ 8 μm，顶生 2 等长鞭毛（flagellum），精子伸长后长约 16 μm，宽 0. 8 μm，鞭毛长达 64 μm，鞭毛长度是精子的 4 倍（图 3 – 20）。

　　雌托（archegoniophore）幼时也呈蘑菇状，由直立的柄和顶端的托盘组成，托盘表面有气室和气孔（图 3 – 21）。颈卵器内的卵受精后，托盘边缘产生指状裂片，逐变为伞状，柄在受精后长达 4 cm，指状裂片长达 7 mm（图 3 – 23）。

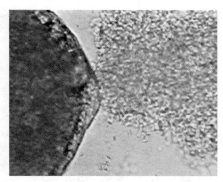

图 3 – 19 地钱（*M. polymorpha*）精子器释放的
精子开始游动（活体）（自包文美，曹建国）

图 3 – 20 地钱（*M. polymorpha*）精子（染色，
示 2 条等长的长鞭毛）（自包文美）

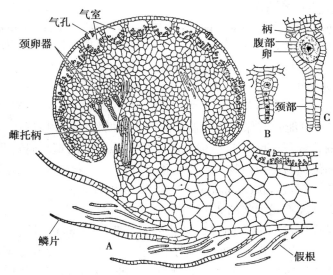

图 3 – 21 地钱（*M. polymorpha*）（自 Smith，重编）
A 成熟的雌托纵切；B 幼颈卵器；C 成熟的颈卵器

雌托幼时埋于叶状体组织内，托盘边缘起初仅裂为 8 瓣，此时颈卵器直立着生于托盘上表面（图 3 – 22A），卵受精后，雌托的柄向上伸长，托盘组织中央向上隆起，颈卵器随之由直立而下移（图 3 – 22B），变为倒挂，挂在雌托之下（图 3 – 22C），托盘边缘 8 瓣之间产生 9 条指状裂片，裂片下垂（图 3 – 22D，图 3 – 23）。但经作者研究和细致观察，未发现地钱颈卵器，幼时曾直立于雌托盘上表面，故此现象有待深入研究（曹建国等，2011，2012）。

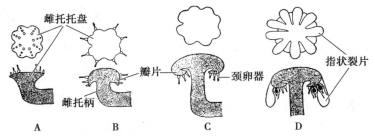

图 3 – 22 地钱（*M. polymorpha*）雌托的顶面观和纵切面观，示其发育过程
A 颈卵器直立着生于托盘上表面；B 托盘组织中央向上隆起，颈卵器随之由直立下移；
C 颈卵器下在雌托下表面；D 托盘边缘 8 瓣之间产生 9 条指状裂片（自 Smith，重编）

颈卵器（archegonium）瓶状，外层为壁，基部是柄，分为颈部和腹部，颈壁细胞内有 10 余个纵向排列的颈沟细胞，腹壁内有 1 个大型卵细胞，卵与颈沟细胞之间有 1 个腹沟细胞。成熟时颈、腹沟细胞消失，我们常见到的是成熟颈卵器（图 3-24）。

图 3-23　地钱（*M. polymorpha*）已产生孢子体的雌托（活体）（自包文美，计晓春）

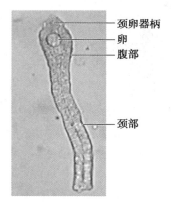

图 3-24　地钱（*M. polymorpha*）成熟倒挂的颈卵器（活体）（自包文美，曹建国）

（2）孢子体（sporophyte）

当颈卵器内的卵受精后，颈卵器基部产生无色丝状体，由简单变为复杂，枝端细胞微尖，应命名为隔丝（paraphysis），隔丝可能营有保护颈卵器和保持水分的作用。颈卵器的腹壁细胞也随之进行分裂，体积膨大加厚，包围着合子，因为此结构来源于颈卵器腹部的壁，且可借用蒴帽（calyptra）称之，但它的形状、大小和位置与藓类植物的蒴帽是不一样的。后来在每个蒴帽基部的周围又产生一层碗状的薄膜，称为假蒴萼或假被（pseudoperianth）或鞘（sheath）（图 3-25），包围在蒴帽之外。在托盘的裂片之间的颈卵器排成不规则状的 2~3 列，共有 20 余个，在每排颈卵器的两侧各产生一片似花边状、边缘深裂的薄膜称蒴苞（involucre），蒴苞的宽度为 2~3 mm，下垂的长度为 2~2.2 mm，也具有保护内部若干颈卵器的作用（图 3-26）。因此合子（zygote）的发育受到外围的蒴帽、假蒴萼和蒴苞 3 重组织的保护，这些组织均属配子体，但对孢子体的发育起重要的作用。

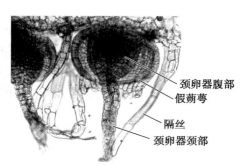

图 3-25　地钱（*M. polymorpha*）每个颈卵器外的 2 层组织（活体）（自包文美，曹建国）

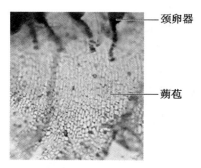

图 3-26　地钱（*M. polymorpha*）一排颈卵器外的蒴苞（活体）（自包文美，曹建国）

双相的合子在颈卵器内发育为胚（embryo），胚分为基足（foot）、蒴柄（stalk）和孢蒴（capsule）3 部分（图 3-27），由胚发育为孢子体时，蒴柄伸长，孢蒴内造孢组织（sporogenous tissue）产生孢子和弹丝（图 3-28）。

孢蒴（capsule）在颈卵器内由小变大，绿色变为黄色。假蒴萼随之体积增大，逐渐上升，延伸至顶端愈合，成为碗状，包围蒴帽和在它里面的孢子体（图 3-29A），顶端一直保留着愈合的痕迹（图 3-29B），假蒴萼还逐向上伸长为长囊状（图 3-29C，撕去部分长囊状的假蒴萼）。

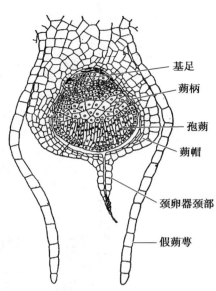

基足
蒴柄
孢蒴
蒴帽
颈卵器颈部
假蒴萼

图 3 - 27　地钱（*M. polymorpha*）的胚（自 Smith，重编）

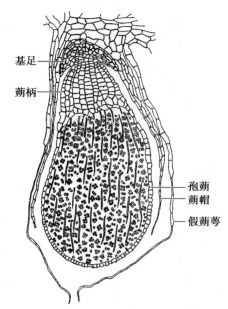

基足
蒴柄

孢蒴
蒴帽
假蒴萼

图 3 - 28　地钱（*M. polymorpha*）即将成熟的孢子体
（自 Smith，重编）

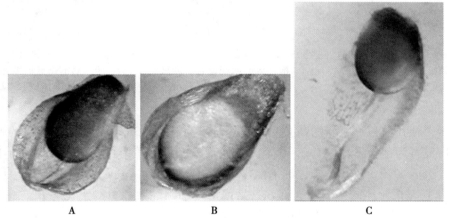

A　　　　　　　　　B　　　　　　　　　C

图 3 - 29　地钱（*M. polymorpha*）发育中的孢子体（活体）
A 假蒴萼包围幼孢子体和蒴帽；B 即将成熟的孢子体；C 撕去部分伸长的
假蒴萼示孢子体顶端的颈卵器颈部遗痕（自包文美，曹建国）

　　孢蒴成熟时，由绿色转为橘红色。在短时间内，蒴柄迅速伸长，撑破假蒴萼和蒴帽，将孢蒴托出于花边状的蒴苞之外（图 3 - 30A）。我们如将成熟尚未开裂的孢蒴，连其雌枝一同放在灯光下，提供干燥和高温条件，可促使孢蒴开裂，约两个多小时后，蒴柄快速伸长达 1.5 mm，将孢蒴托出于蒴帽、假蒴萼和蒴苞之外，顶端出现小裂口，数分钟后，裂口向四周扩大为齿状，孢蒴内的弹丝和孢子往外拥出，弹丝不断伸缩，将孢子弹向四方，孢蒴成为边缘外翻的钟状（图 3 - 30B）。如对弹丝吹气，它立即收缩，瞬时水气蒸发，又立即伸展。如将孢子体从雌托组织取出，可见蒴柄的基部有基足，顶端是孢蒴，中间是蒴柄（图 3 - 31）。

　　孢蒴开裂的原因是因其顶端有一堆薄壁细胞，而在它下面的细胞横壁都呈马蹄形加厚，因它们的薄壁朝外，厚壁朝内，纵壁不加厚，当失水干燥时，孢蒴顶端的薄壁细胞被撕裂而分离，造成小裂口，马蹄形加厚细胞的薄壁部分失水，向外翻卷（图 3 - 32），使孢蒴的壁裂为成 7 ~ 8 个齿状不规则的裂片，孢子散出。此时假蒴萼已经裂为 4 瓣，瓣长 0.5 ~ 1.2 mm。假蒴萼里面的蒴帽也裂成为 4 瓣，但瓣长仅假蒴萼的一半（图 3 - 33），其中一瓣裂片的顶端仍可见到颈卵器颈部的残留（图 3 - 34）。

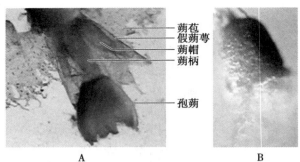

图 3 – 30　地钱（*M. polymorpha*）成熟的孢蒴（活体）
A 开裂；B 散发孢子（自包文美，曹建国）

图 3 – 31　地钱（*M. polymorpha*）
孢子体示其由 3 部分组成（活体）
（自包文美，曹建国）

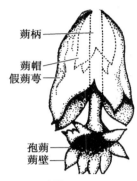
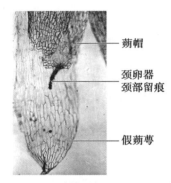

图 3 – 32　地钱（*M. polymorpha*）孢
蒴顶部以下的细胞结构（活体）
（自包文美，曹建国）

图 3 – 33　地钱（*M. polymorpha*）
孢子体的蒴柄伸长，冲破
假蒴萼和蒴帽
（自包文美）

图 3 – 34　地钱（*M. polymorpha*）
摘去后的部分假蒴萼和蒴帽示其
结构（活体）（自包文美，曹建国）

　　孢蒴成熟后，在托盘裂片之间的蒴苞呈白色绒毛状（图 3 – 35A），每对蒴苞内的颈卵器原有 20 余个，但受精后发育为孢子体，仅有 2～6 个，其他均未发育。整个托盘下发育为孢子体 10～20 个，倒挂在雌托的下表面（图 3 – 35B）。

　　孢子（spore）是配子体的第 1 个细胞，它是孢子母细胞经减数分裂产生，在适宜条件下萌发为雌性或雄性的原丝体，进一步发育为单相的雌性或雄性配子体。

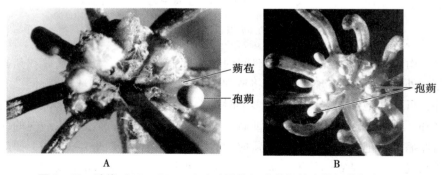

图 3 – 35　地钱（*M. polymorpha*）（活体）孢蒴倒挂在雌托的托盘之下
A 2 个孢蒴突出蒴苞外，其他在蒴苞内；B 多个孢蒴突出蒴苞外（自包文美）

　　孢子萌发（spore germination），孢子黄色，落入水中或适宜条件下，3、4 天即可萌发。首先孢子吸水膨胀，细胞内叶绿体发育，由黄色变为绿色。孢子外壁呈剥落状裂开，成为不规则碎片附于孢子内壁之外，不久脱落（图 3 – 36）。内壁向外产生突起，突起大都伸长为绿色细胞，在另一端产生假根，成为丝状体，就进入原丝体时期（图 3 – 37）。其发育可分为 2 个阶段，丝状体（filament）和片状体（sheet）。地钱原丝体不发达，每一原丝体只能产生一个植物体。

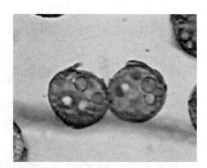

图3-36 地钱（*M. polymorpha*）孢子吸水膨胀
（活体）（自包文美，曹建国）

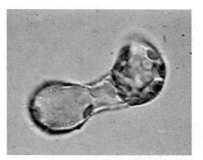

图3-37 地钱（*M. polymorpha*）孢子萌发为丝状体
（活体）（自包文美，曹建国）

　　丝状体（filament）：绿色细胞能分裂成为4~6个细胞长、单列或部分多列的丝状体，或分裂成为匍匐状不规则的球状体（图3-38），不论是丝状体或球状体，它们的细胞中必然产生一个顶端细胞，由它向左右两侧进行斜向分裂，成为片状体（图3-39）。

　　片状体（sheet）：片状体的顶端由丝状体的顶端细胞转为2~3个细胞的生长点。由它衍生的细胞又经分裂，则两侧细胞大量增加，使顶端下陷成为心形的幼叶状体（图3-40），该阶段发育的特点酷似多数薄囊蕨类配子体的前期发育，这是个体发育反映系统发育的极好例子。

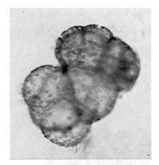

图3-38 地钱（*M. polymorpha*）球状体
（活体）（自包文美，曹建国）

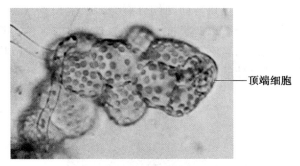

顶端细胞

图3-39 地钱（*M. polymorpha*）片状体
（活体）（自包文美，曹建国）

　　叶状体（thallus）随着生长，片状体细胞层次增多，成为二歧分枝的叶状体，叶状体幼时虽如真蕨类原叶体（图3-41），但在发育中叶状体内部组织进行分化，远超过原叶体的简单结构，其边缘产生油胞（ocellus），中央出现黏液细胞，表皮下的细胞分化为气室，内含3~4个细胞高的柱状绿色细胞，气室中央形成向外沟通的气孔，下有贮藏组织，腹面产生假根和鳞片，成为发育完善的配子体。

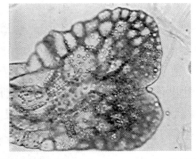

图3-40 地钱（*M. polymorpha*）幼叶状体
（活体）（自包文美，曹建国）

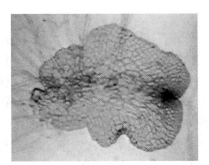

图3-41 地钱（*M. polymorpha*）叶状体
（活体）（自包文美，曹建国）

营养繁殖（vegetative reproduction）：地钱配子体除有性生殖外，常有营养繁殖，主要靠胞芽（gemmae），胞芽生于叶状体上表面的绿色胞芽杯中（capule）（图3－42）。胞芽圆形片状，两侧各有一凹陷为生长点，基部为胶质的胞芽柄，幼时以柄着生于胞芽杯内，由绿色细胞和少量无色细胞组成，中央无色大形细胞是假根细胞，边缘是油细胞（图3－43）。成熟时胶质的柄吸水膨胀，使胞芽由柄处脱落，散发于体外，在适宜条件下，2、3天即萌发，其性别与母体相同。

图3－42　地钱（*M. polymorpha*）胞芽杯内含多数
胞芽（活体）（自包文美）

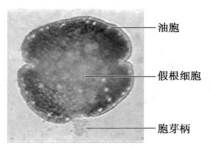

油胞

假根细胞

胞芽柄

图3－43　地钱（*M. polymorpha*）胞芽的
结构（活体）（自包文美，曹建国）

胞芽生长10余天后，两侧的生产点进行细胞分裂，各自朝向相反的方向生长，成为一片长带状的叶状体，向下产生假根（图3－44），继续生长，最终叶状体中部细胞死亡而断裂，形成2个幼个体，顶端各有其1个生长点。

幼个体的生长点可各向两侧分裂为2个生长点（图3－45），再分裂形成4生长点。然后再以同样的方式形成8个，以此类推，以放射方向向前生长，并连在一起，排成圆形，像一枚绿色的钱币生长在地上，地钱的名字可能即来源于此。此后，此钱币状的幼个体中央的细胞死亡，各生产点继续分裂，成为二歧分枝的叶状体。

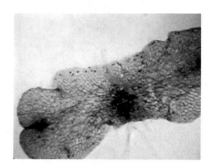

图3－44　地钱（*M. polymorpha*）胞芽两侧的
2个生长点（分别向相反方向生长并伸长，中部将断裂）
（活体）（自包文美，曹建国）

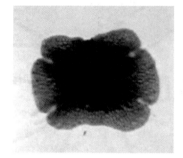

图3－45　地钱（*M. polymorpha*）胞芽
2个生长点分裂为4个生长点
（活体）（自包文美，曹建国）

综上所述，地钱的生活史可归纳如下：孢子经减数分裂，发育为原丝体，形成雌、雄成熟的配子体，分别形成精子器和颈卵器，精子器内产生精子，颈卵器内产生卵，这个过程称为有性世代（sexual generation）或配子体世代，细胞核的染色体数为单相。精子和卵结合成为合子，合子在颈卵器内发育成胚，由胚进一步发育成为孢子体，这个过程称为无性世代（asexual generation）或孢子体世代，细胞核的染色体数为双相。地钱成熟的配子体是绿色的叶状体，能独立生活，在生活史中占主要地位，可进行营养繁殖，繁衍后代。孢子体退化，不能独立生活，寄生在配子体上。

（3）生活史（life cycle）（图3－46）

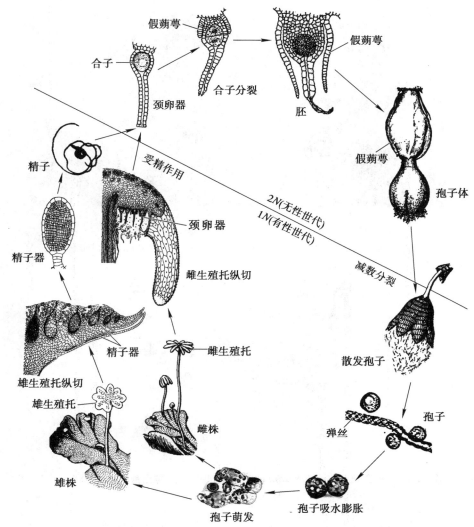

图 3 – 46　地钱（*Marchantia polymorpha*）的生活史
孢子、孢子吸水膨胀、孢子萌发、精子自包文美；
合子分裂、胚、孢子体自 Smith；其余自 Strasberger

3. 常见种类

（1）石地钱科的东亚花萼苔（*Asterella yoshinagana*）（图 3 – 47，图 3 – 48，图 3 – 49）。

图 3 – 47　东亚花萼苔（*Asterella yoshinagana*）（活体）
A 配子体；B 雌托（自包文美，计晓春）

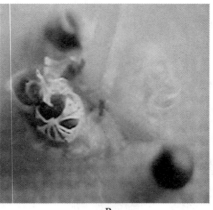

A   B

图 3 – 48　东亚花萼苔（*A. yoshinagana*）（活体）

A 雌托示颈卵器内的孢子体；B 一个脱落的孢蒴（自包文美，曹建国）

图 3 – 49　东亚花萼苔（*A. yoshinagana*）孢蒴开裂后露出孢子和弹丝（活体）

（自包文美，曹建国）

（2）蛇苔科的蛇苔（*Conocephalum conicum*）（图 3 – 50，图 3 – 51）。

图 3 – 50　蛇苔（*Conocephalum conicum*）配子体
（活体）（自包文美，计晓春）

图 3 – 51　蛇苔（*Conocephalum conicum*）配子体放大
示气孔（活体）（自包文美，计晓春）

（3）地钱科的风兜地钱（*Marchantia diptera*）（图 3 – 52）和毛地钱（*Dumortiera hirsuta*）（图 3 – 53）。

（4）钱苔科的钱苔（*Riccia glauca*）（图 3 – 54）、叉钱苔（*Riccia fluitans*）（图 3 – 55）和稀枝小钱苔（*Ricciella huebeneriana*）（图 3 – 56）。

图 3-52　风兜地钱（*Marchantia diptera*）配子体
（活体）（自包文美，计晓春）

图 3-53　毛地钱（*Dumortiera hirsuta*）配子体
（活体）（自包文美，计晓春）

图 3-54　钱苔（*Riccia glauca*）
（活体）配子体（自 Ollgaard）

图 3-55　叉钱苔（*Riccia fluitans*）
（活体）配子体（自 Ollgaard）

图 3-56　稀枝钱苔（*Riccia huebeneriana*）（活体）配子体
（自包文美，计晓春）

二、叶苔亚纲（Jungermanniae）

植物体叶状体或茎叶体，匍匐生长，有背腹之分，无气室和气孔，腹面有假根，无鳞片。

1. 叉苔目（Metzgeriales）

（1）一般特征　植物体为叶状体 二歧分枝或不规则分枝，匍匐生长，有背腹之分。叶状体由单层或多层细胞构成，有或无中肋，叶状体内部无组织分化，基本为同形细胞，极少为茎叶体。本目 5 科，我国有 7 属（胡人亮，1987）。

（2）代表植物　绿片苔科（Aneuraceae）绿片苔属（*Aneura*）绿片苔（*Aneura pinguis*），常生长于林间阴湿的地面、沟渠边缘和湿润岩壁上。

绿片苔（*Aneura pinguis*）

① 配子体（gematophyte）叶状体呈深绿色或黄绿色，体薄，二歧分枝，带状扁平，先端圆钝，肉质，不透明（图 3-57）。细胞无分化，腹面细胞向下延长，成管状假根。

精子器（antheridium）陷入叶状体背面的精子腔内，腔顶有细沟，通向体外，精子器长椭圆形，内有精原组织（spermatogenous tis-

图 3-57　绿片苔（*Aneura pinguis*）配子体（活体）
（自包文美，计晓春）

sue），基部有柄（图3－58）。

颈卵器（archegonium）生于叶状体背面边缘，颈部短，腹部不膨大。幼时仅有4个细胞：2个颈沟细胞，1个腹沟细胞和1个卵（图3－59A）。成熟时颈沟细胞分裂为4个（图3－59B）。

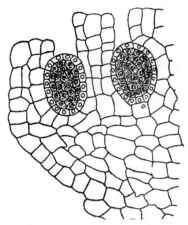

图3－58 绿片苔（*A. pinguis*）精子器
（自Smith）

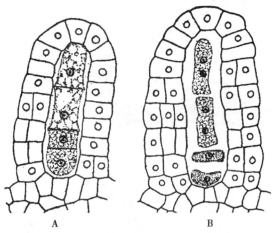

A   B

图3－59 绿片苔（*A. pinguis*）颈卵器
A 幼颈卵器；B 成熟颈卵器（自Smith）

② 孢子体（sporophyte）分为基足（foot）、蒴柄（seta）和孢蒴（capsule）三部分。基部有配子体衍生的总苞围绕。成熟时柄伸长，孢蒴由上向下十字形开裂，成为4瓣（图3－60）。孢蒴的壁2层，孢蒴内有下垂的弹丝，弹丝向下散开，孢子弹向四方（图3－61）。

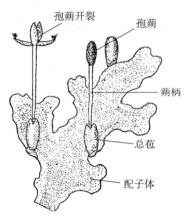

图3－60 绿片苔（*A. pinguis*）配子体上产生孢子体
（自Smith，重编）

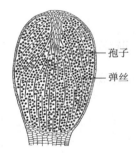

图3－61 绿片苔（*A. pinguis*）孢蒴
（自Smith）

（3）常见种类

① 叉苔科（Metzgeriaceae） 大叉苔（*Metzgeria fruticulosa*）（图3－62）

② 溪苔科（Pelliaceae）

a. 溪苔（*Pellia epiphylla*）（图3－63）

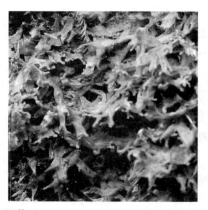

图3－62 大叉苔（*Metzgeria fruticulosa*）（活体）（自Ollgaard）

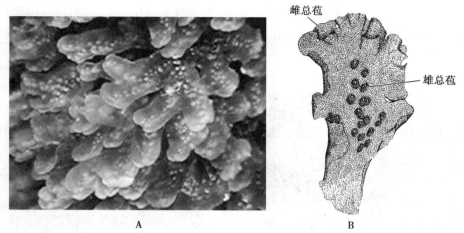

雌总苞

雄总苞

图 3 – 63 溪苔（*Pellia epiphylla*）配子体及其雌雄生殖器

A 活体（自包文美，计晓春）；B 生殖器（自 Bold *et al.*，重编）

b. 花叶溪苔（*P. endiviaefolia*）（图 3 – 64）

图 3 – 64 花叶溪苔（*P. endiviaefolia*）配子体（活体）（自 Ollgaard）

2. 叶苔目（Jungermaniales）

（1）一般特征 植物体为茎叶体，匍匐生长，有背腹之分，两侧对称。两侧有侧叶（lateral leaf），腹面有腹叶（under leaf）和假根（rhizoid）。本目是苔类中最大的目，约有 20 科，400 属，7 000 种（胡人亮，1987）。

（2）代表植物 光萼苔科（Porellaceae）光萼苔属（*Porella*）温带光萼苔（*Porella platyphylla*），常成片匍匐，丛生于阴湿石面或树干上。

① 配子体（gamtophyte）为茎叶体，粗壮，匍匐生长，生于岩石（图 3 – 65A）和树干上（图 3 – 65B）。茎长 5 ~ 8 cm，2 ~ 3 回羽状分枝，茎被叶片覆盖。

图 3 – 65 温带光萼苔（*Porella platyphylla*）（活体）

A 生于岩石；B 生于树干（自包文美，计晓春）

叶无中肋，三列着生。左右两列为侧叶，叶形较大（图3-66），与地面接触的腹面有一列为腹叶，叶形较小。背面的侧叶具背腹两瓣，上面一瓣大的称背瓣（dorsal lobe），下面一瓣小的称腹瓣（ventral lobe）（图3-67，图3-68）。

图3-66　温带光萼苔（*Porella platyphylla*）
配子体背面（活体）（自包文美，计晓春）

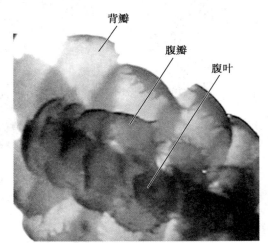

图3-67　温带光萼苔（*P. platyphylla*）
配子体腹面（活体）（自包文美，曹建国）

背瓣平展呈瓢形，腹瓣呈舌形与茎平行。由腹面观，叶片呈假五行排列，如鲍氏光萼苔（图3-68B），叶由单层细胞构成，无中肋。假根单细胞，着生于腹叶基部，具有固着和吸收作用（图3-69）。

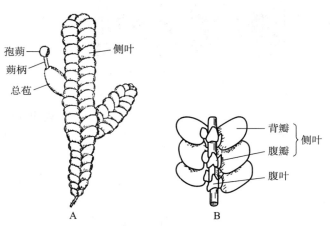

图3-68　鲍氏光萼苔（*P. bolanderi*）配子体
A 背面（具孢子体）；B 腹面（自 Haupt，重编）

光萼苔雌雄异株，雄株植物体的分枝密生小叶，枝顶小叶成为雄苞叶（perigonial bract）呈复瓦状，叶腋着生精子器（图3-70）。

精子器（antheridium）圆形，具长柄（图3-71）。精子器的壁上半部单层，下半部常分裂为多层如鲍氏光萼苔（*P. bolanderi*）精子器，内为精原组织（图3-72）。

雌株植物体较雄株植物体大，颈卵器着生于其分枝顶端的雌苞叶（perichaetial bract）叶腋，此分枝短，在分枝顶端常可见到多个已受精的颈卵器，似丛生状（图3-73）。

颈卵器（archegonium）颈部长，颈沟细胞多至8个，腹部稍微膨大，卵相对较小，如鲍氏光萼苔（图3-75）。多个颈卵器的卵都可受精，孢子体在颈卵器内长大（图3-74），但最后成熟的仅其中1个（图3-76）。

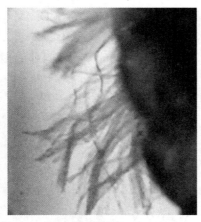

图 3 - 69　温带光萼苔（*P. platyphylla*）
假根（活体）（自包文美，曹建国）

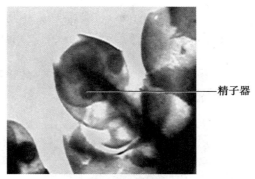

精子器

图 3 - 70　温带光萼苔（*P. platyphylla*）分枝示精子器
（活体）（自包文美，曹建国）

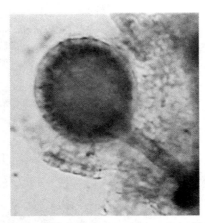

图 3 - 71　温带光萼苔（*P. platyphylla*）精子器
（活体）（自包文美，曹建国）

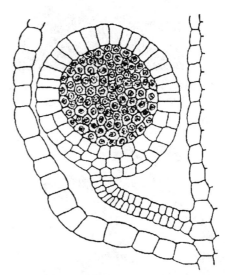

图 3 - 72　鲍氏光萼苔（*P. bolanderi*）精子器
（自 Haupt）

图 3 - 73　温带光萼苔（*P. platyphylla*）
已受精的颈卵器（活体）（自包文美，曹建国）

图 3 - 74　温带光萼苔（*P. platyphylla*）
孢子体在颈卵器内长大（活体）
（自包文美，曹建国）

图 3 - 75　鲍氏光萼苔
（*P. bolanderi*）颈卵器
（自 Haupt）

② 孢子体（sporophyte）在雌株分枝的顶端长出，基部有配子体苞叶形成的总苞（图 3 - 68A）。可分基足，蒴柄，孢蒴 3 部分。孢蒴球形，有 2 ~ 6 层细胞厚的壁，造孢组织产生孢子和弹丝，发育后期颈卵器发育为蒴帽（calyptra），雌苞叶成为蒴萼（perianth）和总苞（involucre）将内部的孢子体包围，如一种光萼苔（图 3 - 77）。孢蒴成熟，蒴柄伸长，撑破蒴帽、蒴萼和总苞，露于空中。孢蒴纵裂为 4 瓣（图 3 - 78），孢子母细胞经减数分裂为孢子，借弹丝作用散布体外（图 3 - 79）。

图 3 - 76　温带光萼苔（**P. platyphylla**）雌枝上即将成熟的 1 个 孢子体（活体）（自包文美）

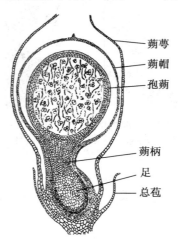

图 3 - 77　一种光萼苔（**Porella sp.**）孢子体的结构（自 Haupt，重编）

图 3 - 78　温带光萼苔（**P. platyphylla**）2 个孢蒴，1 个已成熟开裂（活体）（自包文美）

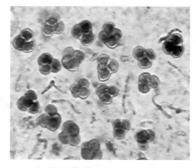

图 3 - 79　温带光萼苔（**P. platyphylla**）孢子和弹丝（活体）（自包文美，曹建国）

（3）常见种类

① 指叶苔科（Lepidoziaceae）　白边鞭苔（**Bazzania oshimensis**）（图 3 - 80）

A　　　　　　　　　B

图 3 - 80　白边鞭苔（**Bazzania oshimensis**）
A 配子体；B 分枝放大示叶片（活体）（自包文美，计晓春，曹建国）

② 护蒴苔科（Calypogeiaceae） 双齿护蒴苔（*Calypogeia tosana*）（图3-81）

图3-81 双齿护蒴苔（*Calypogeia tosana*）（活体）
A 配子体；B 分枝放大示叶片（自包文美，计晓春，曹建国）

③ 合叶苔科（Scapaniaceae） 林地合叶苔（*Scapania nemorosa*）（图3-82）

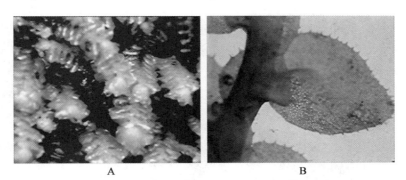

图3-82 林地合叶苔（*Scapania nemorosa*）（活体）
A 配子体；B 分枝放大示叶片（自包文美，计晓春，曹建国）

④ 羽苔科（Plagiochilaceae） 尼泊尔羽苔（*Plagiochila nepalensis*）（图3-83）

图3-83 尼泊尔羽苔（*Plagiochila nepalensis*）（活体）
A 配子体；B 分枝放大示叶片（自包文美，计晓春，曹建国）

⑤ 扁萼苔科（Radulaceae） 爪哇扁萼苔（*Radula javanica*）（图3-84）

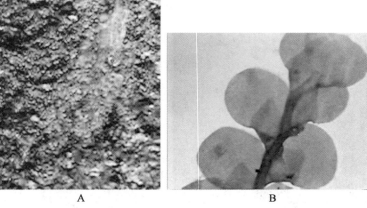

图 3 – 84　爪哇扁萼苔（*Radula javanica*）（活体）
A 配子体；B 分枝放大示叶片（自包文美，计晓春，曹建国）

⑥ 细鳞苔科（Lejeuneaceae）

a. 皱萼苔（*Ptychanthus striatus*）（图 3 – 85）

图 3 – 85　皱萼苔（*Ptychanthus striatus*）（活体）
A 配子体；B 分枝放大示叶片（自包文美，计晓春，曹建国）

b. 大瓣鞭鳞苔（*Mastigolejeunea indica*）（图 3 – 86）

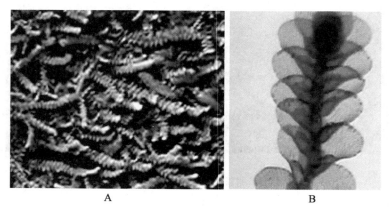

图 3 – 86　大瓣鞭鳞苔（*Mastigolejeunea indica*）（活体）
A 配子体；B 分枝放大示叶片（自包文美，计晓春，曹建国）

c. 细鳞苔科一种（图 3 – 87）

图 3 - 87　细鳞苔科 (Lejeuneaceae) 一种的配子体 (活体) (自包文美，计晓春，曹建国)

3. 藻苔目 (Takakiales)

1951 年日本北部山区采到藻苔标本，1957 年正式命名为藻苔 (*Takakia lepidozioides* Hatt. et Inoue)，并单独列为藻苔科 (Takakiaceae)，确立它为苔类植物中最原始的目，即藻苔目 (Takakiales)。1963 年发现原保存在纽约植物园的指叶苔 (Lepidozia ceratophylla) 也属藻苔属的另一种，命名为角叶藻苔 [*Takakia ceratophylla* (Mitt.) Grolle]。1980 年和 1983 年，在我国西藏海拔 3 600 ~ 4 200 m 高度的湿润林地和岩壁上，分别采集到藻苔 (*Takakia lepidozioides*) 和角叶藻苔 [*Takakia ceratophylla* (Mitt.) Gro]，全世界仅我国是 2 种均有分布的地区 (吴鹏程，罗健馨，汪楣芝，1983)。

此目现有 1 科藻苔科 (Takakiaceae)，1 属藻苔属 (*Takakia*)，2 种：藻苔 (*Takakia lepidozioides*) 和角叶藻苔 (*Takakia ceratophylla*)。由于藻苔配子体的外形与苔类相似，而孢子体的外形又与藓类相似，因其独特的形态，苔藓学家们将其归为藓类植物，或另立为独立的一个纲，即藻苔纲，本书暂且将其作为藻苔目置于苔纲。

(1) 藻苔 (*Takakia lepidozioides*)

配子体 (gametophyte) 为茎叶体，多分布于高海拔地区，如海拔高度 3 800 m 的我国西藏 (汪楣芝，李学东)，生长在潮湿阴暗的岩石。但也分布在海拔较低的高纬度地区，如海拔高度 50 ~ 1 000 m 的加拿大和美国阿拉斯加地区。茎分为地上茎和根状茎，地上茎直立，高 0.5 ~ 2 cm，生长稀疏 (图 3 - 88)。大多不分枝或有无叶分枝 (图 3 - 89A)。茎的表皮为小形厚壁细胞，皮层的细胞大形，含有数量不等的油体和 1 ~ 5 个球状的叶绿体，髓部细胞壁薄而大，亦含油体，中轴的细胞小而透明 (图 3 - 89B)。叶在茎上呈 3 列排列或不规则

图 3 - 88　藻苔 (*Takakia lepidozioides*) 配子体 (活体) (自 Wosquin)

排列 (图 3 - 89A)，叶片多 2 ~ 4 瓣深裂，裂瓣圆柱形，由多层细胞构成，基部相连 (图 3 - 89C)。叶片表面为大形细胞 (图 3 - 89D，E)，裂片远轴部分的中央是 1 个薄壁大形细胞，四周有 7 ~ 10 个表皮细胞 (图 3 - 89F，I)，裂瓣其他部分的中央出现多个细胞 (图 3 - 89G，H)。茎上生黏液毛，丝状或钩状，有的黏液毛成熟时开口，分泌大量黏液 (图 3 - 89J)，无假根。干燥时具有像桂皮样的气味。

孢子体 (sporophyte) 尚不明确。

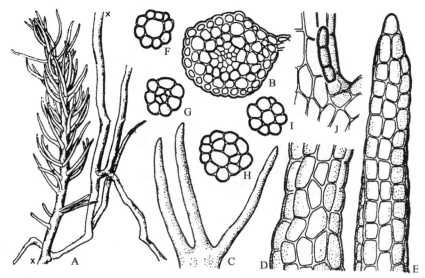

图 3-89　藻苔（*Takakia lepidozioides*）配子体的形态结构（自吴鹏程，罗健馨，汪楣芝）
A 植物体；B 茎横切；C 叶；D 叶裂瓣中部；E 叶裂瓣尖部的表面；
F～I 叶的横切；J 叶基和茎的一部分示黏液细胞

（2）角叶藻苔（*Takakia ceratophylla*）

① 配子体（gametophyte）为茎叶体，也多分布于高海拔地区，如海拔高度 3 600 m～4 200 m 的西藏（汪楣芝），3 750 m 的云南（Higuchi，张大成），生长在潮湿阴暗的土壤和岩石上（图 3-90A，B），但与藻苔一样，它们也分布在海拔低的地区，如海拔高度仅 50 m 的加拿大和美国阿拉斯加地区。茎分为地上茎和根状茎，地上茎直立，高 0.5～2 cm，干燥时没有像桂皮样的气味，叶片圆柱形（图 3-91A），由多层细胞组成，在茎上呈 3 列排列或不规则排列（图 3-91C）常具 4 裂片，有时 3～4 裂片，基部联合（图 3-91D），裂片内层有 3～5 个形状不等的细胞，外层为 10～15 个较小形的细胞（图 3-91B）。

图 3-90　角叶藻苔（*Takakia ceratophylla*）配子体和孢子体（活体）（自 Higuchi）
A 角叶藻苔群体；B 雌枝和雄枝（自 Heilman，重编）

精子器（antheridium）生于雄枝叶腋，橘红色（图 3-90B），棒状或椭圆形，长 300～325 μm，直径 90～93 μm（图 3-92A），基部有柄，顶端壁细胞多层，精子细胞（spermatid）排成 2 列（图 3-92B）。

颈卵器（archegonium）未见报道。

图3-91 角叶藻苔（*Takakia ceratophylla*）配子体和孢子体（自 Spence *et al.* ，重编）

A 叶的裂瓣；B 叶裂瓣的横切；C 植物体；D 叶；E 顶生孢子体；F 孢蒴开裂

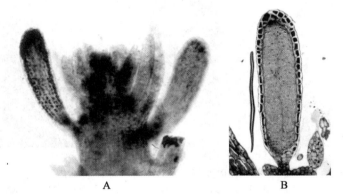

图3-92 角叶藻苔（*Takakia ceratophylla*）精子器（活体）（自 Renzaglia）

A 生于叶腋；B 精子器纵切面

② 孢子体（sporophyte）顶生，直立（图3-90B，图3-94A，图3-95A），可分为孢蒴、蒴柄和基足3部分（图3-93B）。蒴柄长而粗（3-91E），蒴柄和基足宿存（图3-93B）。孢子体在颈卵器内发育，孢子体生长时，蒴柄在孢子体生长时，蒴柄伸长，冲破颈卵器，颈卵器上部成为蒴帽（calyptra）留在孢蒴的顶端（图3-93A，B），下部成为基鞘（vaginula）留于蒴柄基部（图3-93C，图3-94A）。

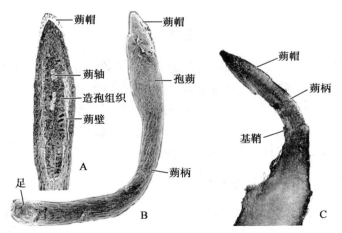

图3-93 角叶藻苔（*T. ceratophylla*）孢子体（活体）（自 Renzaglia，重编）

A 孢蒴纵切；B 孢子体外形；C 幼孢子体

孢蒴（capsule）幼时长椭圆形，蒴壁厚，由数层细胞组成，内为造孢组织，中轴不发达（图 3 – 94A）。

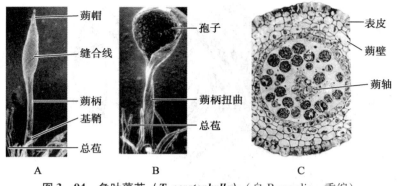

图 3 – 94　角叶藻苔（*T. ceratophylla*）（自 Renzaglia，重编）
A 幼孢子体（活体）；B 孢蒴开裂（活体）；C 孢蒴横切面

孢蒴成熟时，蒴柄扭曲，孢蒴椭圆状圆球形，从中部斜向开裂，而后向下纵向扩展（图 3 – 91F，图 3 – 94B）。孢子散出（图 3 – 95B，C），孢蒴内无弹丝（图 3 – 94C）。

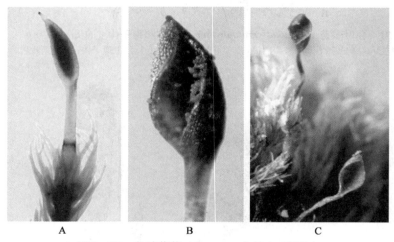

图 3 – 95　角叶藻苔（*T. ceratophylla*）（活体）
A 雌枝顶生孢子体；B 孢蒴释放孢子（自 McFarland）；C 孢子释放殆尽（自 Renzaglia）

第三节　角苔纲（Anthocerotae）

一、角苔纲的一般特征

角苔纲（Anthocerotae）有 100 余种（吴鹏程），多生于阴湿黏性土壤，常见于沟渠、稻田、耕地等处。配子体为叶状体，边缘分瓣，裂瓣常呈辐射状或叉状。匍匐生长，腹面生假根，无鳞片。叶状体内部无组织分化。腹面上半部有充满黏液的胞间腔隙，隙内常有念珠藻属（*Nostoc*）蓝藻生长。孢子体长针形，基足发达，埋与叶状体内，无蒴柄。孢蒴中央有蒴轴，成熟时，蒴壁顶端先纵裂为 2 瓣，裂口逐渐向下，散出孢子和假弹丝（pseudoelaters）。假弹丝由细胞壁不规则加厚的 3 ~ 5 个细胞联结而成。

二、角苔纲的代表植物

角苔纲仅有 1 目角苔目（Anthocerotales），可分为 2 个科：角苔科（Anthocerotaceae）和短角苔科（Notothylaceae），角苔科全世界现有 5 属，短角苔科仅有 1 属（胡人亮，1987）。我国常见角苔属（*Anthoceros*）角苔。

角苔（*Anthoceros punctatus*）

1. 配子体（gematophyte）

配子体是有背腹之分的叶状体（图3-96，图3-97），片状，鲜绿色，叉状分枝，边缘有深缺刻，直径仅3~4 mm，腹面生假根（图3-98）。叶状体的生长源于顶端细胞（apical cell）的分裂（图3-102），它可衍生为2个顶端细胞，形成边缘波状的叶状体。叶状体5~10层细胞厚，组织无分化，每个细胞含有1个大的叶绿体，叶绿体上具1个淀粉核（pyrenoid）（图3-99），此特点与绿藻相似。叶状体的腹面含有胶质腔隙，隙内念珠藻属（*Nostoc*）附生（图3-98）。

图3-96 角苔（*Anthoceros punctatus*）配子体（活体）生于田间土壤（自包文美，计晓春）

图3-97 角苔（*A. punctatus*）配子体上产生孢子体（活体）（自包文美，计晓春）

图3-98 角苔（*A. punctatus*）配子体（活体，右边2个深色小区为念珠藻生长）（自包文美）

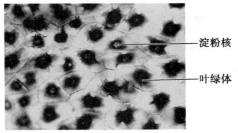

淀粉核
叶绿体

图3-99 角苔（*A. punctatus*）配子体（活体）细胞（示叶绿体及其中央的淀粉核）（自包文美）

角苔雌雄同株，精子器与颈卵器均埋于叶状体的精子器腔内。

精子器（antheridium）埋于叶状体的精子器腔内，每腔常含有2~4个精子器，以柄着生（图3-100）。具1层细胞的壁，顶端为2个大形盖细胞，内为精原组织，基部具柄（图3-101）。

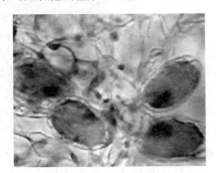

图3-100 角苔（*A. punctatus*）精子器（活体）（自包文美，曹建国）

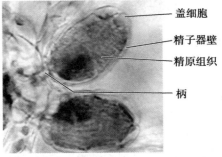

盖细胞
精子器壁
精原组织
柄

图3-101 角苔（*A. punctatus*）精子器放大（活体，示顶端盖细胞）（自包文美，曹建国）

颈卵器（archegonium）颈部内约有 5 个颈沟细胞，腹部有一个腹沟细胞和卵，如一种角苔（*Anthoceros* sp.）所示（图 3 - 102），成熟时，颈沟和腹沟细胞胶化并分离，形成腔道，腔道开口，露于叶状体背面，以候受精。

2. 孢子体（sporophyte）

孢子体幼时长棒状（图 3 - 104），成熟时长针状（见图 3 - 97），基部有发达的基足埋于叶状体内，吸收营养，基足上面是孢蒴，无蒴柄。孢蒴基部有分生组织，使孢蒴能继续生长，孢蒴自上而下成熟，如黄角苔（*Phaeoceros laevis*）（图 3 - 103），孢子体基部被配子体组织发育的假蒴萼（pseudo-perianth）所包围（图 3 - 105）。

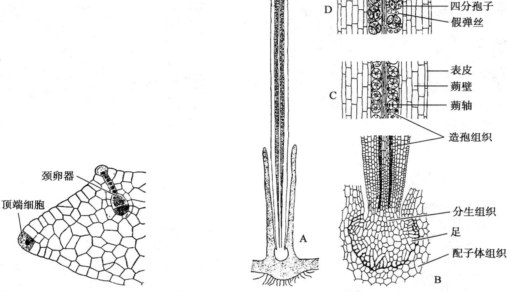

图 3 - 102　一种角苔（***Anthoceros* sp.** 叶状体横切（示顶端细胞和颈卵器）（自 Smith，重编）

图 3 - 103　黄角苔（***Phaeoceros laevis***）孢子体纵切
A 孢子体全形；B 孢子体基部示造孢组织；C 孢蒴中部示四分孢子；D 孢蒴上部示孢子（自 Haupt，重编）

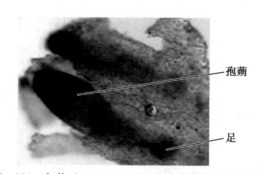

图 3 - 104　角苔（***A. punctatus***）幼孢子体尚未伸出配子体（活体）（自包文美，曹建国）

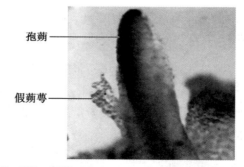

图 3 - 105　角苔（***A. punctatus***）孢子体伸出配子体，其基部周围为假蒴萼（活体）（自包文美，曹建国）

孢蒴（capsule）外壁由多层细胞构成，中央为蒴轴（columella），造孢组织（sporogenous tissue）位于蒴壁和蒴轴之间，形如长管，套在蒴轴之外（图 3 - 103A，图 3 - 106，图 3 - 107）。造孢组织经减数分裂产生孢子，同时保留一些不育细胞，形成假弹丝（pseudoelaters）。孢子由上而下逐次成熟，孢蒴上部的孢子先成熟，其蒴壁纵裂为二瓣，逐向下裂开。孢子借假弹丝的扭转力，散出体外。孢蒴基部的分生组织可以继续产生造孢组织，并产生孢子和假弹丝，如黄角苔（*Phaeoceros laevis*）所示（图 3 - 103）。

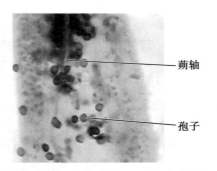

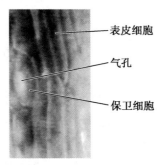

图 3-106　角苔（*A. punctatus*）
孢蒴示深色造孢组织（活体）
（自包文美，曹建国）

图 3-107　角苔（*A. punctatus*）部分
孢蒴示蒴轴和孢子（活体）
（自包文美，曹建国）

图 3-108　角苔（*A. punctatus*）孢蒴
表皮上的气孔和保卫细胞（活体）
（自包文美，曹建国）

蒴轴

孢子

表皮细胞

气孔

保卫细胞

孢蒴的壁细胞分化出气孔（stoma）和围绕气孔的 2 个保卫细胞（guard cell）（图 3-108），壁细胞内有叶绿体，能自行光合作用，制造营养，因此它在配子体上是半寄生生活，当配子体衰老死亡后，它仍能生活一段时期。

角苔纲在其配子体和孢子体的构造上，有其独特之处，一般苔藓植物的孢子体都普遍寄生在配子体上，不具独立性。角苔纲孢子体有叶绿体，能营光合作用，仅半寄生在配子体上。然而角苔纲配子体的结构比较原始，叶状体内部无分化，细胞内通常仅 1 个或多个叶绿体，内具淀粉核，接近藻类的特点，这种两重性似乎反映了它的过渡性。

第四节　藓纲（Musci）

藓纲（Musci）植物又称藓类植物（mosses），有 10 000 余种（吴鹏程），遍布世界各地。由于它比苔类植物耐低温和干旱，因此在寒带、温带、高山、冻原和沼泽等处，常能形成大片群落。

藓纲植物体为茎叶体，无叶状体。叶在茎上螺旋排列，故植物体呈辐射对称（symmetria radialis），多无背腹之分。叶有或无中肋（midrib, costa, nerve），茎有或无中轴分化。假根为单列细胞构成。孢子体的构造比苔类复杂，蒴柄坚挺，孢蒴内有蒴轴，常有蒴齿，无弹丝，成熟的孢蒴多为盖裂。原丝体发达，每一原丝体常形成多个植物体。

藓纲分为 3 个亚纲：泥炭藓亚纲（Sphagnidae）、黑藓亚纲（Andreaeidae）和真藓亚纲（Bryidae）。泥炭藓亚纲 1 目泥炭藓目（Sphagnales），1 科泥炭藓科（Sphagnaceae），1 属泥炭藓属（*Sphagnum*）；黑藓亚纲 1 目黑藓目（Andreaeales），1 科黑藓科（Andreaeaceae），2 属；真藓亚纲 3 类，14 目，52 科，254 属（胡人亮，1987）。

一、泥炭藓亚纲（Sphagnidae）

本亚纲只有 1 目泥炭藓目（Sphagnales），1 科泥炭藓科（Sphagnaceae），1 属泥炭藓属（*Sphagnum*）。全世界约有 300 种，中国约有 50 种（辽宁省林业土壤研究所，1977），大多分布在我国东北、西北和西南山区和沼泽地。

1. 一般特征

植物体灰白色或灰黄色，有时紫红色。茎不分枝或有稀疏丛生成束的分枝，通常有下垂的弱枝和上仰的强枝之分。顶端小枝丛生，呈头状。叶密集，叶常呈兜状，单层细胞，由大型的无色加厚细胞与狭长形的绿色细胞相间组成。雌雄同株，精子器球形，具长柄，单生于叶腋。颈卵器 1~4 个集生于短枝顶端，成熟后枝顶延伸为假蒴柄（pseudopodium）。孢子体的基足宽大，真蒴柄极短。孢蒴成熟后盖裂，无蒴齿。原丝体发育先为丝状，后为叶状或片状。

2. 代表植物

泥炭藓目（Sphagnales）泥炭藓科（Sphagnaceae）泥炭藓属（*Sphagnum*）粗叶泥炭藓（*Sphagnum squarrosum*），生长在水湿或沼泽地区，我国东北和西南林下的沼泽地生长繁茂，时常形成大片藓丛，基质为酸性，pH3.5～5.5之间。

（1）配子体（gematophyte） 茎直立，细长，灰白色或灰黄色，有时紫红色，丛生成垫状，顶端枝短而密集，成为头状（图3-109）。顶端的分枝挺拔，向上，下面的分枝逐渐下垂如尖叶泥炭藓（*S. acutifolium*）（图3-110A）。泥炭藓植物体上部向上生长，下部埋在沼泽内，逐渐死亡，死亡部分因缺氧不易被细菌腐烂，形成泥炭，因此称为泥炭藓。泥炭是重要的燃料资源。茎的构造简单，分为皮部与中轴两部分，皮部细胞大型，无色，透明，其中有贮水细胞，中轴细胞小型，多为厚壁或薄壁，如柔叶泥炭藓（*S. tenellum*）茎表面（图3-110B）和茎横面（图3-110C）。

图3-109　粗叶泥炭藓（*Sphagnum squarrosum*）配子体（活体）（自包文美，计晓春）

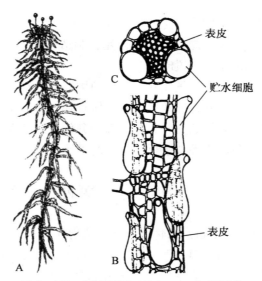

图3-110　泥炭藓属（*Sphagnum*）配子体
A 尖叶泥炭藓（*S. acutifolium*）配子体全貌；B 柔叶泥炭藓（*S. tenellum*）茎表面；C 柔叶泥炭藓茎横面（自 Strasburger，重编）

叶片小型，由单层细胞构成，无中肋。叶紧贴于茎和枝，生于茎和枝的叶分别称为茎叶和枝叶。茎叶和枝叶的外形不同，各叶片都由两种形态不同的细胞相互交织组成，称为叶细胞二型。

茎叶宽舌形（图3-111A），叶片由线形绿色细胞连成网状，营光合作用，网眼内是大形无色细胞，此细胞为死细胞，具贮水作用，可称为贮水细胞，不再分化（图3-111B）。

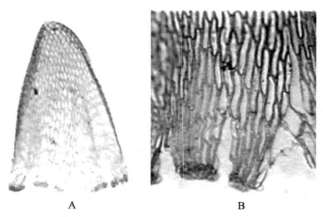

图3-111　粗叶泥炭藓（*S. squarrosum*）茎叶（活体）
A 外形；B 叶放大示细胞（自包文美，曹建国）

枝叶狭长披针形（图 3 – 112A），叶片也由小型绿色细胞和大型无色细胞组成，无色细胞的壁进行分化，具有明显的螺纹增厚和水孔，壁的螺纹起支持作用，有助于植物体直立挺拔。水孔进水，具吸水作用，使细胞充满水分（图 3 – 112B）。

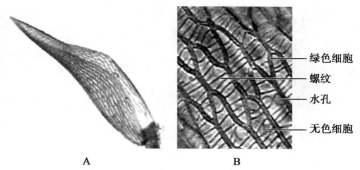

绿色细胞
螺纹
水孔
无色细胞

A   B

图 3 – 112　粗叶泥炭藓（*S. squarrosum*）枝叶（活体）
A 外形；B 叶放大示细胞（自包文美，曹建国）

叶片细胞出现二型现象，发生在幼叶时期，在幼叶叶片的基部，位于几个绿色细胞中央的 1 个细胞，叶绿体退化，细胞死亡变为无色，四周的几个绿色细胞伸长成为网状，围绕着这个无色的死细胞（图 3 – 113A），这样就出现叶片细胞的二型现象。无色细胞壁出现螺纹，进一步产生水孔。叶内细胞叶绿体的退化，自下而上逐个进行，叶片基部细胞进行分化时，上面的细胞都未分化，仍为绿色（图 3 – 113A）。线形的绿色细胞围绕成网，网眼内，还剩 2 个细胞仍有叶绿体，但它注定是要退化为无色细胞（图 3 – 113B）。

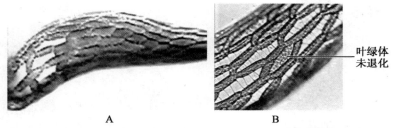

叶绿体
未退化

A   B

图 3 – 113　粗叶泥炭藓（*squarrosum*）茎叶细胞（活体）
A 外形；B 叶放大示细胞分化（自包文美，曹建国）

精子器（antheridium）产生于侧枝顶端的叶腋，此枝称为雄枝，此枝幼时球状，四周被层层雄苞叶包围，每叶的叶腋有一精子器（图 3 – 114A）。后呈穗状，把雄苞叶撕去可见具长柄的精子器（图 3 – 144B）。

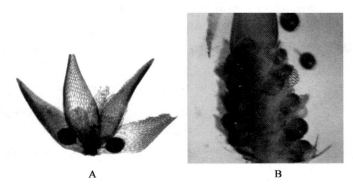

A   B

图 3 – 114　粗叶泥炭藓（*S. squarrosum*）雄枝（活体）
A 雄枝雄苞叶叶腋有精子器；B 撕去雄苞叶示多个精子器（自包文美，曹建国）

精子器卵圆形，外被单层细胞的壁，顶端的壁细胞大形，尤以居中者为最大，应称为盖细胞（图 3 – 115A），幼时壁细胞内具叶绿体，呈绿色似具光泽（图 3 – 115B）。

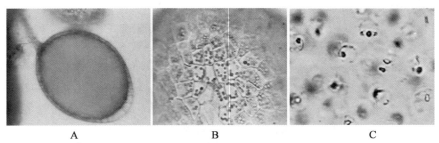

图 3 – 115　粗叶泥炭藓（*S. squarrosum*）精子器和精子（活体）
A 幼精子器；B 精子器壁细胞示叶绿体；C 精子（自包文美，曹建国）

精子器成熟时，叶绿体退化，柄伸长，柄由 2 列 12 ~ 13 层细胞组成（图 3 – 116），盖细胞开裂，精子如喷水状释放（图 3 – 115C）。精子小，长片形，顶端生有 2 条等长的鞭毛，鞭毛长度是精子的 4 倍以上（图 3 – 117）。

图 3 – 116　粗叶泥炭藓（*S. squarrosum*）成熟精子器（活体）（自包文美，曹建国）

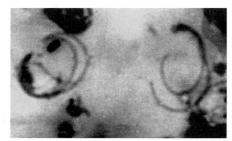

图 3 – 117　粗叶泥炭藓（*S. squarrosum*）精子（染色，示顶生 2 条长鞭毛）（自包文美，曹建国）

颈卵器（archegonium）：产生于主茎或侧枝的顶端，此枝称为雌枝。枝顶通常生有 3 ~ 4 个颈卵器，四周被雌苞叶包围（图 3 – 118A），示雌枝顶端的 4 个颈卵器，都已受精，1 个已发育为孢子体的颈卵器，已被拔出，留下膨大的颈卵器腹部的下半部，称为基鞘（vaginula），还有 3 个未发育，分别位于中间和右边，仍保留颈卵器的形状，右边的 1 个，可见其基部有长柄。将其中 1 个放大，可见腹部有合子，颈部内有 8 ~ 9 个颈沟细胞（图 3 – 118B）。

孢子体发育过程中，颈卵器腹部的壁随之增大，成为一层透明宽大的薄膜，罩在孢子体外，但最终因孢子体继续长大而被撕裂，颈卵器颈部顶在孢子体顶端，腹部的下半部分留在孢子体基部，即呈皱边状的基鞘。

（2）**孢子体**（sporophyte）　孢子体发育时，雌枝顶端随着孢子体的生长而伸长，成为长柄，将孢子体托出于雌苞叶之上，雌苞叶成为筒状，留于柄的基部，但此长柄是来自配子体的组织，非来自孢子体组织，故称为假蒴柄（pseudopodium）（图 3 – 119）。

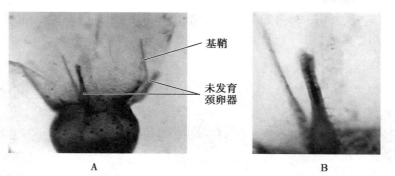

图 3 –118　粗叶泥炭藓（*S. squarrosum*）已受精的颈卵器（活体）

A 4 个颈卵器，1 个已受精并发育为孢子体被拔出，留下基鞘，3 个未发育的为孢子体颈卵器；
B 1 个已受精颈卵器（自包文美，曹建国）

　　孢子体由孢蒴，真蒴柄和基足 3 部分组成，真蒴柄极短，不发育伸长。基足膨大（图 3 – 120），埋入雌枝顶端吸收营养。因基足的生长，雌枝顶端也随之膨大为环状结构，孢蒴成熟后萎缩，但仍可见到此结构的痕迹（图 3 – 121，图 3 – 122）。

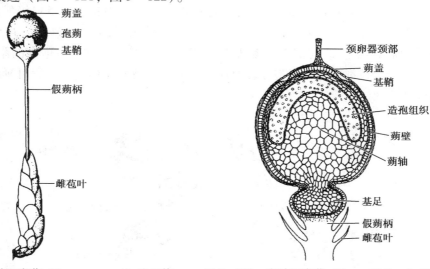

图 3 –119　粗叶泥炭藓（*S. squarrosum*）孢子体
（自 Strasburger 转自 Schimper，重编）

图 3 –120　尖叶泥炭藓（*S. acutifolium*）幼孢蒴纵切
（自 Strasburger 转自 Waldner，重编）

　　孢蒴（capsule）球形，深红紫色，外有蒴壁，上部有一圆形蒴盖（operculum），蒴盖外无蒴帽，仅有颈卵器颈部的遗痕留在蒴盖顶上。孢蒴内有一半圆形蒴轴，造孢组织覆罩于蒴轴上面（图 3 – 120）。造孢细胞经减数分裂后，形成孢子。

图 3 –121　粗叶泥炭藓（*S. squarrosum*）孢子体
（活体）（自包文美，曹建国）

图 3 –122　粗叶泥炭藓（*S. squarrosum*）孢蒴放大
（活体）示雌枝顶端环状结构（自包文美，曹建国）

孢蒴成熟后，蒴盖开裂（图 3 – 123A）。孢子散出体外（图 3 – 123B），孢子四面体型（图 3 – 123C）。孢子萌发成为原丝体。

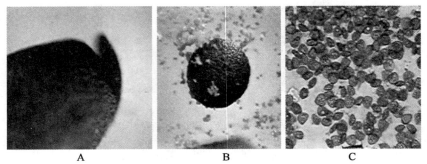

图 3 – 123　粗茎泥炭藓（*S. squarrosum*）孢蒴开裂，散发孢子（活体）
A 孢蒴的蒴盖开裂；B 蒴盖脱落，散发孢子；C 孢子（自包文美，曹建国）

泥炭藓的原丝体应该分为 2 个阶段：丝状原丝体和叶状原丝体。

① 丝状原丝体（filament protonema）。将成熟孢子接入酸性（pH3.5 ~ 5.5）培养液中，约 10 天萌发，孢子壁的三裂缝裂开，产生突起，内含叶绿体，突起伸长（图 3 – 124A），产生横壁，成为 1 条绿色单列多细胞丝状体（图 3 – 124B）。数日后，丝状体基部，即位于原孢子的附近，产生分枝（图 3 – 124C），主枝与分枝都能进行细胞分裂而伸长，成为分枝丝状体，此阶段可延续 10 余天，此阶段我们称它为丝状原丝体。

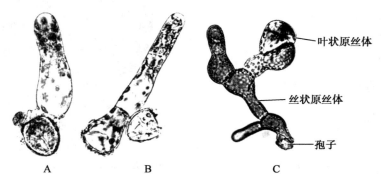

图 3 – 124　粗叶泥炭藓（*S. squarrosum*）孢子萌发过程（活体）
A 孢子萌发；B 丝状原丝体；C 丝状原丝体上产生叶状原丝体（自包文美，曹建国）

② 叶状原丝体（thallose protonema）。丝状原丝体产生 1 条短分枝，分枝顶端出现楔形顶端细胞（apical cell）进行斜向分裂，分裂后产生扁平的单层细胞厚的匙形叶状体，称为叶状原丝体（thallose protonema）（图 3 – 124 C），过去人们一直说泥炭藓的原丝体是片状的，但从发育的角度来看，我们认为仅说它的原丝体是片状的，是不够全面的，因为从孢子萌发后，它们有一个阶段是丝状原丝体，而后才产生叶状原丝体。

叶状原丝体出现后，由于它的顶端细胞分裂，细胞数目增多（图 3 – 125A），逐渐形成椭圆形，在其基部可产生丝状体，具有叶绿体，有的逐渐退化，横壁斜向，可称为假根，起固着作用（图 3 – 125B）。

叶状原丝体的边缘细胞都进行分裂，分裂的速度不一，使之成为边缘具有不规则的裂片，有的裂片较多（图 3 – 126），有的裂片少（图 3 – 127A），叶状原丝体长宽可达 0.4 mm，最大 1 mm。

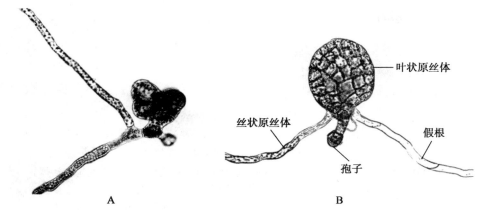

图 3 – 125　粗叶泥炭藓（*S. squarrosum*）（活体）

A 丝状原丝体和幼叶状原丝体；B 叶状原丝体长大，产生假根（自包文美，曹建国）

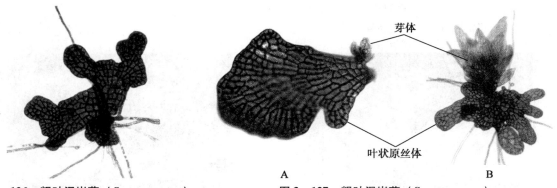

图 3 –126　粗叶泥炭藓（*S. squarrosum*）
叶状原丝体多裂片（活体）（自包文美，曹建国）

图 3 – 127　粗叶泥炭藓（*S. squarrosum*）
叶状原丝体和芽体（活体）

A 叶状原丝体和幼芽体；B 芽体长大（自包文美，曹建国）

芽体（bud）：叶状原丝体生长 20 余天后，在其边缘出现芽体的顶端细胞，顶端细胞不断分裂，产生分生组织即生长锥，生长锥再分裂，在其表面发生几个细胞组成的丝状突起即叶原基，它们的中央是芽轴，形成芽体（图 3 – 127A）。芽体进一步伸展，四周叶原基发育为幼叶，中央成为茎干。最初产生的 7～8 叶片都是大型绿色细胞，此时没有无色死细胞，无二型现象（图 3 – 127B）。

茎叶体（leafy gametophyte）：芽体向上生长，其茎干上的节间伸长，长成直立于基质的茎叶体（图 3 – 128），此时的叶片细胞开始出现二型现象，茎叶体基部原有的叶状原丝体可保持相当长时间。茎叶体继续生长，长成我们习见的泥炭藓植物体，但不产生假根。

经常说，1 个孢子萌发为 1 条片状原丝体，一条片状原丝体只产生一个茎叶体。但在我们培养观察中，在 1 条叶状原丝体边缘就可产生 1～3 个芽体，它们都可能长成茎叶体。

此外，有些丝状原丝体一直保持叶绿体，不仅能不断生长，产生了第 1 个叶状原丝体后，丝状原丝体还可形成新的叶状原丝体，应称为次生叶状原丝体（secondary thallose protonema）（图 3 – 129），以此类推可继续产生三生叶状原丝体。由此可见，泥炭藓孢子萌发过程中，不但有丝状原丝体阶

图 3 – 128　粗叶泥炭藓（*S. squarrosum*）芽体发育为
茎叶体（活体）（自包文美，曹建国）

段，而且它具很强的繁殖作用。

丝状原丝体　　　次生叶状原丝体

图 3 – 129　粗叶泥炭藓（*S. squarrosum*）丝状原丝体产生次生叶状原丝体（活体）

（自包文美，曹建国）

3. 常见种类

（1）泥炭藓（*Sphagnum. palustre*）（图 3 – 130）

（2）狭叶泥炭藓（*S. cuspidatum*）（图 3 – 131）

图 3 – 130　泥炭藓（*S. palustre*）（活体）（自 Schou）

图 3 – 131　狭叶泥炭藓（*S. cuspidatum*）（活体）

（自 Holmen）

（3）白齿泥炭藓（*S. girgensohnii*）（图 3 – 132）

（4）中位泥炭藓（*S. magellanicum*）（图 3 – 133）

图 3 – 132　白齿泥炭藓（*S. girgensohnii*）（活体）

（自 Holmen）

图 3 – 133　中位泥炭藓（*S. magellanicum*）（活体）

（自 Holmen）

（5）喙叶泥炭藓（*S. recurvum*）（图 3 – 134）

（6）柔叶泥炭藓（*S. tenellum*）（图 3 – 135）

图 3 - 134　喙叶泥炭藓（*S. recurvum*）（活体）
（自 Schou）

图 3 - 135　柔叶泥炭藓（*S. tenellum*）（活体）
（自 Holmen）

（7）偏叶泥炭藓（*S. subsecundum*）（图 3 - 136）

（8）锈色泥炭藓（*S. fuscum*）（图 3 - 137）

图 3 - 136　偏叶泥炭藓（*S. subsecundum*）（活体）
（自 Neumann）

图 3 - 137　锈色泥炭藓（*S. fuscum*）（活体）
（自 Neumann）

二、黑藓亚纲（Andreaeidae）

本亚纲仅 1 目黑藓目（Andreaeales），1 科黑藓科（Andreaeaceae），2 属：双肋黑藓属（*Neurotima*）1 种和黑藓属（*Andreaea*）120 种。我国只有黑藓属（*Andreaea*），约有 6 种（胡人亮，1987），常生于海拔 1 800 m 以上的高山花岗岩石上（图 3 - 138）。

1. 一般特征

植物体为小形茎叶体，呈棕色或棕黑色，常生长高山寒地。茎直立，由厚壁细胞组成，无中轴，单生或分枝。叶细胞单层，细胞壁厚，常具疣状或乳头状突起。雌雄同株或异株。蒴帽小形，钟帽状。蒴柄短，基鞘下部延伸为假蒴柄。孢蒴成熟时纵裂为 4 瓣或 8 瓣，顶端仍相连接。原丝体初期为块状，经丝状至叶状，在叶状原丝体上产生芽体，长成茎叶体。

2. 代表植物

黑藓目（Andreaeales）黑藓科（Andreaeaceae）黑藓属（*Andreaea*）

岩生黑藓（*Andreaea rupestris*）

（1）配子体（gametophyte）　小形茎叶体，棕色或黑棕色，直立丛生，生于岩石（图 3 - 138，图 3 - 139，图 3 - 140）。茎具假根，纯由厚壁细胞构成，无分化的中轴。叶片细胞亦为厚壁，细胞内含有油滴，中肋 1 ~ 2 条或退化。雌雄同株或异株。

精子器（antheridium）　生于雄枝，长椭圆形，具长柄（图 3 - 141A）。

颈卵器（archegonium）　产生于雌枝，颈部长，内约有 15 个颈沟细胞，腹部不甚膨大（图 3 - 141B），成熟时雌枝顶产生假蒴柄，将颈卵器托出雌苞叶外（图 3 - 140）。

图 3-138 岩生黑藓（*Andreaea rupestris*）配子体
生于岩石（活体）（自陈阜东，李学东，刘家熙）

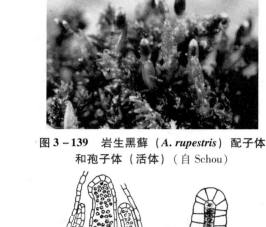

图 3-139 岩生黑藓（*A. rupestris*）配子体
和孢子体（活体）（自 Schou）

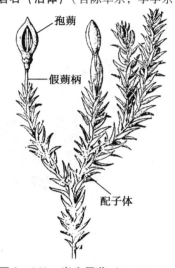

图 3-140 岩生黑藓（*A. rupestris*）
配子体和孢子体（自 Smith，重编）

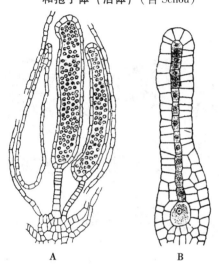

图 3-141 岩生黑藓（*A. rupestris*）
A 精子器；B 颈卵器（自 Smith）

（2）孢子体（sporophyte）　孢蒴（capsule）如一种黑藓（*Andreaea* sp.）长卵形，有蒴帽（calyptra），无蒴盖，孢蒴中央为蒴轴，下连蒴柄，蒴柄极短，基足（foot）插入由配子体延伸的假蒴柄内（图 3-140），蒴壁多层细胞，蒴轴与蒴壁之间为造孢组织，如图 3-142 所示。

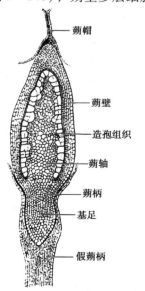

图 3-142 一种黑藓（*Andreaea* sp.）
孢子体（自 Bold *et al.*，重编）

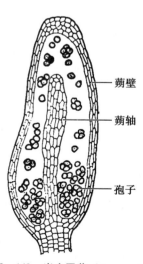

图 3-143 岩生黑藓（*A. rupestris*）
即将成熟的孢蒴（自 Bold *et al.*，重编）

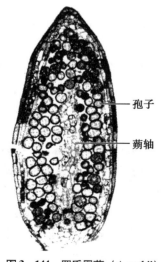

图 3-144 罗氏黑藓（*A. rothii*）
成熟孢蒴（自 Bold *et al.*，重编）

孢蒴成熟时，蒴帽脱落，造孢组织纵裂为2层，经减数分裂产生孢子（图3－143），孢子充满于孢蒴内如罗氏黑藓（*A. rothii*）（图3－144）。蒴壁纵裂为4瓣，但顶部与基部仍互相连接（图3－140），蒴壁对湿度变化有明显反应，在适宜的条件下，蒴壁开裂，散发孢子如罗氏黑藓（*A. rothii.*）（图3－145）。

孢子散落后萌发成为原丝体，如岩生黑藓东亚变种（*Andreaea rupestre* var. *fauriei*），原丝体的发育由块状的（massive）（图3－146A～E），丝状的（filamentous）（图3－146F～H）至原植体状的（thallose）（图3－146I～K）3个阶段，在原植体状的原丝体上产生芽体（图3－146L～M），芽体长大为茎叶体（图3－146N）。

图3－145　罗氏黑藓（*A. rothii*）孢蒴纵裂为4瓣（自 Bold *et al.*）

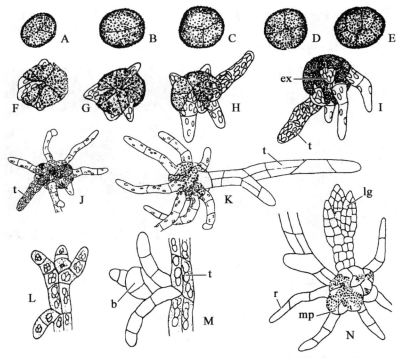

图3－146　岩生黑藓东亚变种（*Andreaea rupestre* var. *fauriei*）孢子萌发至产生茎叶体过程（自 Nishida，重编）
A～E孢子外壁内形成块状原丝体；F～H形成丝状原丝体；I～K原植体状原丝体；L～M产生芽体；
N产生茎叶体；ex孢子外壁；t原植体状原丝体；b芽体；r假根；mp块状原丝体；lg茎叶体

三、真藓亚纲（Bryidae）

本亚纲可分为3类：真藓类（Bryiidae）、烟杆藓类（Buxbaumiidae）和金发藓类（Polytrichiidae）。真藓类12目，烟杆藓类1目，金发藓类1目，故本亚纲计有14目（陈邦杰等，1963，1978）。

1. 一般特征

植物体多呈绿色茎叶体，直立或匍匐生长。茎单生，分枝或多回羽状分枝。叶片小型，无叶脉，常具中肋。茎叶体是配子体的成体。雌雄同株或异株。孢子体顶生或侧生，孢子体顶端大而明显的结构是孢蒴（capsule）。覆盖在它外面的是蒴帽（calyptra），蒴帽来自配子体的颈卵器，残留在孢蒴上，有真蒴柄（seta），常具蒴盖（operculum）和蒴齿（peristomal teeth）。蒴盖由细胞壁加厚分化后，分离而成，或由加厚细胞推移，挤缩而成。原丝体多为丝状。

（1）孢子体（sporophyte）

① 孢蒴形状（shape of capsule）

a. 葫芦形（calabash form），如葫芦藓（*Funaria hygrometrica*）（图3－147）。

图3－147　葫芦藓（*Funaria hygrometrica*）（活体）（自包文美，计晓春）

b. 球形（spherical），如梨蒴珠藓（*Bartramia pomiformis*）（图3－148）。

　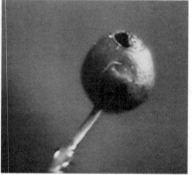

A　　　　　　　　　　　　　　　　B

图3－148　梨蒴珠藓（*Bartramia pomiformis*）（活体）

A 分枝与孢蒴；B 孢蒴放大（自包文美，曹建国）

c. 卵形（oval），如拟垂枝藓（*Rhytidiadelphus triquetrus*）（图3－149）。

d. 长卵形（oblong-oval），如刺叶提灯藓（*Mnium spinosum*）（图3－150）。

图3－149　拟垂枝藓（*Rhytidiadelphus triquetrus*）
（活体）（自包文美，曹建国）

图3－150　刺叶提灯藓（*Mnium spinosum*）
（活体）（自包文美，曹建国）

e. 长梨形（oblong-pyriform），如真藓（*Bryum argentum*）（图3－151）。

f. 长椭圆形（oblong），如赤茎藓（*Pleurozium schreberi*）（图3－152）。

A   B

图 3－151　真藓（*Bryum argentum*）（活体）

A 植物体；B 孢蒴（自包文美，曹建国）

图 3－152　赤茎藓（*Pleurozium schreberi*）（活体）（自包文美，曹建国）

g. 圆柱形（cylindrical），如金灰藓（*Pylaisia polyantha*）（图 3－153）。

A   B

图 3－153　金灰藓（*Pylaisia polyantha*）（活体）

A 植物体；B 孢蒴（自包文美，计晓春，曹建国）

h. 长圆柱形（oblong cylindrical），如丝瓜藓（*Pohlia elongata*）（图 3－154）。

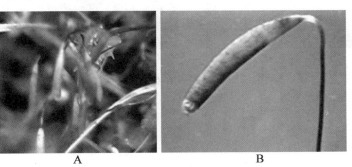

A   B

图 3－154　丝瓜藓（*Pohlia elongata*）（活体）

A 植物体；B 孢蒴（自包文美，计晓春，曹建国）

② 孢蒴具纵纹（capsule striate）

a. 拟木灵藓（*Orthotrichum affine*）（图 3 – 155）。

A   B

图 3 – 155   拟木灵藓（*Orthotrichum affine*）（活体）
A 植物体；B 孢蒴（自包文美，曹建国）

b. 齿边缩叶藓（*Ptychomitrium dentatum*）（图 3 – 156）。

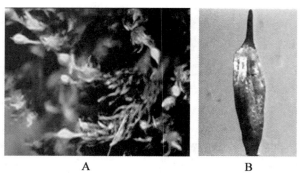

A   B

图 3 – 156   齿边缩叶藓（*Ptychomitrium dentatum*）（活体）
A 植物体；B 孢蒴（自包文美，计晓春，曹建国）

③ 孢蒴具四棱（capsule tetragonous）

如金发藓（*Polytrichum commune*）（图 3 – 157）。

A   B

图 3 – 157   金发藓（*Polytrichum commune*）（活体）
A 植物体；B 孢蒴（自包文美，曹建国）

④ 蒴帽形状（shape of calyptra）

a. 钟形（campanulate），如立碗藓（*Physcomitrium sphaericum*）（图 3 – 158）。

b. 帽形（cap-shaped），如扭叶小金发藓（*Pogonatum contortum*）（图 3 – 159）。

图 3 -158　立碗藓（*Physcomitrium sphaericum*）
（活体）（自包文美，曹建国）

图 3 -159　扭叶小金发藓（*Pogonatum contortum*）（活体）
（自包文美，曹建国）

c. 勺形（cucullate），如东亚小锦藓（*Brotherella fauriei*）（图 3 - 160）和灰白青藓（*Brachythecium albicans*）（图 3 - 161）。

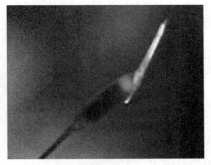

图 3 -160　东亚小锦藓（*Brotherella fauriei*）（活体）
（自包文美，曹建国）

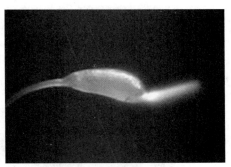

图 3 -161　灰白青藓（*Brachythecium albicans*）（活体）
（自包文美，曹建国）

⑤ 蒴盖形状（shape of operculum）

a. 平凸形（complanate convex），如葫芦藓（*Funaria hygrometrica*）蒴盖中央有尖（图 3 - 162）。

b. 蒴盖的中央具短喙（short beak），如羊角藓（*Herpetineuron toccoae*）（图 3 - 163）。

c. 蒴盖的中央具长喙（long beak），如金发藓（*Polytrichum commune*）（图 3 - 164）。

图 3 -162　葫芦藓（*Funaria hygrometrica*）
（活体）（自包文美，陈立群）

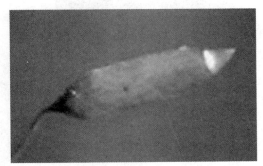

图 3 -163　羊角藓（*Herpetineuron toccoae*）（活体）
（自包文美，曹建国）

图 3 -164　金发藓（*Polytrichum commune*）（活体）
（自包文美，曹建国）

⑥ 蒴柄（seta）

长短不一，一般较长，有的种蒴柄扭曲。

a. 长蒴柄（slender seta），如卷叶曲背藓（*Oncophorus crispifolius*）（图 3 - 165）。

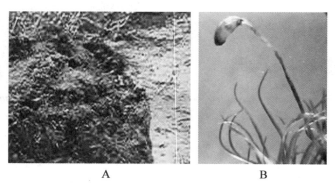

图 3 - 165　卷叶曲背藓（*Oncophorus crispifolius*）（活体）
A 生于腐木；B 叶片和孢蒴（自包文美，计晓春，曹建国）

b. 短蒴柄（short seta），蒴柄隐藏于雌苞叶内。

（i）虎尾藓（*Hedwigia ciliata*）（图 3 - 166）

图 3 - 166　虎尾藓（*Hedwigia ciliata*）（活体）
A 生于岩石；B 分枝和孢蒴（自包文美，计晓春，曹建国）

（ii）疣叶树平藓（*Homaliodendron papillosum*）（图 3 - 167）

（iii）平藓（*Neckera pennata*）（图 3 - 168）

图 3 - 167　疣叶树平藓（*Homaliodendron papillosum*）
（活体）（自包文美，曹建国）

图 3 - 168　平藓（*Neckera pennata*）（活体）
（自包文美，曹建国）

c. 蒴柄扭曲（twisted seta），如格陵兰曲尾藓（*Dicranum groenlandicum*）（图 3 - 169）。

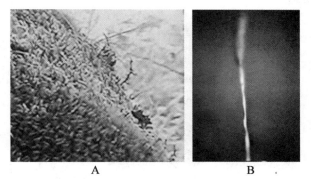

图 3 – 169　格陵兰曲尾藓（Dicranum groenlandicum）（活体）
A 生于岩石薄土；B 蒴柄扭曲（自包文美，计晓春，曹建国）

（2）配子体（gametophyte）

① 叶的形状（shape of leaf）

a. 灰羽藓（*Thuidium pristocalyx*），叶片宽卵形，先端钝尖，中肋粗壮，达叶尖前部（图 3 – 170）。

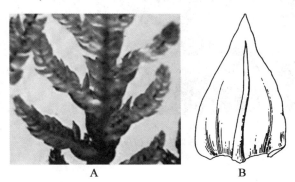

图 3 – 170　灰羽藓（*Thuidium pristocalyx*）
A 分枝（活体）（自包文美，曹建国）；B 叶形（自中国苔藓志）

b. 深绿绢藓（*Entodon luridus*），叶片宽卵形，内凹，先端钝圆或短尖，中肋 2 条，不明显（图 3 – 171）。

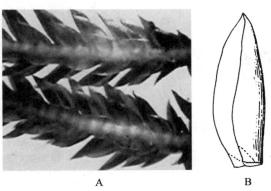

图 3 – 171　深绿绢藓（*Entodon luridus*）
A 分枝（活体）（自包文美，曹建国）；B 叶形（自中国苔藓志）

c. 小牛舌藓（*Anomodon minor*），叶片宽卵状舌形，先端钝圆，中肋粗壮，达叶尖前部（图 3 – 172）。

d. 卷叶灰藓（*Hypnum revolutum*），叶片披针形，先端渐尖，向一侧偏曲，中肋短，2 条（图 3 – 173）。

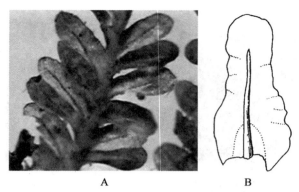

图 3 – 172　小牛舌藓（*Anomodon minor*）
A 分枝（活体）（自包文美，曹建国）；B 叶形（自中国苔藓志）

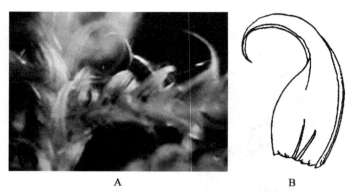

图 3 – 173　卷叶灰藓（*Hypnum revolutum*）
A 分枝（活体）（自包文美，曹建国）；B 叶形（自中国苔藓志）

e. 缘边匐灯藓（*Plagiomnium acutum*），叶长椭圆形，先端急尖，中肋粗壮，达叶尖（图 3 – 174）。

f. 树形匐灯藓（*Plagiomnium arbuscula*），叶片矩圆形，中肋粗壮，达叶尖（图 3 – 175）。

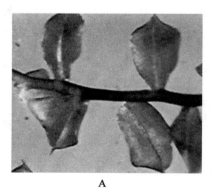

图 3 – 174　缘边匐灯藓（*Plagiomnium acutum*）
A 分枝（自包文美，曹建国）；B 叶形（自中国苔藓志）

图 3 – 175　树形匐灯藓（*Plaglomnlium arbuscula*）
A 分枝（活体）（自包文美，曹建国）；B 叶形（自中国苔藓志）

g. 毛叶曲柄藓（*Campylopus ericoides*），叶片狭长披针形，中肋宽阔，长达叶尖并突出（图3 – 176）。

② 叶的构造（structure of leaf）

a. 中肋（costa）。苔藓植物的叶片没有真正的叶脉，有的种类在叶片中肋处的细胞形小，壁加厚，或生成多层细胞，突出于叶表面为中肋，起支持作用，称为中肋。

（i）叶具一条中肋（single costa）：从叶基达叶先端，如平肋提灯藓（*Mnium laevinerve*）（图 3 – 177）。

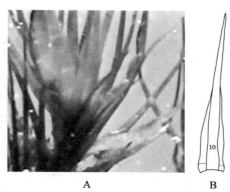

图 3 – 176　毛叶曲柄藓（*Campylopus ericoides*）

A 分枝（活体）（自包文美，曹建国）；B 叶形（自中国苔藓志）

图 3 – 177　叶具一条中肋，平肋提灯藓（*Mnium laevinerve*）（活体）（自包文美，曹建国）

（ii）叶具两条中肋（double costa）：不达叶先端，较长的，如塔藓（*Hylocomium splendens*）（图 3 – 178A）；较短的，如垂蒴棉藓（*Plagiothecium nemorale*）（图 3 – 178B）。

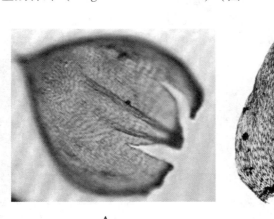

图 3 – 178　叶具两条中肋（活体）

A 塔藓（*Hylocomium splendens*）（活体）（自包文美，曹建国）；
B 垂蒴棉藓（*Plagiothecium nemorale*）（自王幼芳）

b. 具疣（leaf with papillae）。叶细胞具疣，如疣白发藓（*Leucobryum scabrum*）（图 3 – 179）。

c. 具翅（leaf with wing）。叶细胞的中肋向叶前伸出短的前翅，向叶背生出长的背翅，扩大叶面，如异形凤尾藓（*Fissidens anomalus*）（图 3 – 180）。

d. 具栉片（leaf with lamellae）。叶片的腹面约有 40 片与叶细胞垂直排列的片状物，称栉片（lamella），每片栉片都与叶的中肋平行，如刺边小金发藓褐色亚种（*Pogonatum cirratum* subsp. *fuscatum*）

（图 3 – 181）。

A   B

图 3 – 179　疣白发藓（*Leucobryum scabrum*）（活体）

A 部分分枝；B 叶片（自包文美，计晓春，曹建国）

图 3 – 180　异形凤尾藓（*Fissidens anomalus*）（活体）（自包文美，曹建国）

图 3 – 181　刺边小金发藓褐色亚种（*Pogonatum cirratum* subsp. *fuscatum*）（活体）叶片顶面观（自包文美，曹建国）

e. 具波纹（leaf undulate）。叶面不平，如平藓（*Neckera pennata*）（图 3 – 182）。

f. 异形叶（heteromorphous leaf）。如东亚孔雀藓（*Hypopterygium japonicum*），侧叶与腹叶异型，侧叶宽卵形，腹叶圆形（图 3 – 183）。

图 3 – 182　平藓（*Neckera pennata*）（活体）（自包文美，曹建国）

图 3 – 183　东亚孔雀藓（*Hypopterygium japonicum*）（活体）（自包文美，曹建国）

2. 生活环境

（1）水生生境（hydrophytic habitat）

① 镰刀藓（*Drepanocladus aduncus*），生长在静水和流水的石面上，固着生长，枝茎折断后可漂流生长（图 3 – 184A）。叶片呈镰刀状弯曲而得名（图 3 – 184B）。

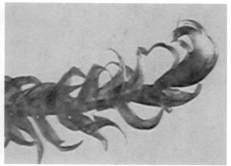

A **B**

图 3 – 184 镰刀藓（*Drepanocladus aduncus*）（活体）

A 采集漂流的镰刀藓；B 叶片（自包文美，计晓春，曹建国）

② 扭叶水灰藓（*Hygrohypnum eugyrium*），生长在河水中露出于水面的岩石薄土上，植物体平展交织，基部固着生长（图 3 – 185A），绿色（图 3 – 185B）。孢蒴挺水而出，长卵形，蒴帽兜形（图 3 –185C）。

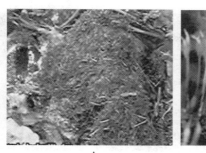

A **B** **C**

图 3 –185 扭叶水灰藓（*Hygrohypnum eugyrium*）（活体）

A 生于河中岩石薄土上；B 植物体；C 孢蒴（自包文美，计晓春，曹建国）

（2）沼泽生境（helodia habitat）

① 毛梳藓（*Ptilium crista-castrensis*），生长林地沼泽中（图 3 – 186A），植物体粗壮，丛生，黄绿色，具规则羽状分枝，向两侧伸展，像一把双面的梳子（图 3 – 186B）。

A **B**

图 3 –186 毛梳藓（*Ptillium crista-castrensis*）（活体）

A 生于林地沼泽；B 植物体（自包文美，计晓春，曹建国）

② 沼泽皱蒴藓（*Aulacomnium palustre*），大片生长于林下沼泽，是北方寒冷地区和西南高山沼泽常见的藓类。茎直立或倾立，叶片密生（图 3 – 187A），孢蒴倾立，长卵形，干燥后具纵纹（图 3 – 187B）。

图 3 – 187 沼泽皱蒴藓（*Aulacomnium palustre*）（活体）

A 植物体；B 孢蒴（自包文美，计晓春，曹建国）

（3）石生生境（petrophytia habitat）

① 垫丛紫萼藓（*Grimmia pulvinata*），生于高山干燥、光秃的岩石上（图 3 – 188A），植物体密集丛生，紫黑绿色，茎高约 1.5 cm（图 3 – 188B），孢蒴长卵形，蒴盖呈短或长喙形（图 3 – 188C）。

图 3 – 188 垫丛紫萼藓（*Grimmia pulvinata*）（活体）

A 生于岩石；B 植物体；C 孢蒴（自包文美，计晓春，曹建国）

② 黄砂藓（*Rhacomitrium anomodontoides*），生于南方高山，砂砾岩石上，成大片群落丛（图 3 – 189A，B），茎常具多数短分枝，叶长披针形（图 3 – 198C）。

孢蒴

图 3 – 189 黄砂藓（*Rhacomitrium anomodontoides*）（活体）

A 生于岩石；B 植物体；C 孢蒴着生叶腋间（自包文美，计晓春，曹建国）

③ 暖地大叶藓（*Rhodobryum giganteum*），土生或生于林下，像一朵朵小绿花，叶片簇生，在我国南北都有分布（图 3 – 190A）。植物体大形，叶倒卵形，中肋粗壮（图 3 – 190B），枝顶的精子器成熟后，细胞壁变为红褐色（图 3 – 190C）。

④ 疣叶树平藓（*Homaliodendron papillosum*）植物体扁平，树形，枝叶似两列着生（图 3 – 191A），叶片宽长舌形，先端有粗齿，叶片细胞壁厚，上部细胞具疣（图 3 – 191B）。

图 3 – 190　暖地大叶藓（*Rodobryum giganteum*）（活体）
A 生于林地；B 植物体；C 枝顶深色的精子器（自包文美，计晓春）

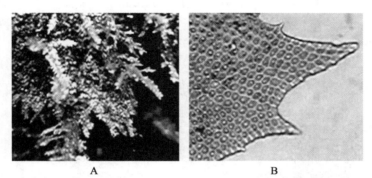

图 3 – 191　疣叶树平藓（*Homaliodendron papillosum*）（活体）
A 自岩石垂倾生长；B 叶片细胞具疣（自包文美，计晓春，曹建国）

⑤ 粗枝蔓藓（*Meteorium subpolytrichum*），悬垂树生的种类，但也生长在岩石上，常自成群落，植物体深绿色（图 3 – 192A），叶覆瓦状排列，叶湿润时，四散倾立，干燥时也不皱缩（图 3 – 192B）。

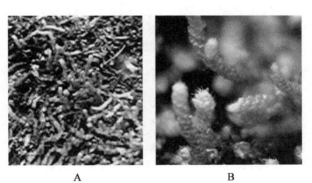

图 3 – 192　粗枝蔓藓（*Meteorium subpolytrichum*）（活体）
A 生于岩石；B 植物体放大（自包文美，计晓春）

（4）土生生境（geophytia habitat）

① 仙鹤藓（*Atrichum undulatum*），在土坡上大片生长，植物体丛生，绿色或深绿色（图 3 – 193A），孢蒴倾立，蒴盖具有与孢蒴同长的长喙状突起，像一只仙鹤的头和它伸出的长喙，因而得名（图 3 – 193B）。

② 卷叶湿地藓（*Hyophila involuta*），土生或石生，也常生于墙角阴湿处，植物体矮小丛生，绣绿色，茎直立（图 3 – 194A），蒴柄较长，孢蒴椭圆形（图 3 – 194B）。

③ 小凤尾藓（*Fissidens bryoides*），生于潮湿土，植物体密集丛生，茎直立，高 1～1.5 mm，绿色或鲜绿色，叶片具有前翅和背翅（图 3 – 195）。

图 3 - 193　仙鹤藓（*Atrichum undulatum*）（活体）
A 生于土堆；B 孢蒴（自包文美，计晓春）

图 3 - 194　卷叶湿地藓（*Hyophila involuta*）（活体）
A 生于阴湿土壤；B 孢蒴（自包文美，曹建国）

图 3 - 195　小凤尾藓（*Fissidens bryoides*）（活体）（自包文美，计晓春）

④ 卷叶凤尾藓（*Fissidens cristatus*），生于湿地，植物体高大，达 10 cm（图 3 - 196A），孢蒴长椭圆形，蒴盖具喙（图 3 - 196B）。

图 3 - 196　卷叶凤尾藓（*Fissidens cristatus*）（活体）
A 生于土坡；B 植物体放大（自包文美，计晓春）

⑤ 鼠尾藓（*Myuroclada maximowiczii*），生于湿土上，植物体粗壮，丛生，鲜绿色或黄绿色（图 3 - 197A），小枝圆条形，尖端圆钝或尖细，像鼠尾，因而得名（图 3 - 197B），叶圆形和扁圆形，紧贴于枝（图 3 - 197C）。

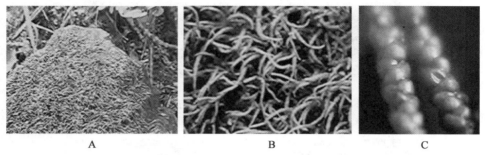

图 3 - 197　鼠尾藓（*Myuroclada maximowiczii*）（活体）
A 生于土坡；B 植物体放大；C 小枝放大（自包文美，计晓春，曹建国）

⑥ 东亚小金发藓（*Pogonatum inflexum*），生于土坡，植物体大，硬挺，茎高 1.5 cm，成大片生长，叶厚，有栉片。孢蒴长卵形或圆柱形，橘红色，蒴柄长，可达 3 cm（图 3 - 198）。

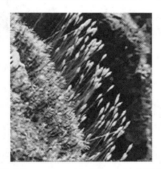

图 3 - 198　东亚小金发藓（*Pogonatum inflexum*）（活体）（自包文美，计晓春）

（5）林地生境（hylo-geophytia habitat）

① 万年藓（*Climacium dendroides*），生长于林下，形成大片藓丛，植物体粗壮，像松树幼苗（图 3 - 199A），枝条多具钝端，孢蒴直立，长圆柱形（图 3 - 199B）。

图 3 - 199　万年藓（*Climacium dendroides*）（活体）
A 生于林地；B 植物体与孢蒴（自包文美，计晓春）

② 拟垂枝藓（*Rhytidiadelphus triquetrus*），是北方林下苔藓群落种的主要成分，植物体粗壮，丛生，黄绿色，略有光泽，茎长可达 15 cm，分枝羽状或不规则，长短不一（图 3 - 200A），蒴柄长，孢蒴长卵形，弓形弯曲，红褐色，蒴盖短圆锥形（图 3 - 200B）。

③ 垂枝藓（*Rhytidium rugosum*），生于林下土壤，植物体丛生，黄绿色（图 3 - 201A），高 10 ~ 15 cm，枝端渐尖，常下垂，成弧形弯曲（图 3 - 201B）。

图 3 – 200　拟垂枝藓（*Rhytidiadelphus triquetrus*）（活体）

A 生于林地；B 孢蒴（自包文美，计晓春，曹建国）

图 3 – 201　垂枝藓（*Rhytidium rugosum*）（活体）

A 生于林地；B 植物体放大（自包文美，计晓春）

④塔藓（*Hylocomium splendens*），林下沼泽大片成群生长（图 3 – 202A），植物体大，粗壮，鲜绿色或黄绿色，高达 15 ~ 20 cm，2 ~ 3 次羽状分枝，逐年分层生长，呈塔形，因而得名（图 3 – 202B，C）。

图 3 – 202　塔藓（*Hylocomium splendens*）（活体）

A 生于林地；B 植物体；C 小枝放大（自包文美，计晓春，曹建国）

⑤锦丝藓（*Actinothuidium hookeri*），林下腐殖质上，大片生长，常成大面积群落，进入林中，深没脚踝（图 3 – 203A）。植物体大形，粗壮硬挺，黄绿色（图 3 – 203B），蒴柄细长，孢蒴长圆柱形，弓形弯曲（图 3 – 203C）。

图 3 – 203　锦丝藓（*Actinothuidium hookeri*）（活体）

A 生于林地；B 植物体；C 孢蒴（自包文美，计晓春，曹建国）

（6）树生生境（epixylophytia habitat）

① 紧贴树皮的（compact）

a. 中华木衣藓（*Drummondia sinensis*）紧贴树皮生长，植物体平铺蔓延，交织成片，茎匍匐，小枝短，直立，叶片密集，簇状着生，湿润时四散展开（图3-204A，B），孢蒴卵圆形或长卵形，蒴帽兜形（图3-204C）。

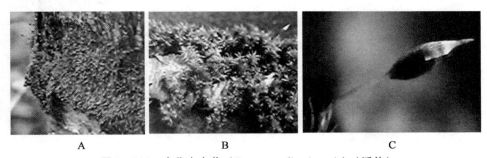

图3-204　中华木衣藓（*Drummondia sinensis*）（活体）
A 紧贴树皮；B 植物体连树枝放大；C 孢蒴（自包文美，计晓春，曹建国）

b. 扁枝藓（*Homalia trichomanoides*）紧贴树皮生长，植物体扁平，像苔类，深绿色或黄绿色，具光泽，茎长达5 cm（图3-205A），叶片呈假两列着生，先端宽舌形，孢蒴长椭圆形，蒴柄红褐色（图3-205B）。

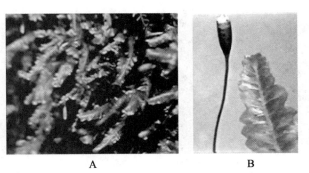

图3-205　扁枝藓（*Homalia trichomanoides*）（活体）
A 自树干倾立生长；B 孢蒴与叶片（自包文美，计晓春，曹建国）

② 浮蔽树皮的（laxae epixylophytia）

a. 毛枝藓（*Pilotrichopsis dentata*），在树干上大片生长，植物体纤长，硬挺（图3-206A），叶基部卵形，向上呈宽披针形，渐尖（图3-206B）。

图3-206　毛枝藓（*Pilotrichopsis dentata*）（活体）
A 浮蔽树皮；B 小枝和叶片（自包文美，计晓春，曹建国）

b. 东亚孔雀藓（*Hypopterygium japonicum*），生于树干基部（图3-207A），植物体树形，上部

2~3回羽状分枝，呈扇状排列（图3-207B），蒴柄细长，孢蒴圆柱形（图3-207C）。蒴柄和孢蒴伸出后，全株像孔雀开屏，因而得名。

图3-207　东亚孔雀藓（**Hypopterygium japonicum**）（活体）
A 浮蔽树皮；B 植物体；C 孢蒴（自包文美，计晓春，曹建国）

c. 兜叶绢藓（*Entodon conchophyllus*），生于树干（图3-208A），叶披针形，孢蒴长圆柱形（图3-208B）。

图3-208　兜叶绢藓（**Entodon conchophyllus**）（活体）
A 浮蔽树皮；B 孢蒴（自包文美，计晓春，曹建国）

d. 丝灰藓（*Giraldiella levieri*），大片生长于树干（图3-209A），为我国所特有，植物体粗壮、绿色，富有光泽，茎匍匐，分枝不规则，叶长椭圆形，渐尖（图3-209B），孢蒴直立，长椭圆形，蒴盖具喙（图3-209C）。

图3-209　丝灰藓（**Giraldiella levieri**）（活体）
A 紧贴树皮；B 分枝放大；C 孢蒴（自包文美，计晓春，曹建国）

e. 南亚卷毛藓（*Dicranoweisia indica*），生于树干，植物体小，叶披针形，渐尖（图3-210A），孢蒴圆柱形，蒴柄长，红色，孢帽兜形（图3-210B）。

图3-210 南亚卷毛藓（*Dicranoweisia indica*）（活体）
A 紧贴树皮；B 孢蒴（自包文美，计晓春）

f. 灰藓（*Hypnum cupressiforme*），生于树干，植物体黄绿色，有光泽（图3-211A），分枝末端钩状，叶镰刀状向一侧偏斜（图3-211B）。

图3-211 灰藓（*Hypnum cupressiforme*）（活体）
A 紧贴树皮；B 分枝放大（自包文美，计晓春，曹建国）

g. 羽枝青藓（*Brachythecium plumosum*），生于树干，植物体黄色或黄绿色，匍匐生长，蒴柄细长，红色，孢蒴长卵形，蒴盖圆锥形，具短喙，蒴帽兜形（图3-212A），叶宽卵形，具毛尖，全缘（图3-212B）。

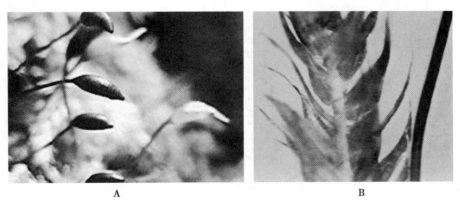

图3-212 羽枝青藓（*Brachythecium plumosum*）（活体）
A 紧贴树皮；B 分枝放大（自包文美，计晓春，曹建国）

③ 悬垂树生的（demigratia epixylophytia）

a. 垂悬白齿藓（*Leucodon pendulus*），垂悬着生于树干或树枝（图 3 - 213A ~ C），分枝细长可达 20 ~ 40 cm，叶长卵形（图 3 - 213D）。大片生长时，危害树木的发育。常与地衣植物长松萝（*Usnea longissima*）形成群落，从树枝上悬挂下来，随风摆动，构成森林中独特的景观。

图 3 - 213 垂悬白齿藓（*Leucodon pendulus*）（活体）
A 垂悬于树枝；B，C 部分放大；D 分枝放大（自包文美，计晓春，曹建国）

b. 无肋藓（*Dicladiella trichophora*），悬垂于树枝，植物体较细，黄绿色，有光泽，茎细长，达 20 cm（图 3 - 214A）。叶密生，贴紧，长椭圆状披针形，具细长毛尖（图 3 - 214B）。

图 3 - 214 无肋藓（*Dicladiella trichophora*）（活体）
A 垂悬于树干；B 分枝放大（自包文美，计晓春，曹建国）

c. 假悬藓（*Psuedobarbella levieri*），悬垂于树枝，植物体纤细，成束交织生长，黄绿色或棕绿色（图 3 - 215）。

图 3 –215　假悬藓（*Psuedobarbella levieri*）（活体）（自包文美，计晓春）

（7）腐木生境（putridae epixylophytic habitat）

① 四齿藓（*Tetraphis pellucida*），生于倒腐木，植物体密集丛生，柔弱，淡绿色或棕绿色（图 3 –216A），孢蒴长圆形，蒴柄长，蒴齿具 4 个齿片，因此得名（图 3 –216B）。

A   B

图 3 –216　四齿藓（*Tetraphis pellucida*）（活体）
A 生于腐木；B 孢蒴（自包文美，计晓春，曹建国）

② 拟腐木藓（*Callicladium haldanianum*），生于林地腐木，植物体较大，匍匐生长（图 3 –217A），叶全缘，披针形，上部渐尖（图 3 –217B）。

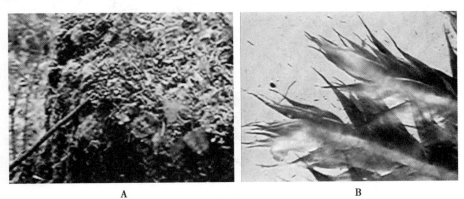

A   B

图 3 –217　拟腐木藓（*Callicladium haldanianum*）（活体）
A 生于腐木；B 分枝放大（自包文美，计晓春，曹建国）

③ 偏叶提灯藓（*Mnium thomsonii*），生于倒木，植物体略粗，丛生（图 3 –218A），叶片长卵状披针形，叶缘具刺，叶两侧不对称，渐尖，中肋达叶尖（图 3 –218B），孢蒴长椭圆形，蒴柄长，倾立或平列（图 3 –218C）。

图 3 - 218　偏叶提灯藓（*Mnium thomsonii*）（活体）
A 生于倒木；B 分枝放大；C 孢蒴（自包文美，计晓春，曹建国）

④ 灰白青藓（*Brachythecium albicans*），生于腐木，植物体稀疏丛生，苍白绿色，带光泽（图 3 - 219A，B），叶卵状披针形，基部宽卵形，先端成毛尖（图 3 - 219C），蒴柄细长，成熟的孢蒴长卵形，褐色（图 3 - 219D）。

图 3 - 219　灰白青藓（*Brachythecium albicans*）（活体）
A 生于腐木；B 分枝放大；C 叶片；D 成熟的孢蒴（A，D 自包文美，计晓春，曹建国；B，C 自王幼芳）

（8）叶附生生境（epiphyllitia habitat）

① 拟夭命藓（*Ephemeropsis tjibodensis*），生长在叶的表面（图 3 - 220A），有原丝体，没有茎和叶，原丝体直接产生孢蒴（图 3 - 220B，C）。

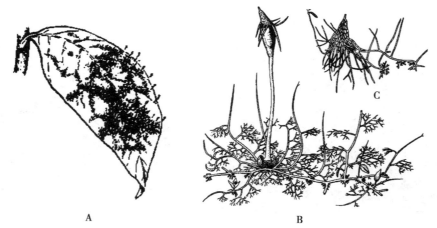

图 3 - 220　拟夭命藓（*Ephemeropsis tjibodensis*）
A 生于叶面；B 原丝体直接产生孢蒴；C 幼孢蒴（自 Fleischer）

② 似藻拟夭命藓（*Ephemeropsis trentepohlioides*），生长在叶的表面（图 3 - 221A），有原丝体，没有茎和叶，常被误认为藻类中的一种橘色藻（*Trentepohlia* sp.），在原丝体阶段产生孢蒴（图 3 - 221B，C）。

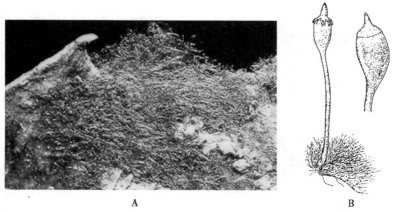

图 3 – 221　似藻拟夭命藓（*Ephemeropsis trentepohlioides*）
A 生于叶面（活体）（自 B & N Malcolm）；B 原丝体直接产生孢子体（自 Wagstaff）

3. 代表植物

真藓类（Bryiidae）葫芦藓属（*Funaria*）葫芦藓（*Funaria hygrometrica*），为土生喜氮小形藓类，习见于田园和路旁，林间火烧迹地，常成片生长。

（1）配子体（gametophyte）　配子体是有茎叶分化的茎叶体，直立，丛生，茎短小。茎顶产生孢子体，孢蒴葫芦形，（图 3 – 222）因而得名，总高可达约 3 cm，基部生有假根（图 3 – 223）。

叶卵形或舌形，有中肋（图 3 – 224），由单层细胞构成（3 – 225B）。茎的构造简单，有表皮、皮层和中轴三层组织。表皮和皮层由薄壁和厚壁细胞所组成，中轴的细胞较小，纵向延长，但不形成真正的输导组织（图 3 – 225A）。

图 3 – 222　葫芦藓（*Funaria hygrometrica*）（活体）生活状态（自包文美）

图 3 – 223　葫芦藓（*F. hygrometrica*）孢子体和配子体（自 Bold）

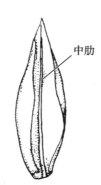

中肋

图 3 – 224　葫芦藓（*F. hygrometrica*）叶片（自胡人亮，重编）

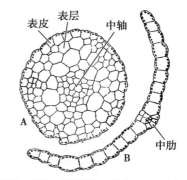

表皮　表层　中轴

中肋

图 3 – 225　葫芦藓（*F. hygrometrica*）（自 Smith，重编）
A 茎；B 叶片的横切

植物体有或无分枝，若有分枝，则主枝顶端产生精子器，侧枝顶端产生颈卵器（图 3 – 226，图 3 – 227）。若无分枝，则主枝顶端只产一种生殖器，即精子器或颈卵器。因此，有分枝者为雌雄同株，无分枝者为雌雄异株。生殖器的产生需要一定的低温过程，约在 10℃ 以下时才能形成。如在室温条下培养，经过晚秋，夜间最低 5 ~ 7℃ 时，则 12 月初生殖器才会发生。

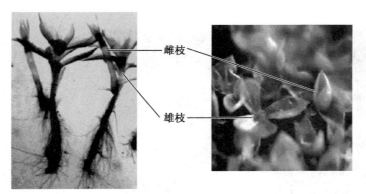

图 3 – 226 葫芦藓（*F. hygrometrica*）雌雄异株　　图 3 – 227 葫芦藓（*F. hygrometrica*）雌雄枝的枝顶
　　　　　侧面观（活体）（自包文美）　　　　　　　　　　　　（活体）（自包文美，计晓春）

精子器（antheridium），产生精子器的分枝为雄枝，精子生在枝的顶端，雄枝出现稍早于雌枝。成熟时，雄枝高 5~6 mm，枝顶的叶片即雄苞叶较宽而向外背仰，似一朵绿色的小花，花的中央是精子器和隔丝（paraphysis），幼时淡黄绿色。如将这些雄苞叶剥去就可清晰见到精子器和隔丝。每个枝顶约有精子器 50 个（图 3 – 228，图 3 – 230）。

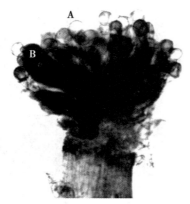

图 3 – 228 葫芦藓（*F. hygrometrica*）雄枝侧面观
　　　　　（剥去雄苞叶）
A 隔丝；B 精子器（自包文美）

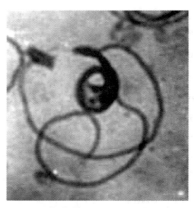

图 3 – 229 葫芦藓（*F. hygrometrica*）精子
　　　　　（染色）（自包文美）

每个精子器呈长棒形，长 0.2~0.25 mm，四周有一层不育细胞构成的壁，成熟后由幼时的绿色变为红褐色，顶端有两个大形细胞的盖细胞。在精子器之间夹生的隔丝，为单列不分枝的丝状体，顶端的细胞膨大成球状，隔丝由 4、5 个细胞组成，长约 0.3 mm，比精子器长，伸出在精子器之上。隔丝细胞内具叶绿体，能营光合作用，还能保持水分，对精子的游动有利（图 3 – 231）。

图 3 – 230 葫芦藓（*F. hygrometrica*）雄枝顶面观
　　　　　（活体，剥去雄苞叶）（自包文美，曹建国）

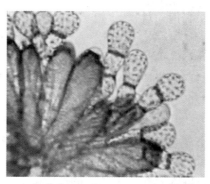

图 3 – 231 葫芦藓（*F. hygrometrica*）精子器和隔丝
　　　　　（活体）放大（自包文美，曹建国）

精子器具柄，柄由两列 4~5 层细胞构成，与隔丝的基部相连（图 3-232）。成熟的精子器在湿度增加的条件下，因吸水膨胀，而使盖细胞开裂，内部的精子细胞像烟雾般地喷出。刚逸出的精子各被薄膜，暂不游动，数秒钟后，薄膜消失，游向各方。1 min 后，精子器内的精子全部释放，精子器变为开口的空壳（图 3-233）。

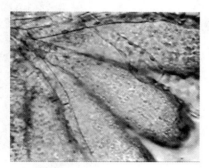

图 3-232　葫芦藓（*F. hygrometrica*）精子器及其柄（活体）（自包文美，曹建国）

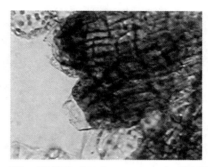

图 3-233　葫芦藓（*F. hygrometrica*）精子器释放精子后留下的空壳（活体）（自包文美，曹建国）

精子细长片状，略弯曲，常呈螺旋状，顶生 2 条等长鞭毛，通过水的媒介，游向颈卵器。当精子伸长时约 15 μm，鞭毛长约 46 μm，是精子长度的 3 倍以上（图 3-229）。

颈卵器（archegonium）生长在雌枝的顶端，从雌枝的侧面观，透过雌苞叶能隐约见到颈卵器颈部的轮廓（图 3-234）。颈卵器呈瓶状，高 0.5~0.6 mm，颈部长，有 15~20 层细胞，约占颈卵器高度的 2/3。颈部之下为膨大的腹部，基部有柄着生于枝顶，周围由单层细胞组成它的壁（图 3-235A）。

图 3-234　葫芦藓（*F. hygrometrica*）雌枝侧面观见雌苞叶内 2 个颈卵器的颈部（箭头）（自包文美）

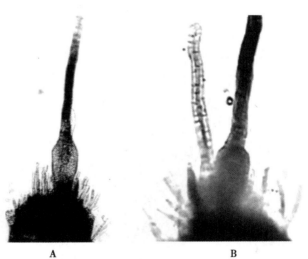

　　　　A　　　　　　　　　　　　B

图 3-235　葫芦藓（*F. hygrometrica*）雌枝顶端（活体）
A 1 个已受精的颈卵器；B 2 个颈卵器；左边的已受精，右边的卵受精后发育为胚（自包文美，曹建国）

颈卵器幼时无色，长大后变为绿色，基部有绿色隔丝，都能营光合作用。成熟时，其颈部顶端的盖细胞开裂，内部的颈沟细胞和腹沟细胞解体，精子游入，与卵结合，成为合子，发育成胚（embryo）（图 3-235 B），雌枝顶端的颈卵器可多至 4 个，都可受精（图 3-236），但发育为孢子体的仅其中一个。腹部的壁细胞随胚的生长而长大，颈卵器的颈部却木质化，不再生长，变为红棕色而坚硬，留于顶端（图 3-237）。

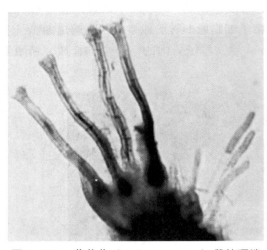

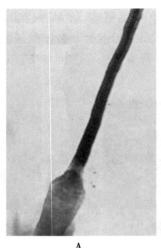

图 3 −236　葫芦藓（*F. hygrometrica*）雌枝顶端
4 个已受精的颈卵器示其盖细胞开裂
（活体）（自包文美，曹建国）

图 3 −237　葫芦藓（*F. hygrometrica*）胚（活体）
A 胚在颈卵器腹部生长，颈卵器颈部木质化；B A 图部分放大
（自包文美，曹建国）

（2）孢子体（sporophyte）

　　胚（embryo）：卵受精后形成合子，合子是孢子体的第 1 个细胞，10 余天后，经细胞分裂形成胚，呈梭形（图 3 −238A，B）。胚可分为 3 部分，基足、蒴柄和孢蒴。胚发育过程中蒴柄伸长最为明显，顶端膨大的部分是孢蒴，基部为基足，呈锥形，插入配子体顶端。

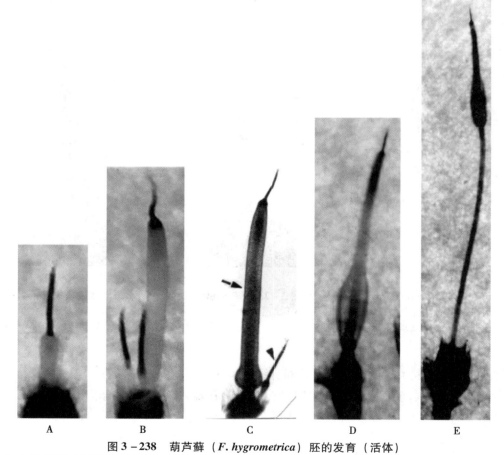

A　　　　　　B　　　　　　C　　　　　　D　　　　　　E

图 3 −238　葫芦藓（*F. hygrometrica*）胚的发育（活体）
A，B 胚在颈卵器腹部内生长；C 1 个有胚的颈卵器腹部下端成为球形（大箭头），另 1 个未发育（小箭头）；
D 球形部分膨大成为空囊；E 颈卵器一部分腹部的壁沿蒴柄上升（自包文美）

基足插入雌枝组织内，吸收营养。如将胚从雌枝内拔出，就可见其基部的基足，尖而细长，像锥子一样插进雌枝顶（图3－239）。胚发育中，蒴柄伸长时，颈卵器腹部下端成为球形（图3－238C），再膨大变为空囊（图3－238D，图3－240）。再过2～3天后，由于胚的急速生长，使颈卵器底部边缘与雌枝相互分离。此空囊被胀破，发生纵裂，并与颈卵器腹部上半部分的壁一同沿蒴柄上升，顶向胚的上方，成为今后罩在孢蒴顶端的蒴帽（图3－238E）。

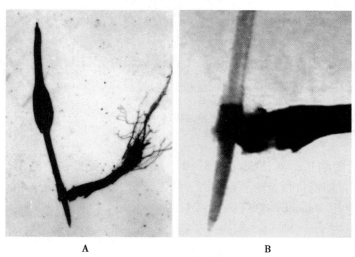

图3－239　葫芦藓（*F. hygrometrica*）胚的基足（活体）
A胚的基足（从雌枝内拔出）；B A图部分放大（自包文美）

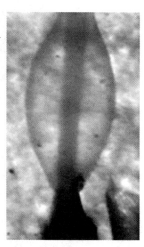

图3－240　葫芦藓（*F. hygrometrica*）
胚发育时颈卵器腹部膨大成为空囊
（活体）（自包文美）

孢蒴（capsule）：幼孢蒴本来直立于蒴柄顶端，20余天后孢蒴经发育向一侧倾斜（图3－241A）。蒴帽及其顶端细长的部分（包括颈卵器腹部的上半部分和颈部），随孢蒴的倾斜而下弯，逐渐平行于地面，最后完全下垂，甚至大于90度角（图3－241B）。孢蒴的体积不断增大，形似葫芦。故视蒴帽顶端下垂的情况，就可知道孢蒴发育的程度。

图3－241　葫芦藓（*F. hygrometrica*）孢蒴（活体）从直立至下垂
A生活状态（自包文美，计晓春）；B 3个发育阶段的孢蒴（自包文美）

孢蒴下垂后，保持绿色10余天，逐渐变为黄色、橘红色到最后变为红褐色（图3－242A），孢蒴表面出现皱褶，此时孢蒴完全成熟（图3－242B）。蒴柄长可达2.4～3 cm，孢蒴长约3.5 mm，宽约2 m。

A B

图 3 – 242　葫芦藓（*F. hygrometrica*）孢蒴的成熟过程（活体）
A 由绿色转为黄色至红褐色；B 孢蒴的表面出现纵褶（自包文美，计晓春）

　　蒴帽（calyptra）兜形，基部膨大，上面细长，具长喙（图 3 – 243），蒴帽虽覆盖在孢蒴上，但它是来源于配子体的一部分。孢蒴成熟后，蒴帽自行脱落。孢蒴可分为三部分：顶端为蒴盖（operculum），中部为蒴壶（spore sac），下部为蒴托（apophysis）（图 3 – 244）。

图 3 – 243　葫芦藓（*F. hygrometrica*）即将成熟的孢蒴（活体）（自包文美，曹建国）

图 3 – 244　葫芦藓（*F. hygrometrica*）已成熟的孢蒴，蒴帽脱落（活体）（自包文美，曹建国）

蒴盖
蒴壶
蒴托
蒴帽
蒴柄

　　孢蒴的蒴盖由一层细胞构成，覆于孢蒴顶端。蒴壶最外层是表皮，表皮内为蒴壁，蒴壁由多层薄壁细胞构成，向内形成细胞间隙为气室（air-chamber），气室中有营养丝。中央部分为蒴轴（columella），蒴轴与蒴壁之间是造孢组织，孢子母细胞即来源于此。孢子母细胞经减数分裂以后，形成孢子。蒴盖和蒴壶连接部分的表皮细胞的壁呈"U"字形增厚，形成环带（annulus），连接蒴盖和蒴壶。蒴托在孢蒴的最下部，在其表皮上分布许多气孔，表皮内有薄壁组织，并含有叶绿体，能进行光合作用（图 3 – 245）。环带的最下层

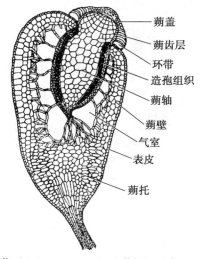

蒴盖
蒴齿层
环带
造孢组织
蒴轴
蒴壁
气室
表皮
蒴托

图 3 – 245　葫芦藓（*F. hygrometrica*）孢蒴纵切（自 Coulter，重编）

是薄壁细胞，孢蒴成熟时，环带的薄壁细胞因干燥而收缩，从孢蒴上脱落（图3-246）。

环带脱落后，可见孢蒴顶端被蒴齿层（peristome）覆盖，蒴齿层由蒴齿片（segment）组成。蒴齿层分内蒴齿层（inner peristome）和外蒴齿层（outer peristome）两层，各有16枚蒴齿片，能行干湿性的伸缩运动（图3-247）。

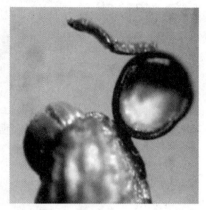

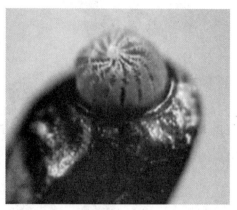

图3-246 葫芦藓（*F. hygrometrica*）孢蒴的环带脱落 蒴盖掀开（活体）（自包文美，陈立群）

图3-247 葫芦藓（*F. hygrometrica*）孢蒴的蒴齿（活体）（自包文美，陈立群）

葫芦藓蒴齿外层的齿片尖端连成一盘状结构，并不分离（图3-247）。在干燥条件下，仅由此盘状结构下部分的蒴齿片相互分离，蒴齿片之间就产生了16条裂缝，这时，孢子从这些裂缝中散发出来（图3-248）。在潮湿条件下它们又相互紧贴，并向反时针方向旋转，紧盖孢蒴的开口（图3-249）。我们如将成熟而蒴齿片未裂开的孢蒴放在载玻片上，微微加热，就可看到蒴齿片之间逐渐出现裂缝，孢子散出。若再在此孢蒴上，加一滴水，则蒴齿片又立即旋转而闭紧。

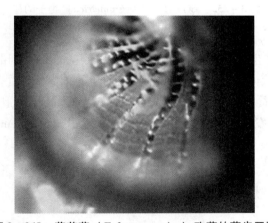

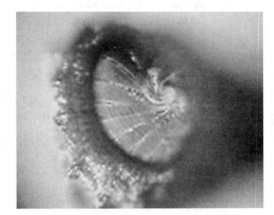

图3-248 葫芦藓（*F. hygrometrica*）孢蒴的蒴齿开裂（活体）（自包文美，曹建国）

图3-249 葫芦藓（*F. hygrometrica*）孢蒴的蒴齿关闭（活体）（自包文美，曹建国）

干燥的孢子卵状圆球形，直径17~19 μm（图3-250）。在适宜的条件下，萌发成为原丝体，萌发率很高（图3-251）。但成熟孢子的寿命有一定的期限，经我们长期的试验，约有七年。

孢子（spore）是孢子母细胞经减数分裂产生，它是配子体的第1个细胞，故孢子、原丝体和芽体都已进入配子体世代。孢子在17~18℃时，两天萌发，26~30℃时，一天即可萌发。萌发时，孢子吸水膨胀，体积增大，直径增至21~23 μm（图3-252）。接着外壁破裂为1~2裂口，孢子的内壁和原生质从裂口处突出，突出内含叶绿体（图3-253）。

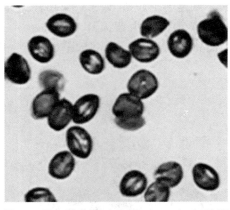

图 3 –250　葫芦藓（*F. hygrometrica*）孢子
（活体）（自包文美）

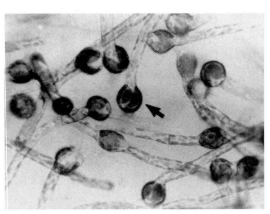

图 3 –251　葫芦藓（*F. hygrometrica*）孢子萌发为
原丝体（活体）（自包文美）

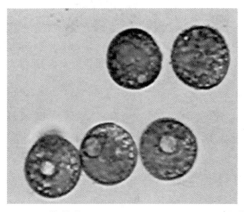

图 3 –252　葫芦藓（*F. hygrometrica*）孢子吸水膨胀
（活体）（自包文美，曹建国）

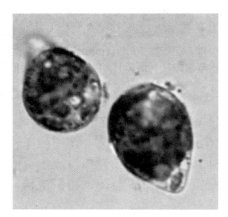

图 3 –253　葫芦藓（*F. hygrometrica*）孢子的壁
裂开伸出突起（活体）（自包文美，曹建国）

　　原丝体（protonema）：孢子的突起继续生长时，产生横壁，形成两个细胞，分裂为一条单列的丝状体，孢子的外壁仍可附着在上面（图 3 –254）。丝状体绿色，可不断分枝，有的分枝沿着基质表面生长，叫匍匐枝（prostrate branch）。有的分枝深入基质，向下生长，并逐渐变为尖细，叶绿体退化，无色，叫假根（rhizoid）（图 3 –255）。从一个孢子萌发出来的丝状体的总和叫原丝体（protonema），匍匐枝经多次分枝，扩大生长面积，营光合作用。假根只能伸长，但不分枝。

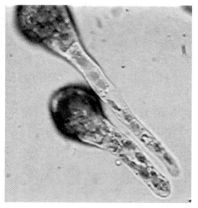

图 3 –254　葫芦藓（*F. hygrometrica*）孢子长出
丝状体（活体）（自包文美，曹建国）

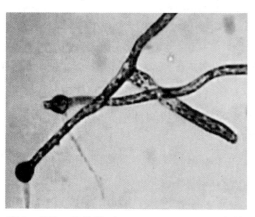

图 3 –255　葫芦藓（*F. hygrometrica*）原丝体
示匍匐枝和假根（活体）（自包文美，曹建国）

芽体（bud）：若在 20～28℃ 条件下，孢子接种后 16 天，在原丝体的基部，即附有孢子外壁的细胞的附近，就是原丝体最成熟的部分，首先产生芽体，以后在各幼嫩的部位逐渐出现。它的产生与侧枝相仿，但不伸长，而是产生一个球状突起，其中有顶端细胞，具有分生能力，经细胞分裂，形成一堆细胞，衍生出茎和叶，在叶的基部产生假根（图 3–256）。芽体的假根可分枝，并具斜向的横壁，细胞变为无色。芽体长大就是幼茎叶体（图 3–257）。

图 3–256　葫芦藓（*F. hygrometrica*）芽体
（活体）（自包文美，曹建国）

图 3–257　葫芦藓（*F. hygrometrica*）幼茎叶体
（活体）（自包文美，曹建国）

我们仅取一个孢子，接种于培养基上，在一般室温条件下 3 个月后，原丝体的面积扩展 5 cm^2 左右，产生的茎叶体达 100 多个，可见葫芦藓原丝体的繁殖能力极强（图 3–258，图 3–259）。

图 3–258　葫芦藓（*F. hygrometrica*）1 个孢子长出的
一群幼茎叶体（活体）（自包文美，曹建国）

图 3–259　葫芦藓（*F. hygrometrica*）幼茎叶体
（活体）（自包文美，曹建国）

（3）生活史（life cycle）（图 3–260）　各发育阶段，除精子染色外，均为作者显微镜下活体描绘。

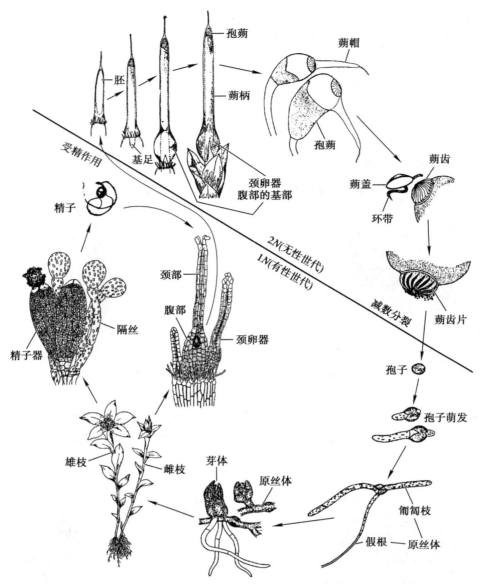

图 3 - 260　葫芦藓（*Funaria hygrometrica*）生活史（自包文美）

第五节　苔藓植物的起源和演化

苔藓植物的生活史不同于其他的高等植物，它的配子体高度发达，独立生活，占主要位置，而孢子体不发达，寄居在配子体上，占次要地位。关于苔藓植物的起源和演化问题，迄今仍有不同的见解。追溯苔藓的起源必须研究它在各地质年代中保存下来的苔藓化石。经我国学者陶君容和吴鹏程（1998）的研究，苔藓植物各大类化石出现的地质时期如图 3 - 261。

图 3 - 261 说明，苔类最早在古生代晚志留纪 - 泥盆纪出现，如古孢子体属（*Sporogonites*）和古带叶苔属（*Pallaviciniites*）；到了石炭纪，叶苔类植物（Jungermanniales），叉苔目（Metzgeriales）和地钱亚科（Marchantioides）都陆续出现。藓类最早在石炭纪至二叠纪出现，如金发藓类（Muscites）和变齿藓目（Isobryales）。从中生代侏罗纪到新生代，角苔目（Anthocerotales）、泥炭藓目（Sphagnales）、真藓科（Bryaceae）及其他藓类陆续繁衍。

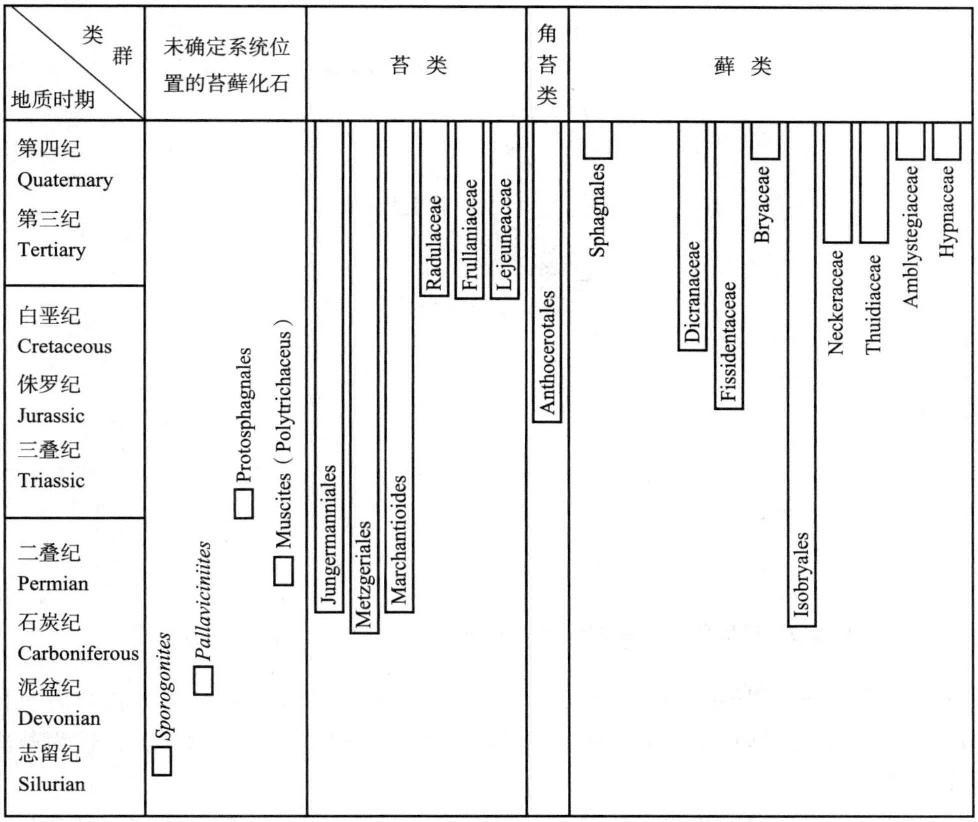

图 3 – 261　苔藓植物各大类化石出现的地质时期（自陶君容，吴鹏程，1998）

本图仅罗列苔藓植物的主要大类或分类等级：*Sporogonites* 古孢子体属；*Pallaviciniites* 古带叶苔属；Protosphagnales 原始泥炭藓目；Muscites 金发藓类；Jungermanniales 叶苔类植物；Metzgeriales 叉苔目，Marchantioides 地钱亚科；Radulaceae 扁萼苔科；Frullaniaceae 耳叶苔目；Lejeuneaceae 细鳞苔目；Anthocerotales 角苔目；Sphagnales 泥炭藓目；Dicranaceae 曲尾藓科；Fissidentaceae 凤尾藓科；Bryaceae 真藓科；Isobryales 变齿藓目；Neckeraceae 平藓科；Thuidiaceae 羽藓科；Amblystegiaceae 柳叶藓科；Hypnaceae 灰藓科

近年我国学者（杨瑞东等，2004）从在贵州台江的古生代中寒武纪距今 5.2 亿年前的地质层发掘的大量藻类化石中，发现类似藓类植物的化石，形态类似于现代葫芦藓（*Funaria hygrometrica*），定名为中华拟真藓（*Parafunaria sinensis*）。此化石存的年代，远早于过去公认为最早的苔藓植物化石是古生代、晚志留纪和泥盆记的苔类，如古孢子体属（*Sporogonites*）和古带叶苔属（*Pallaviciniites*）。此化石的发现，将苔藓植物在地球上的出现，向前推进了 7 000 万年。而且中华拟真藓很可能是藓类植物最早的祖先，苔类植物却比它出现得晚，是否可以考虑苔类由藓类演化而来？

至于苔藓植物起源于何类植物，大体可归纳为两种观点：一种认为起源于绿藻；另一种则认为起源于裸蕨。

一、起源于绿藻

绿藻和苔藓植物具有极多共同点：① 苔藓植物和绿藻的色素体含有相同的色素，叶绿素 a、b 和叶黄素，贮藏物同为淀粉。② 在角苔的大形叶绿体上具蛋白核一枚，尤似绿藻。③ 苔藓植物体发育的第一阶段为原丝体，很像丝状绿藻。④ 它们产生的精子都具有顶生 2 等长尾鞭型鞭毛与绿藻的游动细胞相似。苔藓植物与绿藻之间存在某些中间类型，如 1932 年在印度发现的绿藻新种弗氏藻（*Fritschiella tuberose*）（图 3 – 262），匍匐于湿地或树木，丝状体具无色假根伸入土壤，向上形成气生枝，此结构与苔类极为相似。

1951 年在日本北部山区发现一种小型的苔类，外形极似藻类，最初曾被误认为是藻类，后来确

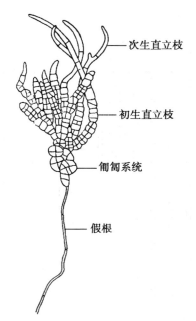

图 3 - 262　弗氏藻（*Fritschiella tuberose*）（自 Bold *et al.* 转自 Singh，重编）

次生直立枝

初生直立枝

匍匐系统

假根

认为苔类，命名为藻苔属（*Takakia*）的藻苔（*Takakia lepidozioides*），又确定该属的另一种，角叶藻苔（*Takakia ceratophylla*），具有顶生孢子体，但其配子体外形似藻类，实为苔类，这为苔藓植物起源于绿藻提供了例证。

此外，当前已经从绿藻分化出来的轮藻，其植物体构造复杂，产生的精囊球（globule）和卵囊球（nucule），可与苔藓植物的精子器和颈卵器相比拟。而且轮藻的合子萌发时，也先产生原丝体。苔藓植物与轮藻的关系可能比较接近。但轮藻不产生双相植物体，没有孢子行无性生殖。

二、起源于裸蕨类

裸蕨类中的莱尼蕨属（*Rhynia*）没有真正的叶与根，只有在横生的茎上生有假根，这与苔藓植物体有相似处。裸蕨类中角蕨属（*Hornea*）和孢囊蕨属（*Sporogonites*）的孢子囊内，有一中轴构造，此点与苔藓植物的角苔属、泥炭藓属和黑藓属的孢蒴中的蒴轴很相似。在苔藓植物中没有输导组织，只有角苔属的蒴轴内有类似输导组织的厚壁细胞，而在裸蕨类中的莱尼蕨属和孢囊蕨属的输导组织也在茎中消失。按顶枝学说（塔赫他间，1950）的概念，植物体的进化，是由分枝的孢子囊逐渐演变为集中的孢子囊。在裸蕨中的孢囊蕨已具有单一的孢子囊，而在藓类中的真藓（*Bryum argenteum*）中，发现有畸形分叉孢子囊（图 3 - 263），似乎也可以证明苔藓植物起源于裸蕨类植物。由于以上原因，主张起源于裸蕨类的人，认为配子体占优势的苔藓植物，是由孢子体占优势的裸蕨植物演变而来，由于孢子体的逐步退化，配子体进一步复杂化的结果。但从化石来材料看，裸蕨植物最早出现于志留纪，当前已

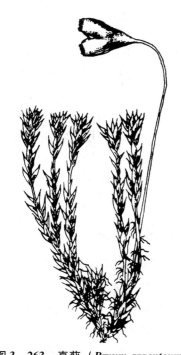

图 3 - 263　真藓（*Bryum argenteum*）
（自胡人亮，1987）

知苔藓植物出现于寒武纪（杨瑞东等，2004），比裸蕨植物约早1.4亿年，故此起源学说难以说明它们在年代上的进化顺序。

绿藻为苔藓植物的祖先的理由较为充分，除形态有共同之处外，从生态来看也存在较大可能，绿藻生活在水中、湿地，或附生于石上、树上，这正是从水生演化为陆生的主要条件。

关于裸蕨和苔藓植物的起源，目前观点认为，苔藓和裸蕨植物之间并没有直接的演化关系；它们很可能起源于一个具同型世代交替的祖先植物，然后向两个方向进化，一是朝着生活史中配子体占优势，孢子体寄生于配子体上，孢子体形态结构趋向简化的方向发展，最后形成苔藓植物；另一个方向是朝着孢子体占优势，配子体趋于简化的方向发展，最终形成裸蕨植物，但这一观点还有待进一步研究证实。

苔藓植物的配子体虽然有茎、叶的分化，但茎、叶构造简单，喜欢阴湿，在有性生殖时，必须借助于水，这都表明它是由水生到陆生的过渡类型植物。由于苔藓植物的配子体占优势，孢子体依附在配子体上，而配子体的构造简单，没有真正的根，没有输导组织，因而在陆地上难于进一步适应发展。所以不能像其他孢子体发达的陆生高等植物，能良好的适应陆生生活。因此，苔藓植物在植物界的系统演化中，只能是一个盲枝。

第六节　苔藓植物在自然界中的作用和经济价值

一、苔藓植物在自然界的作用

1. 植物界的拓荒者之一

苔藓植物能继蓝藻、地衣之后，生活于沙碛、荒漠、冻原和裸露的石面或新断裂的岩层上。有些苔藓植物具有极强的耐旱能力，在生长的过程中，能不断地分泌酸性物质，分解岩石表面，逐渐形成最初的土壤，本身的残骸亦堆积在岩面之上，年深日久后，为其他高等植物创造了生存条件，使它们得以接踵而来，因此，它是植物界的拓荒者之一。

2. 保持水土的作用

苔藓植物一般的都有很大的吸水能力，尤其是当密集丛生时，其吸水量高时可达植物体干重的15～20倍，而其蒸发量却只有净水表面的1/5。因此，在防止水土流失上起着重要的作用。

3. 同湖沼和森林的变迁有密切的关系

苔藓植物有很强的适应水湿的特性，特别是一些适应水湿很强的种类，如泥炭藓（*Sphagnum*）、湿原藓（*Calliergon*）、大湿原藓（*Calliergonella*）和镰刀藓（*Drepanocladus*）等，在湖边、沼泽中大片生长时，在适宜的条件下，上部能逐年产生新枝，下部老的植物体逐渐死亡、腐朽，因此，在长时间内上部藓层逐渐扩展，下部腐朽部分愈堆愈厚，可使湖泊、沼泽干枯，逐渐陆地化，为陆生的草本植物、灌木和乔木生长创造条件，从而使湖泊、沼泽演替为森林（图3-264）。

但如果空气相对湿度过大，上述一些藓类，由于吸收空气中的水分，使水长期蓄积于藓丛之中，亦能促成地面沼泽化，而形成高位沼泽。如高位沼泽在森林内形成，对森林危害甚大，可造成林木大批死亡，昔日的森林会变成一片沼泽。

因此，苔藓植物同沼泽和森林的变迁有密切关系，对湖泊和沼泽的陆地化和陆地的沼泽化，起着重要的作用。

4. 可作为森林类型的指示植物

苔藓植物的生态发展是多方面的，它们对自然条件较为敏感，在不同的生态条件下，常出现不同种类的苔藓植物，因此可以作为某一个生活条件下综合性的指示植物。如泥炭藓生于我国北方的落叶松和冷杉林中，金发藓生于红松和云杉林中，而塔藓多生于冷杉和落叶松的半沼泽林中。我国南方的一些叶附生苔类，如细鳞苔科、扁萼苔科植物多生于热带雨林内。由于苔藓植物可作为森林类型的指

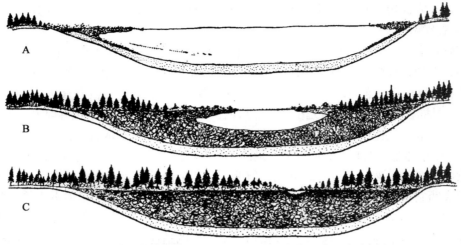

图3-264 泥炭藓和苔藓泥炭的形成及对湖泊演变的影响（自陈邦杰，1963）

A 湖泊周边发生泥炭藓和其他沼泽植物，并逐渐向湖泊中部发展，湖泊已有浮堆的苔藓层，
下面有沉积的泥炭，湖底有泥沙层；B 苔藓层逐年扩展，泥炭层沉积越厚，湖面逐渐缩小，
草原和森林随苔藓植物的扩展，继沼泽植物之后向湖泊中部进展；C 湖泊仅余残迹，
沼泽植物群落已为森林植物所代替

示植物，当某地区的森林被烧毁或开发之后，可由遗留的苔藓植物来确定原来的森林类型。

5. 可作为测定大气污染的指示植物

苔藓植物对大气污染很敏感，因为它的叶片都是单层细胞，没有角质层的保护，污染物质可以直接从叶的表面侵入细胞，所受的平均污染浓度大于其他高等植物，特别是附生在树干上的苔藓植物，排除了土壤或其他基质中 pH 变化所造成的影响。如果把一些敏感的种类移栽到有相当 SO_2 含量的工业区，起初叶子先端失去绿色，逐渐全体变白，叶绿素退化，细胞膜损害，造成质壁分离，反应特别明显。因此，近年来国内外开展利用苔藓植物监测大气污染的研究，设计苔藓监测仪（Bryometer）来判断空气污染的情况。

二、苔藓植物在经济上的利用

1. 药用

苔藓植物有的种类可直接用于医药方面，如金发藓（*Polytrichum commune*）有败热、解毒、乌发、活血、止血和通便作用。暖地大叶藓（*Rhodobryum giganteum*）对治疗心血管病有较好的疗效。多种苔藓植物如仙鹤藓属（*Atrichum*）、金发藓属（*Polytrichum*）的提取液，对金黄色葡萄状球菌有较强的抗菌作用。

五倍子是著名中药，早在《本草纲目》中就有记载，能敛肺止血、化痰、止渴、收汗。它是由五倍子蚜虫寄生在盐肤木植物的叶子上，产生虫瘿，但此蚜虫必须在提灯藓属（*Mnium*）及一些藓类植物上越冬。因此要提高五倍子产量，还须研究提灯藓等的培植。目前五倍子除制药外，还是重要的工业原料。

泥炭藓吸水力强，吸水速度优于棉花3倍，可用于医用外科敷料，代替棉花，曾在第一次世界大战中被大量应用。

2. 燃料和肥料

泥炭藓长期埋藏于地层中后形成泥炭，泥炭可作为燃料和肥料，尤其是重要的燃料资源，目前约有40个国家在开采泥炭。

3. 园林

苔藓植物因其茎、叶具有很强的吸水、保水能力，在园艺上常用苔藓植物包装新鲜苗木长途运输，或作为播种后的覆盖物，以免水分过量蒸发。

日本园林工作将苔藓植物作为观赏植物，装饰庭园。如在空旷地栽金发藓，潮湿遮阴处有桧藓，草地用提灯藓，在树下白发藓和鞭苔形成浅绿色的一片绿浪，小路两旁可铺满青藓。有50多种苔藓植物可在苔藓花园中生长，专供游人观赏。近年在我国成都华西亚高山植物园中，发现一处极为罕见的占地10多亩的天然石生苔藓植物群落，是人类与苔藓植物和谐共处的美好例证。

苔藓植物参考文献

包文美，曹建国．地钱的孢子体和孢子萌发．生物学通报，2000 1：17－19

包文美，曹建国．泥炭藓及其孢子萌发和有性生殖．生物学通报，2001，1：8－9

包文美，曹建国．苔藓植物和蕨类植物的生殖发育（上集）．北京：高等教育出版社/高等教育电子音像出版社，2003

包文美，陈发生．葫芦藓的培养观察．生物学通报，1965，5：4－9

包文美，陈发生．地钱的培养与观察．生物学通报，1982，1：19－21

包文美，陈发生．葫芦藓的培养及生活史的观察．生物学通报，1983，5：4－9

包文美，陈发生．植物学 第二分册 第二篇 植物系统．哈尔滨：哈尔滨师范大学，1986

包文美，计晓春，曹建国．苔藓植物的多样性．北京：高等教育出版社/高等教育电子音像出版社，2005

曹建国，王戈，王全喜，地钱颈卵器发育和卵发生的显微观察及细胞化学研究，植物科学学报 2011，29（5）：607～612

曹建国，王戈，戴锡玲，等，地钱卵发育超微结构和细胞化学的研究，植物科学学报 2012，30（5）：476－483

陈邦杰等．中国藓类植物属志．上册．北京：科学出版社，1963

陈邦杰等．中国藓类植物属志．下册．北京：科学出版社，1978

陈阜东，李学东，刘家熙．南极菲尔德斯半岛苔藓植物手册．北京：海洋出版社，1995

高谦，吴玉环，李微．苔藓植物的起源与演化．地衣学和苔藓学国际学术研讨会，2010

胡人亮．苔藓植物学．北京：高等教育出版社，1987

贾渝，吴鹏程，汪楣芝，等．藻苔纲 Takakiopsida，一个独特的苔藓植物类群．植物分类学报，2003，41（4）：350－361

辽宁省林业土壤研究所．东北藓类植物志．北京：科学出版社，1977

马炜梁．高等植物及其多样性．北京：高等教育出版社/施普林格出版社，1998

马炜梁．植物学．北京：高等教育出版社，2009

吴鹏程．苔藓植物生物学．北京：科学出版社，1998

吴鹏程等．苔藓名词及名称．北京：科学出版社，1984

吴鹏程，罗健馨，汪楣芝．一个原始的苔类的目——藻苔目在中国发现．植物分类学报，1983，21（1）：105－107

严楚江．孢子植物形态学．北京：高等教育出版社，1959

张景钺，梁家骥．植物系统学．北京：高等教育出版社，1965

Bell P R，Hemsley A R. Green plants. Cambridge：Cambridge University Press，2000

Bold H C，Alesopoulos C J，Delevoryas T. Morphology of plants and fungi. 5th ed. New York：Harper & Row，Publishers，1987

Coulter J M，Barnes C R，Cowles H C. A Texboot of Botany. Vol 1. New York：Morphylogy American Book Company，1910

Haupt A W. Plant Morphology. New York：McGraw-Hill Book company，Inc.，1953

Higuchi M，Zhang D C. Sporophytes of *Takakia ceratophylla* found in China. J. Hattori Bot. Lab.，1998，84：57－69

Nishida Y. Studies on the sporing types in Mosses. Journ Hatt Bot lab，No. 44，1978

Renzaglia K S，McFarland K D，Smith D K. Anatomy and ultrastructure of the sporophyte of *Takakia ceratophylla*（Bryophyta）. Amer J Bot，1997，84（10）：1337－1350

Smith D K，Davison P G. Antheridia and sporophytes in *Takakia ceratophylla*（Mitt.）Grolle：Evidence for reclassification among the mosses. J Hattori Bot Lab，1993，73：263－271

Smith G M. Cryptogamic Botany. Vol 2. Bryophytes and Pteridophytes. 2nd ed. New York：Mcgraw-hill Book Company，Inc，1955

Spence R J，Schofield W B. Flora of North America，2007，27：42－44

von Denffer D，Schumacher W，Magdefrau K. Ehrendorfer F. Strasburger's Textbook of Botany. 306th ed. Translated by Bell P R，Coombe D E. London：Longman Group Limited，1976

第四章　蕨类植物（Pteridophyta）

第一节　蕨类植物的一般特征

蕨类植物（Pteridophyta）又称羊齿植物，一般喜生于阴湿和温暖的环境中。它与苔藓植物（Bryophyta）和种子植物（Spermatophyta）一样，都具有明显的世代交替（alternation of generations）现象，与苔藓植物不同的是蕨类植物的孢子体（sporophyte）远比配子体（gametophyte）发达，而且孢子体和配子体都能独立生活（图4－1）。这些特点与种子植物不同，因种子植物配子体不能独立生活，故蕨类植物是介于苔藓植物和种子植物之间的一群植物。

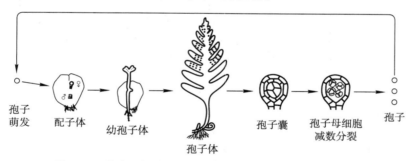

图4－1　蕨类植物世代交替示意图（自 Strasburger，重编）

我们习见的蕨类植物体是它的孢子体（sporophyte），是双相的植物体，孢子体都具有根、茎、叶的分化，无性生殖时经减数分裂产生单相的孢子。孢子发育为配子体（gametophyte），常见的配子体是它的成体即原叶体（prothallus）。事实上，大多数种类的配子体应该是指从孢子萌发，形成丝状体（filament）、片状体（plate）和原叶体，以至出现精子器和颈卵器，产生精子和卵为止的整个发育过程，可见，原叶体仅是配子体发育后期的一个成体。

蕨类植物曾分为2类：真蕨类（ferns）和拟蕨类（fern-allies）。从真蕨类的原叶体来看，常见的是心脏形，但还有其他形状，有5种类型：① 块状的，如七指蕨科，七指蕨（*Helminthostachys zeylanica*）（图4－2A）；② 丝状的，如莎草蕨科，细小莎草蕨（*Schizaea pusilla*）（图4－2B）；③ 带状的，如水龙骨科，似薄唇蕨（*Paraleptochilus decurrens*）（图4－2C）；④ 心状的，如铁线蕨科，鞭叶铁线蕨（*Adiantum coudatum*）（图4－2D）；⑤ 舌状的，如舌蕨科，狭叶舌蕨（*Elaphoglossum stenophyllum*）（图4－2E）。拟蕨类（fern-allies）原叶体也有5种类型：① 圆柱状，如松叶蕨属（*Psilotum*）（图4－3A）；② 不规则块状，如石松属（*Lycopodium*）和扁枝石松属（*Diphasiastrum*）（图4－3B,C）；

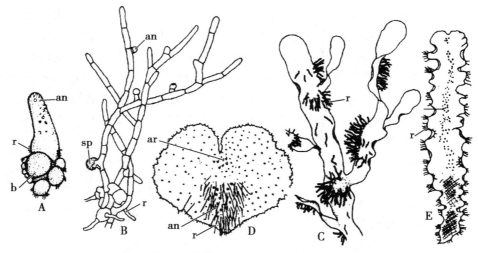

图 4 - 2　真蕨类的原叶体（自包文美）

A 块状的（七指蕨，*Helminthostachys zeylanica* 自 Lang）；B 丝状的（细小莎草蕨 *Schizaea pusilla* 自 Atkinson 和 Stokey）；
C 带状的（似薄唇蕨 *Paraleptochilus decurrens* 自 Nayar）；D 心状的（鞭叶铁线蕨 *Adiantum coudatum* 自 Atkinson 和 Stokey）；
E 舌状的（狭叶舌蕨 *Elaphoglossum stenophyllum* 自 Stokey 和 Atkinson）

an 精子器；b 分枝；r 假根；sp 孢子壁；ar 颈卵器

③ 棒状如石杉属（*Huperzia*）（图 4 - 3D）；④ 孢子壁内生，如卷柏属（*Selaginella*）（图 4 - 3E,F）；
⑤ 片状，如问荆属（*Equisetum*）（图 4 - 3G,H）。

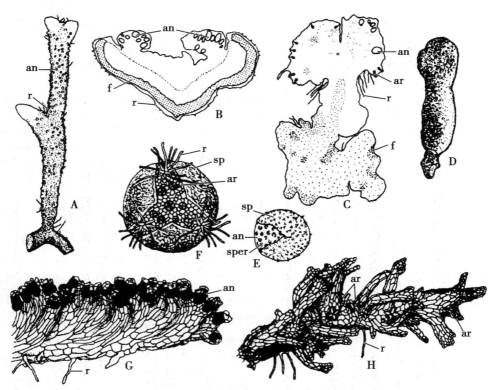

图 4 - 3　拟蕨类的原叶体（自包文美）

A 圆柱状（松叶蕨属 *Psilotum* 自 Holloway）；B，C 不规则块状（石松属 *Lycopodium* 自 Daigobo；
扁枝石松属 *Diphasiastrum* 自 Freeberg）；D 棒状（石杉属 *Huperzia* 自 Whittier）；E ~ F 孢子壁内生（卷柏属 *Selaginella* 雄、
雌原叶体 自 Bold）；G ~ H 片状（问荆属 *Equisetum* 雄、雌原叶体自 Duckett）

an 精子器；r 假根；f 内生真菌；ar 颈卵器；an 精子器；sp 孢子壁；sper 精子

蕨类植物配子体（gametophyte）的原叶体（prothallus）大多数为绿色、营光合作用，具有背腹之分的叶状体。少数种类为各形状的块状体，埋在土中，通过内生真菌的共生取得营养，如松叶蕨属（Psilotum）、石松属（Lycopodium）等，有的种类原叶体极度退化，仅在孢子壁内发育，如卷柏属（Selaginella）。但它们都不寄居于孢子体上而独立生活。有性生殖产生精子器（antheridium）和颈卵器（archegonium）。游动精子（spermatozoid）具多鞭毛或双鞭毛，必须借水与卵（egg）结合为双相（diploid，2N）的合子（zygote），合子暂时生活在母体即原叶体上，发育为胚（embryo），胚长大后原叶体死亡，胚成为具有根、茎、叶的孢子体。

蕨类植物孢子体（sporophyte）大都为多年生草木，仅少数为一年生的。都具有吸收能力较好的不定根（adventitious root），极少数原始种类仅具假根（rhizoid）。茎多为根状茎（rhizome），少数为直立的树干状或其他形式的气生茎（aerial stem）。原始种类兼具气生茎和根状茎。

蕨类植物茎内的维管系统（vascular system）形成各种中柱（stele），中柱的类型极为复杂，不同的中柱与它们的系统演化是相联系的（图4-4）。最原始的中柱是实心的，木质部（xylem）是中柱的柱心，韧皮部（phloem）圆筒状，套在木质部之外，称为原生中柱（protostele），如海金沙属（Lygodium）（图4-4A）。原生中柱的木质部分裂为星状，称为星状中柱（actinostele），如松叶蕨属（Psilotum）（图4-4B）。木质部裂为分离的片状，称为编织中柱（plectostele），如石松

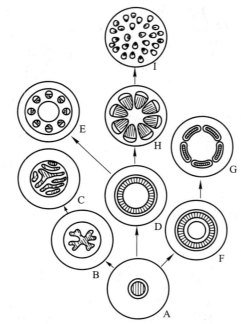

图4-4　中柱类型及其演化（自塔赫他间，重编）
A 原生中柱（如海金沙属 Lygodium）；B 星状中柱（如松叶蕨属 Psilotum）；
C 编织中柱（如石松属 Lycopodium）；D 管状中柱（如紫萁属 Osmunda）；
E 具节中柱（如问荆属 Equisetum）；F 双韧管状中柱（如碗蕨属 Dennstaedtia）；
G 网状中柱（如水龙骨属 Polypodiodes）；H 真正中柱（双子叶植物）；
I 散生中柱（单子叶植物）

属（Lycopodium）（图4-4C）。中柱的柱心出现薄壁组织，木质部成为空心的圆筒状，称为管状中柱（siphonostele），管状中柱有两种类型：韧皮部在木质部的外侧，称为外韧管状中柱（ectophloic siphonostele），如紫萁属（Osmunda）（图4-4D）；韧皮部在木质部内外两侧，称为双韧管状中柱（amphiphloic siphonostele），如碗蕨属（Dennstaedtia）（图4-4F）。由原生中柱分裂为分裂的管状中柱，称为具节中柱（Cladosiphonic stele），如问荆属（Equisetum）（图4-4E）。双韧管状中柱被许多薄壁组织所割裂，形成多个维管束，每个维管束中央为木质部，四周为韧皮部，在茎内排成一圈，称为网状中柱（dictyostele），如水龙骨属（Polypodiodes）（图4-4G）。多个维管束在茎内排成一圈以上，成为多环网状中柱（polycyclie dictyoslele），如蕨属（Pteridium）。网状中柱是进化的中柱，由原生中柱发展到管状中柱，进一步到网状中柱。在茎的个体发育过程中也常出现重演现象；如茎内初生的部分是原生中柱，以后形成的则分化为管状中柱，以至网状中柱。外韧管状中柱被薄壁组织分割，可发展为双子叶植物的真正中柱（eustele）（图4-4H），至单子叶植物的散生中柱（atactostele）（图4-4I）。

维管束内木质部的发育可分为外始式（exarch）、中始式（mesarch）和内始式（endarch）。外始式即木质部细胞的成熟自靠中柱的外周开始产生原生木质部，后至中柱中央产生后生木质部如石松属（Lycopodium）和卷柏属（Selaginella）。内始式恰相反如问荆属（Equisetum）和瓶尔小草属（Ophioglossum）。中始式即后产生的后生木质部，围绕先产生的原生木质部如松叶蕨属（*Psilotum*）和紫萁属（*Osmunda*）。外始式是原始类型，内始式是进化类型。

维管系统内的本质部和韧皮部分别担任水、无机养料和有机物质的运输。木质部的主要成分为管胞，壁上具有环纹、螺纹、梯纹或其他形状的加厚部分（图4-5），也有些蕨类具有导管，如一些石松植物以及真蕨植物中的蕨（*Pteridium aquilinum* var. *latiusculum*）。不过蕨类植物的导管和管胞的大小区别不甚显著。木质部除了管胞和导管外，还有薄壁组织。韧皮部的主要成分是筛胞和韧皮薄壁组织。在现代生存的蕨类中，除了极少数种类如水韭属（*Isoetes*）、瓶尔小草属（*Ophioglossum*）等种类外，一般没有形成层的结构。

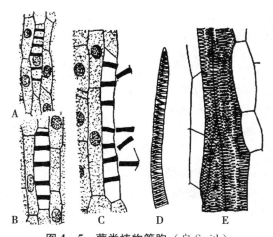

图4-5　蕨类植物管胞（自 Smith）
A～C 环纹管胞的发育过程，沼生问荆（*Equisetum telmateia*）；D 螺纹管胞，
细叶满江红（*Azolla filiculoides*）；E 梯纹管胞，毛叶蘋（*Marsilea vestita*）

蕨类植物的叶有小型叶（microphyll）（图4-6A）和大型叶（macrophyll）（图4-6B）两类，小型叶如松叶蕨属、石松属、卷柏属等的叶，它们没有叶隙（leaf gap）和叶柄（stipe），只具一个单一不分枝的叶脉（vein），小型叶的来源是由茎的表皮突出而成，为原始的类型（图4-7A，B）。大型叶有叶柄，维管束，有或无叶隙，叶脉多分枝（图4-7C，D），真蕨植物的叶均是大型叶，为进化的类型。

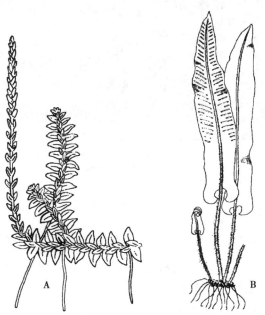

图4-6　蕨类植物叶片类型（自 Strasburger）
A 小型叶，小卷柏（*Selaginella helvtica*）；B 大叶型，对开蕨（*Phyllitis scolopendrium*）

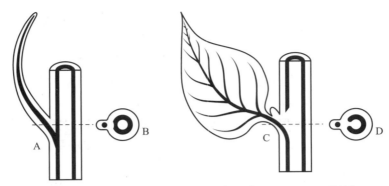

图 4 - 7　小型叶和大型叶的解剖比较（自 Bold *et al.*，重编）

A 茎和小型叶纵切；B 小型叶横切（无叶隙）；C 茎和大叶型纵切；D 大型叶横切（有叶隙）

蕨类植物的叶，有的仅营光合作用，称为营养叶或不育叶（foliage leaf, sterile frond），有的主要是产生孢子囊和孢子，称为孢子叶或能育叶（sporophyll, fertile frond）。这样，叶片就有营养叶和孢子叶之分：如果它们形状完全不同，称为异型叶（heteromorphic leaf）；若叶片没有营养叶和孢子叶之分，形状相同，称为同型叶（homomorphic leaf）。在系统演化过程中，同型叶朝着异型叶的方向发展。

蕨类植物的孢子囊（sporangium）在小型叶蕨类中，单生在孢子叶的近轴面叶腋或叶基部，孢子叶通常集生在分枝的顶端，形成穗状或球状，称为孢子囊穗（sporophyll spike）（图 4 - 8A）或称孢子叶球（strobilus）（图 4 - 8B）。大型叶蕨类的孢子囊通常着生在叶片的背面或边缘，往往由多数孢子囊聚集成群，称为孢子囊群或孢子囊堆（sorus）（图 4 - 8C）。水生蕨类如蘋属（*Marsilea*）（图 4 - 272）和槐叶蘋属（*Salvinia*）（图 4 - 277）的孢子囊群生于由叶特化的孢子果（sporocape）内。

图 4 - 8　蕨类植物孢子囊（活体）（自包文美）

A 孢子囊穗，还魂草（*Selaginella tamariscina*），箭头所指为大孢子囊；B 孢子叶球，问荆（*Equisetum avense*）；
C 孢子囊群，蕨（*Pteridium aquilinum* var. *latiusculum*）

多数蕨类产生的孢子（spore）大小相同，称为同形孢子（isospore），而卷柏属、水韭属（*Isoetes*）和水生蕨类的蘋属和槐叶蘋属的孢子有大小之分，称异形孢子（heterospore）。无论是同型孢子或异型孢子，在形态上都可分为二类：一类是圆形或钝三角形，具三裂缝，辐射对称的四面形孢子（tetrahedric spore）（4 - 9A）；另一类是肾形，具单裂缝，两侧对称的二面形孢子（bilateral spore）（图 4 - 9B），孢子的壁通常具有不同的纹饰。

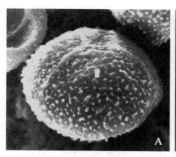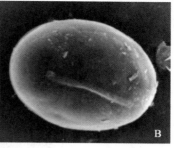

图 4-9　孢子类型（自包文美）

A 四面形孢子，分株紫萁（*Osmunda cinnamomea*）；B 二面形孢子，荚果蕨（*Matteuccia struthiopteris*）

　　总而言之，蕨类植物生活史中，有两个独立生活的植物体，即孢子体和配子体。从合子萌发开始，到孢子母细胞进行减数分裂（RD，reduction division）前为止，这一过程称为孢子体世代，或称无性世代（asexual generation），它的细胞染色体是双相的（diploid，2*N*）。从孢子萌发到精子和卵结合前的阶段，称为配子体世代，或称有性世代（sexual generation），其细胞染色体是单相的（haploid，1*N*）。在它一生中世代交替明显，而无性世代占优势。

　　但在蕨类植物中，孢子体不产生孢子而直接产生配子体的现象，称为无孢子生殖（apospory）。配子体也可以不经过配子的结合，而直接产生孢子体，称为无配子生殖（apogamy），如我国特有种柳叶蕨属（*Cyrtogonellum*）的离脉柳叶蕨（*C. caducum*）和斜基柳叶蕨（*C. inaequale*）生长在干旱的石隙间，虽产生有性生殖器官（图 4-10A），而且它们的精子器正常发育（图 4-10B，D），并产生精子。但因环境中缺乏水分，精子不能游泳，无法进行受精，已经成熟的颈卵器也就萎蔫了（图 4-10C）。它们通过原叶体顶端的细胞，经过分裂和分化，向上伸出子叶，向下长出胚根，形成了胚，长大为孢子体（图 4-11）。此类配子体就以无配子生殖产生胚，繁殖后代。无孢子生殖和无配子生殖在蕨类植物中相当普遍，有时同一种植物既有无配子生殖，又有无孢子生殖，于是就出现了四相（tetraploid）和三相（triploid）的孢子体，也称为四倍体和三倍体。例如，未经过减数分裂的无孢子生殖，产生了双相（diploid）的配子体，也称为二倍体，此配子体能正常地产生精子器和颈卵器，但此精子器和颈卵器产生的精子和卵是双相的，精卵结合后，生长发育，就形成了四相的孢子体。另外，无孢子生殖的双相配子体产生的精子和卵，也可以与单相（haploid）配子体的精卵相互交配，由此产生了三相的孢子体。

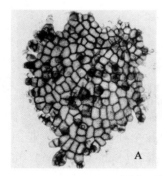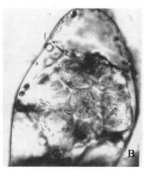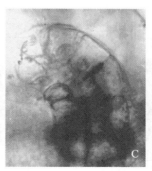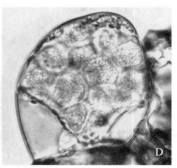

图 4-10　柳叶蕨属（*Cyrtogonellum*）原叶体和性器官（活体）（自包文美）

A～C 离脉柳叶蕨（*C. caducum*）：A 幼原叶体具精子器（若干色深区），
B 精子器放大，C 颈卵器放大；D 斜基柳叶蕨（*C. inaequale*）精子器

　　蕨类植物的分类系统，各植物学家的意见颇不一致，过去通常将蕨类植物作为一个自然群，在分类上被列为蕨类植物门（Pteridophyta），又将蕨类植物门分为松叶蕨纲（Psilotinae）、石松纲（Lycopodinae）、木贼纲（Eguisetinae）、楔叶纲（Sphenopinae）和真蕨纲（Filicinae）。也有人在这四个纲外

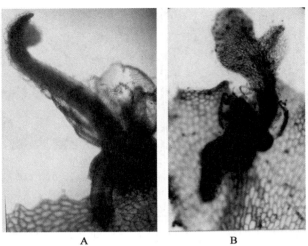

图 4 – 11　柳叶蕨属（*Cyrtogonellum*）无配子生殖产生的胚（活体）（自包文美）
A 离脉柳叶蕨（*C. caducum*）；B 斜基柳叶蕨（*C. inaequale*）

加水韭纲（Isoetinae）而成为五个纲。也有将四个纲提升为四个门或五个门。最近 Smith 等（2006）在前人研究形态学和分子生物学的基础上，对现存的蕨类植物提出新的系统，将石松类植物从中分离出来，并将它与包括种子植物和蕨类植物的真叶植物并列，各自成为独立的分支，这样，石松类植物、种子植物和蕨类植物均位于同一水平的演化位置（图 4 – 12）。在他们的系统中，石松类植物包括石松、石杉、卷柏、水韭科植物，而将松叶蕨科、木贼科归入真蕨类植物中。因此，所谓"拟蕨类植物"这一概念已受到挑战（刘红梅等，2008）。中美合作的英文版《Flora of China》大体依 Smith 等人的系统，已于 2013 年完成。但蕨类植物部分目前只有电子版的，尚不普及，并仍有进一步完善的余地。

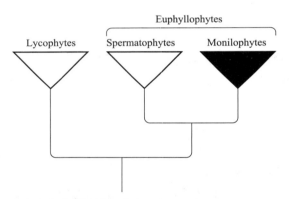

图 4 – 12　现存维管束植物的系统演化关系（自 A. R. Smith *et al*.，2006）
石松植物 Lycophytes；真叶植物 Euphyllophytes；种子植物 Spermatophytes；蕨类植物 Monilophytes

本书采用我国蕨类植物学家秦仁昌（1978）系统，将蕨类植物门分为五个亚门：松叶蕨亚门（Psilophytina）、石松亚门（Lycophytina）、水韭亚门（Isoephytina）、楔叶蕨亚门（Sphenophytina）和真蕨亚门（Filicophytina）。

第二节　松叶蕨亚门（Psilophytina）

松叶蕨亚门（Psilophytina）是原始的陆生植物类群，土生的（geophytic）或附生的（epiphytic），绝大部分已经绝迹，成为化石植物。现代生存的仅有 1 目松叶蕨目（Psilotales），1 科松叶蕨科，1 属松叶蕨属（*Psilotum*），2 种，我国仅有一种，即松叶蕨（*Psilotum nudum*），产于西南、华东、陕西等地，为孑遗种。

一、一般特征

1. 孢子体（sporophyte）

具有直立的（erect）气生茎和匍匐的（prostrate）根状茎（图 4 – 13A）。茎分表皮、皮层和中柱三部分：最外层为表皮层（epidermis），含厚角质，具气孔，表皮内为皮层（cortex），由多层细胞组成，外层有绿色组织（chlorenchyma），营光合作用，内层有厚壁细胞组织和薄壁细胞组织，茎中央为中柱（stele），具星状中柱（actinostele），木质部为外始式，原生木质部在外围，后生木质部在里面（图 4 – 13B）。茎二叉分枝，无根，仅在根状茎上着生毛状假根（rhizoid），这和其他蕨类植物不同。很多古代的种类无叶，现在生存的种类具小型叶，鳞片状，无叶脉。孢子囊大都生在叉状小型的孢子叶上（图 4 – 13C），孢子囊近球圆形，3 室（图 4 – 13D），孢子同型，椭圆形（图 4 – 13E）。

2. 配子体（gametophyte）

圆柱状，具不规则分枝，内有真菌共生，精子器和颈卵器生于表面（图 4 – 13F）精子多鞭毛（图 4 – 13G）。

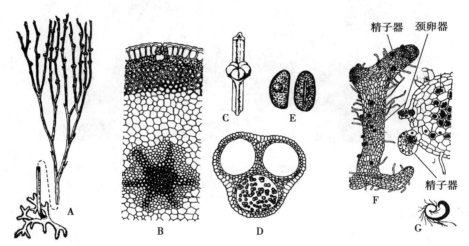

图 4 – 13　松叶蕨一种（*Psilotum triquetrum*）的孢子体和配子体（自 Strasburger，重编）
A 孢子体；B 茎横切示表皮、皮层和星状中柱；C 孢子囊；D 孢子囊横切；E 孢子；F 配子体及其横切面；G 精子

二、代表植物

松叶蕨属（*Psilotum*）　松叶蕨（*Psilotum nudum*）

1. 孢子体（sporophyte）

具叉状分枝的根状茎和气生茎（图 4 – 14A），根状茎棕褐色，生于腐殖土或岩缝中，也有附生在树皮上（图 4 – 15）。无真根，仅有假根，内有共生的真菌。气生茎叉状分枝，绿色，能营光合作用（图 4 – 16），表皮有气孔，基部圆柱状，上部三棱形或扁平状，具星状中柱。叶鳞片状，小型叶，无叶脉和气孔。

孢子囊（sporangium）：黄色，生于鳞片状分叉的孢子叶叶腋内（图 4 – 16A），孢子囊分 3 室，系由 3 个孢子囊聚合而成（图 4 – 14B，图 4 – 16B），孢子囊厚壁，具短柄，成熟时纵向开裂（图 4 – 14C）。孢子同形。

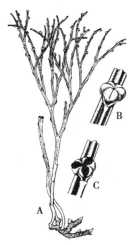

图4-14 松叶蕨（*Psilotum nudum*）（自 Bold *et al.*）
A 孢子体；B 孢子囊；C 孢子囊开裂

图4-15 松叶蕨（*P. nudum*）（活体）（自曹建国）
生活状态的孢子体

A   B

图4-16 松叶蕨（*P. nudum*）（活体）（自 Flickr）
A 孢子体部分放大；B 孢子囊放大

2. 配子体（gametophyte）

在腐殖土或石隙中发育，圆柱状，具不规则的叉状分枝，与孢子体初期发育很相似，棕色，无叶绿素，体内密布共生菌丝，原叶体表面具单细胞的假根（图4-17）。体内有发育不完全的环纹或梯纹管胞。成熟时精子器和颈卵器突出于配子体的表面（图4-18）。

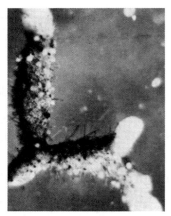

图4-17 松叶蕨（*P. nudum*）配子体
（活体）（自 Bierhorst）

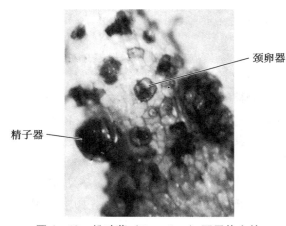

颈卵器

精子器

图4-18 松叶蕨（*P. nudum*）配子体上的
生殖器（活体）（自 Bierhorst，重编）

精子器（antheridium）：球形，突出于配子体之外，精子器的壁由单层细胞组成，内为精原组织（spermatogenous tissue）（图 4 – 19），精子多鞭毛。

颈卵器（archegonium）：颈部（neck）6 层细胞高，成熟时上部数层细胞断裂，仅留下部 1～3 层（图 4 – 20）。受精后的合子在颈卵器内进行分裂（图 4 – 21），并发育为胚（图 4 – 22），胚仍需与真菌共生。

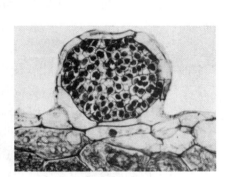

图 4 – 19　松叶蕨（*P. nudum*）的
精子器（自 Bierhorst）

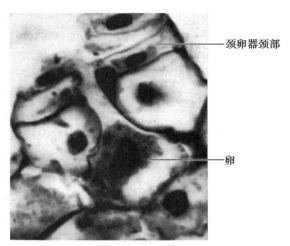

图 4 – 20　松叶蕨（*P. nudum*）的
颈卵器（自 Bierhorst，重编）

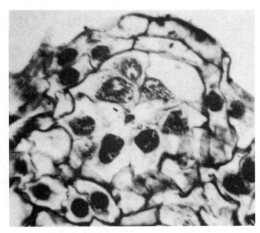

图 4 – 21　松叶蕨（*P. nudum*）颈卵器内
卵受精后分裂（自 Bierhorst）

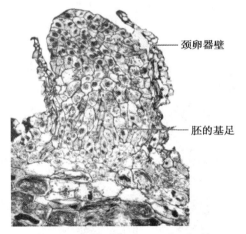

图 4 – 22　松叶蕨（*P. nudum*）的
胚（自 Bierhorst，重编）

第三节　石松亚门（Lycophytina）

石松亚门（Lycophytina）的起源比较古老，几乎与裸蕨同时出现。在石炭纪时最为繁茂，既有草本，也有高大乔木。直到二叠纪时绝大多数石松植物相继绝灭，现在遗留下的只是少数草本类型。土生或附生。孢子体有根、茎、叶的分化。茎多数为二叉分枝，具编织中柱（plectostele）和原生中柱（protostele）到多环式管状中柱（polycyclic siphonostele）等中间形式，木质部为外始式。叶为小型叶，仅一条叶脉，无叶隙。叶隙是指茎中柱上的薄壁组织，与叶片上的维管束相结合所形成，石松亚门无此结构。叶是衍生起源，螺旋状或对生排列，有或无叶舌。孢子囊常生于孢子叶的叶腋内，有的种类孢子叶集生在分枝的顶端，形成孢子囊穗，或称孢子叶球。孢子同型或异型。

配子体为不规则块状，或仅在孢子壁内发育。游动精子具双鞭毛。

现代生存的石松亚门植物有 2 目：石松目（Lycopodiales）和卷柏目（Selaginellales）。

一、石松目（**Lycopodiales**）

本目现存 3 科。石杉科（Huperziaceae）含 2 属，石杉属（*Huperzia*）全世界约 100 种，马尾杉属（*Phlegmariurus*）全世界约 200 种。石松科（Lyopodiaceae）含 5 属：藤石松属（*Lycopodiastrum*），扁枝石松属（*Diphasiastrum*）全世界约 23 种，垂穗石松属（*Palhinhaea*）全世界 2 种，小石松属（*Lycopodiella*）和石松属（*Lycopodium*）全世界约 10 种；石葱科（Phyllogossaceae），此科我国不产（陆树刚，2007）。

近年来根据分子生物学的研究，表明石杉科要并入石松科内，而石松科内的扁枝石松属（*Diphasiastrum*）和垂穗石松属（*Palhinhaea*）均并入石松属（*Lycopodium*）。

1. 一般特征

孢子体的茎匍匐的（prostrate）或直立的（erect），也有下垂的（weeping），常为叉状分枝。具不定根。叶为小型叶，鳞片状或针状，密生于小枝，多为螺旋状排列，无叶舌。孢子同型。多数种类有孢子叶和营养叶之分，孢子叶集生于枝顶，叶腋产生孢子囊，形成孢子囊穗如东北石松（*Lycopodium clavatum*）（图 4 – 24，图 4 – 25A），有的种类不分孢子叶和营养叶，孢子囊生于叶腋基部如小杉兰（*Huperzia selago*）（图 4 – 38）。孢子同型。

茎分表皮、皮层和中柱三部分，表皮一层，具保护作用。皮层宽，内有薄壁组织及厚壁组织，厚壁组织靠近中柱附近和表皮内层。茎的中央为中柱，无髓，无形成层。木质部和韧皮部相间隔，大致成为平行排列，如东北石松（*Lycopodium clavatum*）具有此类中柱，称为编织中柱（plectostele）（图 4 – 23A）。木质部为外始式，原生木质部在外围，后生木质部在里面（图 4 – 23B）。

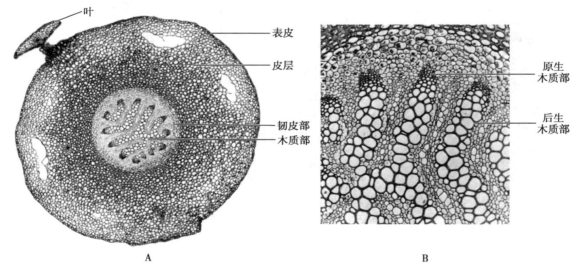

图 4 – 23   东北石松（*Lycopodium clavatum*）茎解剖图（自 Bold *et al.*，重编）
A 茎横切；B 茎内维管束横切

石松植物配子体的形成是漫长的过程，在自然界其孢子必须在地下经过多年的休眠，6 ~ 7 年后萌发，而且需要与一定的真菌共生才能生长发育，故 12 ~ 15 年后成熟。据报道石松植物已知配子体的仅占 7%。近年来通过石松目配子体人工培养的研究，在无机培养基中加入葡萄糖或蔗糖，配子体的发育不需与真菌共生，而且生长期缩短为 2 ~ 3 年。配子体的形态有块状，棒状或带状。它们的形态在分类上有重要的参考价值，有学者首先就根据配子体的形状，提出将石松目分为 2 科：石松科配子体块状，如东北石松（*Lycopodium clavatum*）（图 4 – 26A，B），石杉科配子体棒状或带状，如小杉兰（*Huperzia selago*）（图 4 – 39），当前此 2 科在孢子体上的特征也被确认，如下：

（1）石松科（Lyopodiaceae）　主茎长，匍匐状或攀缘（climb）状，孢子叶集成于枝顶，形成明显的孢子囊穗。配子体块状。

（2）石杉科（Huperziaceae）　主茎短，直立，孢子叶和营养叶同形或多少异形，孢子囊生于叶腋，如形成穗，则为线状。配子体棒状或带状。

2. 代表植物

石松科（Lyopodiaceae）石松属（*Lycopodium*），约有 10 种（陆树刚，2007）。大都产于热带、亚热带，也有广布于温带及寒带，喜酸性土壤。石松的孢子在冶金工业上可作为脱模剂。代表植物为东北石松。

东北石松（*Lycopodium clavatum*）

（1）孢子体（sporophyte）　为多年生草本植物，主茎匍匐，向上产生直立的二叉分枝，小枝密生鳞片状或针状小叶，螺旋状排列（图 4-24A，图 4-25A），无叶脉或仅具一条中肋（图 4-25B），向下生二叉分枝的不定根（图 4-25A）。

孢子囊（sporangium）：生于孢子叶的叶腋内，集生为孢子囊穗（图 4-24A，B）。每叶都能产生孢子囊。孢子囊大，肾形，横生，囊壁由数层细胞组成。成熟时，孢子囊前端唇形开裂（图 4-25B），孢子四面体形，三裂缝，黄色，同型孢子（图 4-25C）。

图 4-24　东北石松（*Lycopodium clavatum*）（活体）
A 孢子体（自 Flickr）；B 孢子囊穗放大箭头指为孢子叶内有孢子囊（自包文美，曹建国）

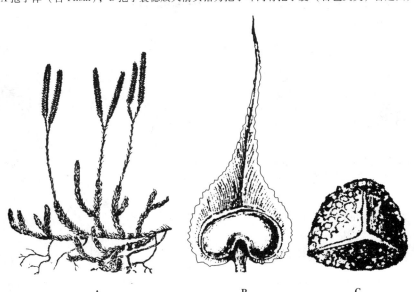

A   B   C
图 4-25　东北石松（*L. clavatum*）孢子体（自 Strasburger）
A 孢子体；B 孢子囊；C 孢子

（2）配子体（gametophyte） 孢子在地下经过多年的休眠，萌发为配子体，原叶体为不规则的块状体，边缘卷曲有假根（图4－26A，B；图4－27A）。全部埋在土中，无叶绿体，靠共生的菌丝（图4－26B深色部分）提供营养，配子体生活期很长。精子器和颈卵器同生于配子体的上表面（图4－26B）。

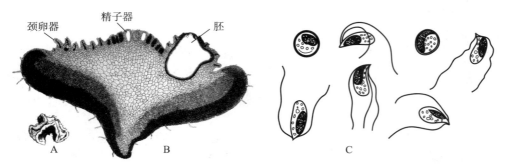

图4－26 东北石松（*L. clavatum*）配子体（自Bruchmann，重编）
A 配子体外形；B 配子体纵切；C 精子

精子器（antheridium）椭圆状，埋于组织，具单层细胞的壁，内为精原组织（图4－26B，图4－27B～D），精子两条鞭毛（图4－26C）。

颈卵器（archegonium）颈部露出配子体外，腹部埋于配子体内（图4－26B，图4－27E～G）。受精时颈沟细胞（neck canal cell）和腹沟细胞（ventral canal cell）解体消失，精子游入，并和卵受精（图4－27H），受精时脱离不了水，受精卵进行分裂发育成胚（图4－26B）。胚长大即为孢子体，孢子体独立生活时，配子体死亡（图4－28）。

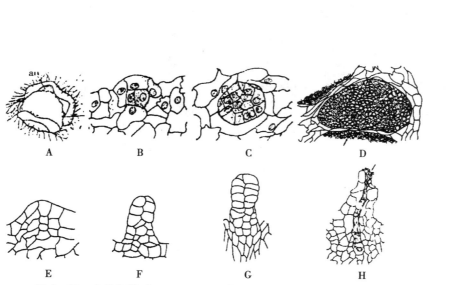

图4－27 东北石松（*L. clavatum*）性器官的形成过程（自Daigobo）
A 配子体；B～D 精子器形成过程；E～G 颈卵器形成过程；H 卵受精

图4－28 东北石松（*L. clavatum*）的幼孢子体（自Bruchmann）

（3）生活史（life cycle）（图4－29）

3. 常见种类

（1）石松科（Lyopodiaceae）含3属：石松属（*Lycopodium*）2种，东北石松（*L. clavatum*）和单穗石松（*Lycopodium annotinum*）；垂穗石松属（*Palhinhaea*）1种，垂穗石松（*Palhinhea cernum*）；扁枝石松属（*Diphasiastrum*）2种，扁枝石松（*D. complanatum*）和高山扁枝石松（*Diphassiatum alpinum*）。以下图示此4种孢子体，其中2种并示其配子体和幼孢子体。

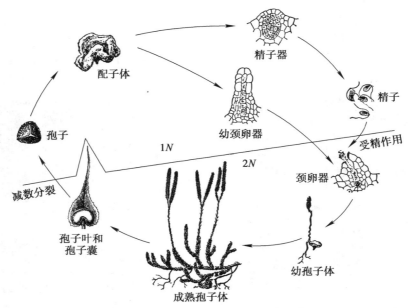

图 4 - 29　东北石松（*Lycopodium clavatum*）生活史（自 Strasburger，重编）

① 石松属（*Lycopodium*）

单穗石松（*Lycopodium annotinum*）孢子体（图 4 - 30，图 4 - 32），配子体（图 4 - 31A）和幼孢子体（图 4 - 31B）。

图 4 - 30　单穗石松（*L. annotinum*）
孢子囊穗（活体）（自 Biopix）

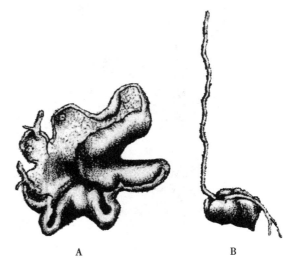

A　　　　　　　　　　B

图 4 - 31　单穗石松（*L. annotinum*）（自 Bruchmann）
A 配子体；B 幼孢子体

图 4 - 32　单穗石松（*L. annotinum*）（活体）不定根（箭头）（自曹建国）

② 垂穗石松属（*Palhinhaea*）

垂穗石松（*Palhinhea cernua*）（图4－33）

③ 扁枝石松属（*Diphasiastrum*）2种，扁枝石松（*D. complanatum*）和高山扁枝石松（*Diphassiatum alpinum*）。

a. 扁枝石松（*Diphasiastrum complanatum*）孢子体（图4－34）、配子体（图4－35）和幼孢子体（图4－36）。

图4－33　垂穗石松（*P. cernua*）
（活体）（自 Flickr）

图4－34　扁枝石松孢子体（*Diphasiastum complanatum*）（活体）（自 Flickr）

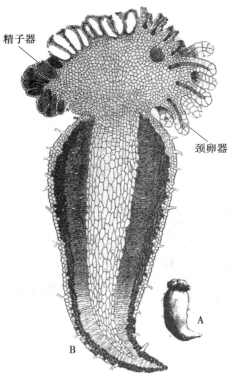

精子器

颈卵器

图4－35　扁枝石松（*D. complanatum*）（自 Bruchmann，重编）
A 配子体外形；B 纵切面

图4－36　扁枝石松（*D. complanatum*）
幼孢子体（自 Bruchmann）

b. 高山扁枝石松（*Diphassiatum alpinum*）孢子体（图4－37）。

（2）石杉科（Huperziaceae）石杉属（*Huperzia*）含3种：小杉兰（*H. selago*）、蛇足石杉（*H. serrata*）和东北石杉（*H. miyoshiana*）。以下图示此3种孢子体，其中1种并示其配子体及其生殖器和幼孢子体。

① 小杉兰（*Huperzia selago*）孢子体（图4－38），配子体（图4－39，图4－40），精子器（图4－41A），颈卵器（图4－41B）和幼孢子体（图4－41C）。

图4-37　高山扁枝石松（*D. alpinum*）
（活体）（自 Biopix）

图4-38　小杉兰（*H. selago*）（活体，
所指者为孢子囊）（自 Biopix）

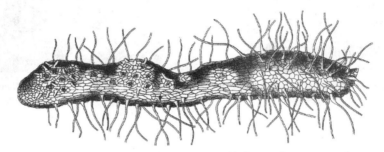

图4-39　小杉兰（*H. selago*）配子体外形（自 Bruchmann）

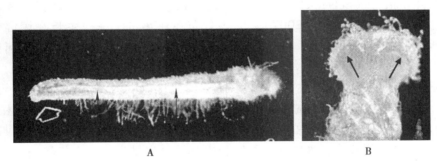

图4-40　小杉兰（*H. selago*）配子体的侧面和腹面（自 Whittier）
A 侧面观：棒状，顶端有分生组织（短箭头），侧面有侧沟（小箭头）；B 腹面观：顶端分生组织（箭头）

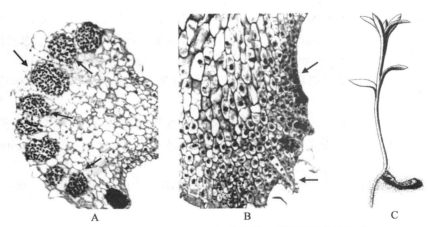

图4-41　小杉兰（*H. selago*）精子器、颈卵器和幼孢子体
A 精子器（箭头）；B 颈卵器（下面小箭头），分生组织（大箭头）；C 幼孢子体
（A，B 自 Whittier；C 自 Bruchmann）

② 蛇足石杉（*H. serrata*）孢子体和孢子囊（图 4 - 42）。

③ 东北石杉（*H. miyoshiana*）孢子体和孢子囊（图 4 - 43）。

图 4 - 42　蛇足石杉（*Huperzia serrata*）
（活体）（自包文美，计晓春）

图 4 - 43　东北石杉（*H. miyoshiana*）
（活体）（自包文美，计晓春）

二、卷柏目（Selaginellales）

本目现存 1 科卷柏科（Selaginellaceae），1 属卷柏属（*Selaginella*），现代生存的卷柏属约有 700 种，我国约有 70 种（陆树刚，2007）。大多分布在亚热带，一般生长在潮湿林下、草地或岩石上，也有比较能耐干旱的种类，如还魂草（*Selaginella tamariscina*）和西伯利亚卷柏（*Selaginella sibirica*）。

1. 一般特征

孢子体通常匍匐，背腹异面，匍匐茎的中轴上向下生长根托（rhizophore），因根托为外起源，故可视根托为无叶的枝，根托先端产生许多不定根。叶为小型叶，鳞片状，通常排列成四行，左右二行较大，称为侧叶，中央二行较小，称中叶，侧叶和中叶呈对生排列，如中华卷柏（*Selaginella sinensis*）（图 4 - 44）。叶上面近叶腋处有一突出小片，称叶舌（ligule），如地柏（*Selaginella kraussiana*）（图 4 - 47），其作用不明。

茎的内部构造如地柏（*Selaginella kraussiana*）可分表皮、皮层和中柱三部分。表皮无气孔，皮层与中柱之间有大的间隙，被疏松的辐射状排列的长形细胞所隔开，这些细胞称为横隔片（trabeculae）。中柱是简单的原生中柱（protostele）到多环式管状中柱（polycyclic siphonostele）等中间形式，如地柏具有 2 个原生中柱（图 4 - 45），有些种类的茎中具有 2 个到多个原生中柱。木质部为外始式。

孢子叶通常集生成孢子囊穗，孢子囊异型，大孢子囊黄色，内产生 1 ~ 4 个大孢子，小孢子囊红色，产多数小孢子，如小卷柏（*S. helvetica*）（图 4 - 46）和地柏（*Selagenilla kraussiana*）（图 4 - 47）。

配子体在孢子壁内发育，大、小孢子分别在其壁内萌发为雌、雄配子体，各产生颈卵器和精子器。

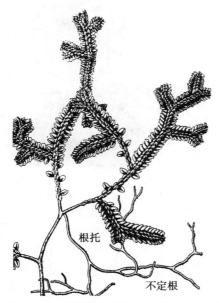

图4-44 中华卷柏（*Selaginella sinensis*）
（示侧叶、中叶、根托和不定根）（自徐仁）

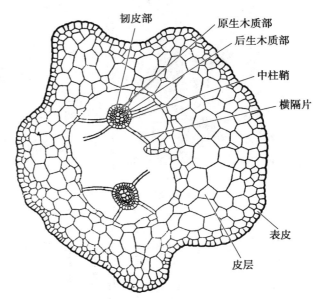

图4-45 地柏（*S. kraussiana*）
茎横切（自Smith，重编）

图4-46 小卷柏（*S. helvetica*）
孢子囊穗（活体）（自Flickr）

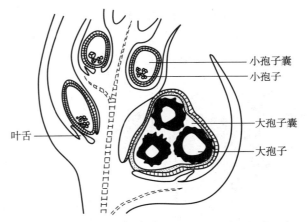

图4-47 地柏（*S. kraussiana*）（示叶舌、大、
小孢子囊）（自Bell和Hemsley，重编）

2. 代表植物

卷柏科（Selaginellaceae）卷柏属（*Selaginella*）

还魂草（*Selaginella tamariscina*）

（1）孢子体（sporophyte） 由根茎叶三部分构成，茎位于基部，短小，枝扁平，我们看到的都是它的分枝，茎向下生根托，根托生不定根，扎入石缝中（图4-48A）。叶通常排列成四行，左右两行较大为侧叶；中央两行较小为中叶。干燥时分枝向里卷曲，继续干燥，植物蜷缩成团，似枯死状（图4-48B），湿润后又展开，故有九死还魂草之称。我国南北各地均有分布，生于山坡、石缝等处。可作药用。

图 4-48　还魂草（*S. tamariscina*）孢子体（活体）（自戴绍军）

A 生活状态；B 干燥时卷曲为一团

孢子囊穗（sporophyll spike）：孢子体到繁殖的时候，枝顶变为四棱状，在枝顶的各叶腋产生孢子囊，这些叶成为孢子叶，共同组成了孢子囊穗（图 4-8A）。每片孢子叶上只生产一个孢子囊，卷柏是异型孢子蕨类，孢子囊有大小之别，孢子囊长大后，露在孢子叶外面，肉眼可见，如小卷柏（*S. helvetica*）（图 4-46）。大、小孢子囊的排列没有一定的规律。大、小孢子分别在孢子壁内进行萌发，小孢子发育为雄配子体，大孢子发育为雌配子体。

（2）配子体（gametophyte）

① 雄配子体（malegametophyte）

小孢子（microspore）是雄配子体的第 1 个细胞，产生于小孢子囊（microsporangium），小孢子囊橘红色，成熟时唇状开裂，内约产数百个橘红色小孢子（图 4-49）。小孢子直径 50~63 μm，扁球形，辐射对称，外壁具疣状纹饰，三裂缝明显隆起（图 4-51）。

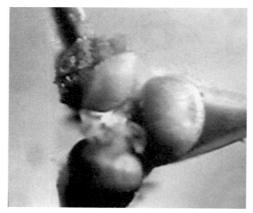

图 4-49　还魂草（*S. tamariscina*）小孢子囊（活体）正在开裂，散出橘红色小孢子（自包文美，曹建国）

图 4-50　还魂草（*S. tamariscina*）大孢子和小孢子（活体）（自包文美，曹建国）

小孢子萌发为雄配子体，卷柏的雄配子体在自然界很难采到，必须人工培养才能获得，将自然脱落的小孢子接种一周后，三裂缝开裂（图 4-52A），雄配子体在小孢子壁内发育，细胞分裂成大小二个，小的是原叶体细胞即营养细胞，不再分裂，大的细胞经过几次分裂形成精子器，从裂口处可见到雄配子体的细胞轮廓，雄配子体内主要就是一个精子器（图 4-52B）。培养 20 天后，大部分接种的小孢子都在其壁内萌发为雄配子体。

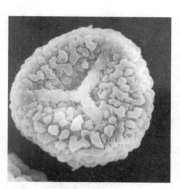

图 4–51 还魂草（*S. tamariscina*）
小孢子电镜扫描图（自包文美）

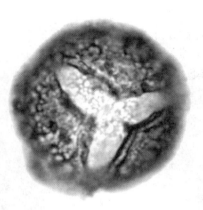

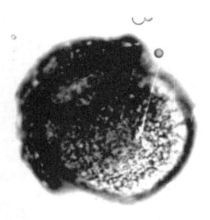

A B

图 4–52 还魂草（*S. tamariscina*）小孢子萌发（活体）（自包文美）
A 小孢子萌发为雄配子体；B 雄配子体内一个精子器

精子器（antheridium），精子器的壁单层，由 8 个细胞构成，精子器内为精原组织（图 4–53），成熟后产生精子，每个精子器约产生精子 256 个。从小孢子的裂缝处逸出（图 4–54），刚放出的精子都被有薄膜，暂不游动（图 4–55），2～8 min 后才开始游向四方，10 余分钟全部精子都离开小孢子的壁。精子生活时半环状，环的直径约 5 μm，伸长时长 9～10 μm，前端着生 2 条等长鞭毛，长 25～28 μm，约为精子长度的 2.5 倍，鞭毛顶端变细，染色处理后，十分清晰（图 4–56），游动时，前一条鞭毛螺旋盘绕在精子的前方，迅速地转动，精子前进，后一条拖在精子后方，似乎在左右精子游动的方向。

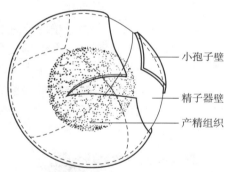

小孢子壁
精子器壁
产精组织

图 4–53 还魂草（*S. tamariscina*）
小孢子壁内的雄配子体（自包文美）

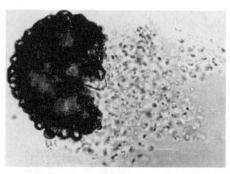

图 4–54 还魂草（*S. tamariscina*）小孢子壁内雄配子体
的精子器释放精子（活体）（自包文美）

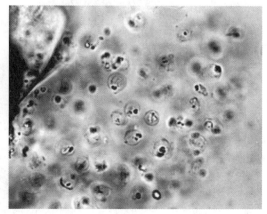

图 4–55 还魂草（*S. tamariscina*）精子器释放精子
被有薄膜，暂不游动（活体）（自包文美）

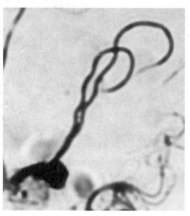

图 4–56 还魂草（*S. tamariscina*）精子（染色，
示 2 鞭毛前端变细）（自包文美）

② 雌配子体（femalegametophyte）

大孢子（megaspore）是雌配子体的第 1 个细胞，大孢子产生于大孢子囊（megasporangium），在大孢子囊的外观上，就可见到其内部含有 4 个大孢子的轮廓。大孢子囊黄色，成熟时先在其左右两侧，各出现裂口，后向中央扩大，大孢子囊就像嘴唇那样张大而开裂了（图 4 - 57），散出 4 个大孢子（图 4 - 58）。大孢子浅黄色，近球形，辐射对称，外壁具块状纹饰，三裂缝明显（图 4 - 59）。大孢子的直径 450 ~ 500 μm，它们大小孢子的大小几乎有上千倍之差（图 4 - 50）。

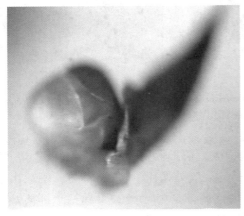

图 4 - 57 还魂草 *S. tamariscina* 大孢子囊正在开裂（活体）（自包文美，曹建国）

图 4 - 58 还魂草（*S. tamariscina*）大孢子囊内 4 个大孢子（活体）（自包文美，曹建国）

大孢子萌发为雌配子体（female gametophyte） 野外采来的大孢子当年不能萌发，必须经过 6 ~ 8 周的低温处理后，进行培养，才能发育为雌配子体。约培养 5 周后，大孢子在壁内萌发，大孢子的核经过多次分裂，形成很多自由核。以后在大孢子壁三裂缝之下，出现细胞结构。大孢子壁的三裂缝开裂，白色雌配子体露于裂口（图 4 - 60，图 4 - 61）。将大孢子的壁剥去，见到里面是一个球形无色的雌配子体（图 4 - 62），表面细胞化，它们的一端产生假根，即露于三裂缝裂口处，另一端为无色透明的非细胞结构，提供发育所需要的营养物质，仍留在大孢子壁内。就在其具有细胞结构的表面，长出颈卵器和假根，假根从裂缝三角的边缘伸出，假根无色，细胞壁在伸长时常凹凸不平（图 4 - 63），这可能对其附着更为有利。

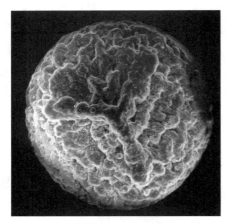

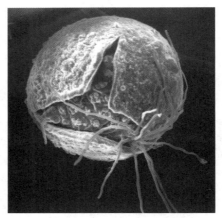

图 4 - 59 还魂草（*S. tamariscina*）大孢子（扫描电镜下）（自包文美）

图 4 - 60 还魂草（*S. tamariscina*）雌配子体在大孢子壁内萌发（扫描电镜下）（自包文美）

颈卵器（archegonium） 颈卵器首先出现在雌配子体的表面中央，而后逐个扩至四周，2 周后有 15 个，继续生长可多至 40 个，老的颈卵器出现褐色，在白色雌配子体表面极易辨认（图 4 - 61）。颈卵器由 4 列细胞组成，仅有 4 个顶端的盖细胞（cover cell，cap cell）露于雌配子体的表面，盖细胞盾状三角形，向四周裂开（图 4-64A，B）。

由此可见，还魂草的雌配子体在大孢子壁内发育，退缩到丧失独立生活的能力，仅由其无色透明的非细胞结构，提供雌配子体和幼孢子体发育所需的营养物质。

图 4-61　还魂草（*S. tamariscina*）大孢子壁内雌配子体（活体），已产颈卵器（箭头）（自包文美）

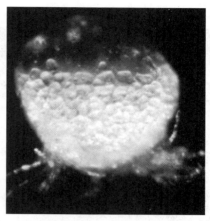

图 4-62　还魂草（*S. tamariscina*）去大孢子壁的雌配子体，基部为假根，顶端为非细胞结构，基部为假根（活体）（自包文美）

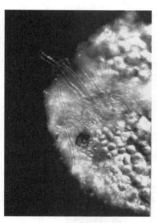

图 4-63　还魂草（*S. tamariscina*）部分雌配子体表面示颈卵器（2 深色点）及假根（无色管状）（活体）（自包文美）

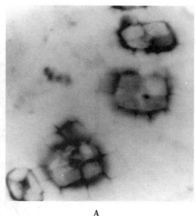

A　　　　　　　　　　　　**B**

图 4-64　还魂草（*S. tamariscina*）雌配子体表面表皮细胞及颈卵器的 4 个盖细胞（活体）（自包文美）

A 光镜下；B 扫描电镜下

雌配子体上成熟颈卵器的卵都可能受精，但发育为胚的仅其中之一，胚先伸出茎干（shoot）（图 4-65），茎干伸长，茎顶（stem apex）的两边出现两片椭圆形的子叶（cotyledon），随后才生胚根（radicle）（图 4-66）。子叶随生长而展开，因含有叶绿素能进行光合作用（图 4-67）。茎顶是生长点，能产生顶芽（apical bud），子叶的叶腋又可产生侧芽（lateral bud），它们都可向前生长，不断产生真叶（leaf），侧芽长大为侧枝（lateral branch）。胚根伸长时，顶端为二歧分枝（图 4-68）。此时，大孢子壁仍保留在雌配子体之外，体内的非细胞结构，提供幼孢子体发育所需要的营养，犹如种子植物幼苗生长时，种皮和胚乳的作用。蕨类植物中的卷柏表现了种子植物具有的现象，这也是它们进化的一个方面，但总的来看，卷柏还处于蕨类植物中的原始位置。

雌配子体成熟后，其中的卵必须遇到精子，才受精形成合子，发育为胚。我们在人工培养条件下，将低温处理后的大孢子和当年成熟后的小孢子一同培养，才能获得它们的胚和幼孢子体。如果当年的大、小孢子同时经低温处理，大部分小孢子不能产生精子，这可能意味着小孢子的寿命似乎不能越冬，而大孢子必须越冬才成熟。这些现象使我们考虑，可能是去年的大孢子在自然界成熟后，留在植株上越冬，发育为雌配子体产生卵，与今年的小孢子发育为雄配子体产生的精子结合，形成合子，发育为胚和孢子体。

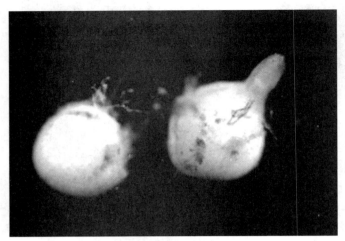

图 4 – 65　还魂草（*S. tamariscina*）的胚先伸出茎干（活体）（自包文美）

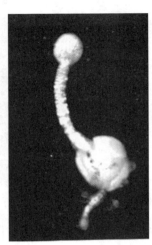

图 4 – 66　还魂草（*S. tamariscina*）的胚伸出茎干后，茎顶产生子叶，再长胚根（活体）（自包文美）

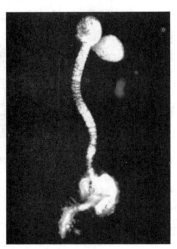

图 4 – 67　还魂草（*S. tamariscina*）茎顶两片子叶展开（活体）（自包文美）

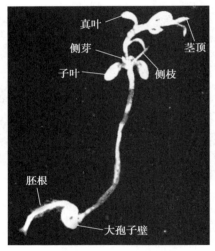

图 4 – 68　还魂草（*S. tamariscina*）幼孢子体（活体）（自包文美）

（3）生活史（life cycle）（图 4 – 69）

3. 常见种类

本属又可分为 2 亚属：

（1）同型叶亚属（*Homoeophyllum*）　通常具直立的主茎，叶同型，螺旋状排列，如西伯利亚卷柏（*Selaginella sibirica*）（图 4 – 70）。该亚属在配子体形态上的特点：小孢子三裂缝细长而隆起，纹饰颗粒状（图 4 – 71）；大孢子脑状纹饰（图 4 – 72），雌配子体的发育沿极轴方向生长，呈长球形（图 4 – 73）。颈卵器盖细胞宽三角形，顶端急尖明显，内壁凹陷（图 4 – 74）。

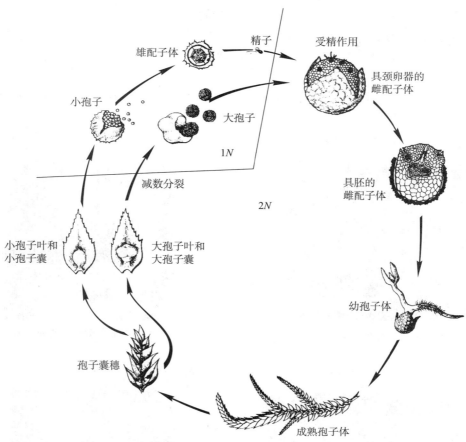

精子
受精作用
雄配子体
小孢子
大孢子
具颈卵器的雌配子体
1N
减数分裂
2N
具胚的雌配子体
小孢子叶和小孢子囊
大孢子叶和大孢子囊
幼孢子体
孢子囊穗
成熟孢子体

图 4 – 69　卷柏属（**Selaginella**）生活史（自 Sinnott，重编）

图 4 – 70　西伯利亚卷柏（*Selaginella sibirica*）孢子体（活体）（自包文美，计晓春）

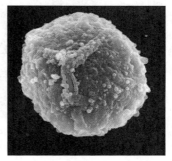

图 4 – 71　西伯利亚卷柏（*S. sibirica*）小孢子（自包文美）

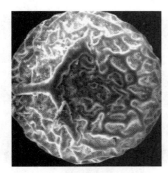

图 4 – 72　西伯利亚卷柏（*S. sibirica*）大孢子（自包文美）

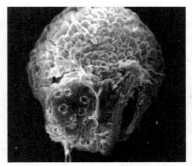

图 4 – 73　西伯利亚卷柏（*S. sibirica*）雌配子体突出大孢子壁外（自包文美）

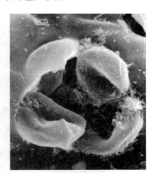

图 4 – 74　西伯利亚卷柏（*S. sibirica*）颈卵器盖细胞（自包文美）

（2）异型叶亚属（*Heterophyllum*） 主茎横走或斜卧，背腹异面，叶异型，有侧叶和中叶之分，卷柏大多数种类属于此亚属，从该亚属配子体形态上的特点来看：大、小孢子纹饰极为复杂，有颗粒状、刺状、棒状、瘤状等，雌配子体的发育沿赤道轴方向生长，呈扁球形，如还魂草（图4-60），颈卵器盖细胞盾状三角形，顶端钝圆，如还魂草（图4-64B）。

本亚属常见的种除还魂草（*Selaginella tcmariscina*）外，还有许多种类，以下图示10种孢子体，其中4种并示其雌配子体。

① 小卷柏（*S. helvetica*）孢子体（图4-75），雌配子体（图4-76）。

 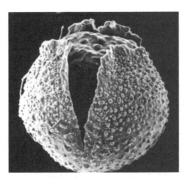

图4-75 小卷柏（*S. helvetica*）（活体）（自Flickr）　图4-76 小卷柏（*S. helvetica*）雌配子体（自刘保东）

② 薄叶卷柏（*S. delicatula*）孢子体（图4-77），雌配子体（图4-78）。

图5-77 薄叶卷柏（*S. delicatula*）
孢子体（活体）（自Flickr）　　　　图5-78 薄叶卷柏（*S. delicatula*）
雌配子体（自刘保东）

③ 中华卷柏（*S. sinensis*）孢子体（图4-79），雌配子体（图4-80）。

 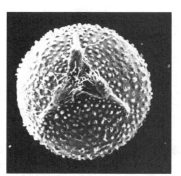

图4-79 中华卷柏孢子体（*S. sinensis*）
（活体）（自张志国）　　　　　　　图4-80 中华卷柏（*S. sinensis*）
雌配子体（自刘保东）

④ 疏叶卷柏（*S. remotifolia*）孢子体（图 4 – 81），雌配子体（图 4 – 82）。

图 4 – 81　疏叶卷柏孢子体（*S. remotifolia*）（活体）
（自张宪春）

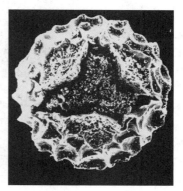

图 4 – 82　疏叶卷柏（*S. remotifolia*）雌配子体
（自刘保东）

⑤ 翠云草（*S. uncinata*）孢子体（图 4 – 83）

⑥ 江南卷柏（*S. moellendorffii*）孢子体（图 4 – 84）

图 4 – 83　翠云草（*S. uncinata*）（自曹建国）

图 4 – 84　江南卷柏（*S. moellendorffi*）（自曹建国）

⑦ 地柏（*S. kraussiana*）孢子体（图 4 – 85）

⑧ 深绿卷柏（*S. doederleinii*）孢子体（图 4 – 86）

图 4 – 85　地柏（*S. kraussiana*）（活体）
（自包文美，计晓春）

图 4 – 86　深绿卷柏（*S. doederleinii*）（活体）
（自曹建国）

⑨ 旱生卷柏（*S. stauntoniana*）孢子体（图 4 – 87）

⑩ 布朗卷柏（*S. braunii*）孢子体（图 4 – 88）

图 4-87 旱生卷柏（*S. stauntoniana*）
（活体）（自刘冰）

图 4-88 布朗卷柏（*S. braunii*）
（活体）（自张宪春）

第四节　水韭亚门（Isoephytina）

水韭亚门（Isoephytina）现存的只有水韭目（Isoetales），1 科水韭科（Isoetaceae），1 属水韭属（*Isoetes*），有 250 余种，我国现知 5 种（张丽兵，W. Carl Taylor，2013）。

一、一般特征

1. 孢子体（sporophyte）

茎粗短似块茎状，生于地下（图 4-89）。茎向下产生叉状根托，由根托产生叉状根，但外表上不易辨识（图 4-90）。水韭属孢子体形似韭菜，多数是亚水生或沼泽生长，故名为水韭。叶呈舌状细长，螺旋着生于茎，具叶舌（图 4-91，图 4-92）。

图 4-89　刺孢水韭（*Isoetes echinospora*）（活体）（自 Biopix）

孢子囊（sporangium）有大、小之别，都生于叶基部的近轴面，孢子囊生于孢子叶的叶舌下方，一个特殊的凹穴称为小窝中（图 4-91），孢子囊常被一些由不育细胞组成的横隔片（trabecu-lae）所隔开，外有缘膜（velum）。缘膜随着植株的生长，逐渐萎缩消失（图 4-92，图 4-93，图 4-94）。

2. 配子体（gametophyte）

大、小孢子分别在大、小孢子壁内萌发为雌、雄配子体。

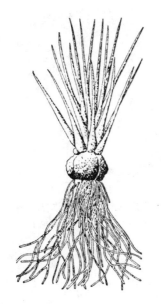

图 4-90 水韭（*Isoetes lacustris*）孢子体（自 Strasburger）

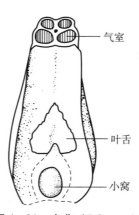

图 4-91 水韭（*I. lacustris*）叶片腹面（自 Strasburger，重编）

气室

叶舌

小窝

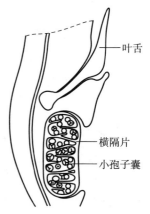

图 4-92 水韭（*I. lacustris*）小孢子囊纵切（自 Strasburger，重编）

叶舌

横隔片

小孢子囊

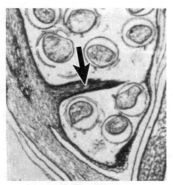

图 4-93 一种水韭（*Isoetes* sp.）大孢子囊纵切放大示横隔片（箭头）（自 Bold *et al.*）

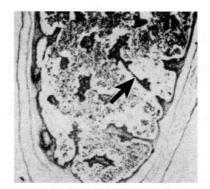

图 4-94 一种水韭（*Isoetes* sp.）小孢子囊纵切放大示横隔片（箭头）（自 Bold *et al.*）

雄原叶体（male gametophyte）内只有一个原叶体细胞和一个大的精子器（图 4-95），与卷柏的配子体相似，但游动精子具多鞭毛（图 4-96），此与卷柏不同。

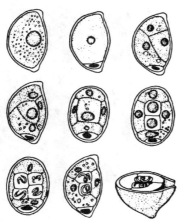

图 4-95 水韭一种（*Isoetes setacea*）雄配子体在小孢子壁内发育，黑色斑点为原叶体细胞，其余是一个精子器（自 Strasburger）

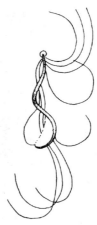

图 4-96 水韭属一种（*Isoetes malinverniana*）的精子（自 Strasburger）

雌配子体（female gametophyte）在大孢子壁内发育，也与卷柏的雌配子体相似，大孢子的细胞核首先分裂为游离核数十个，大多集于孢子顶端，而后自顶端至四周产生细胞壁。大孢子的壁因膨胀而裂开，雌配子体顶部表面暴露在外，并产生颈卵器如安第斯水韭（*Isoetes andicola*）（图 4 – 97）。

水韭属我国常见的有 2 种：中华水韭（*Isoetes sinensis*）普遍分布于长江下游地区，云贵水韭（*I. yunguiensis*）产于西南。

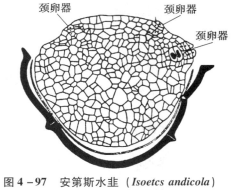

图 4 – 97　安第斯水韭（*Isoetcs andicola*）雌原叶体纵切见其在大孢子壁内发育，已产生颈卵器（自 Strasburger，重编）

二、代表植物

水韭属（*Isoetes*）中华水韭（*Isoetes sinensis*）

1. 孢子体（sporophyte）

根状茎短粗，块状。叶细长，螺旋状紧密排列（图 4 – 98），每叶近轴面具叶舌，叶有大、小孢子叶之分。茎的外周多为大孢子叶，内为小孢子叶（图 4 – 99）。孢子囊生于孢子叶的叶舌下方。孢子囊壁常透明，从孢子囊的外面，可见到内部一粒粒的孢子（图 4 – 100，图 4 – 101），大孢子囊约含大孢子 100～300 个，小孢子囊含小孢子约 30 万个。孢子囊没有适应散布孢子的特殊组织，仅靠孢子囊的壁腐烂后才向外散发。

图 4 – 98　中华水韭（*I. sinensis*）生于水中（活体）（自马炜良）

图 4 – 99　中华水韭（*I. sinensis*）叶片基部产生孢子囊（活体）（自刘保东）

图 4 – 100　中华水韭（*I. sinensis*）基部叶片扩大内产孢子囊（左）、基部纵切（示块状根状茎）（右）（活体）（自马炜良）

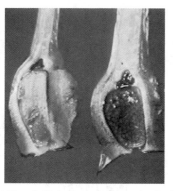

图 4 – 101　中华水韭（*I. sinensis*）小（左）、大（右）孢子囊（活体）（自马炜良）

2. 配子体（gametophyte）

大、小孢子分别在孢子壁内发育长成雌、雄配子体与卷柏相似。

雄配子体（male gametophyte）的发育过程参见图 4 - 95。

雌配子体（female gametophyte）在大孢子在壁内萌发，首先在大孢子壁三裂缝之下，出现细胞结构，大孢子壁的三裂缝开裂，白色雌配子体露于裂口，而后产生颈卵器（图 4 - 102），颈卵器的 4 个盖细胞突出于表面（图 4 - 103）。卵受精后的合子，发育为胚的仅其中一个（图 4 - 104）。

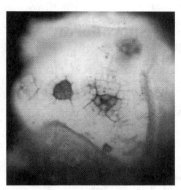

图 4 - 102　中华水韭（*I. sinensis*）雌配子体在大孢子壁内萌发（活体），表面细胞化并产生 4 个颈卵器（自刘保东）

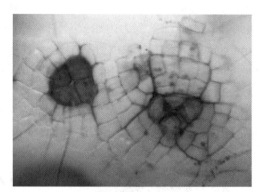

图 4 - 103　中华水韭（*I. sinensis*）雌配子体（活体）表面放大（自刘保东）

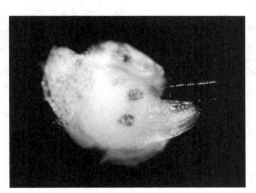

图 4 - 104　中华水韭（*Isoetes sinensis*）雌配子体上伸出一个幼孢子体（活体）（自刘保东）

第五节　楔叶蕨亚门（Sphenophytina）

楔叶蕨亚门（Sphenophytina）在古生代石炭纪曾盛极一时，中生代起渐次绝灭，有高大的木本，也有矮小的草木。生于沼泽多水地区，河边、草原或沼泽地，有的种类喜阴湿环境，有的种类适于开旷干燥处，都为土生。

现代遗留的仅木贼目（Equisetales）木贼科（Equisetaceae）2 属：问荆属（*Equisetum*）约有 15 种，我国约有 8 种；木贼属（*Hippochaete*）约有 10 种，我国约有 4 种（王培善，2001）。

一、一般特征

孢子体有根、茎、叶的分化。具根状茎和气生茎。根状茎棕色，横生蔓延地下，多年生。气生茎多为一年生，直立，穿出地面。有的种类的气生茎有营养枝和生殖枝的区别，有的无此区别。根状茎和气生茎均有节与节间之分，节间中空。茎表面凹凸不平，具纵肋（stem rib），有向外凸出的脊与向内凹陷的沟，茎的脊与沟内机械组织特别发达。上下相邻的两个节间中央都有中央管（central canal）互不相通。茎的各节上轮生鳞片状小型叶，叶基部联合成鞘状，边缘具锯齿。根状茎的节上生不定根，有时还生块茎（tuber），以进行营养繁殖。根状茎入土很深，营养繁殖力强，成为农田里难以根除的杂草。

茎节间的内部构造，如问荆（*Equisetum arvense*）（图4-105A），最外层为表皮，具气孔。表皮内为皮层，由多层细胞组成，内有绿色组织。在每个沟里面的薄壁细胞中，有一个较大的空腔，称为沟下道（vallecular canal），也称为皮层气腔。中柱内每个维管束对脊而生，排列成环，木质部不甚发达，木质部之间有韧皮部。维管束下有气腔，称脊下道（carinal cavity）或称维管束腔，为原生木质部破裂所形成，木质部发育为内始式（图4-105B）。茎中央为髓（pith），因内有大空腔，称为中央管（central canal），此中柱中由管状中柱转化为分离的外韧管状中柱，形成木贼特殊的中柱即具节中柱（cladosiphonic stele）。营养枝外壁沉积极厚的硅质，表面粗糙而坚硬，是极好的磨光剂。

孢子囊生于特殊的孢子叶上，此孢子叶又称孢囊柄（sporangiophore），它有六角形的平顶，以腹面中央的柄着生在分枝顶端，聚集成孢子叶球（strobilus），或称孢子囊穗（sporophyll spike）（图4-8B）。孢子同型，含叶绿体，具弹丝（elater）。

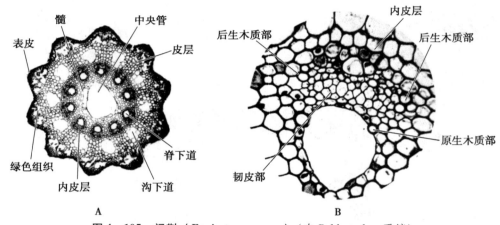

图4-105 问荆（*Equisetum arvense*）（自 Bold *et al.*，重编）
A 茎的横切面；B 维管束横切面

木贼配子体与松叶蕨、石松和卷柏的配子体的大不相同，孢子先分裂为2个细胞，小的伸长为无色假根，大的为绿色细胞，经各方式的分裂，成为丝状、球状和棒状，最终成为绿色片状的原叶体，如问荆（*Equisetum arvense*）的原叶体，原叶体常为雌雄异株（图4-113，图4-114），少数雌雄同株，精子多鞭毛（图4-119，图4-120）。

木贼科（Equisetaceae）：

（1）问荆属（*Equisetum*）气生茎有营养枝（sterile stem）和生殖枝（fertile stem）的区别。春季根状茎生出生殖枝，短而粗，棕褐色，不分枝，枝端能产生孢子囊穗，散出孢子后枯萎（图4-107）。接着，在夏季根状茎生出营养枝，各节上轮生许多分枝，绿色，能行光合作用，而不产生孢子囊穗。

（2）木贼属（*Hippochaete*）气生茎无营养枝和生殖枝的区别，茎的各节上轮生许多分枝，枝顶产生孢子囊穗（图4-139，图4-140）。

二、代表植物

问荆属（*Equisetum*）问荆（*Equisetum arvense*）是常见的种类，分布于我国南北各地。它们多生于耕地，荒草地，沙岸、山坡等地，成为田间杂草。问荆的春枝幼嫩时，可以当蔬菜炒食叫笔头菜。全株可入药。

1. 孢子体（sporophyte）

孢子体先后生长生殖枝和营养枝（图4-106，图4-107），生殖枝春季生出，又称春枝，短而粗，不分枝，淡红褐色，枝顶产生孢子囊穗，似毛笔头状。营养枝夏季生出，又称夏枝，节上轮生许多分枝，绿色，能行光合作用，不产生孢子囊穗。

孢子囊穗（sporophyll spike）：由孢子叶聚生而成，此孢子叶叫孢囊柄，其形状与营养叶不同，每叶盾形，顶面为六角形的盘状体，腹面中央有柄，柄横生于孢子囊穗的轴上（图4-108），孢子囊5~10枚悬挂于孢子囊柄内侧周围，成熟时纵裂，散发孢子（图4-109）。

图4-106　问荆（*Equisetum arvense*）夏枝初生、春枝犹存（活体）（自Flickr）

图4-107　问荆（*E. arvense*）夏枝生长、春枝枯萎（活体）（自包文美，计晓春）

图4-108　问荆（*E. arvense*）春枝孢子囊散发孢子（活体）（自包文美，计晓春）

图4-109　问荆（*E. arvense*）孢子囊的孢子散发已尽（活体）（自包文美，曹建国）

孢子母细胞经减数分裂，产生孢子，孢子同型，最外面的一层壁分裂形成4条螺旋状的弹丝，包围着孢子，弹丝具有干湿运动，干时散开，湿时卷曲，有助于孢子囊的开裂和孢子的散出（图4-110A，B）。孢子内含叶绿素，在适宜的环境中，10~12 h后，即可萌发（图4-110C）。如环境条件不良，数天后即死亡。

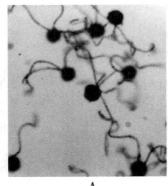
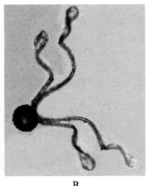

A　　　　　　　　　B　　　　　　　　　C

图4-110　问荆（*E. arvense*）孢子（活体）（自包文美）
A孢子具弹丝；B一个孢子放大；C孢子萌发

2. 配子体（gametophyte）

孢子吸水膨胀后，体积增大，四周的弹丝松开（图4-111A）。外壁出现裂口，并脱落（图4-111B）。孢子分裂为两个大小不等的细胞（图4-111C），小细胞为突起，不分裂，伸长为管状，成为配子体的第一条假根，大细胞绿色，能分裂（图4-111D）。

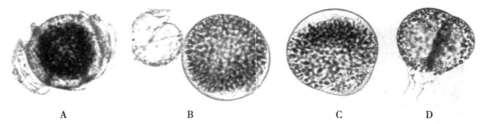

图4-111　问荆孢子萌发（活体）（自刘家熙）

A 孢子及弹丝；B 孢子吸水膨胀，外壁脱落萌发；C 孢子细胞分裂为大、小2个细胞；
D 小细胞伸长为无色假根，大细胞纵裂为2个绿色细胞

此绿色细胞的分裂方式多样：① 绿色细胞先纵裂为二，再先后各横裂为4个细胞（图4-112 A，B）进一步分裂为分枝的丝状体（图4-112C）；② 绿色细胞先横裂（图4-112D），前端的细胞纵裂（图4-112E），纵裂后的细胞再分裂为不分枝的丝状体（图4-112F）；③ 绿色细胞相互垂直的分裂，成为球状体（图4-112G），球状体前端细胞分裂为丝状体（图4-112H）；④ 绿色细胞纵裂为一列细胞横向的3个细胞（图4-112I），其中之一分裂为丝状体（图4-112J）。

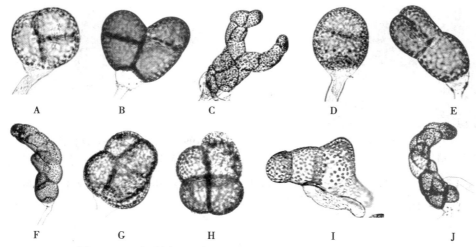

图4-112　问荆孢子绿色细胞的分裂方式（活体）（自刘家熙）

A，B 2个纵裂的绿色细胞先后横裂；C 分裂为分枝的丝状体；
D 绿色细胞横裂为2个细胞；E 横裂后的顶端细胞纵裂；F 分裂为丝状体；
G 绿色细胞分裂为球状体；H 球状体前端细胞分裂为丝状体；
I 绿色细胞为横向的3个细胞；J 其中之一分裂为棒状丝状体

最后这些丝状体都逐步分裂，形成一片具不规则裂片的原叶体，上部单层细胞，基部多层细胞，下生假根。问荆的孢子虽为同型，但原叶体有雌雄同株或雌雄异株，问荆产生的孢子约有一半萌发为雄原叶体，常叫它雄配子体（图4-113），一半萌发为雌原叶体，常叫它雌配子体（图4-114）。

雄原叶体（male gametophyte）体积较小，裂片少，但组织较厚，裂片钝圆，顶端产生精子器。

图 4 – 113　问荆（*E. arvense*）雄配子体（活体） 图 4 – 114　问荆（*E. arvense*）雌配子体（活体）
（自包文美） （自包文美）

精子器（antheridium）在雄原叶体上陆续出现，整个精子器埋在雄原叶体裂片顶端的组织内，其周围由单层细胞构成精子器的壁，中央为精原组织（图 4 – 115）。若在干燥条件下，精子虽成熟，仍不开裂，若一旦遇水，精子器顶端的一圈盖细胞立即向四周裂开，形成大口，精子从裂口处一串串散出（图 4 – 116），精子数目随精子器的大小而异，有数百个，约在 5 min 内精子器内的精子全部放完。刚放出的精子细胞被一层薄膜所包围（图 4 – 117，图 4 – 118），成圆球形，暂不游动，在数分钟后，精子细胞的薄膜逐个溶解，一个个精子先后开始游动，而且速度很快。它们往往游至水滴的边缘，聚集成堆，约 1 h 后，精子如找不到颈卵器，逐渐停止游动，缩为圆球形而固着，鞭毛向一方向缓缓摆动，最后完全静止而死亡。

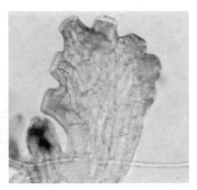

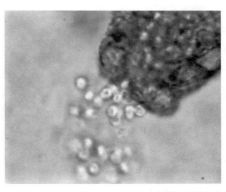

图 4 – 115　问荆（*E. arvense*）雄配子体分枝 图 4 – 116　问荆（*E. arvense*）一个精子器正在释放
顶端 7 个精子器（活体）（自包文美，曹建国） 精子（活体）（自包文美，曹建国）

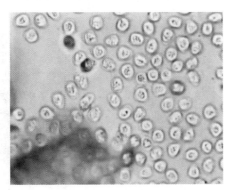

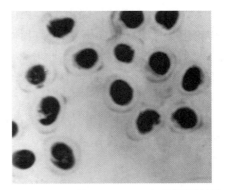

图 4 – 117　问荆（*E. arvense*）刚释放精子暂不游动，薄膜逐个 图 4 – 118　问荆（*E. arvense*）刚释放精子
溶解，2 个精子正在游动（图左上方）（活体）（自包文美，曹建国） （染色）见其外被薄膜（自包文美）

精子棒形，螺旋状弯曲，先端往往卷曲至2~3圈，成为陀螺状（图4-119，图4-120），后端伸长为带状。精子伸长时，长25~30 μm，前端着生鞭毛40条左右，鞭毛长8~10 μm，精子侧面具有囊泡（vesicle）。

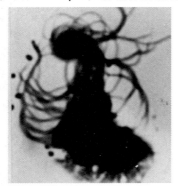

图4-119　问荆（*E. arvense*）游动精子
（染色）（自包文美）

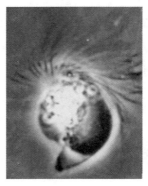

图4-120　问荆（*E. arvense*）游动精子
（活体）（自刘家熙）

雌原叶体（female gametophyte）体积较大，裂片多，但组织较薄，裂片窄小（图4-114），裂片基部产生颈卵器。有时少数雌原叶体的边缘又逐渐变为钝圆，产生精子器，这就成为雌雄同株了。

颈卵器（archegonium）：雌原叶体的裂片基部各处生长颈卵器，它的颈部突出于原叶体表面，腹部埋于原叶体组织内。幼颈卵器颈部的壁上下3列，每列4个细胞，前端2列的细胞窄长（图4-121）。颈卵器成熟时，前端2列的细胞体积增大（图4-122），顶端的四个盖细胞相互分离，成为四瓣，中央形成裂口，颈卵器内部的颈沟细胞和腹沟细胞分解而消失，精子从此游入，与卵结合受精后，变为褐色（图4-123）。

图4-121　问荆（*E. arvense*）
幼颈卵器（活体）
（自包文美，曹建国）

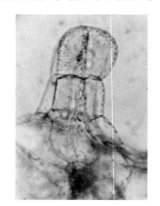

图4-122　问荆（*E. arvense*）成熟的
成熟颈卵器，颈部前2层细胞横向增大
（活体）（自包文美，曹建国）

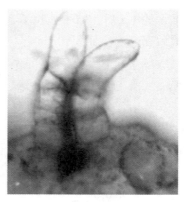

图4-123　（*E. arvense*）颈卵器
顶端盖细胞开裂，卵已受精
（活体）（自包文美，曹建国）

受精后形成合子分裂为胚，在颈卵器的腹部内逐渐长大，并突破腹部，绿色的茎顶向上伸出，产生3片轮生叶片，胚根向下穿破原叶体组织，深入基质，吸收营养，独立生活，原叶体逐渐退化（图4-124）。木贼科的雌原叶体上的颈卵器都可受精，受精后的合子都能发育为胚。

3.生活史（life cycle）（图4-125）各发育阶段，除精子染色外，均为作者显微镜下活体描绘和活体摄影。

图4-124　问荆（*E. arvense*）原叶体上的幼孢子体
长出茎顶（自 Bold *et al.*）

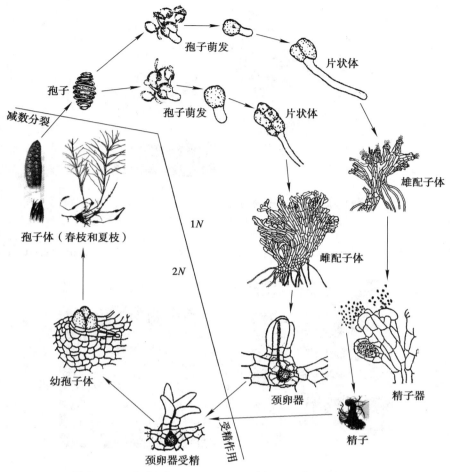

图 4 - 125　问荆（*Equisetum arvense*）生活史（自包文美）

三、常见种类

1. 问荆属（*Equisetum*）常见的有 6 种，除问荆（*Equisetum arvense*）外，还有林问荆（*E. sylvaticum*）、犬问荆（*E. palustre*）、溪问荆（*E. fluviatile*）、披散问荆（*E. difusum*）和草问荆（*E. pretense*）。以下图示此 6 种孢子体，其中 4 种并示其原叶体和生殖器。

（1）问荆（*Equisetum arvense*）孢子体（图 4 - 126），雄原叶体及精子器（图 4 - 127）。

A　　　　　　　　**B**

图 4 - 126　问荆孢子体（*Equisetum arvense*）（活体）

A 夏枝（自 Biopix）；B 春枝具孢子囊穗（自林孝文）

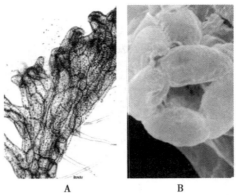

图4－127 问荆（*E. arvense*）的雄厚叶体和精子器（自刘家熙）

A 雄原叶体（活体）；B 精子器盖细胞4个，短三角形

（2）林问荆（*Equisetum sylvaticum*）孢子体（图4－128），雄原叶体及精子器（图4－129）。

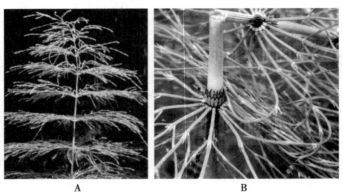

图4－128 林问荆（*E. sylvaticum*）夏枝（活体）

A 夏枝（自 Biopix）；B 夏枝（自张宪春）

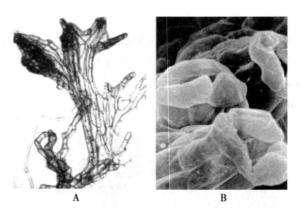

图4－129 林问荆（*E. sylvaticum*）的雄厚叶体和精子器（自刘家熙）

A 雄原叶体（活体）；B 精子器盖细胞3个，盾状三角形

（3）犬问荆（*Equisetum palustre*）孢子体（图4－130），雄原叶体（图4－131）及精子器（图4－132）。

图4-130 犬问荆（*E. palustre*）春枝（活体）
（自包文美，计晓春）

图4-131 犬问荆（*E. palustre*）雄原叶体（活体）
（自刘家熙）

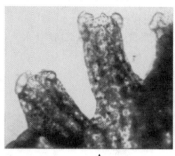

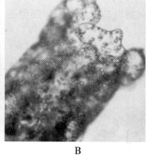

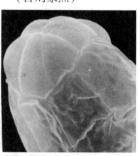

A   B   C

图4-132 犬问荆（*E. palustre*）精子器（自刘家熙）
A精子器（活体）；B精子器放大；C精子器盖细胞6~7个，三角形急尖

（4）溪问荆（*Equisetum fluviatile*）孢子体（图4-133，图4-134），雄原叶体、精子器（图4-135）和颈卵器（图4-136）。

图4-133 溪问荆（*E. fluviatile*）植株（活体）
（自 Biopix）

图4-134 溪问荆（*E. fluviatile*）（活体）生于水边
（自包文美，计晓春）

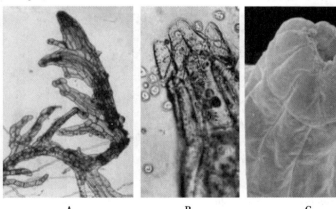

A   B   C

图4-135 溪问荆（*E. fluviatile*）雄原叶体和精子器（自刘家熙）
A雄原叶体（活体）；B精子器；C精子器盖细胞7~8个，柱状三角形

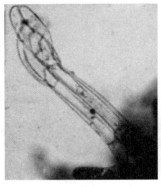

A B C

图 4 –136 溪问荆（*E. fluviatile*）颈卵器（活体）（自刘家熙）

A 颈部细胞三层，极度伸长；B 顶端 4 个细胞向四周裂开；C 卵受精后，顶端细胞向外下垂

（5）披散问荆（*Equisetum difusum*）孢子体（图 4 – 137）

（6）草问荆（*Equisetum pretense*）孢子体（图 4 – 138）

图 4 –137 披散问荆（*E. difusum*）（活体）
（自刘冰）

图 4 –138 草问荆（*E. pretense*）（活体）
（自刘冰）

2. 木贼属（*Hippochaete*）常见的有 3 种：木贼（*H. hiemale*）、斑纹木贼（*H. variegata*）和节节草（*H. ramosissimum*），以下图示此 3 种孢子体，其中 1 种并示其雄原叶体和精子器。

（1）木贼（*Hippochaete hiemale*）孢子体（图 4 – 139，图 4 – 140，图 4 – 141），雄原叶体及精子器（图 4 – 142）。

图 4 –139 木贼（*H. hiemale*）
（活体）（自包文美，计晓春）

图 4 –140 木贼（*H. hiemale*）
孢子囊穗（活体）（自 Biopix）

图 4 –141 木贼（*H. hiemale*）
孢子囊穗放大（活体）
（自包文美，计晓春）

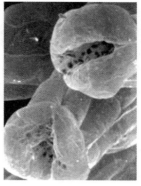

A   B

图4-142　木贼（*H hiemale*）的雄原叶体和精子器（自刘家熙）

A 雄原叶体（活体）；B 精子器盖细胞2个，唇状半圆形

（2）斑纹木贼（*H. variegatum*）孢子体（图4-143）

（3）节节草（*H. ramosissimum*）孢子体（图4-144）

图4-143　斑纹木贼（*H. variegatum*）

（活体）（自张宪春）

图4-144　节节草（*H. ramosissimum*）

（活体）（自段德咏）

上述9种常见的木贼科植物中，其中5种图示其原叶体及生殖器，从它们精子器的盖细胞来看，其形状和数目不尽相同。问荆精子器盖细胞4个，短三角形；林问荆盖细胞3个，盾状三角形；犬问荆精子器盖细胞6~7个，三角形急尖；溪问荆盖细胞7~8个，柱状三角形；木贼盖细胞2个，唇状半圆形。问荆属4种的盖细胞数为3~8个，形状各异，而木贼属木贼盖细胞仅2个，唇状半圆形，此等精子器上稳定的性状现象似应可视为鉴定种、属的特征。

第六节　真蕨亚门（Filicophytina）

真蕨亚门（Filicophytina）起源于古生代泥盆纪，到石炭纪时极为繁茂，而二叠纪时都已绝迹，但在中生代的三叠纪和侏罗纪，却又演化出一些能够适应新环境的种系，这些蕨类一直延续到现在，它们和古代的化石蕨类有很大的差异。现在生存的真蕨植物约有12 000种，广布全世界，我国有57科，2 300余种（吴兆洪 秦仁昌）。土生或附生，少有水生的。真蕨亚门植物是现代生存得最繁茂、种类最多的一群蕨类植物，可分为3纲：厚囊蕨纲（Eusporangiopsida）、原始薄囊蕨纲（Protoleptosporangiopsida）和薄囊蕨纲（Leptosporangiopsida）。

真蕨亚门孢子体发达，有根、茎和叶的分化。根为不定根。茎除了树蕨类外，均为根状茎，根状茎有直立的、匍匐的或中间形式。茎的中柱在蕨类中最为复杂，有原生中柱、管状中柱和环状中柱等。木质部发育有各式，内部主要是管胞，仅少数种类具导管。

真蕨亚门植物的叶，无论是单叶还是复叶，都是大型叶。幼叶拳卷（cireinate），长大后伸展平直，并分化为叶柄和叶片二部。叶片有单叶（图4-145A，B）或一回到多回羽状分裂或复叶，叶片的中轴称为叶轴（rachis），第一次分裂出来的小叶称为羽片（pinna），羽片的中轴称为羽轴（pinna rachis），从羽片分裂出来的小叶称为小羽片（pinnule），小羽片的中轴称小羽轴（pinnule rachis），以此类推，最末次小羽片或裂片上的中肋（costa）称为中脉或主脉（图4-145C~F）。

叶的表皮上往往具有保护作用的鳞片或毛，鳞片或毛的形态是多种多样（图4-146）。

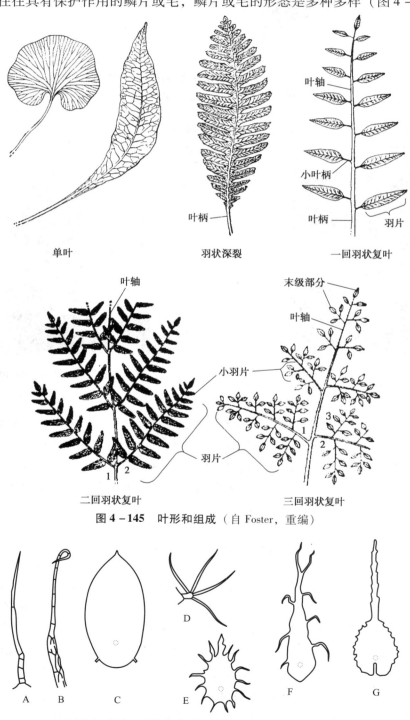

图4-145 叶形和组成（自 Foster，重编）

图4-146 叶的表皮毛和鳞片（自 Foster，重编）
A~B，D 表皮毛；C，E~G 鳞片

叶片上的叶脉3种类型（图4-147）。

（1）分离型　有或无主脉，叶脉羽状掌状分枝，小脉分离（图4-147A，B，D），此为原始类型。

（2）混合型或中间型　主脉附近的侧脉联结成网状，边缘的小脉分离（图4-147C，E），是较进化的类型。

（3）联结型　叶脉全部联结成网状（图4-147F），这是最进化的类型，有的在叶脉的网眼内有内藏小脉（图4-147G，H）。

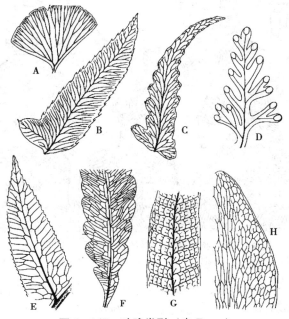

图4-147　叶脉类型（自 Foster）

A～B，D分离型；C，E混合型；F联结型；G，H网眼含小脉

　　孢子囊着生在叶片的边缘、背面或特化了的孢子叶上，由多数孢子囊聚集成为各种形状的孢子囊群（sorus）。有的孢子囊群具有囊群盖（indusium）或假囊群盖（false indusium）。囊群盖的形状通常和孢子囊群一致，常见的孢子囊群有长圆形、圆肾形、肾形、线形、圆形等，生叶背或叶缘（图4-148）。

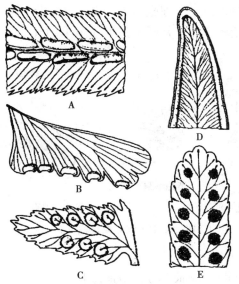

图4-148　孢子囊群类型（自 Haupt）

A长圆形，狗脊蕨属（*Woodwardia*）；B肾形，铁线蕨属（*Adiantum*）；C肾圆形，鳞毛蕨属（*Dryopteris*）；

D线形，蕨属（*Pteridium*）；E圆形，多足蕨属（*Polypodium*）

孢子囊的结构不尽相同，原始种类的孢子囊壁是多层细胞的，无环带，如厚囊蕨纲。进化的种类的孢子囊壁仅一层细胞，有环带（annulus），如原始薄囊蕨纲和薄囊蕨纲。环带是孢子囊壁上的一堆或一列细胞，其细胞壁局部加厚，环带着生的位置有顶下生、顶生、斜生和纵生，从顶下生至纵生是原始到进化的演化过程（图4-149）。

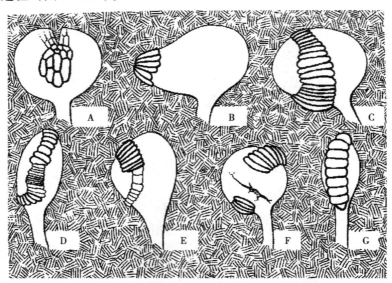

图4-149　孢子囊上环带的各种位置（自 Foster）
A 顶下生（subapical）或侧生（lateral）；B 顶生（bapical）；C～F 斜生（oblique）；G 纵生（vertical）

真蕨亚门配子体的原叶体如前所述，大多数为绿色心脏形片状体，背腹异面，有的与真菌共生为块状体如瓶尔小草属（*Ophioglossum*）和小阴地蕨属（*Botrychium*），也有在孢子壁内生长发育如蘋属（*Marsilea*）和槐叶蘋属（*Salvinia*）。都具有精子器和颈卵器。精子多鞭毛。

一、厚囊蕨纲（Eusporangiopsida）

厚囊蕨纲是真蕨亚门中最小的类群，起源于古生代，现存种类多为孑遗植物。有2目，瓶尔小草目和观音座莲目。瓶尔小草目有3科；观音座莲目有3科，我国有此2目，6科，约80种（吴兆洪，秦仁昌，1991）。

厚囊蕨纲植物的孢子囊壁厚，由几层细胞组成，孢子囊的发生是由几个细胞同时起源的，孢子囊较大，无环带，内含孢子的数量较多，都是同型孢子（图4-150）。配子体无色与真菌共生，或绿色片状体。精子多鞭毛。

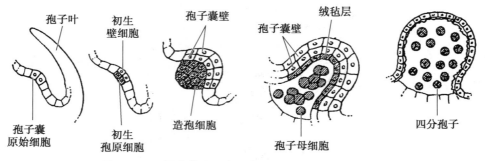

图4-150　厚囊蕨孢子囊形成过程（自 Foster，重编）

1. 瓶尔小草目（Ophiogiossales）

本目3科：瓶尔小草科（Ophioglossaceae）、阴地蕨科（Botrychiaceae）和七指蕨科（Helminthostachyaceae）（陆树刚，2007）。本书介绍瓶尔小草科和阴地蕨科。

（1）瓶尔小草科（Ophioglossaceae）　有4属，我国有2属（陆树刚，2007）；瓶尔小草属（*Ophioglossum*）

20余种，我国6种（王培善，2001）；带状瓶尔小草属（*Ophioderma*），有2种，我国1种（陆树刚，2007）。

瓶尔小草科的孢子体为小型草本。茎短，深埋在土中。叶有营养叶和孢子叶之分，营养叶为单叶，通常每年在茎上只生一叶。孢子囊生于叶柄腹面，特化的叶片上，孢子囊下陷，孢子囊穗呈单穗状。配子体块状，生于地下，内含菌丝，与石松的配子体相似，但精子多鞭毛，而石松精子双鞭毛。

代表植物：

瓶尔小草属（*Ophioglossum*）瓶尔小草（*Ophioglossum vulgatum*）

① 孢子体（sporophyte）。生于林下、山坡或草地（图4－151）。根状茎短。根肉质，无根毛，有菌丝共生。通常每年生出一单叶，叶卵形，有时也有2~3叶，全缘，叶脉网状（图4－152A）。叶柄的腹面生出由叶片特化的孢子囊穗，穗上生二列孢子囊（图4－152B）。孢子囊大，具厚壁，下陷，横裂。

图4－151 瓶尔小草（*O. vulgatum*）孢子体（活体）
（自 Biopix）

图4－152 瓶尔小草（*O. vulgatum*）孢子体及
孢子囊穗（自 Strasburger）
A 孢子体；B 部分孢子囊穗放大

② 配子体（gametophyte）。成熟的原叶体块状圆柱形，多年生，与真菌共生，在土中生活2~3年后长出地面，雌雄同株，精子器和颈卵器绝大部分均埋在原叶体组织中（图4－153），精子多鞭毛。

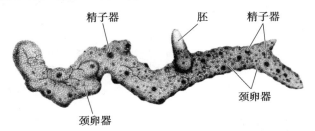

图4－153 瓶尔小草（*O. vulgatum*）配子体表面的精子器、颈卵器及胚（自 Bold *et al.* 转自 Bruchmann，重编）

瓶尔小草属（*Ophioglossum*）中，除瓶尔小草（*Ophioglossum vulgatum*）外，常见的还有狭叶瓶尔小草（*O. thermale*）（图4－154）。

（2）阴地蕨科（Botrychiaceae） 有3属，即小阴地蕨属（*Botrychium*）、假阴地蕨属（*Botrypus*）和阴地蕨属（*Sceptridium*）（吴兆洪，秦仁昌，1991）。本书均作阴地蕨属处理，该属约有50种，我国13种。

阴地蕨科的孢子体也为小草本。茎短，深埋在土中。叶有营养叶和孢子叶之分，营养叶为一至多回羽状分裂，成为三角形。孢子囊穗呈圆锥状，孢子囊不下陷。配子体块状，生于地下，内含菌丝。

图4－154 狭叶瓶尔小草孢子体（*O. thermale*）
（活体）（自成晓）

代表植物：

阴地蕨属（*Botrychium*）扇羽阴地蕨（*Botrychium lunaria*）

① 孢子体（sporophyte）。生于高山山地，根状茎短而直立。根肉质。营养叶一回羽状复叶，羽片4~6对，扇形，叶片基部伸出孢子囊穗，聚生成圆锥花序状（图4-155，图4-156A），孢子囊大，具厚壁，不下陷，横裂（图4-156B）。

图4-155　扇羽阴地蕨（*B. lunaria*）孢子体（活体）（自 Biopix）

图4-156　扇羽阴地蕨（*B. lunaria*）孢子体及孢子囊穗（自 Strasburger）
A 孢子体；B 部分孢子囊穗放大

② 配子体（gametophyte）。成熟的原叶体块状，与真菌共生，在土中生活多年。雌雄同株，精子器和颈卵器埋于原叶体中（图4-157）。精子多鞭毛。

阴地蕨属（*Botrychium*）中，除扇羽阴地蕨外，还有以下3种（示其孢子体）：

a. 单叶阴地蕨（*Botrychium simplex*）孢子体（图4-158）

b. 蕨萁（假阴地蕨）（*Botrychium virginiarum*）孢子体（图4-159）

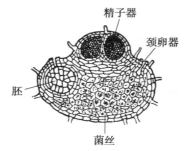

图4-157　扇羽阴地蕨（*B. lunaria*）配子体横切（示精子器、颈卵器及胚）（自 Strasburger 转自 Bruchmann，重编）

图4-158　单叶阴地蕨（*B. simplex*）孢子体（活体）（自 Biopix）

图4-159　蕨萁（*B. virginiarum*）孢子体（活体）（自 Biopix）

c. 阴地蕨（*Botrychuim ternatum*）孢子体（图4-160），为我国最常见种。

图 4 - 160　阴地蕨（*B. ternatum*）孢子体（活体）（自曹建国）

2. 观音座莲目（Angiopteriales）

本目 4 科，中国产 3 科。观音座莲科（Angiopteridaceae）3 属，我国 2 属；观音座莲属（*Angiopteris*）有 100 种，我国 50 种；古座莲蕨属（*Archangiopteris*）有 10 种，我国 9 种；合囊蕨科（Marattiaceae）1 属，合囊蕨属（*Marattia*）60 种，我国 1 种；天星蕨科（Christenseniaceae）1 属，天星蕨属（*Christensenia*）4～5 种，我国 1 种（吴兆洪，秦仁昌，1991）。

代表植物：

观音座莲科（Angiopteridaceae）观音座莲属（*Angiopteris*）挺直观音座莲（*Angiopteris evecta*）

（1）孢子体（sporophyte）　根茎呈块状，半埋于土内。叶大形，1～2 回羽状或掌状复叶。产于印度尼西亚、新几内亚、澳大利亚和西太平洋群岛，被称为巨型蕨类植物，植物体高达 7 m（图 4 - 161），根茎球形，直立，100 cm 高，二回羽状复叶 5～7 m 长，叶柄 2 m 长，6 cm 宽，叶片边缘着生孢子囊群（图 4 - 162）。

图 4 - 161　挺直观音座莲（*A. evecta*）孢子体（活体）（自 Flickr）

图 4 - 162　挺直观音座莲（*A. evecta*）叶片边缘孢子囊群（活体）（自 Stang）

孢子囊（sporangium）：孢子囊不形成孢子囊穗，而是聚合成孢子囊群，生于叶下面边缘叶脉的两侧，紧密聚集为 2 列，无囊群盖（图 4 - 163）。这些特点与厚囊蕨纲的瓶尔小草目不同，而与薄囊蕨纲的真蕨目相似。孢子囊的壁为多层细胞组成，表现厚囊壁纲的特点，内有绒毡层和造孢组织（图 4 - 164）。

（2）配子体（gametophyte）　孢子萌发时，伸出假根和绿色细胞，绿色细胞分裂形成球状幼原叶体，出现顶端细胞（图 4 - 165）。观音座莲目成熟的配子体带状、心状或不规则状的原叶体，为绿色大形片状体，背腹异面，中脉多层细胞，边缘 2 层细胞，形如苔类植物的叶状体，腹面生有假根和生殖器，如合囊蕨一种（*Marattia douglasii*）（图 4 - 166）。它们的原叶体长度可达 2 cm 以上，寿命很长，体内有内生真菌，如一种观音座莲（*Angiopteris* sp.）的原叶体（图 4 - 167），但因原叶体具有叶绿素，内生真菌在营养的作用不明。

图4-163 挺直观音座莲（*A. evecta*）孢子囊群放大（活体）（自 Carr）

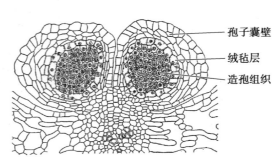

图4-164 挺直观音座莲（*A. evecta*）孢子囊结构（自 Haupt，重编）

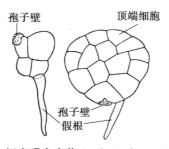

图4-165 挺直观音座莲 Angiopteris evecta 孢子萌发（自 Bierhorst 转自 Campbell，重编）

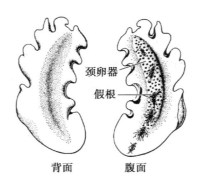

图4-166 合囊蕨一种（*Marattia douglasii*）原叶体（自 Foster，重编）

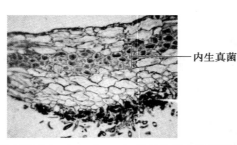

图4-167 一种观音座莲（*Angiopteris* sp.）原叶体经中脉横切（自 Bierhorst，重编）

精子器（antheridium）：生于原叶体的背腹面，颈卵器生于腹面中脉处如合囊蕨一种（*Marattia douglasii*）（图4-166）。精子器由原叶体表面的细胞分裂而形成，陷入在原叶体组织内生长，（图4-168）。精子器的壁1层细胞，内具精原组织，如一种观音座莲（*Angiopteris* sp.）（图4-170）。精子多鞭毛。

图4-168 挺直观音座莲（*A. evecta*）精子器发育过程（自 Haupt）

颈卵器（archegonium）也由原叶体表面的细胞分裂而形成，陷入在原叶体组织内生长（图4-169）。颈部短，突出于原叶体表面，由双核的颈沟细胞、腹沟细胞和卵组成，如一种观音座莲（*Angiopteris* sp.）（图4-171）。

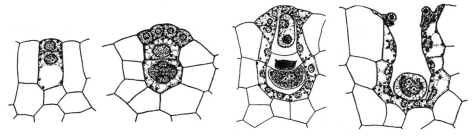

图4-169 挺直观音座莲（*A. evecta*）颈卵器发育过程（自 Haupt）

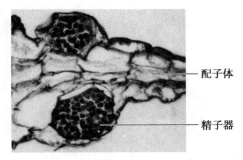

图4-170 一种观音座莲（*Angiopteris* sp.）
原叶体横切示精子器（自 Bierhorst，重编）

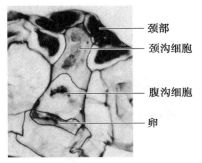

图4-171 一种观音座莲（*Angiopteris* sp.）
颈卵器（自 Bierhorst，重编）

观音座莲属（*Angiopteris*），在我国常见的是福建观音座莲（*Angiopteris fokiensis*）（图4-172），孢子囊生于叶下面边缘，紧密排为2列（图4-173）。

图4-172 福建观音座莲（*A. fokiensis*）孢子体（活体）
（自曹建国）

图4-173 福建观音座莲（*A. fokiensis*）叶片示
孢子囊（活体）（自潘炉台）

二、原始薄囊蕨纲（Protoleptosporangiopsida）

本纲仅有1目紫萁目（Osmundales），1科紫萁科（Osmundaceae），3属，我国1属紫萁属（*Osmunda*），9种（吴兆洪，秦仁昌，1991）。

原始薄囊蕨纲植物既具有厚囊蕨纲的较原始的性状，也具有薄囊蕨纲的较进化的性状，它是介于厚囊蕨纲和薄囊蕨纲之间的中间类型。

原始薄囊蕨的孢子囊由一个原始细胞发育而来，但囊柄可由多数细胞所发生（图4-174）。孢子囊的壁由单层细胞构成，仅在其一侧有数个细胞的壁局部加厚，形成盾形环带（annulus），顶下生或侧生。同形孢子。原叶体绿色心脏形。颈卵器和精子器较大。精子具多鞭毛。

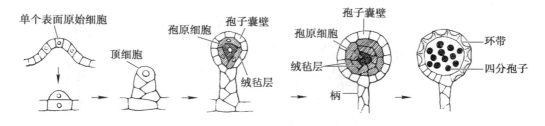

图 4 – 174　原始薄囊蕨孢子囊形成过程（自 Foster，重编）

紫萁属（*Osmunda*）叶为一回至二回羽状复叶，有的种类叶二型，即有营养叶与孢子叶之分，如紫萁（*O. japonica*）（图 4 – 175）和亚洲分株紫萁（*O. cinnamomea* var. *asiatica*）（图 4 – 178），有的种类在同一叶片上的羽片二型如绒紫萁（*O. claytoniana*）（图 4 – 176）。紫萁属的幼叶是可食用的野菜，叫做薇菜。

图 4 –175　紫萁（*O. japonica*）（活体）（自曹建国）

图 4 –176　绒紫萁（*O. claytoniana*）（活体）（自 Biopix）

代表植物：

紫萁科（Osmundaceae）紫萁属（*Osmunda*）亚洲分株紫萁（*Osmunda cinnamomea* var. *asiatica*）

1. 孢子体（sporophyte）

茎为根状茎，短粗，埋于土中，产生不定根，向上生叶，叶二型（图 4 – 178）。茎内中柱为外韧管状中柱（ectophloic siphonostele），中柱鞘（pericycle）内的韧皮部位于木质部的外侧，如图示一种紫萁（*Osmunda* sp.）（图 4 – 177）。木质部为中始式，后生木质部围绕原生木质部。

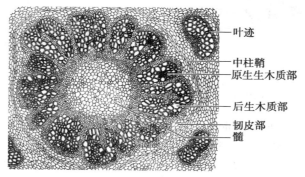

图 4 –177　一种紫萁（*Osmunda* sp.）示外韧管状中柱（自 Coulter，重编）

营养叶绿色，大型二回羽状深裂（图 4 – 178）。孢子叶二回羽状，叶片比营养叶短而狭窄，小羽片退化，裂片缩成线性，在裂片两侧边缘，密生大量孢子囊，褐色，不形成孢子囊群，无囊群盖，如分枝紫萁（*O. cinnamomea*）（图 4 – 179，图 4 – 180）。

图 4 – 178 亚洲分株紫萁（*O. cinnamomea* var. *asiatica*）（活体）（自曹建国）

图 4 – 179 分株紫萁（*O. cinnamomea*）孢子叶（活体）（自 Hilty）

图 4 – 180 分株紫萁（*O. cinnamomea*）孢子叶放大（活体）（自 Scheper）

图 4 – 181 分株紫萁（*O. cinnamomea*）孢子囊开裂（活体）（自 Flckr）

孢子囊（sporangium）：孢子囊的侧面有一群细胞，细胞壁加厚，成为顶下生或侧生环带，从环带向孢子囊柄一端，延生长形的薄壁细胞，孢子囊成熟时，在此纵裂，如分株紫萁（*O. cinnamomea*）（图 4 – 181）。环带结构如绒紫萁（*O. claytoniana*）（图 4 – 182）。孢子绿色，散出后，很快萌发。

2. 配子体（gametophyte）

紫萁孢子细胞内含有叶绿体，采来的孢子立即接种，24 h 内即可萌发，如在室温条件下，孢子的寿命仅一个月，冰箱 4℃保存，10 个月后仍能萌发，

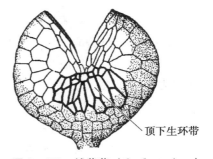

顶下生环带

图 4 – 182 绒紫萁（*O. claytoniana*）孢子囊开裂后的表面观（自 Smith，重编）

但萌发率减低，速度减慢。萌发时，孢子壁从三裂缝处裂开，显出孢子细胞内的叶绿体（图 4 – 183A）。孢子分裂产生两个细胞，小的穿出裂缝，伸长为假根，内仍含叶绿体，大的为原叶体的原始细胞，保留在壁内，孢子的壁被顶在原叶体原始细胞的顶端（图 4 – 183B）。孢子萌发，常分裂为片状体，发育为原叶体，无丝状体（filament）阶段。

（1）片状体（plate） 原叶体的原始细胞分裂后，形成球状体（图 4 – 183C）。在球状体的一端出现顶端细胞（apical cell）进行分裂，成为长匙形片状体（图 4 – 183D）。并逐渐产生分生组织（meristem）代替顶端细胞，成为幼原叶体（图 4 – 183E）。

（2）原叶体（prothallus） 由片状体的分生组织分裂，继续生长成为顶端凹，宽圆状倒卵形或宽倒卵形，后端为尾状的成熟原叶体（图 4 – 183F，J），边缘仅一层细胞，厚度约 55 μm，随生长，从顶端生长点下方，沿中线向后端，出现较厚的中脉，有 6 ~ 7 层细胞厚，厚度达 0.23 ~ 0.27 mm。

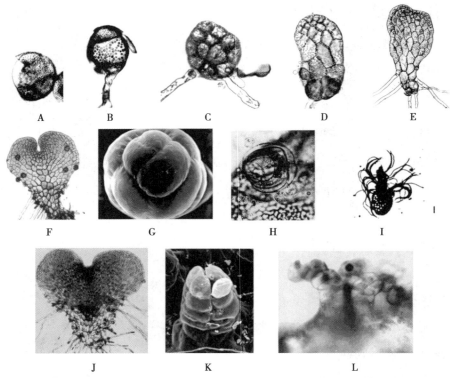

图 4 - 183　亚洲分株紫萁（*Osmunda cinnamomea* var. *asiatica*）配子体发育过程（活体）（自包文美）

A 孢子壁开裂；B 孢子萌发，产生假根；C 球状体；D 片状体；E 幼原叶体；
F 原叶体产生精子器；G 精子器具 2 个盖细胞；H 盖细胞掀开，精子器释放精子；
I 精子；J 成熟原叶体；K 颈卵器；L 颈卵器颈部 4 列细胞向四周裂开

精子器（antheridium）：自接种后 6～8 周产生精子器，位于片状体和原叶体腹面的边缘和后端，在原叶体稠密的情况下，原叶体仅产生精子器（图 4 - 183F）。精子器近圆球形，有时基部具柄，直径 50～64 μm，高 40～55 μm。精子器的壁不同于薄囊蕨纲，不只由 3 个细胞组成，而由 7～9 不规则弯曲细胞组成，排列成 3 层。顶端盖细胞（cover cell, cap cell）也不同于薄囊蕨纲那样，仅有一个细胞，而是分裂为 2 个细胞，连成圆状三角形（图 4 - 183G）。成熟时盖细胞掀开或脱落（图 4 - 183H），精子逸出。每精子器有精子 48～51 个。刚放出的精子圆球形，直径 10～12.5 μm，游动时精子螺旋状，长 20～25 μm。精子片状，前端窄，中下部宽，两端渐尖，螺旋弯曲 2.5 圈，基部细胞质颗粒明显。中部以上着生鞭毛约 28 条（图 4 - 183I）。

颈卵器（archegonium）：接种后 10～12 周时，在成熟的原叶体上，产生颈卵器（图 4 - 183J），位于中脉两侧，有规律地成对出现，每对颈卵器离生长点的距离也一致，数量少，排列整齐。其颈部由四列细胞组成，但不同于薄囊蕨纲，每列仅 4 层细胞，而是 6 层细胞，先端渐尖。颈部又不同于薄囊蕨纲，向后倾斜，而是垂直于原叶体（图 4 - 183K），高 110～120 μm，直径 50～55 μm。颈细胞较大，宽约 33 μm，高约 23 μm。颈卵器成熟后，也不同于薄囊蕨纲，仅顶端 4 个盖细胞开裂，而是颈部前端约 3 层细胞处，各列细胞全都向四周散开（图 4 - 183L）。受精后腹部逐渐变为褐色。

颈卵器的超微结构显示，如亚洲分株紫萁的颈卵器，颈部较长，壁细胞 6 层细胞高（图 4 - 184A），内具颈沟细胞（neck canal cell）、腹沟细胞（ventral canal cell）和卵（egg）。颈卵器幼时，卵细胞与腹沟细胞紧密连接，腹沟细胞未退化（图 4 - 184A）。颈卵器成熟时，如紫萁的卵细胞与腹沟细胞之间产生分离腔（separation cavity），颈沟细胞和腹沟细胞才明显退化（图 4 - 184B）。

卵细胞核周围密布造粉体（amyloplast），内含淀粉粒（图 4 - 184A，B），此特点与薄囊蕨不同，薄囊蕨卵内的淀粉粒常为棒形，存于质体（plastid）中，在提供能量上更为有利。

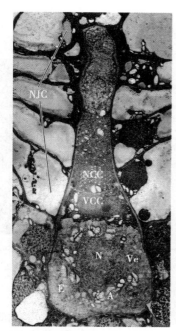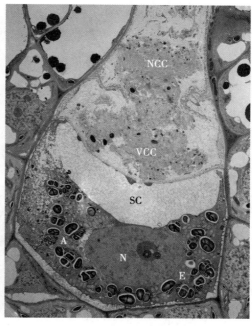

图4-184 亚洲分株紫萁（*Osmunda cinnamomea* **var.** *asiatica*）幼颈卵器超微结构（左）（自包文美等）和
紫萁（*O. japonica.*）成熟颈卵器的超微结构（右）（自曹建国等）

A 造粉体；E 卵；N 卵的细胞核；NCC 颈沟细胞；
NJC 颈卵器颈部壁细胞；SC 分离腔；VCC 腹沟细胞；Ve 囊泡

综上所述，紫萁的孢子囊环带顶下生，孢子四面体，三裂缝，孢子细胞和最初生长的假根都含叶绿体。原叶体裸露，无毛状体，中脉厚，6～7层细胞。精子器大，壁由7～9个细胞组成。盖细胞分裂为二，颈卵器大，颈部6层细胞高，不向后倾斜，垂直于原叶体，成熟时各列细胞向四周散开。卵中淀粉粒存于造粉体内，此等结构都反映了原始薄囊蕨的原始性。

三、薄囊蕨纲（Leptosporanglopsida）

本纲分为三个目，水龙骨目（Polypodiales）［或称真蕨目（Filicales）］、蘋目（Marsileales）和槐叶蘋目（Salviniales）。

本纲的孢子囊起源于1个原始细胞，孢子囊壁薄，由一层细胞构成，具有各式的环带，孢子囊通常聚集成孢子囊群，着生在叶的背面、边缘或特化的孢子叶上，囊群盖有或无。孢子少，有定数。大多数种类具有同型孢子，仅少数水生蕨类，如蘋目和槐叶蘋目产生异形孢子果（sporocarp），具异型孢子。

（一）水龙骨目（Polypodiales）

我国有47科，约有2 200种，占蕨类植物物种90%的种类（陆树刚，2007）。

1. 一般特征

本目植物绝大多数为陆生的（terrestrial）或附生的（epiphytic）种类。孢子体是具有根、茎、叶的植物体，叶为大叶型，单叶和复叶，复叶一回至多回羽状。孢子囊聚生成各式孢子囊群。孢子同型。配子体的原叶体绝大多数为背腹性、绿色心脏形片状体，极少数种与真菌共生成为块状体，如莎草属（*Schizaea*）数种。原叶体都具有精子器和颈卵器。精子多鞭毛。成熟卵细胞具有卵膜和受精孔（曹建国等，2009，2010，2012）。以下均用活体拍摄的水龙骨目的若干种类，来说明其孢子体的特点和配子体的发育过程。

（1）孢子体

① 叶片。根据叶形可分为单叶和复叶，有的种类出现叶二型：

a. 单叶（simple leaf）

（i）乌苏里瓦韦（*Lepisorus ussuriensis*）（图4-185）

（ii）单叶双盖蕨（*Diplazium subsinuatum*）（图4-186）

图4-185　乌苏里瓦韦（*Lepisorus ussuriensis*）
（自包文美，计晓春）

图4-186　单叶双盖蕨（*Diplazium subsinuatum*）
（自包文美，计晓春）

（iii）截基盾蕨（*Neolepisorus truncatus*）（图4-187）

（iv）蟹爪叶盾蕨（*Neolepisorus ovatus* f. *doryopteris*）（图4-188），单叶，叶片基部二回羽状深裂（pinnately parted）。

图4-187　截基盾蕨（*Neolepisorus truncatus*）
（自包文美，计晓春）

图4-188　蟹爪叶盾蕨（*N. ovatus* f. *doryopteris*）
（自包文美，计晓春）

b. 复叶（compound leaf）

一回羽状（pinnate）：

（i）边缘鳞盖蕨（*Microlepia marginata*）（图4-189）

（ii）华东安蕨（*Anisocampium sheareri*）（图4-190）

图4-189　边缘鳞盖蕨（*Microlepia marginata*）
（自包文美，计晓春）

图4-190　华东安蕨（*Anisocampium sheareri*）
（自包文美，计晓春）

许多种类的羽片又不同程度的羽状分裂，例如：

（iii）长根金星蕨（*Parathelypteris beddomei*）（图 4 – 191）

（iv）西南假毛蕨（*Pseudocyclosorus esquirolii*）（图 4 – 192）

图 4 – 191 长根金星蕨（*Parathelypteris beddomei*）
（自包文美，计晓春）

图 4 – 192 西南假毛蕨（*Pseudocyclosorus esquirolii*）
（自包文美，计晓春）

二回羽状（bipinnate）：

（i）光蹄盖蕨（*Athyrium otophorum*）（图 4 – 193）

（ii）华中蹄盖蕨（*Athyrium wardii*）（图 4 – 194）

A   B

图 4 – 193 光蹄盖蕨（*Athyrium otophorum*）
A 叶片；B 孢子囊群（自包文美，计晓春）

图 4 – 194 华中蹄盖蕨（*Athyrium wardii*）
（自包文美，计晓春）

（iii）对马耳蕨（*Polystichum tsussimense*）（图 4 – 195）

图 4 – 195 对马耳蕨（*Polystichum tsussimense*）（自包文美，计晓春）

（iv）长尾复叶耳蕨（*Arachniodes simplicior*）（图 4 – 196）

（v）燕尾三叉蕨（*Tectaria simonsii*）（图 4 – 197）

（vi）变异铁角蕨（*Asplenium varians*）（图 4 – 198）

图 4 – 196 长尾复叶耳蕨（*Arachniodes simplicior*）（自包文美，计晓春）
A 叶片；B 孢子囊群

图 4 – 197 燕尾三叉蕨（*Tectaria simonsii*）（自包文美，计晓春）
A 叶片；B 孢子囊群

图 4 – 198 变异铁角蕨（*Asplenium varians*）（自包文美，计晓春）
A 叶片；B 孢子囊群

多回羽状（multipinnate）：

（i）蕨（*Pteridium aquilinum* var. *latiusculum*）（图 4 – 199）

（ii）毛轴蕨（*Pteridim revolulum*）（图 4 – 200）

图 4 – 199 蕨（*Pteridium aquilinum* var. *latiusculum*）（自包文美，计晓春）

图 4 – 200 毛轴蕨（*P. revolulum*）（自包文美，计晓春）
A 孢子体；B 孢子囊群

（iii）膜叶肋毛蕨（*Ctenitis membranifolia*）（图4-201）

图4-201　膜叶肋毛蕨（*Ctenitis membranifolia*）（自包文美，计晓春）
A 叶片；B 孢子囊群

c. 叶二型（leaf dimorphism）

有些植物的孢子囊群不生长在营养叶上，只着生在特化了的孢子叶上，叶片就有营养叶与孢子叶之分，称为异形叶，也称叶二型（leaf dimorphism）。

（i）荚果蕨（*Matteuccia struthiopteris*）（图4-202）周围是它的绿色营养叶，一回羽状，羽片深裂。位于中央的是孢子叶，与营养叶明显不同，一回羽状，幼时淡绿色，成熟时深棕色，羽片向背面反卷成为具节的荚果状，将孢子囊群包裹在里面，它的名字也来源于此。

图4-202　荚果蕨（*Matteuccia struthiopteris*）（自包文美，计晓春）
A 营养叶和孢子叶；B 孢子叶放大

（ii）球子蕨（*Onoclea sensibilis*）（图4-203），它的营养叶一回羽状，孢子叶二回羽状，小羽片缩成小球形，包着孢子囊群，所以叫球子蕨。

图4-203　球子蕨（*Onoclea sensibilis*）（自包文美，计晓春）
A 营养叶和孢子叶；B 孢子叶放大

（iii）华中瘤足蕨（*Plagiogyria euphlebia*）（图4-204）也是叶二型的蕨类植物，虽然叶都是一回羽状，但是孢子叶细长，高于营养叶，羽片狭缩成线状。

A   B

图4-204 华中瘤足蕨（*Plagiogyria euphlebia*）（自包文美，计晓春）

A营养叶；B孢子叶

（iv）宽叶紫萁（*Osmunda javanica*）（图4-205）孢子叶的羽片和营养叶的羽片不同，叫做羽片二型（pinna dimorphism）。不论是叶二型还是羽片二型，都有利于它们保护孢子或者便于孢子传播。

图4-205 宽叶紫萁（*Osmunda javanica*）营养叶和孢子叶（自包文美，计晓春）

② 营养繁殖（vegetative propagation）

a. 根状茎（rhizome）

蕨（*Pteridium aquilinum* var. *latiusculum*）之所以能形成大片群落，主要是靠根状茎深入土壤中，横走而伸长，因它不断蔓延生长的结果，即使用火烧都无济于事，反倒而是"野火烧不尽，春风吹又生"（图4-206）。

A   B

图4-206 蕨（*Pteridium aquilinum* var. *latiusculum*）（自包文美，计晓春）

A孢子体；B地下茎

b. 匍匐茎（creeping stem）

肾蕨（*Nephrolepis cordifolia*）（图4-207）除根状茎进行营养繁殖外，还产生匍匐茎，匍匐茎上又有球状块茎，进行营养繁殖，产生新植株。

A B C

图4-207 肾蕨（*Nephrolepis cordifolia*）（自包文美，计晓春）

A 孢子体；B 孢子囊群；C 匍匐茎

c. 胞芽（gemma）和芽体（bud）

（i）单芽狗脊（*Woodiwardia unigemmata*）（图4-207），它能在叶轴上产生胞芽（gemma），再由胞芽长成植物体。

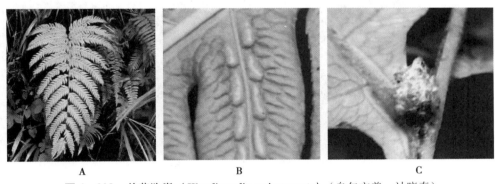

A B C

图4-208 单芽狗脊（*Woodiwardia unigemmata*）（自包文美，计晓春）

A 叶片；B 孢子囊群；C 胞芽

（ii）胎生狗脊（*Woodiwardia prolifera*）（图4-209）在叶面上就可以从芽体，长成幼苗。

A B

图4-209 胎生狗脊（*Woodiwardia prolifera*）（自包文美，计晓春）

A 叶片；B 叶面上的芽体

③ 孢子囊群（sorus）

孢子体无性繁殖时，产生孢子囊群，孢子囊群上有或无囊群盖，有囊群盖的，则盖有真或假。

a. 无囊群盖

（i）姬蕨（*Hypolepis punctata*）（图 4 - 210）孢子囊群圆形，它们是裸露的，没有囊群盖覆盖。

图 4 - 210 姬蕨（*Hypolepis punctata*）（自包文美，计晓春）
A 叶片；B 孢子囊群

（ii）披针新月蕨（*Pronephrium penangianum*）（图 4 - 211）孢子囊群圆形，没有囊群盖。

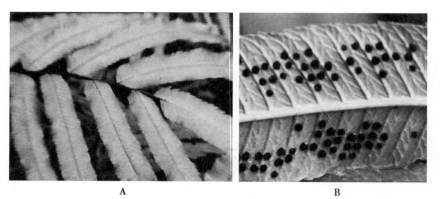

图 4 - 211 披针新月蕨（*Pronephrium penangianum*）（自包文美，计晓春）
A 叶片；B 孢子囊群

（iii）延羽卵果蕨（*Phegopteris decursive-pinnata*）（图 4 - 212）孢子囊群近圆形，没有囊群盖。

图 4 - 212 延羽卵果蕨（*Phegopteris decursive-pinnata*）（自包文美，计晓春）
A 叶片；B 孢子囊群

（iv）凤了蕨（*Coniogramme japonica*）（图 4 - 213）孢子囊群沿叶脉着生，数量很多，没有囊群盖。

图 4 - 213　凤了蕨（*Coniogramme japonica*）（自包文美，计晓春）
A 叶片；B 孢子囊群

（v）江南星蕨（*Microsorium fortunei*）（图 4 - 214）孢子囊群圆形，无囊群盖。

图 4 - 214　江南星蕨（*Microsorium fortunei*）孢子囊群（自包文美，计晓春）

b. 假囊群盖（false indusium）

囊群盖（indusium）是孢子囊群上的盖状覆盖物，起保护作用，但有的囊群盖被称为假囊群盖（false indusium），因从来源上讲，不是真正意义上的囊群盖，它们是叶片边缘断续地或全面地反卷为膜质结构，覆盖在孢子囊群上，叫做假囊群盖。

（i）凤尾蕨（*Pteris cretica*）（图 4 - 215）

图 4 - 215　凤尾蕨（*Pteris cretica*）（自包文美，计晓春）
A 叶片；B 孢子囊群（箭头所指为假囊群盖）

（ii）野雉尾（*Onychium japonicum*）（图 4 - 216）孢子囊群着生在叶边缘的叶脉上，它的假囊群盖像一把把梭子，相对而生。如果在初夏时，多回羽状叶片的色彩变幻多端，假囊群盖又十分奇特，异常动人。

A B

图4-216 野雉尾（*Onychium japonicum*）（自包文美，计晓春）
A叶片；B孢子囊群

c. 真囊群盖（true indusium）

真囊群盖是由叶片表皮组织重新产生，覆盖在孢子囊群上，它们的形状变化很大，颜色各不相同。

（i）红盖鳞毛蕨（*Dryopteris erythrosora*）（图4-217）囊群盖圆肾形，幼时红色，具缺刻，以此着生于叶片。红艳的色彩是它名称的由来。

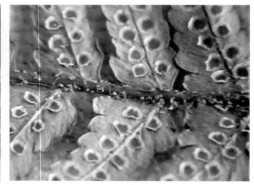

A B

图4-217 红盖鳞毛蕨（*Dryopteris erythrosora*）（自包文美，计晓春）
A叶片；B孢子囊群

（ii）广布鳞毛蕨（*Dryopteris expansa*）（图4-218）囊群盖圆肾形。

A B

图4-218 广布鳞毛蕨（*Dryopteris expansa*）（自包文美，计晓春）
A叶片；B孢子囊群

（iii）贯众（*Cyrtomium fortunei*）（图4－219）囊群盖圆盾形，大而全缘。

A   B

图4－219 贯众（*Cyrtomium fortunei*）（自包文美，计晓春）
A 叶片；B 孢子囊群（自包文美，计晓春）

（iv）中华蹄盖蕨（*Athyrium sinense*）（图4－220）囊群盖长圆形，棕色，边缘啮蚀状。

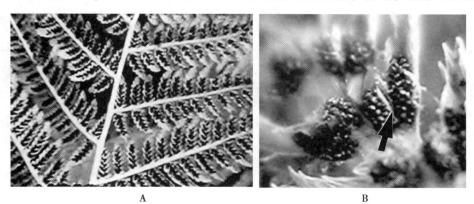

A   B

图4－220 中华蹄盖蕨（*Athyrium sinense*）（自包文美，计晓春）
A 叶片；B 孢子囊群（箭头指为囊群盖）

（v）毛轴假蹄盖蕨（*Athyriopsis petersenii*）（图4－221）囊群盖条状。

A   B

图4－221 毛轴假蹄盖蕨（*Athyriopsis petersenii*）（自包文美，计晓春）
A 叶片；B 孢子囊群

（vi）疏齿铁角蕨（*Asplenium wrightioides*）（图4－222）囊群盖线形，边缘具波纹。
（vii）金毛狗蕨（*Cibotium barometz*）（图4－223）囊群盖裂为两瓣，形如蚌壳。

图 4 – 222　疏齿铁角蕨（*Asplenium wrightioides*）（自包文美，计晓春）
A 叶片；B 孢子囊群

图 4 – 223　金毛狗蕨（*Cibotium barometz*）（自包文美，计晓春）
A 叶片；B 孢子囊群

（viii）团扇蕨（*Conocormus minutus*）（图 4 – 224）孢子囊群着生于叶片中部的裂片末端，囊群盖长成高脚杯状，孢子囊群沿杯内的中轴（囊托）着生。

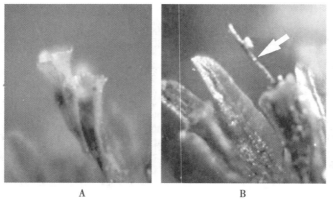

图 4 – 224　团扇蕨（*Conocormus minutus*）（自包文美，计晓春）
A 杯状囊群盖；B 杯内的中轴（箭头所指）

（ix）乌蕨（*Sphenomeris chinensis*）（图 4 – 225）孢子囊群着生于叶裂片顶端，囊群盖杯状，向外开。

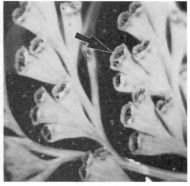

A   B

图 4 – 225　乌蕨（*Sphenomeris chinensis*）
A 叶片（自曹建国）；B 孢子囊群（箭头指为囊群盖）（自包文美，计晓春）

（x）三叉耳蕨（*Polystichum tripteron*）（图 4 – 226）囊群盖小，易脱落。

A   B

图 4 – 226　三叉耳蕨（*Polystichum tripteron*）（自包文美，计晓春）
A 叶片；B 孢子囊群

（2）配子体　配子体的形态与孢子体一样，因种而异，它们不仅表现在其成体即原叶体上，而在其发育过程中，从孢子萌发，经丝状体，片状体到原叶体，都各有其特点，它们在分类和系统演化上有重要的意义。以下图示 9 科 17 种配子体的发育过程，并示该种孢子体。

① 水蕨科（Parkeriaceae）。水蕨（*Ceratopteris thalictroides*）被认为是蕨类植物生殖和发育生物学研究中的模式植物，其特点是孢子体一年生，尽管有营养叶和孢子叶之分，但孢子叶发达，无性繁殖产生大量的孢子（图 4 – 227）；孢子在湿土或水中萌发，经丝状体、片状体阶段，形成原叶体，常有雄原叶体和两性原叶体之分，前者只能产生精子器，后者既能产生精子器，又能产生颈卵器，精子器成熟后形成具鞭毛的游动精子，颈卵器分化出颈沟细胞、腹沟细胞和卵细胞，成熟的卵细胞具有卵膜和受精孔，是精子入卵完成受精作用的通道（4 – 228）。

图 4 – 227　水蕨（*Ceratopteris thalictroides*）
孢子体（自曹建国）

② 铁线蕨科（Adiantaceae）。掌叶铁线蕨（*Adiantum pedatum*）（图 4 – 229，图 4 – 230）。

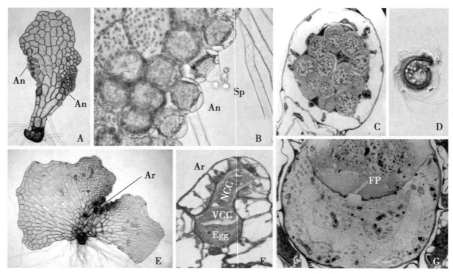

图 4 – 228　水蕨（*C. thalictroides*）原叶体及生殖器（自曹建国等）

A 幼原叶体示精子器（An）；B 精子器释放精子（Sp）；C 精子器纵切；D 精子；E 成熟原叶体示颈卵器（Ar）；
F 颈卵器结构示卵（Egg）、颈沟细胞（NCC）和腹沟细胞（VCC）；G 卵（超微结构）示受精孔（FP）

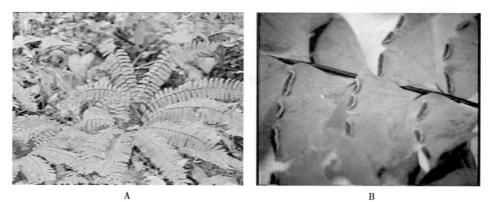

图 4 – 229　掌叶铁线蕨（*Adiantum pedatum*）孢子体（自包文美，计晓春）

A 叶片；B 孢子囊群

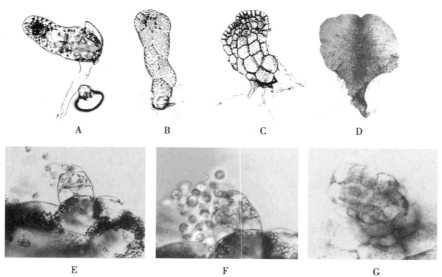

图 4 – 230　掌叶铁线蕨（*A. pedatum*）配子体发育过程（自包文美）

A 孢子萌发为丝状体；B 片状体具顶端细胞；C 幼原叶体具分生组织；
D 原叶体；E，F 精子器释放精子；G 颈卵器

③ 中国蕨科（Sinopteridaceae）。银粉背蕨（*Aleuritopteris argentea*）（图4－231）及无粉银粉背蕨（*A. argentea* var. *obscura*）（图4－232）。

图4－231　银粉背蕨
（*Aleuritopteris argentea*）
孢子体（自马炜良）

叶背银白色

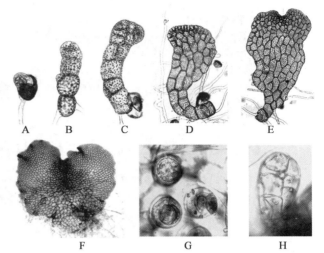

图4－232　无粉银粉背蕨（*A. argentea* var. *obscura*）
配子体发育过程（自包文美）
A 孢子萌发；B，C 丝状体；D 片状体；
E 幼原叶体；F 原叶体；G 精子器；H 颈卵器

④ 蹄盖蕨科（Athyriceae）

a. 朝鲜介蕨（*Dryoathyrium coreanum*）（图4－233，图4－234）。

A　　　　　　　　　　　　　　B

图4－233　朝鲜介蕨（*Dryoathyrium coreanum*）孢子体（自包文美，计晓春）
A 叶片；B 孢子囊群

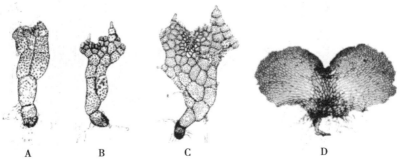

A　　　　B　　　　C　　　　D

图4－234　朝鲜介蕨（*D. coreanum*）配子体发育（自林孝辉）
A 片状体顶端开始产生毛状体；B，C 幼原叶体继续产生毛状体；D 成熟原叶体

b. 东北蛾眉蕨（*Lunathyrium pycnosorum*）（图 4 - 235，图 4 - 236）。

A

B

图 4 - 235　东北蛾眉蕨（*Lunathyrium pycnosorum*）孢子体（自包文美，计晓春）

A 叶片；B 孢子囊群

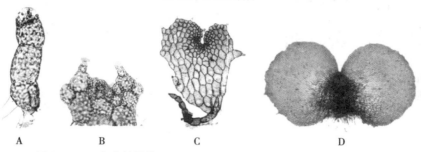

A　　　　　　B　　　　　　C　　　　　　D

图 4 - 236　东北蛾眉蕨（*L. pycnosorum*）配子体发育（自林孝辉）

A 丝状体顶端分裂；B 幼原叶体顶端产生毛状体；C 幼原叶体；D 成熟的原叶体

c. 猴腿蹄盖蕨（*Athyrium multidentatum*）（图 4 - 237，图 4 - 238）。

A

B

图 4 - 237　猴腿蹄盖蕨（*Athyrium multidentatum*）孢子体（自包文美，计晓春）

A 叶片；B 孢子囊群

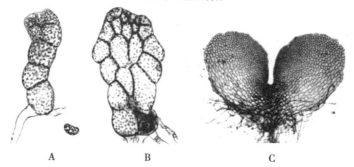

A　　　　　　B　　　　　　C

图 4 - 238　猴腿蹄盖蕨（*A. multidentatum*）配子体发育（自林孝辉）

A 丝状体具顶端细胞；B 幼原叶体具分生组织；C 成熟原叶体

d. 假冷蕨（*Pseudocystopteris spinulosa*）（图4-239，图4-240）。

A   B

图4-239　假冷蕨（*Pseudocystopteris spinulosa*）孢子体（自包文美，计晓春）

A 叶片；B 孢子囊群

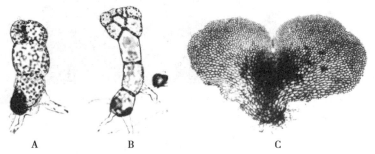

A   B   C

图4-240　假冷蕨（*P. spinulosa*）配子体发育（自林孝辉）

A 丝状体顶端细胞分裂；B 幼原叶体具分生组织；C 成熟原叶体

e. 新蹄盖蕨（*Neoathrium crenulatoserrulatum*）（图4-241，图4-242）。

A   B

图4-241　新蹄盖蕨（*Neoathrium crenulatoserrulatum*）孢子体（自包文美，计晓春）

A 叶片；B 孢子囊群（箭头）

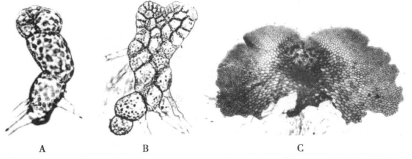

A   B   C

图4-242　新蹄盖蕨（*N. crenulatoserrulatum*）配子体发育（自林孝辉）

A 丝状体具顶端细胞；B 幼原叶体具分生组织；C 成熟原叶体

⑤ 铁角蕨科（Aspleniaceae）

过山蕨（*Camptosorus sibiricus*）（图4–243，图4–244）。

图4–243　过山蕨（*Camptosorus sibiricus*）孢子体（自包文美，计晓春）

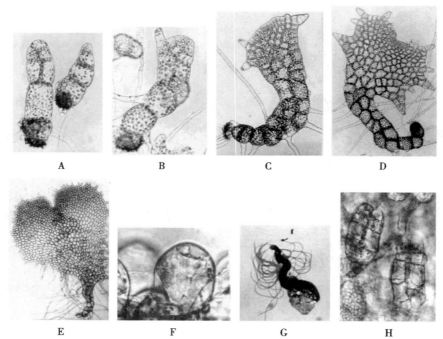

图4–244　过山蕨（*C. sibiricus*）配子体发育过程（自包文美）
A 丝状体具顶端细胞；B 片状体产生毛状体；C 幼原叶体继续产生毛状体；
D 幼原叶体；E 成熟原叶体；F 精子器；G 精子；H 颈卵器

⑥ 球子蕨科（Onocleaceae）

a. 荚果蕨（*Matteuccia struthiopteris*）孢子体（图4–202），配子体（图4–245）。

b. 球子蕨（*Onoclea sensibilis*）孢子体（图4–203），配子体（图4–246）。

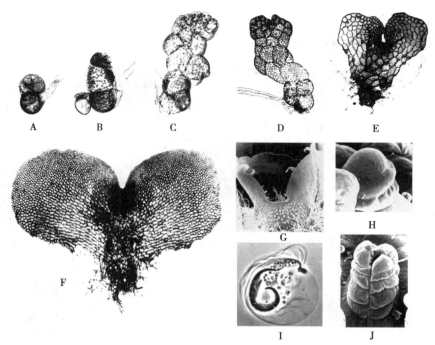

图 4 - 245　荚果蕨（*M. struthiopteris*）配子体发育（自包文美）

A 孢子萌发；B 丝状体；C 片状体；D，E 幼原叶体；F 成熟原叶体；
G 原叶体示颈卵器；H 精子器；I 精子；J 颈卵器（G，H，J 扫描电镜下）

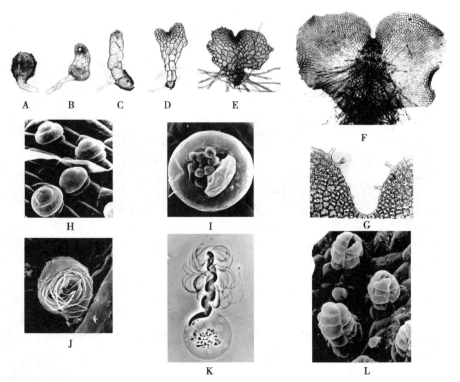

图 4 - 246　球子蕨（*O. sensibilis*）配子体发育（自包文美）

A 孢子萌发；B 幼丝状体；C 丝状体产生顶端细胞；D，E 幼原叶体产生毛状体；F 成熟原叶体；
G 原叶体顶端示毛状体；H 原叶体上产生 3 细胞的精子器；I 精子器盖细胞掀开，放出精子细胞；
J 精子前端示其鞭毛；K 精子（相差显微镜下）；L 原叶体上产生颈卵器（H，I，J，L 扫描电镜下）

⑦ 岩蕨科（Woodsiaceae）

a. 膀胱蕨（*Protowoodsia manchuriensis*）（图4-247，图4-248）。

图4-247 膀胱蕨（*Protowoodsia manchuriensis*）孢子体（自包文美，计晓春）

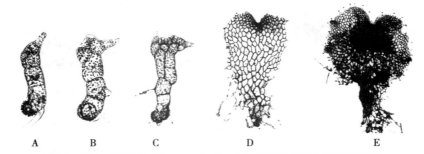

图4-248 膀胱蕨（*P. manchuriensis*）配子体发育（自林孝辉）
A 丝状体产生第1条毛状体；B 丝状体将产生第2条毛状体；C，D 幼原叶体；E 熟原成叶体

b. 耳羽岩蕨（*Woodsia polystichoides*）（图4-249，图4-250）。

图4-249 耳羽岩蕨（*Woodsia polystichoides*）（自包文美，计晓春）
A 孢子体；B 孢子囊群

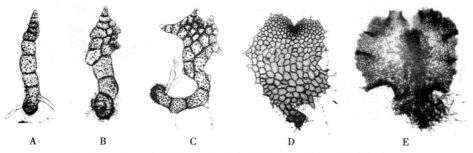

图4-250 耳羽岩蕨（*W. polystichoides*）配子体发育（自林孝辉）
A 丝状体顶端产生第1条毛状体；B 丝状体侧面产生生产点，分裂为片状体；C，D 幼原叶体继续产生毛状体；E 成熟原叶体

⑧ 鳞毛蕨科（Dryopteridaceae）

a. 鞭叶耳蕨（*Polystichum craspedosorum*）（图 4 - 251，图 4 - 252）。

图 4 - 251 鞭叶耳蕨（*Polystichum craspedosorum*）孢子体（自包文美，计晓春）

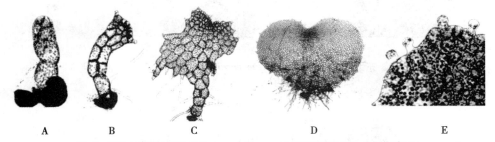

A   B   C   D   E

图 4 - 252 鞭叶耳蕨（*P. craspedosorum*）配子体发育（自曹建国）
A 丝状体出现顶端细胞；B 片状体产生毛状体；C 幼原叶体；D 成熟原叶体；E 原叶体边缘示圆球状毛状体

b. 绵马鳞毛蕨（*Dryopteris crassirhizoma*）（图 4 - 253，图 4 - 254）。

A   B

图 4 - 253 绵马鳞毛蕨（*Dryopteris crassirhizoma*）（自包文美，计晓春）
A 孢子体；B 孢子囊群

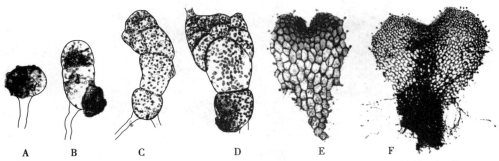

A B   C   D   E   F

图 4 - 254 绵马鳞毛蕨（*D. crassirhizoma*）配子体发育（自常缨，孙世琴，何群）
A 孢子萌发；B 幼丝状体；C 丝状体产生顶端细胞；D，E 幼原叶体产生毛状体；F 成熟原叶体

⑨ 水龙骨科（Polypodiaceae）

a. 东北多足蕨（*Polypodium virginianum*）（图 4 – 255，图 4 – 256）。

图 4 – 255　东北多足蕨（*Polypodium virginianum*）（自包文美，计晓春）
A 孢子体；B 孢子囊群

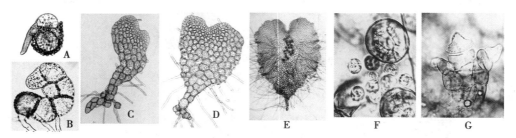

图 4 – 256　东北多足蕨（*P. virginianum*）配子体发育（自包文美）
A 孢子萌发；B 丝状体无顶端细胞；C 幼原叶体产生第 1 条长棒状毛状体；D 幼原叶体；
E 成熟原叶体示颈卵器；F 精子器；G 颈卵器

b. 有柄石韦（*Pyrrosia petiolosa*）（图 4 – 257，图 4 – 258）。

图 4 – 257　有柄石韦（*Pyrrosia petiolosa*）孢子体（自戴绍军）

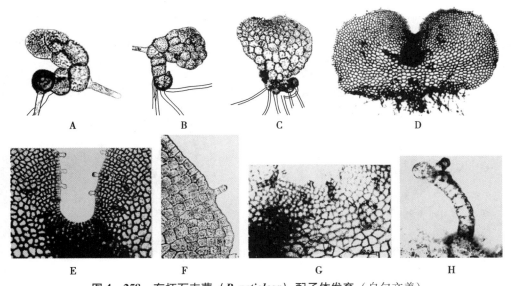

图 4 - 258　有柄石韦蕨（*P. petiolosa*）配子体发育（自包文美）

A 丝状体无顶端细胞；B 片状体；C 幼原叶体产生毛状体；D 成熟原叶体；E 原叶体顶端示短棒状毛状体；
F 原叶体具 2 细胞的毛状体；G 原叶体腹面产生多细胞丝状毛状体；H 毛状体生长为分枝丝状体

　　从水龙骨目绿色配子体的发育过程来看，丝状体有顶端细胞，无毛状体是原始性状，如掌叶铁线蕨（*Adiantum pedatum*）；丝状体无顶端细胞，分散生长，有毛状体是进化性状，如东北多足蕨（*Polypodium virginianum*）；毛状体出现时期早是原始性状；在丝状体时出现如膀胱蕨（*Protowoodsia manchuriensis*），在片状体时出现如过山蕨（*Camptosorus sibiricus*）和绵麻鳞毛蕨（*Dryoppteris crassirhizoma*），出现时期晚是进化性状，直至原叶体时才出现如球子蕨（*Onoclea sensibilis*）和有柄石韦（*Pyrrosia petiolosa*）；毛状体简单是原始性状，如无粉银粉背蕨（*Aleuritopteris argentea* var. *obscura*），毛状体复杂是进化性状，如有柄石韦，有柄石韦原叶体上的毛状体是最复杂的，它可长达 12 个细胞，还产生分枝和假根，有利于旱生（xerophytic）生境。另外，毛状体的形态不一，如单细胞的毛状体有圆球状、长棒状、短棒状，多细胞的有丝状、分枝丝状等等，因种而异。从以上的种类来看，毛状体在配子体上的发生；是从无到有，从早出现到晚出现，从简单到复杂，此过程也反映了蕨类植物的演化状况。

　　2. 代表植物

　　蕨（*Pteriditim aquilinum* var. *latiusculum*）是常见的蕨类植物，幼叶可食用，称蕨菜。鲜叶炒食或晒干或腌制咸菜。全株可药用。

　　（1）孢子体（sporophyte）　高达 1 m 左右，孢子体分根、茎、叶三部分，茎为根状茎，有分枝，横卧地下，在土壤中蔓延生长，生长不定根并被有棕色的茸毛。每年从根状茎上生出叶，钻出地面，有长而粗壮的叶柄。叶片大，幼叶拳曲，成熟后平展，呈三角形，2～4 回羽状复叶（图 4 - 259）。

　　茎的内部构造，从横切面上看，最外层为表皮，长大后，表皮破裂，其内为皮层厚壁组织，厚壁组织内为薄壁组织。维管束分离，在茎内排成二环，称为多环网状中柱（polycyclic

图 4 - 259　蕨（*Pteriditim aquilinum* var. *latiusculum*）孢子体（自包文美，曹建国）

A 生活状态（活体）；B 室内放大

dictyostele），在内外二环维管束之间，有厚壁组织（图4－260A）。每维管束具木质部和韧皮部，木质部为中始式，维管束的外面被维管束鞘所包围（图4－260B）。

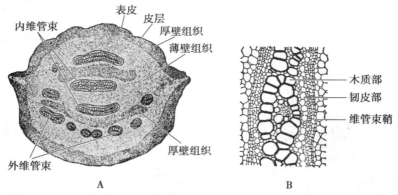

图4－260　欧洲蕨（*Pteriditim aquilinum*）茎的构造（自 Smith，重编）

A 茎横切面；B 维管束

孢子囊（sporangium）：孢子囊群生于孢子叶的背面（图4－261，图4－262），沿叶缘伸长，有内外两层假囊群盖（图4－263），孢子囊有一条纵生的环带（annulus），环带细胞的内壁和侧壁均木质化增厚，环带细胞与孢子囊柄之间有不加厚的细胞，称为唇细胞（lip cell）（图4－264A）。

图4－261　欧洲蕨（*Pteriditim aquilinum*）叶片示其边缘孢子（自 Smith）

图4－262　蕨（*Pteriditim aquilinum* var. *latiusculum*）孢子囊群及其放大（活体）（自包文美，曹建国）

图4－263　欧洲蕨（*Pteriditim aquilinum*）叶横切面示内外假囊群盖和孢子囊群（自 Smith）

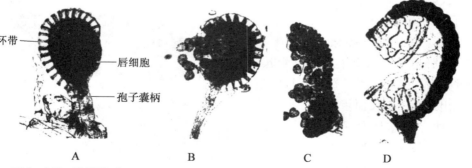

环带

唇细胞

孢子囊柄

A　　　　　　B　　　　　　C　　　　　　D

图4－264　欧洲蕨（*Pteriditim aquilinum*）孢子囊开裂过程（自 Bold *et al.*，重编）

孢子成熟时，因干燥环带向外反卷，使孢子囊从唇细胞处横向裂开，壁裂为两瓣，露出孢子（图4－264B），裂口扩大，散出若干孢子（图4－264C），继续裂开后，瞬间，环带突然又向内卷，打击孢子，将裂开处的孢子弹向远方，孢子囊壁又复为原状，孢子囊成为空壳（图4－264D）。孢子形成时，孢子母细胞经过减数分裂，孢子的染色体是单相的。一般每个孢子囊内有孢子母细胞16个，产生孢子64个。

（2）配子体（gametophyte）

① 丝状体（filament）。孢子为四面形孢子（图4－265A）在27℃下3～4天萌发，产生无色突起，突起伸长成为第一条假根（图4－265B），在另一面生出绿色的细胞（图4－265C），此细胞横裂为4～6个细胞长的丝状体（图4－265D），其后端逐渐长出假根，为丝状体阶段。

② 片状体（plate）。丝状体顶端细胞进行左右交替的斜向分裂，分裂后的细胞又横向分裂，成为顶端具有的生长点的片状体，为片状体阶段（图4－265E）。

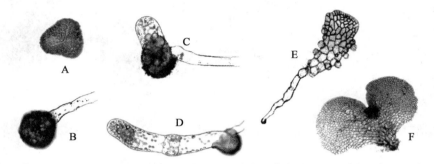

图4－265 蕨（*Pteriditim aquilinum* var. *latiusculum*）孢子萌发过程（活体）（自包文美，曹建国）
A孢子；B孢子萌发；C，D丝状体；E片状体；F原叶体

③ 原叶体（prothallus）。片状体的生长点不断分裂，顶端向上突起，又逐为扁平，继之片状体两侧细分裂速度加快，细胞增多，片状体成为两侧向上突出，中间凹的心脏形，生长点的细胞被由3～4个细胞连成的分生组织所代替，此时进入原叶体阶段（图4－265F）。原叶体是配子体的成熟阶段，绿色心脏形片状，中部为多层细胞称为中脉，四周仅一层细胞。腹面基部生有假根，起固定作用。

雌雄生殖器在腹面产生，一般来讲，颈卵器着生在原叶体心脏形凹处之下，精子器在假根附近。但在培养条件下，蕨的精子器往往在片状体和幼原叶体的边缘就产生了（图4－265E）。产生精子器后，不再产生颈卵器，颈卵器将在成熟的原叶体上出现，成为雌雄异株，此现象很普遍。

精子器（antheridium）：精子器约在接种后的20天出现，在一次培养的材料中，精子器出现时间可持续2个月，它们会不断产生新个体，长期都能得到精子器材料，供实验用。精子器圆球形，直径约50 μm，其四周为壁，仅由三个细胞组成，顶端为盖细胞（cover cell，cap cell），下面是两个环细胞（ring cell）（图4－266A）。精子器内被精原组织（spermatogenous tissue）所充满，细胞六角形，互相紧贴（图4－266B）即将成熟时，逐渐变为圆球形，彼此分离，这时精子器若吸水膨胀，盖细胞中央破裂，精子从裂口逸出。精子细胞从盖细胞的裂口处一个个的放出，故此时极易查清精子的数目。刚放出的精子细胞圆球形，直径8～9 μm，周围被有薄膜，暂时停留在精子器顶端，不能游动（图4－266C）。仅在1分钟内，薄膜溶解，即可游动（图4－266D）。在精子器裂开后的5～6 min时，精子释放速度最快，以后逐渐减慢，20～30 min后精子放完，有时会有个别的精子一直留在精子器内。每个精子器约有精子60个，待精子放完后，精子器的壁可清楚地观察到由3个细胞组成（图4－266A）。而精子器的开裂，并非像有些蕨类的精子器那样，由于盖细胞的掀开或脱落，乃是盖细胞的破裂，其裂痕在精子放完后，清晰可见。

精子带形，螺旋状卷曲3～4圈，卷曲时长约12 μm，伸长时约达34 μm。鞭毛34～50条，长约10 μm，仅着生在其前端，并非其全身，精子后端具有大囊泡（vesicle）（图4－266D，E）。精子体大，在低倍镜下就能看见。染色处理事后，鞭毛全能显示出来（图4－266F）。

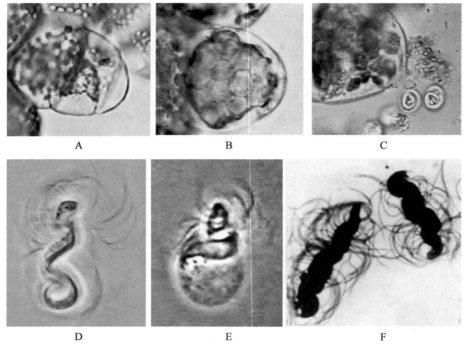

图 4 – 266 蕨（*P. aquiinum* var. *latiusculum*）精子器及精子

A 精子器结构；B 精子器内的精原组织；C 精子器释放精子；D，E 活体精子；F 精子染色后示鞭毛

（A～E 活体，F 染色，自包文美，曹建国）

颈卵器（archegonium）：颈卵器约在接种后的 30 天出现，大多数产生在较大的、已经形成了心脏形的成熟原叶体上，颈卵器生长在原叶体腹面、心脏形凹处之下，数目不等，少者 3～7 个，多者达 30～36 个，先后陆续出现（图 4 – 267A）。颈卵器颈部（neck）较短，4～5 层细胞高，约 70 μm，突出于原叶体表面，并向原叶体后端倾斜（图 4 – 267B），内有颈沟细胞（neck canal cell）。颈卵器腹部（venter）埋于原叶体组织内，内有腹沟细胞（venter canal cell）和卵（egg）（图 4 – 267C）。成熟时，颈部顶端的盖细胞开裂，颈沟细胞和腹沟细胞消失，颈部至腹部内部形成空道，卵细胞与腹沟细胞之间产生分离腔（separation cavity），卵细胞顶端出现受精孔（fertilization pore），精子可由此通向卵（图 4 – 267D）。此时，在显微镜下，也可见到大量的精子从颈部拥入（图 4 – 268A）。卵受精后，颈卵器自腹部出现褐色，据此特点，可认为原叶体上多个颈卵器的卵可能都能受精（图 4 – 268B），但最终发育为胚的仅其中之一。

在 25℃下，卵受精形成合子后 24 h 就开始分裂，至 4 个细胞时，即形成幼胚，自受精后十余天，由于胚的生长，颈卵器的腹部也随之膨大（图 4 – 269A）。再过 7～8 天，胚冲破颈卵器和原叶体的组织，露于原叶体表面。胚可分为 4 部分：子叶，胚根，基足和茎顶。自受精后一个月，胚的第一片子叶肉眼可见。子叶绿色，与真叶形状不同，起初是卷曲的，逐渐向上生长而展开。胚根褐色，伸入培养基内。其基足和茎顶在显微镜下才能观察到，基足圆块状，埋于原叶体内以吸收营养，在子叶基部有一堆组织即茎顶，胚和幼孢子体都由它分裂而来（图 4 – 269B，C）。在受精后 2～3 个月，子叶达 7 片，胚根 4 条。这时，我们可将此幼孢子体移植到沙土培养基。进一步观察，子叶陆续退化，原叶体衰老死亡。这时茎顶细胞生长加快，产生真叶和根状茎。成为独立生活的孢子体，此孢子体可长期生活在实验室内，作为活体标本，供教学观察用。

（3）生活史（life cycle）（图 4 – 270）　各发育阶段，除精子染色外，均为作者显微镜下活体描绘和活体摄影。

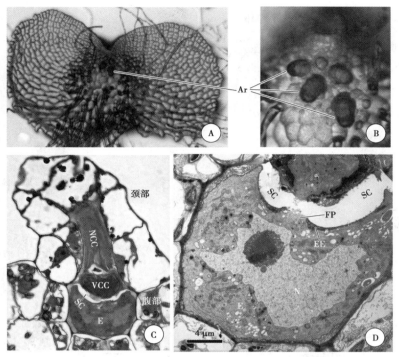

图 4 – 267 蕨（*P. aquilinum* var. *latiusculum*）原叶体及颈卵器（自曹建国等）

A 原叶体腹面产生多个颈卵器；B 颈卵器放大（光镜下）；C 颈卵器纵切；D 卵的结构（电镜下）
Ar 颈卵器；E 卵；EE 卵膜；FP 受精孔；N 细胞核；NCC 颈沟细胞；SC 分离腔；VCC 腹沟细胞

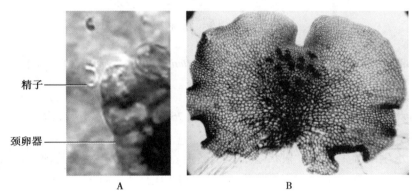

图 4 – 268 蕨（*P. aquilinum* var. *latiusculum*）颈卵器及受精（活体）

A 颈卵器盖细胞开裂，精子游入；B 原叶体上多个颈卵器都已受精（自包文美）

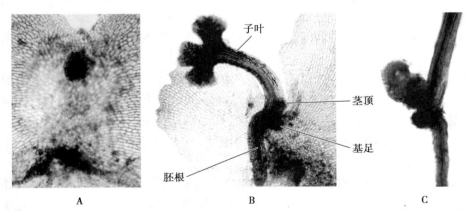

图 4 – 269 蕨（*P. aquilinum* var. *latiusculum*）合子在颈卵器内发育为胚（活体）（自包文美）

A 仅一个颈卵器中的合子发育为胚；B 胚长大，伸出子叶和胚根，
基足埋于原叶体内，子叶基部有茎顶；C 摘去原叶体，显示胚的 4 部分（已伸出第 2 片子叶）

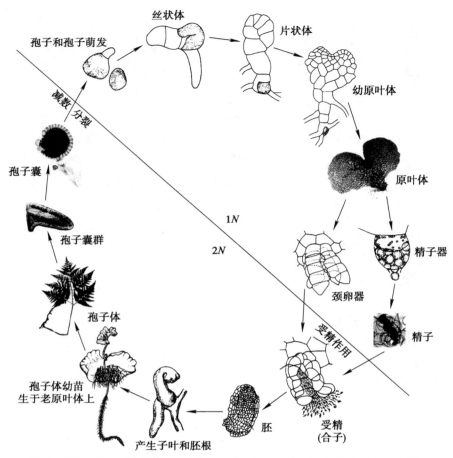

丝状体

孢子和孢子萌发

片状体

幼原叶体

减数分裂

孢子囊

原叶体

1N

2N

精子器

孢子囊群

颈卵器

精子

妥精作用

孢子体

受精（合子）

孢子体幼苗
生于老原叶体上

产生子叶和胚根

胚

图 4 –270　蕨（_Pteriditim aquilinum_ var. _latiusculum_）生活史（自包文美）

（二）蘋目（Marsileales）

本目仅有 1 科蘋科（Marsileaceae），有三个属，约 75 种，我国 1 属蘋属（_Marsilea_），约有 70 种，我国 2 种（吴兆洪，秦仁昌，1991）。

蘋科植物是浅水生或湿生植物，根状茎细长，横走。叶柄长，叶生于其顶端，常呈十字形，由 4 片倒三角形的小叶组成，飘于水面。孢子囊生长在特化的孢子果（sporocarp）内，孢子果生于叶柄基部，孢子果的壁是由叶片变态所形成。孢子果内具有二至多数孢子囊，孢子囊异型，大孢子囊仅有一个大孢子，小孢子囊有多数小孢子。

代表植物：

蘋（_Marsilea quadrifolia_）又称四叶蘋或田字蘋。分布在我国秦岭以北各地。研究表明，长江以南的是南国田字蘋（_Marsilea crenata_）。

1. 孢子体（sporophyte）生长在水田、溪边、沟渠或池塘中（图 4 –271）。茎长而匍匐，二歧分枝，能无限生长，向下生不定根。叶有长柄，幼时拳曲，长大后开展。叶柄长而软，能随水位高涨而伸长，使叶片漂浮在水面，故生长在浅水或湿地的个体，叶柄短而粗。叶片生长在叶柄的顶端，因由 4 片小叶组成，又称为四叶蘋，形如田字又可称为田字蘋。小叶倒卵形，基部楔形，外侧弧形而全缘，成熟的叶片光滑无毛（图 4 –272）。

孢子囊（sporangium）着生在叶柄基部的孢子果内，孢子果矩圆状肾形，幼时绿色，密生细毛，成熟后棕黑色，质坚硬，光滑无毛（图 4 –272）。一个孢子果内生多数大、小孢子囊。大孢子囊内含一个大孢子，小孢子囊内含有多数小孢子，孢子果内有胶质环（gelatinous ring）（图 4 –273A）。孢子果成熟后，第二年或第三年才能开裂。开裂时孢子果内的胶质环吸水膨胀，外壁裂成二瓣，胶质环延长，伸出孢子果壁外，将所有的大、小孢子囊带出孢子果外，但孢子囊仍固着于胶质环上（图4－273B）。待孢子囊壁胶质化后，大、小孢子落入共同的孢子囊群腔中，而后在水中萌发为雌雄配子体。

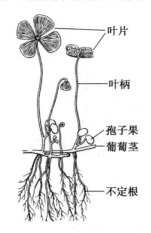
叶片
叶柄
孢子果
葡萄茎
不定根

图4－271　苹(*Marsilea quadrifolia*)（活体）（自徐克学）　　图4－272　苹(*M. quadrifolia*) 孢子体（自 Strasburger，重编）

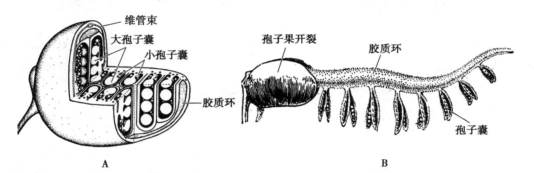
维管束
大孢子囊
小孢子囊
胶质环
孢子果开裂
胶质环
孢子囊

A　　　　　　　　　　　　　　　　　　　B

图4－273　苹（*Marsilea quadrifolia*）孢子果（自 Strasburger，重编）
A 孢子果内部结构，内含大、小孢子囊；B 孢子果壁裂成二瓣，胶质环膨胀延长，将所有孢子囊带出果壁外

2. 配子体（gametophyte）

　　大、小孢子萌发为雌雄配子体，配子体在孢子壁内发育的情况与卷柏属相似。小孢子萌发为雄配子体，大孢子为萌发的雌配子体。

　　雄配子体（malegametophyte），小孢子在壁内，萌发为雄配子体，含有两个精子器（图4－274），精子多鞭毛（图4－275），此与卷柏不同。

精母细胞

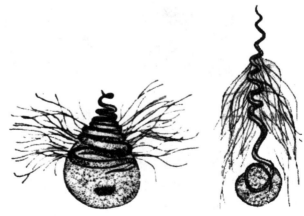

图4－274　苹（*M. quadrifolia*）小孢子在壁内萌发
为雄原叶体，产生2个（左右）精子器
（自 Foster，重编）

图4－275　苹（*M. quadrifolia*）的精子
（自 Foster）

雌配子体（femalegametophyte），在大孢子囊内，只有 1 个大孢子（图 4 - 276A）在大孢子壁内萌发为雌配子体，只产生一个颈卵器，位于顶端（图 4 - 276B）。卵受精后，就地发育为胚（图 4 - 276C）。

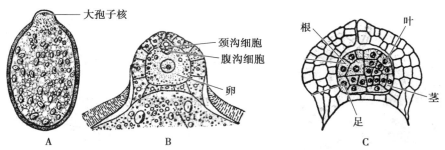

图 4 - 276　蘋（*M. quadrifolia*）雌配子体及胚胎的形成（自 Foster，重编）

A 大孢子囊内一个大孢子；B 大孢子在壁内萌发为雌配子体，产生颈卵器；C 颈卵器内的胚

（三）槐叶蘋目（Salviniaies）

有 2 科，槐叶蘋科（Salviniaceae）和满江红科（Azollaceae），在我国均广泛分布。

1. 槐叶蘋科（Slviniaceae）

仅 1 属槐叶蘋属（Salvinia），约 10 种，我国有 1 种槐叶蘋（*Salvinia natans*）（陆书刚，2007）。

槐叶蘋科植物是飘浮水生植物。根状茎纤细，横走。无根。3 叶轮生，上面 2 片漂浮水面，下面 1 片呈须根状，沉入水中。产生异型孢子果及异型孢子囊，囊内分别产生大小孢子。

代表植物

槐叶蘋（*Salvinia natans*）

（1）孢子体（sporophyte）　生于池塘、湖泊、水田和静水小河中，是小型浮水植物（图 4 - 277A）。茎横卧，无根。三叶轮生，上面 2 叶矩圆形，表面密布乳头状突起，背面被毛，漂浮水面。下面 1 叶特化，细裂成须状，悬垂水中，形如根，称沉水叶，其基部的短枝上簇生孢子果（图 4 - 277B）。

图 4 - 277　槐叶蘋（*Salvinia natans*）孢子体

A（活体）（自王芸）；B（自 Strasburger）

孢子囊（sporangium）：孢子果有大小之分（图 4 - 278A），小孢子果内含多数小孢子囊，小孢子囊具长柄（图 4 - 278B），每小孢子囊含小孢子 64 个。大孢子果内生 8 ~ 10 个大孢子囊，每大孢子囊内含大孢子一个，大孢子壁外还有一层厚的大孢子周壁（图 4 - 278C）。

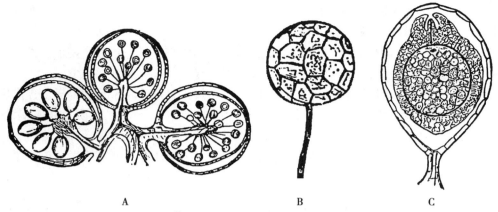

图 4 - 278　槐叶蘋（*S. natans*）大、小孢子果（自 Strasburger）

A 大、小孢子果，内含大小孢子囊；B 小孢子囊；C 大孢子囊

（2）配子体（gametophyte）　小孢子在小孢子囊内萌发为块状雄配子体，大孢子在大孢子囊内萌发为雌配子体。

雄配子体（male gametophyte）：小孢子先分裂为 3 个细胞，一个为原叶体原始细胞，2 个分别为精子器原始细胞（图 4 - 279A），原叶体原始细胞又分裂为 2，并伸长（图 4 - 279B），继续伸长，顶端形成 2 个精子器，基部为 2 个原叶体细胞，每个精子器产生 4 个精子（图 4 - 279C）。小孢子囊不开裂，当雄配子体伸长，突破小孢子囊的壁而放出精子。

雌配子体（female gametophyte）：大孢子在壁内分裂为雌配子体，其顶端有许多小形细胞，后面是一个大型储藏营养的细胞，细胞核分裂出游离核，围绕雌配子体四周，成熟时，顶端产生多个颈卵器，仅其中一个卵受精后发育为胚。胚在大孢子壁内生长，突破大孢子的壁，露出叶片，内具茎顶（图 4 - 279D）。

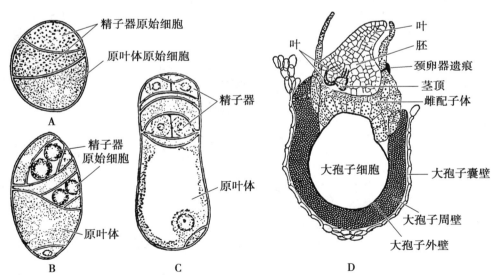

图 4 - 279　槐叶蘋（*S. natans*）配子体发育（自 Strasburger，重编）

A ~ C 雄配子体发育过程；D 胚在雌配子体内发育

2. 满江红科（Azollaceae）

仅 1 属满江红属（*Azolla*），约 6 种，我国 1 种满江红（*Azolla imbricata*）。另 1 种细叶满江红（*Azolla filiculoides*）原产美洲，我国引种，逸为野生（王培善，2001）。

满江红科植物是小型浮水植物。根状茎极纤细，叶小型，呈 2 裂，上裂片漂浮水面，下裂片沉入水中。产生异型孢子果及异型孢子囊，囊内分别产生大小孢子。小孢子附着在带钩的泡胶块上。

代表植物：满江红属（*Azolla*）细叶满江红（*Azolla filiculoides*），又称细绿蘋或红蘋。

（1）孢子体（sporophyte）　生水田或静水池塘中。植物体小，呈三角形、菱形或类圆形，漂浮水面（图4-280）。根茎横卧，羽状分枝，飘浮于水面，下有须根垂入水中。叶小型，无柄，覆瓦状排列于茎上（图4-282A），叶片深裂为上下二裂片，上裂片漂浮水面，有色素，营光合作用，下裂片沉入水中，无色素，营吸收作用（图4-281）。叶片内侧具空隙，含有胶质，并有满江红鱼腥藻（*Anabaena azollae*）共生其中（图4-282B）。满江红叶内含有多量的红色花青索，因此，幼时绿色，到秋冬时，转为红色，在江河湖泊中呈现一片红色，故称之为满江红。因其体内的鱼腥藻能固定空气中游离的氮，故含氮量高，可作为良好的绿肥和家畜、禽及鱼类的饲料。

图4-280　细叶满江红（*Azolla filiculoides*）
孢子体（活体）（自曹建国）

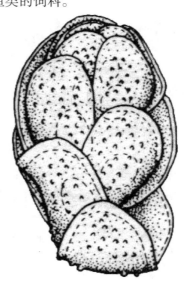

图4-281　细叶满江红（*A. filiculoides*）
顶面观示叶片分裂（自 Strasburger）

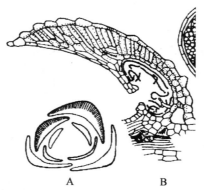

图4-282　细叶满江红（*A. filiculoides*）（自 Strasburger）
A 茎横切，示叶覆瓦状排列；B 叶空腔内满江红鱼腥藻共生

孢子囊（sporangium）有大小之分，分别着生于大小孢子果内，大小孢子果成对着生，在根状茎分枝的沉水叶裂片上，上方小孢子果，体形大，球形，基部为大孢子果，体形小，长卵形（图4-283A）。

小孢子果内的基部有多个小孢子囊（图4-283B）。小孢子囊球形，有长柄（图4-283C），囊内有小孢子64个。小孢子分别附着在5~8个无色海绵质的泡胶块（massula）上，泡胶块表面有钩毛（图4-242D），钩毛用以固定大孢子，便于在萌发为雄配子体后，精子能进入大孢子内，与雌配子体的卵结合。

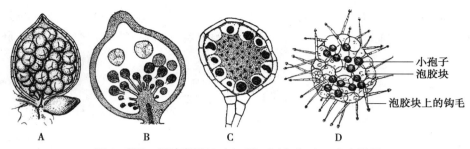

图 4 - 283　细叶满江红（*A. filiculoides*）大、小孢子果
A 小、大孢子果，上为小孢子果、下为大孢子果；B 小孢子果纵切，示果内小孢子囊
C 小孢子囊纵切；D 小孢子固着在表面有钩毛的泡胶块上
（A，C 自 Strasburge；B，D 自 Bold *et al.*，重编）

大孢子果内仅有一个大孢子囊，大孢子囊内的基部是一个大孢子，顶端是泡胶块（图 4 - 284A）。成熟时大孢子果开裂，破裂的果壁像帽子一样，覆盖其上，此时小孢子带有钩毛的泡胶块，固着于它（图 4 - 284B）。

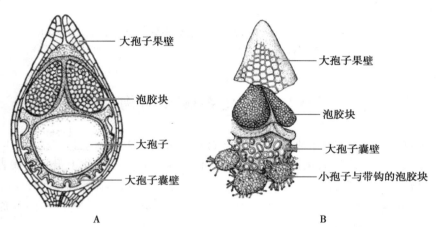

图 4 - 284　细叶满江红（*A. filiculoides*）大、小孢子囊（自 Strasburger，重编）
A 大孢子果纵切，果内有一个大孢子囊，囊内一个大孢子，上有泡胶块；
B 成熟大孢子外观，破裂的果壁覆盖其上，小孢子带钩毛的泡胶块固着大孢子

（2）配子体（gametophyte）　小孢子的细胞伸出壁外，分裂为雄配子体，大孢子在大孢子囊内发育为雄配子体。

雄配子体（malegametophyte）由 1 个营养细胞和 1 个精子器组成，精子器成熟，产生 8 个精子（图 4 - 285）。

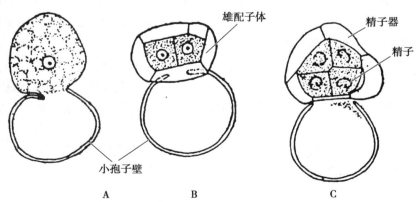

图 4 - 285　细叶满江红（*A. filiculoides*）雄配子体发育（自 Bold *et al.*，重编）
A 小孢子的细胞伸出壁外；B 幼配子体；C 成熟配子体具精子器

雌配子体（femalegametophyte）：大孢子在大孢子囊内发育为雌配子体，破裂后的大孢子囊壁和大孢子果壁仍覆盖其上，雌配子体顶端产生 1 至多个颈卵器（图 4 – 286）。受精后形成胚，长出子叶和胚根。

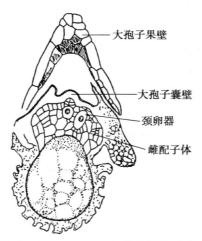

大孢子果壁

大孢子囊壁

颈卵器

雌配子体

图 4 – 286　细叶满江红（*A. filiculoides*）雌配子体（自 Bold *et al.*，重编）
大孢子在果和囊破壁的覆盖下萌发为雌配子体，并产生颈卵器

第七节　化石蕨类植物

蕨类植物是一群最古老的高等植物，根据化石材料，大约在上志留纪到中泥盆纪时大量出现，到二叠纪以前相继绝迹，成为古代的化石蕨类植物，存留下来。在系统演化上最具有代表性的有松叶蕨亚门的莱尼蕨属（*Rhynia*）和裸蕨属（*Psilophyton*），石松亚门的星木属（*Asteroxylon*）、鳞木属（*Lepidodendron*）和封印木属（*Sigillarja*），楔叶亚门的芦木属（*Calamites*），真蕨亚门的原生蕨属（*Protopteridium*）和古生蕨属（*Archaeopteris*）。

一、化石松叶蕨亚门植物

松叶蕨亚门植物中凡绝迹的种类都属裸蕨目，也称为裸蕨类植物，代表属即莱尼蕨属（*Rhynia*）和裸蕨属（*Psilophyton*）。

莱尼蕨属（*Rhynia*）在苏格兰中泥盆纪的莱尼矿区中发现，是该亚门的典型代表。莱尼蕨属生存在志留纪，到上、中泥盆纪时最为繁茂，在地球上分布极广，下泥盆纪以后绝迹。生长在沼泽潮湿地区。莱尼蕨属中有大莱尼蕨（*Rhynia major*），高达 50 cm。莱尼蕨属的孢子体具直立的气生茎和横卧的根状茎两部分，气生茎向上二叉分枝，或生不定枝（adventitious branch），光滑无叶。根状茎下有单细胞突出为丛生的假根（图 4 – 287）。

茎的最外层为表皮，外壁具角质层，皮层厚，表皮和皮层均含叶绿体。茎内已具有原生中柱的分化，中柱极小，木质部内只有管胞；韧皮部有 4～5 层细胞，由长形的薄壁细胞组成筛管。孢子囊圆筒形，生于分枝的顶端，孢子囊壁厚，外层为角质层，成熟时不开裂，孢子囊腐烂后，孢子才散出（图 4 – 288）。

裸蕨属（*Psilophyton*）下泥盆纪广泛分布在东西两半球，成群生长在沼泽地区。此属与莱尼蕨属相似，有根状茎和分叉的气生茎，无叶，但分枝顶端，有时拳卷状向两侧展开。在气生茎基部生有刺状突起，可能是一种腺体。孢子囊位于枝顶，常成对生长（图 4 – 289）。

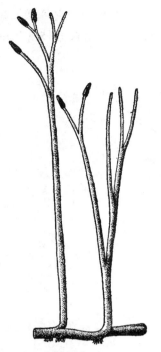

图4-287 大莱尼蕨（*Rhynia major*）
植物体（自 Smith）

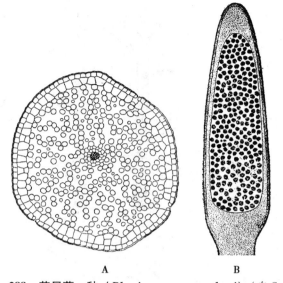

A   B

图4-288 莱尼蕨一种（*Rhynia gwynne-vaughani*）（自 Smith）
A 气生茎横切；B 孢子囊纵切

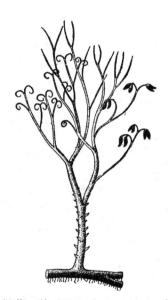

图4-289 裸蕨一种（*Psilophyton princeps*）（自 Smith）

二、化石石松亚门植物

代表属即星木属（*Asteroxylon*）、鳞木属（*Lepidodendron*）和封印木属（*Sigillarja*）。星木属（*Asteroxylon*）中的马氏星木（*A. mackiei*）是星木属中最早发现的一种，生存在苏格兰中泥盆纪地层，体积比较高大（图4-290）。星木另一种（*A. elberfeldense*）在我国、德国和俄罗斯西伯利亚地区均有发现，曾经将它们当做裸蕨植物。近年来，发现它们的孢子囊直接着生于茎表面的叶状突出物之间，此突出物螺旋排列，故将它们归于石松亚门。马氏星木的孢子体有高度的分化，横卧的根状茎上生具分枝的原始根，以代替假根。直立的气生茎具主轴和分枝，分枝为二歧分枝，茎上密生呈螺旋状排列细长叶状尖出物。这些突起约 8 mm，能行光合作用，与叶的机能相同，它可增加光合作用的面积，使植物体能更有利地生长和发展，无叶脉的结构（图 4 – 290A）。生殖枝分枝的顶端着生孢子囊（图 4 – 290B）。

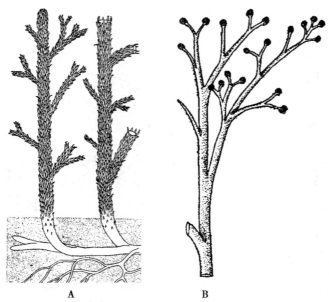

图 4 – 290　马氏星木（*Asteroxylon mackiei*）（自 Smith）
A 根状茎和营养枝；B 生殖枝

　　茎的解剖构造和石松属很相似，有原生中柱，木质部呈星芒状，故称星状中柱，此属因此得名，称之为星木。韧皮部在木质部外面；皮层分化为内外两层，具叶迹（图 4 – 291）。

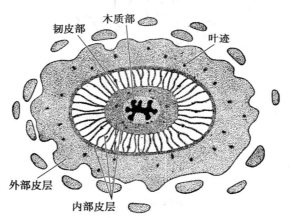

图 4 – 291　马氏星木（*Asteroxylon mackiei*）茎的横切（自 Smith，重编）

　　该亚门的鳞木属和封印木属在上泥盆纪已出现，到石炭纪十分茂盛，达到了最高度的发展，而在二叠纪时完全消失。除少数为草本外，大多数皆为高大乔木，它们的化石在我国也有较多的发现。

　　鳞木属（*Lepidodendron*）世界各地都曾发现保存良好的化石，大都为高大的乔木。高达 30 ~ 50 m，有主干直径 2 m，树皮极厚，顶端二叉分枝，形成树冠。枝上密生针形小叶，呈螺旋状排列。叶具叶舌，老叶脱落后，留有鳞片形的叶基，故称鳞木。茎内有形成层，具次生结构。树干基部有类似根的器官，称为根座，根座二叉分枝，其上密生小根（图 4 – 292）。

　　孢子叶穗着生在小枝的顶端，有大小孢子囊之分，大孢子囊通常含大孢子 8 ~ 16 个，小孢子囊含多数小孢子（图 4 – 293）。

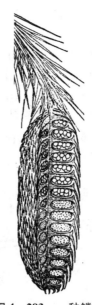

图 4 - 292　鳞木一种
（*Lepidodron obovatum*）
植物体（自 Smith）

图 4 - 293　一种鳞木
（*Lepidodron* sp.）
孢子囊穗（自 Strasburger）

图 4 - 294　一种封印木（*Sigillaria*
sp.）植物体（自 Smith）

封印木属（*Sigillarja*）植物体也为乔木，高达 30 m，有的直径达 2 m 以上。主干圆柱形，不分枝或仅在顶端有少数分枝（图 4 - 294）。叶线形，长可达 1 m，有叶舌，叶基多作六角形。茎内有形成层，与鳞木属相似。孢子叶球大，长达 15 ~ 30 cm，由大小两种孢子叶组成。

三、化石楔叶亚门植物

代表属即芦木属（*Calamites*），芦木属为古代木贼亚门植物巨大类型的代表。芦木属在泥盆纪已有出现，石炭纪盛极一时，到二叠纪消失，为石炭纪时形成煤层的主要成分之一。

芦木属植物体高，虽然其外貌为乔木状，但其形态结构似现代的木贼属植物。有匍匐的根状茎和直立的气生茎。不定根生在根状茎节上。气生茎高 20 ~ 30 m，分节与节间，节间长 3 ~ 8 m。节内实，节间中空，空腔直径达 30 cm，节上多分枝。叶细小，轮生在分枝的节上，基部联合成鞘状（图 4 - 295A）。茎内因有形成层，故有次生构造（图 4 - 295B）。孢子叶集生于茎枝顶端，形成孢子叶球。孢子叶球由许多孢囊柄及苞片组成，每个孢囊柄上悬垂二个孢子囊。孢子同型或异型。

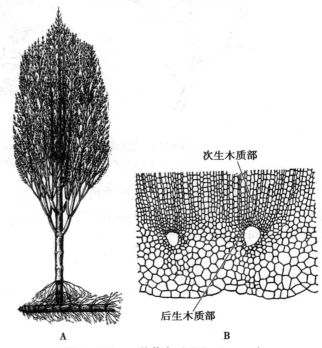

图 4 - 295　一种芦木（*Calamites* sp.）
A 植物体（自 Smith 转自 Hirmer）；B 茎的横切（自 Smith，重编）

四、化石真蕨亚门植物

代表属即原始蕨属（Protopteridium）和古生蕨属（Archaeopteris）。

原始蕨属代表种为小原生蕨（P. minutum），在我国云南沾益县龙华山，泥盆纪地层中也有发现。气生茎具合轴分枝，分枝的轴上，具有似叶状的附着器。附着器有不育的和能育的，不育的附着器生长在主枝的下部，二歧分枝，裂片扁平。能育的附着器生长在主枝远轴的一端，二歧分枝，又分裂为 4～6 个分枝，每枝顶端为孢子囊，卵圆形至纺锤形，纵向开裂（图 4－296）。

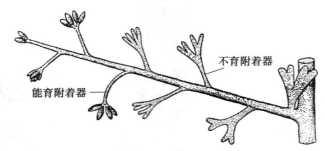

能育附着器　　不育附着器

图 4－296　小原始蕨（protopteridium minutum）（自 Smith 转自 Halle，重编）

原始蕨属另一种（P. bostimense）气生茎具多回二歧分枝，不育枝生长在主枝的下部。能育枝在其上端，最后一回分枝顶端为孢子囊，孢子囊纺锤形（图 4－297）

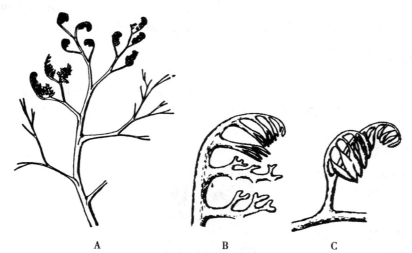

A　　　　　　B　　　　　C

图 4－297　原始蕨一种（Protopteridium bostimense）
A 分枝；B 不育枝；C 生殖枝（自 Strasburger）

古生蕨属，上泥盆纪十分茂盛，气生茎的茎短而直立，叶大形，二回羽状，长达 2 m，叶轴上生长成对互生的羽片。营养羽片扁平，卵形至楔形（图 4－298A）。能育羽片的轴上生有大小孢子囊，大孢子囊（图 4－298B）产生 8～16 个大孢子，小孢子囊（图 4－298C）产生百个以上小孢子。

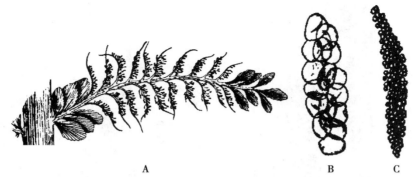

图 4 - 298　古生蕨一种（*Archaeopteris hibernica*）（自 Strasburger 转自 Schimper 和 Arnold）
A 具有营养羽片和能育羽片的分枝；B 大孢子囊；C 小孢子囊

第八节　蕨类植物的起源和演化

　　根据已发现的植物化石推断，蕨类植物起源于裸蕨类植物。裸蕨类植物简称裸蕨，出现在距今 4 亿年前的古生代志留纪末期和下泥盆纪。一般认为，裸蕨是古代和现代生存的蕨类植物的共同祖先。裸蕨在下、中泥盆纪最为繁盛，是当时地面最占优势的陆生植物。其中莱尼蕨型植物被认为是最早出现的原始代表类型，而后由莱尼蕨型植物经过演化形成裸蕨型植物，其植物体比莱尼蕨更加粗壮，结构也更复杂的。在它们生存的时期里，衍生出的种类很多，形式极为复杂。到泥盆纪末期，地壳发生大的变动，陆地进一步上升，气候变得更加干旱，裸蕨不能适应改变了的新环境，而趋于绝灭，盛极一时的裸蕨让位于分化更完善、更能适应陆地生长的其他植物类群。

　　但据近来的研究，由于化石不断的发现，人们认为蕨类植物并不完全起源于裸蕨。例如，近年发现于西伯利亚的阿登木（*Aldanophyton antiguissimum* Krysht）化石，存在寒武纪的地层中，远比裸蕨类植物出现的时期早几百万年。还值得提出的，近年在澳大利亚发现的刺石松（*Baragwanathia longifolia* Lang et Cookson）化石（图 4 - 299），存在志留纪地层中，刺石松的茎二歧分枝，具星芒状原生中柱，茎上有螺旋状排列的细长拟叶，每一拟叶具一简单的叶脉，孢子囊侧生，非顶生，孢子同形。这些特征说明它是石松亚门的植物，它的孢子囊着生的位置是在各拟叶之间或近拟叶的基部，不像裸蕨的孢子囊着生在技的顶端，这可能由于载孢子囊的枝轴部分缩短，并趋于消失，孢子从顶生的位置转移到侧生位置。由此推测，具有侧生孢子囊特征的石松类植物，或起源于裸蕨，或起源于比它们更原始的类型，或起源于共同的祖先，但是由于化石保存条件的限制，需要进一步研究。

　　总的来讲，裸蕨在泥盆纪得到极大发展，并且基本上朝着石松类、木贼类和真蕨类三个方向演化。所以石松、木贼和真蕨这三大类植物虽然都起源于裸蕨，但它们之间的亲缘关系比较疏远。现代的石松、木贼和真蕨类植物在形态结构存在较大差异，这正是由于它们向不同方向适应发展的结果。

　　石松类的起源可以追溯到距今约 37 亿年前的早泥盆纪，到中泥盆纪时，木本类型分布很广，晚泥盆纪继续发展，石炭纪达到鼎盛阶段，二叠纪逐渐衰退，进入中生代后木本类型已很少见，而今只留下少数草本类型，经新生代一直衍延至今。星木（*Asteroxylon*）（图 4 - 290）为原始石松的代表之一，从植物体形态结构来看，它与裸蕨有一些相似之处，但孢子体分化程度更高，横卧的根状茎上生有分枝的根。以代替假根；茎上密生螺旋状排列的细长鳞片状突出物，能进行光合作用，与叶的机能相同，茎的解剖构造和现代石松类植物很相似，具原生中柱，木质部在横切面呈星芒状（图 4 - 291）。

　　石松类植物向两个不同方向发展。一是向草本方由发展，经过漫长演化，发展至今成为现存的石松（*Lycopodium*）和卷柏（*Selaginella*）两大类；另一个向木本方向发展，特别是在晚泥盆纪，乔木型的石松在沼泽和潮湿地区大量繁殖，如鳞木（*Lepidodendron*）（图 4 - 292）和封印木（*Sigillaria*）（图 4 - 294）都是高达 30 ~ 50 m 的乔木，是当时沼泽森林最重要的代表植物和主要造煤植物。根据

图 4 – 299　刺石松（*Baragwanathia longifolia*）

A 化石（自 Arremo）；B 重建后的植物体（自 palaeos org）

地质资料，在二叠纪初期由于发生一些大的地质变动，地球表面的气候日趋干燥，这使得木本石松类植物，因不能适应环境变化而趋于绝灭，到中生代三叠纪木本石松类几乎全部绝灭，中生代的石松类主要是草本植物。

木贼类植物出现在泥盆纪，最古老的木贼植物是泥盆纪地层中的芦木属（*Calamites*）（图 4 – 295）为亚该门的最好代表。它们的茎干为二歧分枝，不像现存的木贼类，而接近于裸蕨，但茎枝上有节的分化，叶在茎枝上近似轮状排列，产生孢子囊的生殖小枝组成疏松的穗状，孢子囊倒生并悬垂于反卷的小枝顶端，这和现代木贼的孢子囊倒生于孢囊柄上的情况非常相似。它们在石炭纪和二叠纪达到鼎盛阶段，属种很多，具次生生长的大型乔木类型，形成当时沼泽森林和造煤作用的主要植物种类。自中生代起，木贼类植物迅速衰退，到新生代处于更加微弱的地位。现存的术贼类植物只有 2 个属，约 25 种，全为草本。

真蕨类植物最早出现于中泥盆纪，到中石炭纪开始繁盛。这些古生代的真蕨类植物化石与其他蕨类差异很大，所以被分成为原始蕨类。它的孢子囊长形，囊壁厚，纵向开裂或顶上孔裂。重要的代表如在我国云南省泥盆纪地层中曾发现的原始蕨属（*Protopteridium*）（图 4 – 296，图 4 – 297）。原始蕨属具合轴分枝，侧枝的末端扁化成扁平的二歧分枝，孢子囊着生在此具有维管束的枝顶上。还有如发现于中泥盆纪的古生蕨属（*Archaeopteris*）（图 4 – 298），具有大型二回羽状的真蕨形叶子，在一个平面上排列着小羽片，孢子囊着生在小羽片轴上，孢子异型。这类植物在体形上很可能代表介于裸蕨类和真蕨类之间的类型。古生蕨属的发现，加强了真蕨类和裸子植物纲之间在系统发育上的联系。许多人认为，最早的裸子植物是通过古生蕨属这一途径而发展出来的。

当二叠纪、三叠纪之交的干旱气候来临时，绝大多数真蕨类植物因不适应新环境而从地球上消失了。但当三叠纪末至早侏罗纪期间地面气候再度变得温暖湿润，许多新真蕨类植物从一些古代真蕨中演化发展了一系列的新类群，并且很快获得了前所未有的大发展，其中不少科、属一直繁衍到现代。现代生存的真蕨类植物多数具有大型的叶，有叶隙，茎多为发达的根状茎，孢子囊聚集成孢子囊群，着生在羽片的下面或边缘，绝大多数是中生代初期发展的类型。

根据现有资料推测，真蕨类植物与石松类及木贼类一样，是在中泥盆纪或早、中泥盆纪之交，起源于裸蕨。但在以后的阶段，真蕨类植物体的侧枝演化为大型叶，同时在茎枝内部发展出管状中柱型的输导系统，这是优于与其他蕨类植物之处。

蕨类植物起源问题，植物学家的意见并不一致，多数人认为，古老的蕨类植物是起源于藻类，至于起源于哪一类藻类植物，意见有分歧，有的认为起源于绿藻，主要理由是它们有共同之处，都具有叶绿素 a 和 b，贮藏营养是淀粉，游动细胞的鞭毛等长等特征。也有人认为起源于褐藻，理由是褐藻植物中不但有孢子体和配子体同样发达的种类，也有孢子体比配子体发达的种类，褐藻植物体结构复杂，并有多细胞组成的配子囊，但褐藻植物缺少叶绿素 b，贮藏营养不是淀粉，游动细胞的鞭毛不等长，故如今赞同此观点的人已不多了。

也有人认为，可能起源于苔藓植物，其理由主要是苔藓植物中的角苔孢子体长针状，孢子囊成熟时自上而下纵裂为 2 瓣，这些性状与裸蕨相似。但难以解释二者生活史上孢子体和配子体优势的转变。

有人认为，裸蕨和苔藓植物都是起源于藻类，并且是平行发展而来的。无论蕨类植物起源于何类群，当前裸蕨被公认为最早登上陆地的陆生植物。

第九节　蕨类植物的经济价值

蕨类植物和人类的关系非常密切，古代蕨类植物都形成了今日的煤炭，为人类提供大量能源，现代蕨类植物的经济利用，也是多方面的。

1. 医药上的应用。我国劳动人民很早就用蕨类植物来治病。明代李时珍的《本草纲目》中所记载的，就有不少是蕨类植物。到目前为止，作药用的蕨类，已达 400 余种。例如，海金沙治尿道感染、尿道结石；卷柏外敷，治刀伤出血；江南卷柏治湿热黄疸、水肿、吐血等症；阴地蕨治小儿惊风；金毛狗能止刀伤出血；槲蕨能补骨镇痛，治风湿麻木；贯众的根茎可治虫积腹痛、流感等症，亦用作除虫农药；乌蕨在民间作治疮毒和毒蛇咬伤药。近年发现蛇足石杉中含有的生物碱对老年痴呆有明显疗效，正在研究人工培养。

2. 食用。早在我国周朝初年，就有伯夷、叔齐二人采蕨于首阳山（今陕西省西安市西南）下，以蕨为食的记载，可见我国劳动人民早已开始食用蕨类了，被人们食用的种类有蕨、菜蕨、紫萁、问荆的春枝以及莲座蕨目的大部分种类。蕨的根状茎富含淀粉（称为蕨粉），它的营养价值不亚于藕粉，不但可食，也可酿酒；蕨的幼叶有特殊的清香美味，但在食前须先用米泔水或清水浸泡数日，除去其毒成分，炒食或干制成蔬菜。蕨菜为出口日本的主要副食品，美国就有很多上等餐馆，向国外购买嫩蕨叶（通常称为绿提琴头）作为高级食品以飨客。

3. 工业上的利用。许多蕨类植物，也是工业的重要原料。石松的孢子可作为冶金工业上的优良脱模剂，将孢子撒在机器铸件模具的壁上，可以防止铸液黏附在模子的壁上，使铸件的表面光滑，减少砂眼；还可在火箭、信号弹、照明弹等各种照明制造工业上，作为引起突然起火的燃料。木贼含硅质很多，可代替砂皮摩擦木器和金属器械，是极好的磨光剂。

4. 林业生产上的指示作用。许多蕨类植物可以作为营造和发展各种林地的指示植物。如长江以南地区要发展适宜酸性土壤的茶树和油茶等亚热带经济林木时，就可以根据天然植物中，生长芒萁、里白、狗脊蕨、半边旗、石松等蕨类的地方，作为选择的营造林地。如要寻找喜钙植物林地，可选择碎米蕨、肿足蕨、铁线蕨、肾蕨等喜钙蕨类生长的地方。许多蕨类都可作为气候的指示植物，如生长有杪椤、莲座蕨、鸟巢蕨、崖姜、地耳蕨等属蕨类的地区，是热带或亚热带潮湿气候的标志。生长绵马的地区，则是亚寒带或北温带气候的标志。

5. 农业上的利用。有些蕨类植物是业生产中优质饲料和肥料。例如，满江红是很好的绿肥，其干重含氮量达 4.65%，比苜蓿还高，也是猪、鸭等家畜和家禽的良好饲料。蕨、里白和芒萁的叶子富含单宁质，不易腐朽，质地坚实，容易通气，用它垫厩，不但可作厩肥，还可减少厩圈病虫害的孳生；也是常绿树苗敝荫覆盖的极好材料。

6. 观赏和美化环境。很多蕨类植物体优美，有观赏价值。目前在温室和庭院中广泛栽培的有肾蕨、铁线蕨、卷柏、鸟巢蕨、鹿角蕨、杪椤、槲蕨等。另外，如银粉背蕨、乌蕨、松叶蕨、千层塔、江南卷柏、翠云草、阴地蕨、阴石蕨、黄山鳞毛蕨、水龙骨等，都是千姿百态，为良好的观赏植物。国外利用蕨类植物作为观赏，出版了许多专著进行论述和介绍，但我国对此植物资源尚未全面开发。

蕨类植物参考文献

包文美. 卷柏的培养和观察. 生物学通报, 1986 (11): 11 – 12

包文美. 蕨类植物的配子体. 见: 邹承鲁主编. 当代生物学. 2000: 221 – 225

包文美, 敖志文. 东北蕨类植物配子体发育的研究 II. 卷柏科. 植物研究, 1986, 6 (1): 71 – 78

包文美, 敖志文, 陈发生. 东北蕨类植物配子体发育的研究 I. 水龙骨科. 植物研究, 1985, 5 (4): 101 – 114

包文美, 敖志文, 刘保东. 两种卷柏雌配子体的扫描电镜观察. 中国第二届蕨类植物学学术讨论会论文集. 1986

包文美, 敖志文, 刘保东. 东北蕨类植物配子体发育的研究 III. 紫萁科. 植物研究, 1986, 6 (3): 171 – 125

包文美, 敖志文, 刘保东. 东北蕨类植物配子体发育的研究 IV. 铁线蕨科. 植物研究, 1987, 7 (4): 63 – 71

包文美, 敖志文, 刘保东, 等. 东北蕨类植物配子体发育的研究 V. 球子蕨科. 植物研究, 1988, 8 (3): 193 – 208

包文美, 曹建国. 苔藓植物和蕨类植物的生殖发育 下集 (音像教材). 北京: 高等教育出版社/高等教育电子音像出版社, 2003

包文美, 曹建国, 计晓春. 蕨类植物的多样性. 上, 下集. 北京: 高等教育出版社/高等教育电子音像出版社, 2005

包文美, 陈发生. 问荆配子体世代的培养和观察. 哈尔滨师范学院学报 (自然科学版), 1964, 12: 85 – 92

包文美, 陈发生. 蕨 [*Pteridium aquilinum* (L) Kuhn.] 原叶体的培养和有性生殖的观察. 哈尔滨师范学院学报 (自然科学版), 1978, 2: 51 – 58

包文美, 陈发生. 问荆的培养和观察. 生物学通报, 1984, (1): 14 – 15

包文美, 陈发生. 蕨的培养和观察. 生物学通报, 1986, (2): 8 – 9

包文美, 陈发生. 植物学 第二分册 第二篇 植物系统. 哈尔滨: 哈尔滨师范大学出版社, 1986

包文美, 林孝辉, 王全喜. 东北蕨类植物配子体发育的研究 X. 岩蕨科. 植物研究, 1998, 18 (4): 407 – 413

包文美, 王全喜, 敖志文. 东北蕨类植物配子体发育的研究 VII. 金星蕨科. 植物研究, 1994, 14 (4): 409 – 415

包文美, 王全喜, 敖志文. 东北蕨类植物配子体发育的研究 VIII. 铁角蕨科. 植物研究, 1995, 15 (1): 61 – 64

包文美, 王全喜, 敖志文. 东北蕨类植物配子体发育的研究 VI. 中国蕨科. 植物研究, 1995, 15 (3): 313 – 376

林孝辉, 王全喜, 包文美. 东北蕨类植物配子体发育的研究 IX. 蹄盖蕨科. 植物研究, 1996, 16 (3): 322 – 335

刘保东, 谭龙颜, 程薪宇. 中华水韭生殖发育的初步研究. 中国花卉协会蕨类植物分会简讯, 2009, 15: 15

刘保东, 张大维, 包文美, 等. 卷柏科 11 种雌雄配子体形态发育的研究. 植物研究, 1993, 3 (3): 250 – 256

刘家熙, 刘保东, 包文美, 等. 木贼科 5 种配子体发育的研究. 哈尔滨师范大学自然科学学报, 1994, 10 (2): 77 – 89

李范, 刘婧宏, 邢建娇, 等. 中华水韭叶舌和缘膜的发生及其发育进程研究, 西北植物学报, 2013, 33 (1): 0017 – 0021

刘红梅, 王丽, 张宪春, 等. 石松类和蕨类植物研究进展: 兼论国产类群的科级分类系统. 植物分类学报, 2008, 46 (6): 808 – 829

陆树刚. 蕨类植物学. 北京: 高等教育出版社, 2007

马炜梁. 高等植物及其多样性. 北京: 高等教育出版社/施普林格出版社, 1998

马炜梁. 植物学. 北京: 高等教育出版社, 2009

秦仁昌. 中国蕨类植物科属系统排列. 植物分类学报, 1978, 16 (3): 1 – 19; 16 (4): 16 – 37

塔赫他间. 植物演化形态学问题. 匡可任, 石铸, 译. 西宁: 青海省科学技术学会, 1979: 112 – 119

王培善, 王筱英. 贵州蕨类植物志. 贵阳: 贵州科技出版社, 2001

王全喜, 邵成文, 曹建国, 等. 东北蕨类植物配子体发育的研究 XI. 鳞毛蕨科. 哈尔滨师范大学自然科学学报, 1995, 11 (4): 83 – 89

吴兆洪, 秦仁昌. 中国蕨类植物科属志. 北京: 科学出版社, 1991

邢公侠, 秦仁昌. 蕨类名词及名称. 北京: 科学出版社, 1982

严楚江. 孢子植物形态学. 北京: 高等教育出版社, 1959

张景钺, 梁家骥. 植物系统学. 北京: 高等教育出版社, 1965

张宪春. 中国石松类和蕨类植物. 北京：北京大学出版社，2012

Bao Wen-mei（包文美），Cao Jian-guo（曹建国），Dai Shao-jun（戴绍军）. Ultrastructure of Oogenesis in *Osmunda cinnamomea* var. *asiatica*. Acta Botanica Sinica，2003，45（7）：843 – 851

Bao Wen-mei（包文美），He Qun（何群），Wang Quan-Xi（王全喜），et al. Ultrastructure of Oogenesis in *Dryopteris crassirhizoma*. Nakai Journal of Integrative Plant Biology，2005，47（2）：201 – 213

Bao Wen-mei（包文美），Wang Quan-Xi（王全喜），Dai Shao-Jun（戴绍军）. Morpholoy and ontogeny of the gametophyte in *Crytogonellum inaequal*. In：Zhang Xian-Chun，Shing Kung-Hsia（Editors）. Ching Memorial，1990，Vol 294 – 302

Bell P R，Hemsley A R. Green plants. Cambridge：Cambridge University Press，2000

Bierhorst D W. Morphology of vascular plants. New York：The Macmillan Company，1971

Bold H C，Alesopoulos C J，Delevoryas T. Morphology of plants and fungi. 5th ed. New York：Harper & Row，Publishers，1987

Bruce J G. Gametophyte of *Lycopodium digitatum*. Amer J Bot，1979，66（10）：1138 – 1150

Bruchmann H. Uber die Prothallien und die Keimpflanzen mehrerer europaischer Lycopodien，und zwar uber die von *Lycopodium clavatum*，*L. annotinum*，*L. complanatum* und *L. selago*. Friedrich Anbras Perothes，Gotha，1898

Cao Jian-guo（曹建国），Yang Nai-Ying（杨耐英），Wang Quan-Xi（王全喜）. Ultrastructure of the mature egg and fertilization in the fern *Ceratopteris thalictroides*（L.）Brongn. Journal of Integrative Plant Biology，2009，51：（3）

Cao Jian-guo（曹建国），Wang Quan-Xi（王全喜），Yang Nai-Ying（杨耐英），et al. Cytological events during zygote formation of the fern *Ceratopteris thalictroides*. Journal of Integrative Plant Biology，2010，52（3）：254 – 264

Cao Jian-guo（曹建国），Wang Quan-Xi（王全喜），Bao Wen-mei（包文美）. Formation of the fertilization pore during oogenesis of the fern *Ceratopteris thalictroides*. Journal of Integrative Plant Biology，2010，52（6）：518 – 527

Cao Jian-guo（曹建国），Dai Xi-ling（戴锡玲）. Wang Quan-Xi（王全喜）. Cytological features of oogenesis and their evolutionary significance in the fern *Osmunda japonica*. Sexual Plant Reproduction，2012，25：61 – 69

Cao Jian-guo（曹建国），Dai Xi-ling（戴锡玲），Wang Quan-Xi（王全喜）. Ultrastructural and cytochemical studies on oogenesis of the fern *Pteridium aquilinum*. Sexual Plant Reproduction，2012，25：147 – 156

Coulter J M，Barnes C R，Cowles H C. A Texboot of Botany. Vol 1. New York：Morphylogy American Book Company，1910

Daigobo S. Morphological variation in the gametophyte of *Lycopodium clasatum* in Japan. Journ Jap. Bot.，1983，58（7）：212 – 220

Foster A S，Gifford Jr E M. Comparative Morphology of Vascular Plants. 2nd ed. New York：W H Freeman Company，1974

Freeberg J A. *Lycopodium* prothalli and their endophytic fungi as studied in vitro. Amer. J. Bot.，1962，49（5）：530 – 535

Haupt A W. Plant Morphology. New York：McGraw-Hill Book company，Inc.，1953

Holman R M，Robbins W W. A Text Book of General Botany. 4 th ed. New York：Wiley & Sons，1947

Jen Hsu（徐仁）. Anatomy，development and life history of *Selaginella sinensis* I. Anatomy and development of the shoot. Bulletin of the Chinese Botanical Society，1937，3（1）：75 – 95

Maarten J. M. Christenhusz，Xian-Chun Zhang & Harald Schneider. A linear sequence of extant families and genera of lycophytes and ferns. Phytotaxa 2011，19：7 – 54

Sinnott E W，Wilson K S. Botany. 6th ed. New York：McGraw-Hill Book company，Inc.，1963

Smith A R，et al. A classification for extant ferns. Taxon，2006，55（3）：705 – 731

Smith G M. Cryptogamic Botany. Vol 2. Bryophytes and Pteridophytes. 2nd ed. New York：McGraw-Hill Book Company，Inc，1955

von Denffer D，Schumacher W，Magdefrau K，Ehrendorfer F. Strasburger's Textbook of Botany. 30th ed. Translated by Bell P R，Coombe D E. London：Longman Group Limited，1976

Wetmore R H，Morel G. Sur la culture in vitro de prothalles de *Lycopodium cernuum*. Compt. Rend. Acad. Sci.（Paris），1951，233：323 – 324

Whittier D P，Storchova H. The gametophyte of *Huperzia selago* in culture. Amer. Fern Journal，2007，97（3）：149 – 154

Zhang Libing（张丽兵），W. Carl Taylor. Flora of China lsoëtaceae. 2013：Volume 2 – 3

第五章 种子植物（Spermatophyta）

种子植物与苔藓、蕨类植物一样都具有明显的世代交替现象，但孢子体更发达，独立生活，配子体比蕨类植物的更为简单，仅有若干细胞组成，只能寄生在孢子体上。种子植物都能产生异形孢子，分别萌发为雌、雄配子体，精子大多无鞭毛，在受精时不再受水的限制，胚的外面有种皮保护，形成了种子。凡植物的种子裸露在外的称为裸子植物（Gymnospermae），如松树，其种子就是松子，裸子植物只能产生种子，不能产生果实。凡植物的种子被子房包被的称为被子植物（Angiospermae），如桃树，其种子被子房包被，形成果实，桃子就是果实，因此被子植物都能产生果实。

种子植物在植物界的发展远超过蕨类植物，而且适应了陆生的环境，成为今日最繁茂的类群，可分为 2 门，即裸子植物门和被子植物门。

第一节　裸子植物门（Gymnospermae）

裸子植物的地位介于蕨类植物和被子植物之间。配子体简化，寄生在孢子体上，雌配子体保留颈卵器，雄配子体产生花粉管，精子大多无鞭毛，精子通过花粉管进入颈卵器与卵结合。产生裸露的种子，不形成果实。

种子植物和蕨类植物的生活史各阶段中，各有一套名词，常同时并用或混用。在 19 世纪中叶以前，人们对种子植物的结构研究后，给予一套种子植物的名词，当时不知道这些结构与蕨类植物的结构有系统发育上的联系，蕨类植物已有了它自己的名词，所以出现了 2 套名词。直到 1851 年，有人将种子植物与蕨类植物的生活史完全贯通起来，才把两套名词作相应的对照，如图 5-1 所示。

蕨类植物	种子植物
孢子叶球	花或球花
小孢子叶	雄蕊
大孢子叶	心皮或珠鳞或苞片
小孢子囊	花粉囊
大孢子囊	胚珠或珠心
小孢子	花粉粒单核时期
大孢子	单核胚囊（被子植物）
雄配子体	花粉粒萌发 2 至多核时期
雌配子体	成熟胚囊（被子植物）
雌配子体	胚乳（裸子植物）（被子植物的胚乳，由极核受精发育而来）

图 5-1　蕨类植物与种子植物生活史中名词对照（自张景钺，重编）

一、裸子植物的主要特征

1. 孢子体发达

裸子植物的孢子体特别发达，大多是多年生木本植物，为单轴分枝的高大乔木，枝条常有长枝和短枝之分。叶多为针形、条形或鳞形，极少数为扁平的阔叶；叶在长枝上螺旋状排列，在短枝上簇生于枝顶。网状中柱，并生型维管束，具有形成层和次生生长，木质部大多数只有管胞，极少数有导管（买麻藤纲）；韧皮部无伴胞。根有强大的主根。

2. 配子体简化

雌雄配子体完全寄生在孢子体上，小孢子即单核花粉粒，在小孢子囊即花粉囊内萌发为雄配子体，成熟的雄配子体常由 4 个细胞组成，2 个退化的原叶细胞（prothallial cell），1 个管细胞（tube cell）和 1 个生殖细胞（generative cell）。大孢子也在大孢子囊（胚珠）内萌发为雌配子体（胚乳），细胞多数。雌配子体都寄生在孢子体上，雄配子体暂时寄生，成熟后散布开来。

3. 大、小孢子叶球

孢子叶（sporophyll）通常聚生成球果状（strobiliform），成为孢子叶球，或称球花。通常为单性，同株或异株。

小孢子叶（microsporophyll，相当于被子植物的雄蕊）聚生为小孢子叶球（strobilus masculinus），或称雄球花（male cone），小孢子叶背面产生小孢子囊（microsporangium），即花粉囊（pollen sac），内生大量小孢子（microspore）即单核花粉粒（uniclear pollen grain）。

大孢子叶（macrosporophyll，相当于被子植物的心皮）聚生为大孢子叶球（strobilus femineus）或称雌球花（female cone）。大孢子囊（macrosporangium），即胚珠（ovule）不被大孢子叶所包被，胚珠裸露，发育为种子，内含有胚。而被子植物的胚珠则被大孢子叶（心皮）所包被，形成果实，果实内有种子。这是裸子植物与被子植物植物的主要区别。大孢子叶常变态为各种形状，给以不同名称，如珠鳞（ovuliferous scale）（松柏类）、珠托（collar）（银杏）、和羽状大孢子叶（苏铁）等。

4. 颈卵器

裸子植物除买麻藤纲的买麻藤属（*Gnetum*）和百岁兰属（*Welwitschia*）外，都具颈卵器，产生于雌配子体的近珠孔的一端，但结构简单，埋藏于雌配子体即胚乳中。颈卵器内有 1 个卵细胞和颈沟细胞，腹沟细胞退化。

5. 雄配子体、传粉和受精

雄配子体（male gametophyte）即多核花粉粒（multiclear pollen grain），成熟时裸子植物胚珠的珠孔（micropyle）能分泌液体，形成传粉滴（pollination drop）。花粉能借助于风力（少数例外）的传播，落到珠孔的花粉滴上，进入珠孔，在珠心上方的贮粉室（pollen chamber）内萌发，形成花粉管，进入颈卵器，将精子逸出，与卵细胞结合，完成受精作用。裸子植物的受精作用摆脱了水的限制，除少数种类，如银杏、苏铁外，精子都不具鞭毛，此类鞭毛仅是遗迹，并非具有在水中游动的功能。

6. 具多胚现象

大多数裸子植物都具有多胚现象（polyembryony），这是由于 1 个雌配子体上的几个或多个颈卵器内的卵细胞，同时受精，形成多胚，称为简单多胚现象（simple polyembryony），或者由一个受精卵在发育过程中，原胚组织分裂为几个胚，这是裂生多胚现象（cleavage polyembryony）（图 5 – 17）。但最终仅 1 个胚发育，其余退化。

二、裸子植物的代表植物

裸子植物出现在古生代泥盆纪，经历古生代的石炭纪和二叠纪，到了中生代是它们系统发育中的全盛时期。从裸子植物发生到现在，地史气候经过多次重大变化，裸子植物种系也随之多次演变更替，老的种类相继灭绝，新的种类陆续演化，经过第四纪冰川时期繁衍至今。

现代裸子植物门分 4 纲：苏铁纲（Cycadopsida）、银杏纲（Ginkgopsida）、松柏纲（球果纲）（Coniferopsida）及买麻藤纲（倪藤纲 Gnetopsida，或称盖子植物纲，Chlamydospermopsida）（Judd W S et al.）。共有 9 目 12 科 71 属近 800 种，我国是裸子植物种类最多、资源最丰富的国家，有 8 目 11 科 41 属 240 种（马炜梁）。有不少是第三纪的孑遗植物，或称"活化石"植物。我国的裸子植物多为林业经营上的重要用材树种，也是纤维、树脂、单宁等原料树种，少数种类的枝叶、花粉、种子、根皮等可供药用，有的种子可食用如白果和松子。

1. 苏铁纲（Cycadopsida）

本纲植物在古生代的末期（二叠纪）兴起，中生代的侏罗纪相当繁盛，现存 1 目 1 科 9 属约 110 种，分布在热带、亚热带区域。我国仅有苏铁属（Cycas），约 15 种（马纬梁）。产于云南、广东等省，其中常见的是苏铁（Cycas revoluta），又叫铁树。北方温室中多有栽培，在世界各处都有栽培为观赏植物。植物之髓多富于淀粉，可食用，种子亦有人取食，叶则往往含毒。

苏铁（Cycas revoluta）：

常绿木本植物，茎干粗壮，常不分枝。叶螺旋状排列，有鳞叶及营养叶，二者相互成环着生。鳞叶小，密被褐色毡毛，营养叶大，叶深裂呈羽状，集生于树干顶部。孢子叶球即球花单性，生于茎顶。雌雄异株。精子具多鞭毛。种子具 3 层种皮。

（1）孢子体（sporophyte）具有柱状的树干，稀有高过十米者，有时极矮，通常不分枝，顶端丛生羽状复叶，外貌颇似棕榈（图 5 - 2）。苏铁属叶幼时拳卷如真蕨的叶，叶老死后脱落，叶基则残留于树干上。根粗大，圆锥形，深入土中。茎中有发达的髓部和皮层，木质部则仅成一狭圈，虽有形成层，活动期较短。孢子体雌雄异株，雌雄球花分别生于不同的孢子体上。

图 5 - 2 苏铁（Cycas revoluta）孢子体产生大孢子叶球（自 Bold et al. 转自 Moore）

小孢子叶球（strobilus masculinus）或称雄球花（male cone）。小孢子叶（microsporophyll）螺旋式密生成棒状的小孢子叶球，叶背面着生多数的小孢子囊（microsporangium），即花粉囊（pollen sac）（图 5 - 3A，B），囊壁为多层细胞所构成，囊内大量的造孢细胞，产生球形的小孢子母细胞，经减数分裂，形成小孢子（microspore）即单核花粉粒（uniclear pollen grain）（图 5 - 3C ~ E）。

大孢子叶球（strobilus femineus）或称雌球花（female cone）。大孢子叶（macrosporophyll）集生构成疏松的大孢子叶球，"铁树开花"即指此大孢子叶在植株顶端展开（图 5 - 4A），北方各地少见，但在原产地常见。

大孢子叶甚大，前端扁平，部分羽状分裂，犹如营养叶的叶片，但无叶绿素，呈橘色，叶片下面二侧着生多个橘红色的大型大孢子囊（macrosporangium），即胚珠（ovule）（图 5 - 4B）。胚珠具有厚

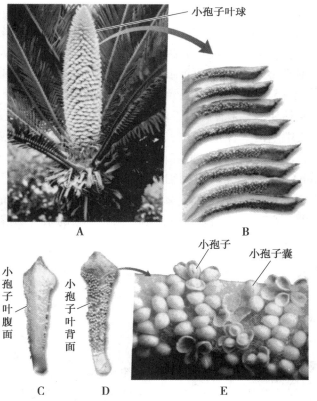

图 5 – 3　苏铁（*Cycas revolute*）小孢子叶球（自马炜梁，重编）

的珠被，包围珠心，下部与珠心相连，上部则分开，在顶端留一孔即珠孔（图 5 – 6A）。由珠心中央的 1 个细胞，膨大成为大孢子母细胞，经减数分裂成 4 个大孢子（macrospore），近珠孔端的 3 个退化，仅最里面的一个存留。

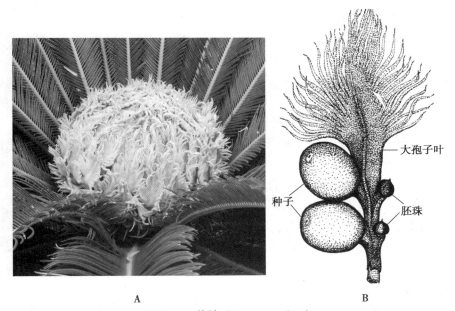

图 5 – 4　苏铁（*Cycas revoluta*）

A 大孢子叶球放大（自曹建国）；B 1 片大孢子叶，成熟的种子和未发育的胚珠（自 Bold *et al.*，重编）

（2）配子体（gametophyte）

雄配子体（male gametophyte）：小孢子囊（花粉囊）内的小孢子（单核花粉粒），成熟时有2层孢子壁（图5-5A），在壁内分裂，萌发成为雄配子体（多核花粉粒）。小孢子先分裂为2个细胞，基部的叫原叶细胞，此细胞不再分裂，上面的细胞再分裂为管细胞及生殖细胞。成熟的花粉粒就是这3个细胞组成的雄配子体（图5-5B）。小孢子囊成熟，直裂张开，3细胞的花粉粒被风吹至胚珠的珠孔上。被珠孔逸出的传粉滴粘住，待液体挥发，花粉粒被进入珠孔，至珠心上面的贮粉室内。到珠心后，继续发育，花粉粒的尖端生出一管，即花粉管（图5-6B）。苏铁是原始的裸子植物，其花粉管的主要功用不是输送精子，而是是从珠心吸取养料。以后生殖细胞分裂为2个大小不等的细胞，大的在上叫做体细胞（body cell），小的在下叫做柄细胞（stalk cell）（图5-5C）。体细胞又分为二，此2细胞的原生质体各形成一个精子（sperm）（图5-6C）。成熟的精子如陀螺形，绕生无数鞭毛（图5-5D，E）。精子长可达0.3 mm，肉眼可见，是生物界最大的精子。精子成熟时，花粉管的尖端裂开，精子和管中液体被射至颈卵器内。

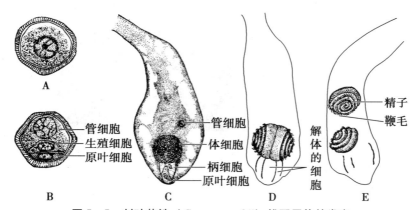

图5-5 刺叶苏铁（*Cycas rumphii*）雄配子体的发育
A 小孢子；B 雄配子体；C 花粉管内各细胞；D，E 产生精子（A～C 自张景钺转自 Brown；D，E 转自 Miyake，重编）

雄配子体自传粉至受精可寄生于珠心中约数月之久。种子植物受精不需水，为何苏铁目仍具有游动精子，合理的解释认为，精子具有鞭毛，表示种子植物的祖先如同蕨类植物一样，具有鞭毛，通过水受精，但苏铁目的鞭毛是祖先留下的遗迹。

雌配子体（female gametophyte）：大孢子囊（胚珠）内的大孢子的核进行分裂，细胞质不随之分裂，故雌配子体的初期有一自由核的时期（图5-6A）。雌配子体长大，侵蚀四周珠心的组织，细胞核继续分裂，排成一层，贴在四周，中央是一个大液泡。以后每个核和周围的细胞质分泌细胞壁，组成细胞。新细胞逐渐向中央生长，直至充满雌配子体全体。珠孔下面有贮粉室，供花粉粒停留。此时，雌配子体顶端产生颈卵器，在其剖面可见2个颈沟细胞，腹沟细胞在受精前消失。颈卵器内有1个大型的卵（图5-6B，C），甚至肉眼可见，雌配子体发育的同时，胚珠长大，珠心全被雌配子体占据。

（3）种子（seed） 精子进入颈卵器后，与卵结合，双相的孢子体便开始。受精卵的核经多次分裂，在颈卵器内形成许多自由核，此是胚的最初时期，叫做原胚（proembryo）（图5-7A）。原胚的上部停留于自由核状态中，下部产生细胞壁，形成细胞（图5-7B）。下部形成细胞后发育为胚，胚的上部细胞引长成胚柄（suspensor）（图5-7C），在成熟的胚中，胚柄甚长，卷曲于胚乳的一端，胚通常有2子叶。在成熟的种子里，胚甚大，卧于富含食物的雌配子体即胚乳内，珠心此时已消失殆尽。珠被发育为种皮，分为3层；外层为肉质，甚厚；中层为石细胞，构成硬壳；内层紧贴着胚乳，则薄如纸（图5-7D）。种子萌发时，子叶永存于种子中吸取养料，由胚产生真叶和胚根向外伸出（图5-8）。

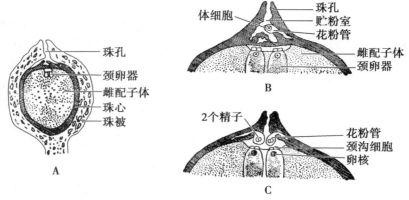

图 5-6 苏铁（*Cycas revoluta*）胚珠、雌配子体及受精过程（自张景钺转自池野，重编）

A 胚珠纵切面；B，C 珠心和雌配子体部分放大

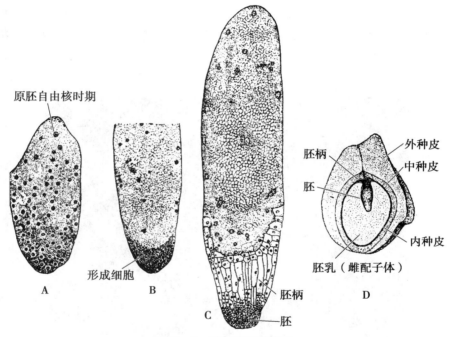

图 5-7 苏铁目胚的发育

A 原胚自由核时期；B 原胚基部产生细胞壁；C 开始分化胚柄和胚；D 种子纵剖面

［A～C 佛罗里达泽米（*Zamia floridana*）（自 Strasburger 转自 Coulter *et al.*）；D 泽米属（*Zamia*）（自 Brown，重编）］

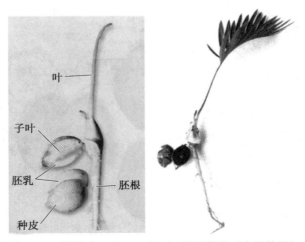

图 5-8 苏铁（*Cycas revoluta*）种子萌发（自马炜梁）

2. 银杏纲（Ginkgopsida）

本纲植物也在古生代的末期（二叠纪）兴起，中生代的侏罗纪繁盛，现存1目1科1属1种，银杏（*Ginkgo biloba*），又名白果，为我国原产，世界著名的孑遗植物，目前仅浙江和贵州可能尚存野生银杏（傅承新）。银杏的种子为珍馐，其木材为良好的栋梁之材，叶片很美丽，现已广泛栽培于世界各地。

银杏（*Ginkgo biloba*）落叶乔木，枝条有长枝、短枝之分，叶扇形，先端2裂或波状缺刻，具分叉的脉序，叶在长枝上螺旋状散生，在短枝上簇生。雌雄异株。球花单性，生于短枝顶端。精子具多鞭毛。种子核果状，具3层种皮，胚乳丰富。

（1）孢子体（sporophyte）　孢子体为美观的乔木，直径可达2 m以上。长枝生长甚快，每年可增长0.5 m；短枝生长极慢，数年仅生长2～3 cm。长、短枝的解剖亦极不同，长枝髓小，皮层薄，木质部甚厚；短枝则正相反，髓大，皮层厚，木质部甚窄。叶折扇形，有长柄，晚秋凋落，长枝上叶生长稀疏，短枝上叶密生于枝端，长枝上的叶中间多有一深裂，将叶片分成两半（因此拉丁文种名为biloba意为二裂）。叶脉分歧为双分叉。

小孢子叶球（strobilus masculinus）或称雄球花（male cone）。小孢子叶球生于短枝之顶，形似柔荑花序，但整枝是1朵花而不是花序。雄球花春暖开放，呈绿色，不甚显著，每个雄花有多个雄蕊，每个雄蕊有一个细而短的柄，上载1对长形的小孢子囊即花粉囊（图5-9，图5-10A），花粉囊内小孢子母细胞，经减数分裂，形成小孢子（单核花粉粒）。

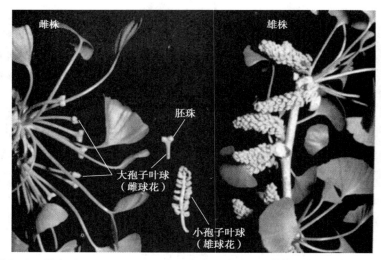

图5-9　银杏（*Ginkgo biloba*）大、小孢子叶球（活体）（自马炜梁，重编）

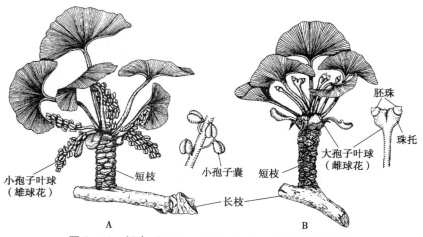

图5-10　银杏（*Ginkgo biloba*）大、小孢子叶球放大
A 小孢子叶球放大；B 大孢子叶球放大（自 Bold *et al.*，重编）

大孢子叶球（strobilus femineus）或称雌球花（female cone）。大孢子叶球生于短枝之顶，出现较晚，每个雌花具1长柄，柄顶一对胚珠（偶有3~4个胚珠），胚珠基部为珠托（collar）。雌花杂生于叶之间（图5-9，图5-10B），绿色，幼时如不仔细观察，不易发现。在珠心内的大孢子母细胞，经减数分裂产生大孢子。

（2）配子体（gametophyte）

雄配子体（male gametophyte）：小孢子是单核花粉粒（图5-11A），萌发为雄配子体后，先分裂出2个原叶细胞（图5-11B），后又分裂1个生殖细胞和1个管细胞，共含4个细胞：2个原叶细胞，1个生殖细胞和1个管细胞（图5-11C）。产生的花粉管与苏铁目中相同，主要机能不是输送精子，而是从珠心吸取营养。精子也有环生的鞭毛，是祖先留下遗迹（图5-11D）。其形状也与苏铁的精子相同，但体积较小。

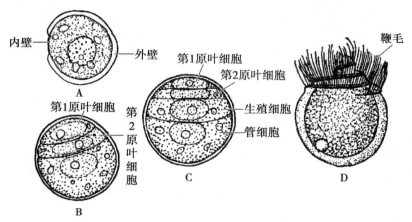

图5-11 银杏（*Ginkgo biloba*）小孢子和雄配子体
A 小孢子；B，C 雄配子体（自 Bold *et al*.）；D 精子（重编）

雌配子体（female gametophyte）：大孢子在胚珠的珠心内发育为雌配子体即（胚乳）。胚珠具有厚的珠被，顶端为珠孔，珠心有一显著的喙，喙中央成为贮粉室（图5-12A）。雌配子体发育和在苏铁目一样，起初经过自由核时期，以后形成细胞，充满于大孢子壁内，顶端有2~3个颈卵器（图5-12B）。雌配子体成熟时微含叶绿素，呈浅绿色，就是我们吃的部分。

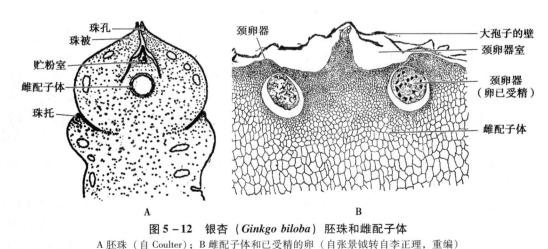

图5-12 银杏（*Ginkgo biloba*）胚珠和雌配子体
A 胚珠（自 Coulter）；B 雌配子体和已受精的卵（自张景钺转自李正理，重编）

（3）种子（seed） 雌花上的2胚珠，通常只有1个发育成种子。胚的发育步骤与在苏铁中相似，但无明显的胚柄，有2片子叶。种子落地后，胚仍在内继续生长。种皮分3层：外层肉质，中层骨质、内层膜质。外层表面呈绿色，深秋变黄，外层易烂，有恶臭并含毒质，故采取时洗去之，市上所见之白果，外面仅存白色骨质中种皮，内有红色膜质内种皮（图5-13）。内种皮内为胚乳和胚，是食用部分。

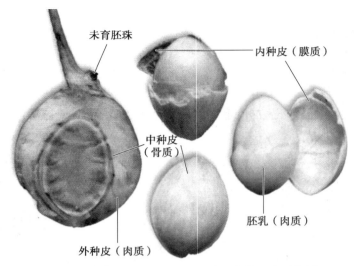

图5-13 银杏（*Ginkgo biloba*）种子结构（自马炜梁）

3. 松柏纲（Coniferopsida）

本纲植物在古生代的末期（二叠纪）兴起，经过中生代至新生代仍很繁盛，是现代裸子植物中种类最多、分布最广的类群。计有7科58属560种，我国是松柏纲植物最古老的发源地，资源最丰富，经济价值大。有6科31属约180种（傅承新，丁炳扬）。

本纲为常绿或落叶乔木，稀为灌木，茎多分枝，常有长短枝之分。叶单生或成束、针形、鳞形、钻形、条形或刺形，螺旋着生或交互对生或轮生。叶的表皮通常具较厚的角质层及下陷的气孔。孢子叶球单性，同株或异株，孢子叶常排列成球果状。精子无鞭毛。雌配子体（胚乳）发达。种子具3层种皮。因松柏纲的叶多为针形，常称为针叶树或针叶植物，又因孢子叶常排成球果状，又称为球果植物。其中松柏目（Pinales）松科（Pinaceae）松属（*Pinus*）是最常见的种类。

（1）**孢子体（sporophyte）** 我们常见的高大的松树是孢子体，枝有长短枝之分，长枝细长，上生有螺旋排列的鳞片状叶，在鳞片状叶的腋部生有短枝，短枝极短，上生有1束针状叶，每束常有2叶，基部由鳞片构成的叶鞘。当针状叶长成时，鳞片叶已脱落。针状叶在次年逐渐同短枝一起脱落。春天发生新枝的同时，产生小孢子叶球（雄球花）和大孢子叶球（雌球花），都呈球果状，生长在同一植物体上（图5-14A）。

小孢子叶球（strobilus masculinus）或称雄球花（male cone），生长在当年新枝的基部，通常10余个小孢子叶球紧密地围绕在枝的周围（图5-14A）。每个小孢子叶球上生有很多小孢子叶（雄蕊），成螺旋状排列（图5-14B），每个小孢子叶的下面（背面）有两个并列的小孢子囊（花粉囊）（图5-14C），囊具几层细胞厚的囊壁，内有造孢组织，造孢组织形成小孢子母细胞，它经过减数分裂形成四分体，变成小孢子（单核花粉粒）（图5-14D）。

大孢子叶球（strobilus femineus）或称雌球花（female cone），生于当年新枝的顶端，初生时红色或紫色，以后变成绿色。大孢子叶球中央是一个纵轴，大孢子叶螺旋排列。大孢子叶由2部分组成，下面的较薄、膜质，叫苞鳞（bract scale），上面的较大而顶端肥厚，叫珠鳞（ovuliferous scale），珠鳞的腋部生二个胚珠（图5-15A，B）。在胚珠发育的早期，珠心的中间有一个细胞，发育成为大孢子母细胞（图5-15B，C），该细胞经减数分裂成4个大孢子，排成一直行。近珠孔端的3个退化，远珠孔端的一个大孢子强烈增大，成为具功能的大孢子（图5-15D，E）。

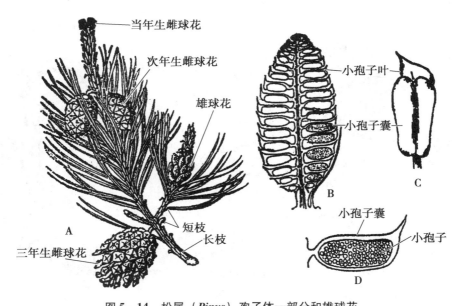

图 5-14　松属（*Pinus*）孢子体一部分和雄球花

A 孢子体一部分；B 小孢子叶球（雄球花）；C 小孢子叶背面观；D 小孢子叶经小孢子囊纵切

（A 自 Strasburger；B~D 自 Holman *et al.*，重编）

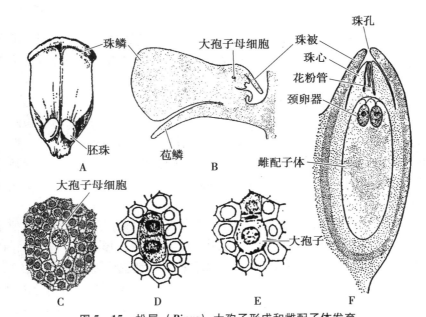

图 5-15　松属（*Pinus*）大孢子形成和雌配子体发育

A 大孢子叶（珠鳞）和胚珠；B 大孢子叶和胚珠纵切；C 大孢子母细胞；

D 减数分裂；E 产生大孢子；F 成熟胚珠（内含雌配子体）

［A~C，F 松属（*Pinus*）自 Haupt；D，E 油松（*P. tabulaeformis*）自张景钺转自胡适宜，重编］

（2）配子体（gametophyte）

　　雄配子体（male gametophyte）：小孢子（单核花粉粒）是配子体的第一个细胞，花粉粒的外壁可形成两个半球形的中空凸出物，称为气囊（图 5-16A），气囊是帮助散布的结构。花粉粒在花粉囊里已经开始萌发，在囊壁内进行连续 3 次细胞分裂，前两次分裂形成 3 个细胞，即第一原叶细胞、第二原叶细胞，和一个大细胞，此细胞再分裂为 2 个细胞，即管细胞和生殖细胞（图 5-16B~D）。2 个原叶细胞代表雄配子体内营养细胞，它们迅速萎缩，花粉粒成熟时只留下原叶体细胞的痕迹。雄配子体前一阶段完全寄生在花粉囊里，当花粉囊成熟时，放出大量花粉，随风飘荡，可以传到几百里以外，花粉粒被传到胚珠的珠孔上，胚珠分泌传粉滴，由珠孔溢出，花粉粒落在其上，液体蒸发散失，花粉粒由珠孔进入胚珠，在珠心顶端的空隙里，营寄生生活。

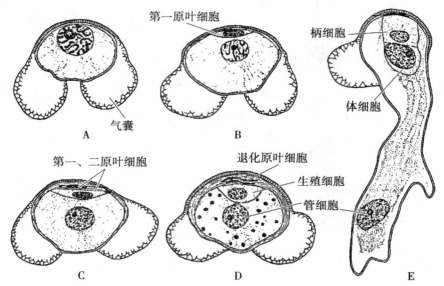

图 5-16　松属（*Pinus*）雄配子体发育及花粉管形成（自 Haupt，重编）
A 小孢子；B 2 细胞的雄配子体；C 3 细胞地雄配子体；D 成熟雄配子体；E 花粉管形成

雌配子体（female gametophyte）：大孢子在珠心里萌发，形成多细胞的组织，即雌配子体，它虽为雌配子体，在功能上与被子植物胚乳相当，因此也叫胚乳。在雌配子体的顶端生有 2～5 个颈卵器，颈卵器比蕨类植物的颈卵器退化很多，只有两层颈细胞，后来由其中央细胞分裂成卵细胞和腹沟细胞，但腹沟细胞迅速退化而消失（图 5-15F）。

晚春时，大孢子叶球（雌球花）的花轴伸长，珠鳞因而分开，胚珠分泌传粉滴，花粉粒引入珠孔。这时胚珠受花粉粒刺激，珠孔闭合，珠鳞加厚。花粉粒在珠心的空隙里，寄生一年。第二年夏季，精子在珠心内萌发，形成花粉管（图 5-16E），伸向颈卵器，下端破裂。柄细胞逐渐消失，体细胞分裂成 2 个不动精子，通过花粉管进入颈卵器，此时颈卵器内的卵也成熟，1 个精子和卵结合，完成受精作用，1 个精子死亡。

（3）种子（seed）　松胚珠内的卵受精后，合子发育为胚，胚珠发育为种子，秋季种子成熟。胚的发育极复杂，合子先分裂成为 4 个自由核，排成 1 列，再分裂，形成 16 个细胞，排成 4 层，此为原胚（图 5-17A）。最上的 4 个细胞顶端无壁，第 2 层的 4 个细胞分裂后退化，第 3 层的 4 个细胞向下引长成为初生胚柄（primary suspensor）（图 5-17B），把最下端的 4 个细胞送进雌配子体（胚乳）的组织中，下端 4 个细胞分裂，向上产生次生胚柄（secondary suspensor），向下发育成 4 个胚（图 5-17C），由一个受精卵发育成 4 个胚，成为裂生多胚现象（cleavage polyembryony）。但最后仍然只有一个胚发育起来，其余胚都退化。

成熟的胚有胚根、胚轴、胚芽及数个至 10 多个子叶（图 5-17D，E）。胚位于胚乳内，珠被发育为种皮，形成种子（图 5-18A，B）。种皮分为 3 层，未成熟时外层肉质，中层骨质，内层膜质。

外层种子连着珠鳞上一片薄的组织，构成种子的翅，帮助松的种子的传播（图 5-18C）。受精后，珠鳞木质化而变成种鳞，种鳞的顶端扩大成鳞盾，鳞盾中部隆起为鳞脐。种皮的外层肉质不发达，成熟的种子外面是骨质组成的硬壳。种子成熟后，珠鳞张开，种子带翅飞散。

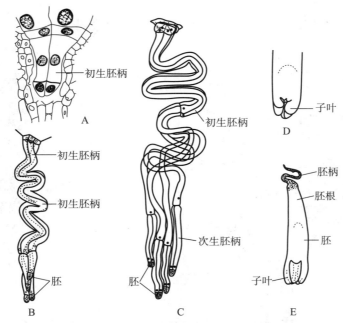

图 5-17　松属一种（*Pinus benksiana*）的多胚现象（自 Brown 转自 Bucholtz，重编）

A 原胚；B 产生初生胚柄；C 产生次生胚柄 4 个胚；D 胚具子叶；E 成熟的胚

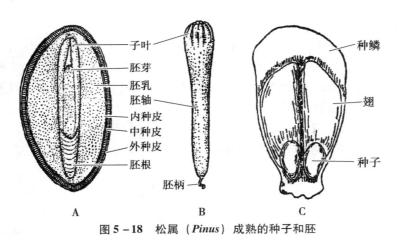

图 5-18　松属（*Pinus*）成熟的种子和胚

A 油松（*P. tabulaeformis*）种子纵切；B 油松（*P. tabulaeformis*）胚；C 松属（*Pinus*）种鳞腹面（示成熟种子）

（A，B 自张景钺转自胡适宜；C 自 Holman *et al.*，重编）

　　（4）生活史　松的生活史（图 5-19）代表裸子植物的生活史，孢子体占优势，孢子体的大、小孢子囊内孢子母细胞减数分裂产生大、小孢子，分别在大、小孢子囊中萌发为雌、雄配子体，全都寄生在孢子体上。受精后的合子发育为胚，胚和雌配子体（胚乳）在胚珠内生长，形成了种子。从合子开始，经历胚、幼苗、直到产生孢子之前，这一阶段细胞是双相的，称为孢子体世代或无性世代。孢子体减数分裂产生大、小孢子，萌发为雌、雄配子体，形成精子和卵为止，这一阶段是单相的，称为配子体世代或有性世代，裸子植物的生活史是异型世代交替。

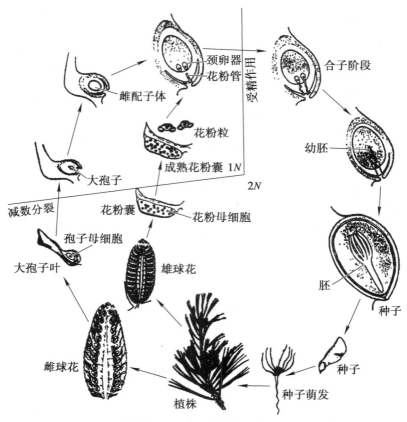

图 5-19　松属（*Pinus*）生活史（自 Sinnott，重编）

4. 买麻藤纲（倪藤纲，Gnetopsida）[或称盖子植物纲（Chlamydospermopsida）]

本纲植物起源于新生代，是裸子植物中最进化的类群。本纲 3 目 3 科 3 属约 80 种（马炜梁）。分布在欧亚大陆、北非和南北美洲。我国有 2 目 2 科 2 属 19 种，分布几乎遍于全国（马炜梁）。多生在沙丘、草地或较低的山坡上，是耐旱植物。

本纲为灌木或木质藤本，稀为乔木或草本状小灌木。次生木质部常具导管，无树脂道。叶对生或轮生，叶片有各种类型，有细小膜质鞘状，或绿色扁平，似双子叶植物，也有肉质长形，呈带状，似单子叶植物。

孢子叶球单性，同株或异株，或有两性的痕迹，孢子叶球有类似于花被的盖被，也称假花被。精子无鞭毛。胚珠 1 枚，珠被 1~2 层，具珠孔管（micropylar tube）。雌配子体在受精前呈自由核状态，颈卵器极其退化或无；成熟大孢子叶球，球果状、浆果状或细长穗状。种子包于由盖被发育而成的假种皮中，种皮 1~2 层，胚乳丰富。

（1）麻黄目（Ephedrales）　1 科麻黄科（Ephedraceae），1 属麻黄属（*Ephedra*），40 余种（马炜梁）。分布在欧亚大陆、北非和南北美洲。我国分布在华北、西北和西南等地区。生长在沙丘、草地或较低的山坡上，是耐旱植物。草麻黄（*E. sinica*）和木贼麻黄（*E. equisetina*）是我国重要的药材，主要产地为西北，从中可提取麻黄碱（ephedrine），有治气喘、祛痰和发汗等功效。

麻黄属（*Ephedra*）

① 孢子体（sporophyte）为小灌木。叶对生或轮生，退化成鳞片状。光合作用主要由绿色的幼茎进行。枝也是对生或轮生的。从外形上看，植物体很像木贼属（*Equisetum*）（图 5-20）。但麻黄属是木本植物，而且在次生木质部中有较细的导管。

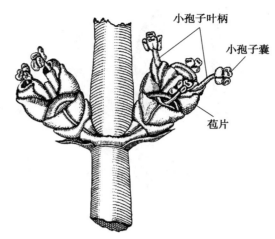

图 5－20　草麻黄（*Ephedra sinica*）孢子体　　　　　图 5－21　藤麻黄（*Ephedra antisyphilitica*）
（自马炜梁）　　　　　　　　　　　　　　　　　　小孢子叶球（自 Bold *et al.*，重编）

一般是雌雄异株，分别组成单性的雌、雄球花。但偶尔有雌，雄球花同株，雌、雄花生在同一球花上，甚至有两性花的情况。此现象说明单性花是由两性花发展而来。

小孢子叶球（strobilus masculinus）或称雄球花（male cone），通常 2～4 个小孢子叶球生长在分枝的节上，基部有 2～8 片对生苞片（bract），苞片的叶腋生 1 个小孢子叶（雄花），每 1 个小孢子叶的花丝愈合成柄，叫小孢子叶柄，柄顶有 2～8 个小孢子囊（花粉囊）（图 5－21），基部有 2 片鳞片状的盖被（假花被）（图 5－22）。

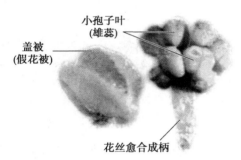

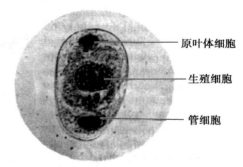

图 5－22　草麻黄（*Ephedra sinica*）小孢子叶（自马炜梁）　　图 5－23　藤麻黄（*Ephedra antisyphilitica*）雄配子体
（自 Bold *et al.*，重编）

大孢子叶球（strobilus femineus）或称雌球花（female cone），大孢子叶球也生长在分枝的节上，由数对交互对生或 3 片轮生的苞片组成，但仅顶端的 1～3 片苞片内着生 1～3 个大孢子叶，每大孢子叶有 1 个大孢子囊即胚珠。每个胚珠外有 1 层较厚的囊状盖被（假花被）包围。胚珠具 1～2 层膜质珠被，胚珠顶端的内珠被延长，成为珠孔管（micropylar tuber）（图 5－24，图 5－25）。

② 配子体（gametophyte）

雄配子体（male gametophyte）：小孢子连续分裂 2 次，萌发为原叶体细胞，生殖细胞和管细胞，成为 3 个细胞的雄配子体（图 5－23），通过胚珠的珠孔管进入贮粉室，生殖细胞分裂为 2 个精子，与卵结合。

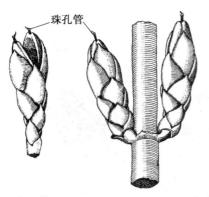

图 5 – 24　藤麻黄（*Ephedra antisyphilitica*）大孢子叶球
（自 Bold *et al.*，重编）

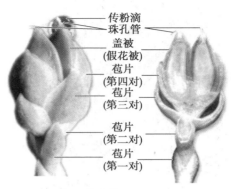

图 5 – 25　草麻黄（*Ephedra sinica*）
大孢子叶球及其剖面（自马炜梁，重编）

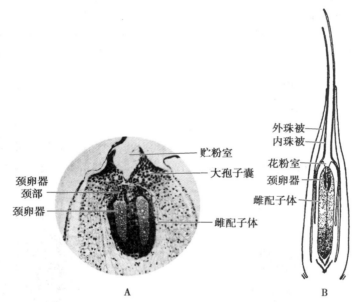

图 5 – 26　藤麻黄（*Ephedra antisyphilitica*）胚珠
A 胚珠部分纵切（自 Bold *et al.*）；B 雌花（自 Coulter 转自 Land，重编）

雌配子体（female gametophyte）：珠心内产生大孢子，发育为雌配子体，通常具有 2 个颈卵器，各含 1 个卵，胚珠顶端出现贮粉室，或称花粉室，雌配子体逐渐充满珠心（图 5 – 26A，B）。

卵受精后发育为具有 2 片子叶的胚，雌配子体成为胚乳，珠被稍增厚，但不变硬，盖被（假花被）发育为革质、或肉质的假种皮，呈艳红色，因此使整个大孢子叶球（雌球花）呈现浆果状，俗称麻黄果，可供食用。

近年有学者（Friedman，1990）发现内华达麻黄（*Ephedra nevadensis*）的双受精现象，卵细胞内的核分裂为 2 个核，1 个卵核和 1 个腹沟核，当花粉管内的 2 个精子进入卵细胞时，第 1 个精核先与卵结合为合子，接着第 2 个精核与腹沟核结合，但无胚乳的形成（图 5 – 27）。这现象是否说明麻黄与被子植物有近缘的关系。

（2）买麻藤目（Gnetales）　1 科买麻藤科（Gnetaceae），1 属买麻藤属（*Gnetum*），30 余种，我国 7 种（马炜梁）。分布在亚洲、非洲和南北美洲的赤道两侧，我国云南、广东福建和台湾的热带雨林中常见。

买麻藤属（*Gnetum*）原译名倪（尼）藤，但在我国古代书籍中早有关于"买麻藤"的记载，所以改名买麻藤目是适当的。

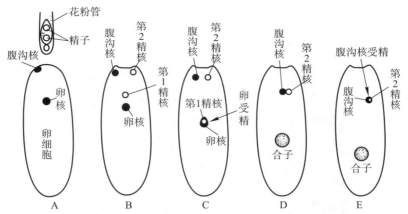

图5-27　麻黄一种（*Ephedra nevadensis*）双受精图解（自 Friedman，重编）

A 卵细胞内有卵核和腹沟核，花粉管内有2个精子；B 2个精子进入卵细胞；C 第1个精核与卵结合；
D 合子形成后，移向后端，第2个精核与腹沟核结合；E 腹沟核与第2个精核结合后，逐向后移动

① 孢子体（sporophyte）。买麻藤属多为藤本，少数为小乔木或灌木。单叶对生，卵形，全缘，有叶柄（图5-28），具羽状叶脉，因此植物体在营养时期与双子叶植物很相似。它们的次生木质部中也有导管，而且要比麻黄属和百岁兰属的导管粗大得多。其花一般为雌雄异株，雌、雄球花分别组成穗状的雌、雄花序。

图5-28　小叶买麻藤（*Gnetum parvifolium*）孢子体和种子（自马炜梁转自华跃进）

雄花序（male inflorescence）：雄花序呈宝塔形穗状，多数雄花轮生于雄枝的分枝（图5-29A），组成雄花序（图5-29B）。每雄花有管状的苞片，中间有1柄，顶生2个花粉囊（图5-29C），有时在雄花内生有不孕的雌花。

雌花序（female inflorescence）：雌花序穗状，雌花序生于雌枝的分枝，由多数轮生的雌花组成，每雌花具1苞片，苞片叶腋内具1个胚珠（图5-30A）。雌花组成雌花序（图5-30B）。

② 配子体（gametophyte）

雄配子体（male gametophyte）：只有一个原叶细胞，甚至原叶细胞完全消失。成熟时产生花粉管和2个精子与松柏植物的雄配子体相似（图5-31A）。

雌配子体（female gametophyte）：在胚珠的珠心中发育，胚珠具有内、外珠被，着生于苞片叶腋，内珠被的顶端伸出，成珠孔管（图5-31C）。珠心内产生有2个或2个以上的大孢子母细胞，减数分裂后各形成4个细胞核，成为自由核状态（图5-31B），发育为多个雌配子体，但最后只有1个雌配子体继续发育，其他的均退化。此雌配子可产生2个卵，不形成颈卵器（图5-31A）。2个卵核可以

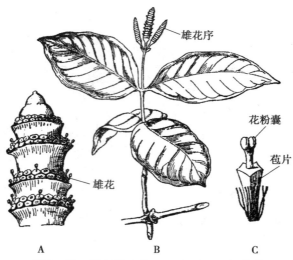

图 5 – 29 买麻藤（*Gnetum latifolium*）雄花

A 雄花序；B 雄枝；C 雄蕊（自 Coulder 转自 Blume，重编）

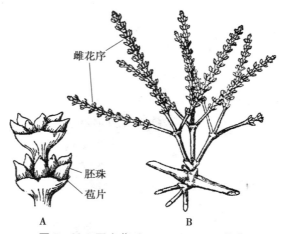

图 5 – 30 买麻藤（*G. latifolium*）雌花

A 雌花；B 雌花序（自 Coulder 转自 Blume，重编）

同时受精，最后只有 1 个胚成熟，胚具 2 片子叶。雌配子体在受精后发育为胚乳。种子成熟时花被亦肉质化，成为浆果状（图 5 – 31D）。

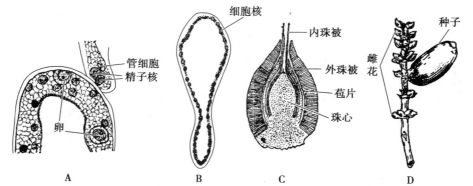

图 5 – 31 马来买麻藤（*G. gnemon*）雌、雄配子体及种子（自张景钺转自 Chanberlain，重编）

A 受精前雌、雄配子体；B 雌配子体自由核时期；C 胚珠纵切；D 雌枝示雌花和种子；

（3）百岁兰目（Welwitschiales） 1 科百岁兰科（Welwitschiaceae），1 属百岁兰属（*Welwitschia*），

1 种百岁兰（*W. bainesii*）（马炜梁）。分布在非洲西南海岸的沙漠地带，我国有的植物园中栽培百岁兰。

百岁兰（*Welwitschia bainesii*）

① 孢子体（sporophyte）。大形植物体，露出地面部分可高达 45 cm，茎顶下陷，终生仅有 2 片叶片，其宽约 60 cm，长约 2 m（图 5 - 32A），雌雄异株，大、小孢子叶球（雌、雄球花）呈鲜红色。寿命可达百年以上，故有百岁兰之称。

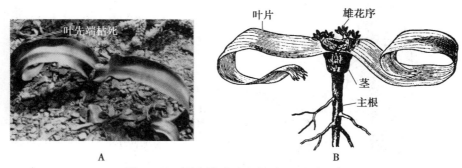

图 5 - 32　百岁兰（*Welwitschia mirabilis*）
A 活体生态（自马炜梁转自朱澄）；B 百岁兰（*W. bainesii*）孢子体及雄花序（自 Strasburger 转自 Eichler，重编）

小孢子叶球（雄球花）：由多数交叉成对排列的苞片，组成球果状的小孢子叶球（图 5 - 33A），多个小孢子叶球集生于分枝上成为雄花序（图 5 - 32B）。每 1 苞片的叶腋有 1 小孢子叶即雄花，其基部另有花瓣状小苞片，每雄花具 6 个雄蕊，基部连合，雄花中央常有一个不孕的胚珠（图 5 - 33B，C），这说明，百岁兰应来自两性花的祖先。

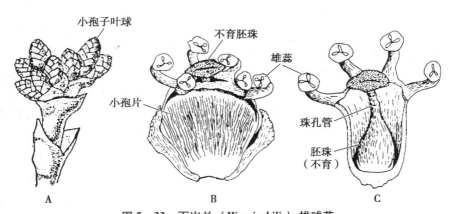

图 5 - 33　百岁兰（*W. mirabilis*）雄球花
A 幼雄球花（自 Haupt 转自 Hooter）；B 雄花；C 雄花（剥去苞片）（自 Bell *et al.*，重编）

大孢子叶球（strobilus femineus）或称雌球花（female cone）：由多数交叉成对排列的苞片，组成 4 棱的球果状大孢子叶球（图 5 - 34A）。每 1 苞片的叶腋有 1 朵雌花，内有 1 个胚珠。胚珠具内、外 2 层珠被，内珠被延伸成珠孔管，外珠被向两侧伸展成翅状（图 5 - 34B），最后成为成熟种子的外翅。

② 配子体（gametophyte）

雄配子体（male gametophyte）：小孢子通过昆虫传粉，落在胚珠的珠孔管上，产生花粉管，生殖细胞分裂为 2 个精子。

雌配子体（female gametophyte）：胚珠内产生大孢子母细胞，减数分裂后的 4 个大孢子，发育为自由核状态，其中 1 个孢子形成的雌配子体，成熟后产生卵，不形成颈卵器。买麻藤和百岁兰是裸子植物，但具有颈卵器植物中独特的情况，可称之为"没有颈卵器的颈卵器植物"。受精时，由于胚珠的内珠被延伸的珠孔管，向上生出的突起（图 5 - 34C），与雄配子体向下生长的花粉管相遇而沟通，精子与卵在管内结合。

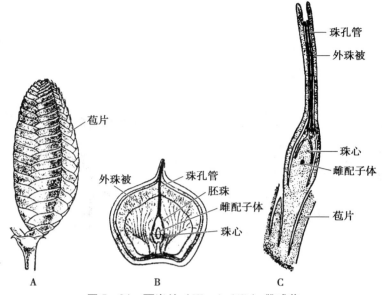

图 5 - 34　百岁兰（*W. mirabilis*）雌球花
A 雌球花（自 Haupt 转自 Hooter）；B 胚珠纵切（自 Haupt 转自 Church）；C 雌花纵切（自张景钺转自 Chamberlain，重编）

三、裸子植物的起源

裸子植物出现在 3 亿 5 千万年前的古生代泥盆纪，经历了石炭纪，到二叠纪早期，地球表面大部分地区出现酷热、干旱的气候环境。许多在石炭纪繁盛一时的蕨类植物，因不能适应自然环境的变化，趋于衰落和灭绝，而以种子繁殖的裸子植物，适应当时的变化，得到了发展而兴旺。裸子植物配子体进一步简化，寄生在孢子体上，雄配子体产生花粉管，将精子送到颈卵器中，与卵结合，完成受精作用。精子无鞭毛，摆脱了受精过程必须通过水的依赖，裸子植物孢子体具有茎干，根成为庞大的直根系，深入土壤，有效利用深层水分，叶大多呈针状或鳞片状，表层覆盖厚的角质层，气孔下陷，减少水分的蒸腾。由于这些适应陆地生活的特性，使它们取代蕨类植物，成为当时地球植被的主角。

化石资料表明，当时出现于古生代中、晚泥盆纪的裸子植物，正处于形成和开始发展的阶段，称为前裸子植物（progymnosperm），它们尚未具备裸子植物全部的基本特征。中泥盆纪的无脉蕨（*Aneurophyton*）（图 5 - 35A）是前裸子植物的代表，它是一种高大乔木，茎顶端有一个由许多分枝组成的树冠，孢子囊卵形，生于分枝顶端；茎干内具次生木质组织，由带具缘纹孔的管胞组成。晚泥盆纪的古蕨（*Archaeopteris*）是较为进化的前裸子植物，高大乔木，高达 20 m，直径为 15 m，茎干顶端有一个由枝叶组成的树冠（图 5 - 35B），茎内有次生生长的组织；带具缘纹孔的管胞，叶为扁平而宽大的羽状复叶，类似蕨类的叶片。根系较无脉蕨发达；孢子囊单个或成束着生在羽片上，孢子囊内有大、小孢子，以孢子繁殖，类似蕨类的繁殖（图 5 - 35C）。根据对古蕨的研究，说明古蕨与真蕨类植物的叶具有相同的起源。虽然古蕨仍是以孢子进行繁殖的，但植物的外部形态、内部结构和生殖器官的特征更接近裸子植物，因而推测它可能是由原始蕨向裸子植物演化的一个早期阶段或过渡类型，很可能是裸子植物的祖先。

到了石炭纪、二叠纪时，由前裸子植物演化为 2 大分支：一支是种子蕨类（pteridosperms），另一支是科得狄植物（cordaitinae）。前者是苏铁类和被子植物的祖先，后者是现代银杏类和松柏类的祖先（图 5 - 40）。

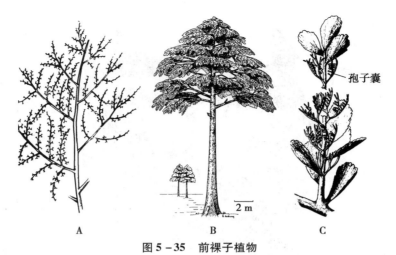

图 5 – 35　前裸子植物

A 无脉蕨一种（*Aneurophyton germanicum*）（自 Bell *et al.* 转自 Stewart）；B 古蕨（*Archaeopteris*）（自 Beck）；
C 古蕨一种（*Archaeopteris halliana*）（自 Bell *et al.* 转自 Stewart，重编）

1. 种子蕨类（pteridosperms）分支

种子蕨类是一种最原始的种子植物，最早出现于早石炭纪，在晚石炭纪和二叠纪到了极大发展，是当时陆生植被中的优势类群。其中作为代表的有阿诺德种子蕨（*Archaeosperma arnoldii*）和凤尾松蕨（*Lagenostoma lomaxi*，*Lyginopteris oldhamia*）。

阿诺德种子蕨具有裸露的种子，胚珠被有 8～11 条指状突起的杯状结构包围，形成简单的种皮，此结构将向珠被的方向演化（图 5 – 36）。

凤尾松蕨的胚珠外的杯状结构裂为数瓣，生有腺体。胚珠中央为大形雌配子体，顶端有贮粉室，外有珠被（图 5 – 37）。还有，髓

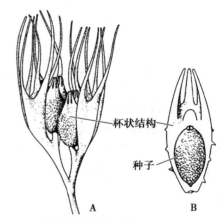

图 5 – 36　阿诺德种子蕨（*Archaeosperma arnoldii*）
（自 Bell *et al.*，转自 Pettitt *et al.*，重编）
A 2 个杯状结构（cupule）（内有种子）；B 1 个种子

木（*Medullosa noei*）出现在晚石炭纪、二叠纪，高大乔木，当时的北半球和我国都有广泛分布，也是种子蕨类中的重要类群（图 5 – 38）。目前认为种子蕨类（pteridosperms）是苏铁类和被子植物的祖先。

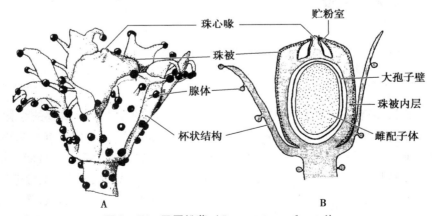

图 5 – 37　凤尾松蕨（*Lagenostorma lomaxi*）
A 胚珠外形（自 Bell *et al.* 转自 Olive）；B 胚珠剖面（自 Bell *et al.* 转自 Walton，重编）

图 5 – 38 髓木（*Medullosa noei*）（自 Bell *et al.* 转自 Stewart *et al.*）

2. 科得狄植物（cordaitinae）分支

科得狄植物最早出现于早石炭纪，科得狄属（*Cordaitalean*）植物体为高大乔木，单叶带状，全缘，大小孢子叶组成孢子叶球序（图 5 – 39A）。孢子叶球基部有多数不育的苞片，苞片内有小孢子叶，由小孢子叶柄和小孢子囊组成（图 5 – 39B）。

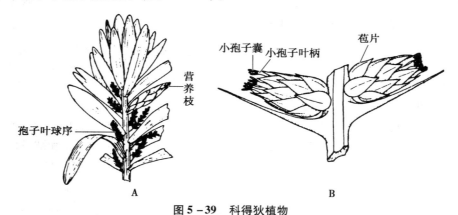

图 5 – 39 科得狄植物
A 科得狄属（*Cordaitalean*）的分枝（自 Bell *et al.* 转自 Andrews）；
B 美丽科得狄（*Cordaitalean concinnus*）的小孢子叶序（自 Bell *et al.* 转自 Delevoryas，重编）

银杏类与科得狄目多有相似之处，都是分枝甚繁而具单叶的乔木。木质部的结构，叶脉的分歧，以及雄蕊和雌配子体均甚相似。目前认为科得狄植物（cordaitinae）是现代银杏类和松柏类的祖先。

买麻藤纲是裸子植物中最小的类群，起源于新生代，他们的演化关系，至今尚未确定。植物体明显分节，是否与蕨类植物的木贼类有一定的亲缘关系。它们具有导管，精子无鞭毛，颈卵器趋于消失，雌配子体的自由核状态下进行受精作用，这些特点堪与种子植物相比拟。近年发现买麻藤纲中的内华达麻黄（*Ephedra nevadensis*）的双受精现象（Friedman，1990）；麻黄属（*Ephedra*）的雄花与被子植物的木麻黄属（*Casuarina*）的雄花相似，这些是否说明麻黄属与被子植物有相近的亲缘关系，或两者来自共同的祖先，但至今仍需要更多的资料来验证。

裸子植物与被子植物在地质年代中的演化（图 5-40）。

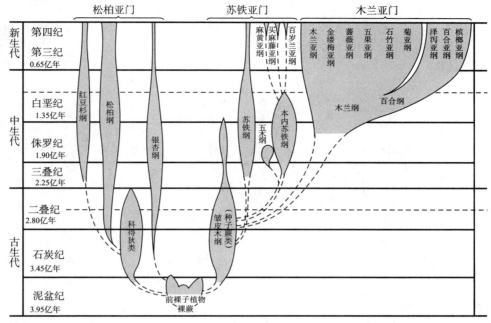

图 5-40　种子植物在其地质年代中演化的设想（自 Strasburger 参考马炜梁，重编）
虚线表示尚无化石证据的可疑亲缘关系

第二节　被子植物门（Angiospermae）

被子植物是植物界最高级、种类最多的一类，自新生代以来，它们在地球上占据绝对优势。现知被子植物约 400 科，12 600 余属，25 万多种，占植物界的一半。我国约有 300 科，3 100 余属，25 000 余种（傅承新，丁炳扬）。被子植物能有如此众多的种类，有极其广泛的适应性，这和它的结构复杂化、功能完善分不开的，特别是繁殖器官的结构和生殖过程的特点，提供了它适应、抵御各种环境的内在条件，使它在生存竞争、自然选择的矛盾斗争过程中，不断产生新的变异、产生新的物种。被子植物有与裸子植物共同的特征：如它们都能产生种子、精子靠花粉管传送。被子植物还有其特有的进化特征：大孢子叶成为雌蕊（心皮），包围大孢子囊（胚珠），形成果实，出现双重受精现象，产生 3 相染色体的胚乳，孢子体高度发展，配子体进一步简化。

一、被子植物的主要特征

1. 孢子体高度发达

被子植物的孢子体，在形态、结构等方面，比其他各类植物更完善化、多样化，有世界上最高大的乔木，如杏仁桉（*Eucalyptus amygdalina*），高达 156 m，也有极微细，仅 1~2 mm 长的小草本，如无根萍（*Wolffia arrhiza*）；有寿命长达 6 000 年的植物，如龙血树（*Dracaena draco*），也有在三周内开花结果，完成生命周期的植物，如一些生长在荒漠的十字花科植物；绝大多数是陆生，也有水生、如金鱼藻属（*Ceratophyllum*）；除自养外，也有寄生，如菟丝子属（*Cuscuta*）。在解剖构造上，被子植物的次生木质部有导管，韧皮部有伴胞，而裸子植物中除麻黄和买麻藤外，一般只有管胞。被子植物的导管的管腔增大，导管分子之间的横壁消失，有利水分运输，输导组织的完善，使体内物质运输畅通，适应性得到加强。

2. 具有真正的花

被子植物的大小孢子叶球演化为花，常为两性花，由 4 个部分组成，外有萼片和花瓣（图 5 - 41A），中央是雄蕊和雌蕊。雄蕊分化为花药和花丝，花药具 2 个花粉囊，雌蕊分化为柱头、花柱和子房（图 5 - 41B），子房内有胚珠（图 5 - 41C）。被子植物花的各部分在数量上、形态上有极其多样的变化，这些变化是在进化过程中，适应于虫媒、鸟媒、风媒或水媒传粉的条件，被自然界选择，得到保留，并不断加强。

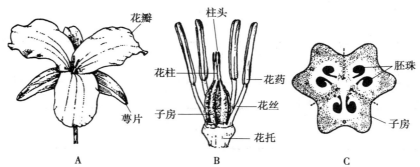

图 5 - 41 延龄草（***Trillium grandiflorum***）两性花结构（自 Haupt，重编）

A 一朵两性花；B 雄蕊和雌蕊；C 子房横切示胚珠

3. 配子体进一步简化

雄配子体：被子植物的小孢子（单核花粉粒）在小孢子囊（花粉囊）内产生，花粉囊由表皮、药壁和绒毡层构成，小孢子在此囊内发育为雄配子体。（图 5 - 42）。大部分雄配子体仅具 2 个细胞（2 核花粉粒），其中一个为管细胞，一个为生殖细胞（图 5 - 43A）。成熟时生殖细胞分裂为 2 个精子。

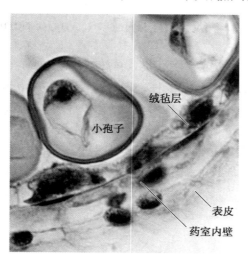

图 5 - 42 小麦（***Triticum aestivum***）小孢子囊中小孢子（自胡适宜，申家恒）

雌配子体：被子植物的大孢子在胚珠的珠心内，发育为成熟的雌配子体即胚囊，通常胚囊只有 8 个细胞：3 个反足细胞，2 个极核，2 个助细胞和 1 个卵（图 5 - 43B，图 4 - 44）。反足细胞相当于原叶体营养部分。有的植物，如竹类植物的反足细胞可多达 300 余个，有的如苹果、梨等的胚囊成熟时，反足细胞消失。助细胞和卵合称卵器，相当于颈卵器。

4. 雌蕊发育为果实

雌蕊包括柱头、花柱和子房三部分，由大孢子叶即心皮所组成。胚珠相当于大孢子囊以珠柄着生在子房内，得到子房的保护，避免昆虫的破坏和水分的丧失。胚珠具 2 层珠被，外珠被和内珠被，中央为珠心。大孢子在珠心萌发为雌配子体即胚囊。胚珠顶端有珠孔，胚珠与基部胎座相连的部分延长

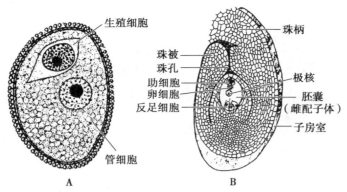

图 5-43　山百合（*Lilium auratum*）和银莲花（*Anemone patens*）
A 山百合雄配子体；B 银莲花胚珠和雌配子体（自 Haupt，重编）

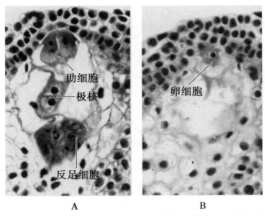

图 5-44　小麦（*Triticum aestivum*）成熟的胚囊（自胡适宜，申家恒）
相邻的两个切面；A 在上层，B 在下层

为珠柄，珠柄内的维管束分枝，伸入到胚珠各处，成为合点（图 5-45）。

子房在受精后发育成为果实，果实有不同的色、香、味，具多种分裂方式。果皮上常具有各种钩、刺、翅、毛，对于保护种子成熟，帮助种子散布起着重要作用，它们的进化意义也是不言而喻的。

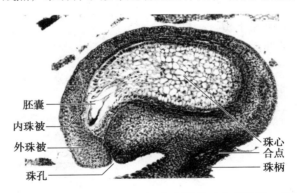

图 5-45　扁豆（*Dolichos lablab*）弯生胚珠（自胡适宜，申家恒）

5. 具有双受精现象

双受精现象是被子植物特有的受精方式（除裸子植物的麻黄外），当两个精细胞进入胚囊以后，1 个与卵细胞结合形成合子，另 1 个与 2 个极核结合，形成 3 相染色体的胚乳核，发育为胚乳（图 5-46），幼胚以 3 相染色体的胚乳为营养，因而具有更强的生活力。凡被子植物都有双受精现象，这也是它们有共同祖先的一个证据。

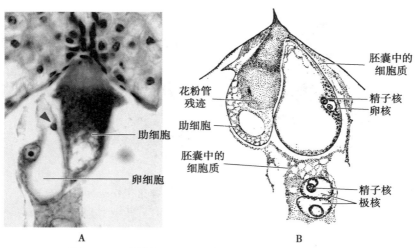

图 5 – 46 陆地棉（*Gossypium hirsutum*）双受精现象
A 1 个精子（箭头所示）进入胚囊（自胡适宜，申家恒）；B 2 个精子进入胚囊，双受精现象（自张景钺转自胡适宜，重编）

二、被子植物的生活史

被子植物的生活史与裸子植物类似，孢子体占优势，但繁殖器官为真花，具雄蕊和雌蕊，减数分裂产生大、小孢子，分别在雌蕊子房的胚珠内和雄蕊的花粉囊中萌发雌、雄配子体，它们全部寄生在孢子体上，但雌、雄配子体比裸子植物的更为简单，而且出现双受精现象，即受精后，一个精子与卵结合为合子，发育为胚，另一个精子与 2 个极核结合，发育为被子植物的胚乳。胚与胚乳都在大孢子囊即胚珠内生长，形成种子。被子植物与裸子植物主要不同处，被子植物种子外面有大孢子叶即心皮包裹，发育为果实，裸子植物种子是裸露的，不形成果实。

被子植物生活史如图 5 – 47。

三、被子植物的起源

1. 起源学说

长期来对被子植物起源做过大量的研究，由于缺乏原始被子植物的化石，已找到的化石与活的原始被子植物之间还有很大差距，被子植物起源问题至今仍未得到满意的解决。当前比较流行的有真花学说（euanthium theory）和假花学说（pseudoanthium theory）（图 5 – 48）。

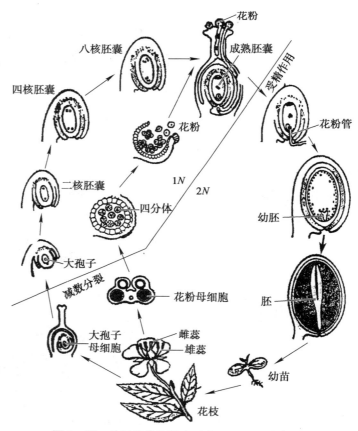

图 5 – 47 被子植物生活史（自 Sinnott，重编）

（1）真花学说认为被子植物起源于原始的已灭绝的裸子植物，这类裸子植物具有两性的孢子叶球，化石裸子植物中拟苏铁属（*Cycadeoidea*）符合此特征，其他裸子植物只有单性孢子叶球。拟苏铁的茎较短，不分枝，顶生羽状复叶，两性孢子叶球生于茎干表面（图5-49A），不同于现存的苏铁孢子叶球生于茎顶。

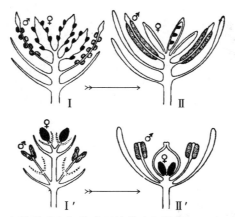

图5-48　真花学说和假花学说的花演化模式图（自Strasburger）
Ⅰ，Ⅱ真花学说（转自Arber *et al.*）；Ⅰ′，Ⅱ′假花学说（转自Wettstein）

孢子叶球基部有许多苞片，形似花被，小孢子叶即雄蕊轮生，基部愈合，每个雄蕊呈大型羽状分枝，枝顶似呈膨大状而具尖，每分枝两侧有2列小孢子囊，即花粉囊（图5-49B）。

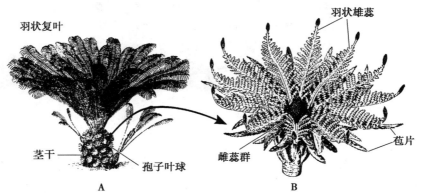

图5-49　拟苏铁属（*Cycadeoidea*）和大拟苏铁（*Cycadeoidea ingens*）
A 植物体的茎干示羽状叶片和孢子叶球（自Brown转自Wieland）；
B 孢子叶球示雄蕊和雌蕊（自Strsburger转自Wieland，重编）

大孢子叶即雌蕊集生于孢子叶球中央的轴上（图5-50A）。每个大孢子叶具短柄，柄端生1个胚珠，胚珠成熟为种子，种子无胚乳，胚有2子叶。拟苏铁类具两性虫媒的孢子叶球与被子植物多心皮类的木兰属（*Magnolia*）（图5-50B）的花相近，被认为它是木兰目植物的近似祖先。拟苏铁的胚珠仍是裸露的，小孢子叶大形羽状，两者存在差距，故可认为它们有共同的祖先。按此学说，两性花是原始的，单性花是两性花演变而来，木兰目是被子植物的原始类群。

真花学说认为在演化过程中，裸子植物的拟苏铁类孢子叶球上的苞片演变为被子植物的花被，小孢子叶可发展为雄蕊，大孢子叶发展为雌蕊（心皮），最后演化为被子植物的两性花（图5-48Ⅰ，Ⅱ）。按此学说现代的被子植物中的多心皮类，尤其是木兰目植物是原始的类群，再由两性花演变到单性花。

（2）假花学说认为被子植物来自裸子植物买麻藤纲麻黄属（*Ephedra*），因被子植物的木麻黄属（*Casuarina*）的雄花与麻黄属的雄花相似。

被子植物的木麻黄属（*Casuarina*）的小孢子叶球即雄球花生于小枝末梢各轮的苞片内，每轮内1至多个小孢子叶即雄蕊，伸出于苞片（bract）之外（图5-51A）。每1雄蕊即1个雄花，每雄花基部有3~4小苞片（bractole），伸出长柄，顶生小孢子囊即花粉囊（图5-51B）。

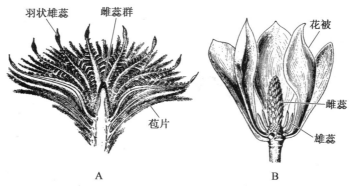

图 5-50 拟苏铁属（*Cycadeoidea*）和木兰属（*Magnolia*）
A 拟苏铁属（*Cycadeoidea*）孢子叶球纵切面（自 Brown 转自 Wieland）；
B 木兰属（*Magnolia*）的花（自 Strsburger 转自 Zimmermann，重编）

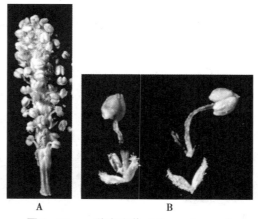

图 5-51 一种木麻黄（*Casuarina* sp.）
A 雄球花；B 雄花（自马炜梁）

而裸子植物的麻黄属（*Ephedra*）小孢子叶球即雄球花也生长在分枝的节上，节上有 2~4 个雄球花，雄球花基部有 2~8 片对生苞片（bract），每苞片的叶腋生 1 雄花（图 5-21）。每雄花基部有 2 片鳞片状的盖被（假花被），相当于小苞片（bractole），顶生 2~8 个小孢子囊即花粉囊（图 5-22）。从裸子植物的麻黄属和被子植物的木麻黄属的雄花，在形态上有极其相似之处，最近分子系统学研究，支持买麻藤和被子植物之间有较近的亲缘关系。

假花学说认为在演化过程中，裸子植物的麻黄类的雄花苞片变为花被，每个雄花的小苞片消失，只剩 1 个雄蕊，发展为被子植物的雄花。麻黄类的雌花的苞片变为心皮，构成子房，每个雌花的小苞片退化，只剩 1 个胚珠，胚珠位于子房基部，发展为被子植物的雌花。最后演化为被子植物的单性花（图 5-48 Ⅰ′，Ⅱ′）。按此学说现代的被子植物中的单性花的柔荑花序类是原始的类群，由单性花演变到两性花，被子植物原始类群是柔荑花序类，如壳斗目、胡桃目、杨柳目等。

近年来学者们在论证，被子植物草本起源学说，该学说认为最原始的被子植物是具有根状茎的多年生草本植物（Gurcharan Singh，2004），如其中的金粟兰科，其特点：多数为草本，叶对生，叶柄基部常合生，具小托叶，花高度退化，花小，两性或单性，无花被，包被于苞片之中。认为这类植物是被子植物的原始类群（Taylor 和 Hickey，1996）。但至今关于被子植物的起源还在不断地研究和探索中。

2. 起源的时间和发源地

依据大量化石的研究，被子植物出现于早白垩纪。我国学者 1990 年报道了吉林延吉被子植物的叶痕化石，其地质年代也是早白垩纪。孙革等（1998，2002）报道，在我国辽宁的上侏罗纪地层发现了古果属（*Archaefructus*）植物体及其花的化石，认为这是被子植物最古老的化石。但对其地质年代有不同看法，有的学者认为是侏罗纪的晚期。

由于最早在格陵兰发现被子植物的化石，认为被子植物起源于北极地区，后来在中、低纬度地区如温带和热带都出现被子植物的化石，因此有人推断被子植物可能先起源于中、低纬度地区，而后分布到北极。这一观点从现今被子植物的分布得到支持，现今存活的被子植物多集中在热带亚热带地区，特别是一些原始种类如木兰目各科。

植物在地质年代中的演化进程如图 5－52（李承森，2012）。

代	纪	距今年数（百万年）	植物演化的基本信息	优势植物
新生代	第四纪	全新世	全球气候继续变冷，多次冰期和间冰期的影响，被子植物继续占绝对优势，并占据全球各类生态空间	被子植物
		更新世 2.5		
	第三纪	后期 25	全球气候变冷，草本被子植物发展	
		早期 65	被子植物取代裸子植物，成为优势类群，并形成森林	
中生代	白垩纪	晚 125	被子植物发展	裸子植物
		早 136	裸子植物占优势，被子植物出现	
	侏罗纪	190	裸子植物中松柏类占优势；末期被子植物诞生	
	三叠纪	225	真蕨类植物繁茂；裸子植物繁盛，形成森林	
古生代	二叠纪	晚 260	裸子植物中的苏铁类、银杏类、松柏类植物发展	蕨类植物
		早 280	木本蕨类植物衰退，裸子植物发展	
	石炭纪	345	乔木状的鳞木类、芦木类、木贼类、石松类等植物繁盛，形成森林；真蕨类发展；种子蕨类繁盛	
	泥盆纪	晚 360	裸子植物发展，种子蕨出现	
		中 370	裸蕨类、石松类、楔叶类、前裸子植物发展，种子出现，裸子植物诞生	
		早 395	大气二氧化碳浓度下降，氧气含量上升；植物由水体向陆生环境发展，木质部、韧皮部形成；陆地上出现苔藓植物，裸蕨类植物	
	志留纪	430		
	奥陶纪	500	海洋中藻类占优势（演化至今）；多细胞孢子体出现，角质层和气孔形成，孢子外壁具有孢粉素	
	寒武纪	570	新的超级大陆形成；海洋中藻类植物发展	
元古代	前寒武纪	1 000～570	超级大陆分裂，已知最早的动物化石，曾以叠层石的藻类为食	藻类植物
		1 500～1 000	大气中的氧气增加，叶绿体出现，最早的真核生物诞生，并向原生动物、真菌、植物和动物的方向演化	
太古代		2 000～1 500	氧气在水体中积累，海洋形成，出现早期超大陆，细胞核诞生	
		2 500～2 000	支原菌演化到螺旋菌，再演化到线粒体	
		3 000～2 500	微生物出现，已知最早的叠层石（藻类化石），出现无细胞核的支原菌	
		3 500～3 000	海洋开始出现，已知最早的生物化石	
		4 000～3 500	已知最早的岩石形成，地球表面出现水体，形成大气层；形成早期基因序列，开启早期的光合作用；出现古细菌和真细菌（演化至今）	细菌
原古代		4 600～4 000	地球诞生，地壳形成，化学演化时期，末期出现最简单的氨基酸	氨基酸

图 5－52　植物演化进程（自李承森，2012）

种子植物参考文献

包文美，陈发生．植物学 第二分册 第二篇 植物系统．哈尔滨：哈尔滨师范大学出版社，1986

傅承新，丁炳杨．植物学．杭州：浙江大学出版社，2002

古尔恰兰·辛格（Gurcharan Singh）．植物系统分类学：综合理论及方法．刘全儒，郭延平，于明，译．北京：化学工业出版社，2008

华东师范大学，东北师范大学．植物学．下册．北京：人民教育出版社，1982

胡适宜，申家恒．被子植物有性生殖图说．北京：高等教育出版社，2011

马炜梁．植物学．北京：高等教育出版社，2009

张景钺，梁家骥．植物系统学．北京：高等教育出版社，1965

Beck C B. Reconstruction of Archaeopteris and further consideration of its phylogenetic position. Amer J Bot, 1962, 49: 373 – 382

Beck C B. Gymnosperm Phylogeny—A Commentary on the view of S. V. Meyen Botanical Review, 1985, 51 (3): 273 – 294

Bell P R, Hemsley A R. Green plants. Cambridge: Cambridge University Press, 2000

Bold H C, Alesopoulos C J, Delevoryas T. Morphology of plants and fungi. 5th ed. New York: Harper & Row, Publishers, 1987

Brown W H. The Plant Kindom. New York: The Athenaeum Press, 1935

Friedman W E. Double fertilization in *Ephedra*, a nonflowering seed plant: Its bearing on the origin of Angiosperms. Science, 1990, 247: 951 – 954

Haupt A W. Plant Morphology. New York: McGraw-Hill Book company, Inc. , 1953

Judd W S, et al. Plant systematics: A phylogenetic approach. 3rd ed. New York: Sinauer Associates, Inc. , 2008

Sinnott E W, Wilson K S. Botany. 6th ed. New York: McGraw-Hill Book company, Inc. , 1963

von Denffer D, Schumacher W, Magdefrau K, Ehrendorfer F. Strasburger's Textbook of Botany 30th ed. Translated by Bell P R, Coombe D E. London: Longman Group Limited, 1976

结　语

　　绚丽多彩的植物界，种类繁多，约有 50 万种，它们的形态、结构和生活史类型各不相同，从系统演化的角度看，它们都是由早期简单的原始生物，经过几十亿年的演化和发展而逐渐产生的。植物系统学是研究植物界的分类及其系统发育的科学，它不是对植物进行分类，而是研究分类中反映的系统发育（phylogeny）。所以植物系统学重视植物生活史即个体发育（ontogeny）的研究，因为在它们个体发育中，明显地反映了系统发育过程。现存的植物虽然都是经过长期历史演化的产物，但在它们的形态结构各个方面都带有系统发育的烙印，对这些特点的研究，有助于了解整个植物界的进化过程。

　　植物界的各类群的特点及其演化中，可归纳以下几点演化规律：

　　（1）营养体型（vegetative form）　它们是由简单到复杂，由单细胞个体到群体、丝状体、片状体，再到茎叶体，最后发展成具根、茎、叶分化的多细胞的个体。细胞结构从无组织分化到有组织分化，细胞功能从无分工到有细致分工。

　　（2）世代交替（alternation of generation）　在它们的生活史中，由无核相交替到有核相交替，再到世代交替，世代交替由同型世代交替到异型世代交替。异型世代交替中出现了有孢子体占优势和配子体占优势的 2 种类型，最后是以孢子体占优势的异型代交替获得充分的发展，因为只有孢子体的逐渐发达和配子体逐渐退化的世代交替，才能适应当时地球上出现的陆地环境。在陆生环境下，配子体逐渐缩小，寄生到孢子体上，其功能仅限于有性生殖，产生的精子从具鞭毛到不具鞭毛，不需要通过水来完成受精作用，合子获得双亲的遗传性，发育成孢子体。孢子体逐渐具有根、茎、叶的结构，能更好地适应多变的陆地环境。因此，凡进化的陆生植物都有发达而完善的孢子体和极其简化的配子体。

　　（3）生殖（reproduction）　由营养繁殖到无性生殖，再到有性生殖，有性生殖又由同配生殖到异配生殖，最后演化到卵配生殖。卵配生殖中产生大量的精子，以其中最优的精子与卵结合为合子，保证后代的生存力。合子发育为孢子体的过程中，从无胚阶段到有胚阶段，凡高等植物都具有胚的阶段，胚能在母体的层层组织保护下，有效地萌发为植物的成体。

　　（4）生境（habitat）　由水生到陆生，因生命最早发生于水中，最原始的植物一般都在水中生活。随着地球沧海桑田的变化，植物由水域向陆地发展。植物体由无根到有假根，再到真根。植物体具有了根、茎、叶的结构，根能深入土壤，吸收水分，克服干旱的环境。植物体内又相应地产生各种组织，输导组织吸收运输水分，并运输光合作用的产物到植物体各部分，机械组织使植物体的茎直立于地面。叶面积的发展，有利于营养物质的制造和积累。这些结构和组织促使植物体在适应陆地生活中逐渐复杂而完善。

　　在植物界的演化过程中，从植物的各类群来看，它们最初都是从藻类的原核藻类演化到真核藻类，真核藻类向 3 条不同的光合色素路线演化，发展成为红藻、褐藻和绿藻。最后以含有叶绿素 a、b 路线的绿藻成为主干，发展为高等植物。但是高等植物中配子体占优势的苔藓植物，在发展中成为盲支，不再发展，而孢子体占优势的蕨类植物和种子植物蓬勃发展，尤其是其中的被子植物成为今日植物界种类最多、分布最广的主要类群。